控制系统动力学讲义

黄　琳　编著

科学出版社

北　京

内 容 简 介

本书涵盖了控制系统的基本概念和基本方法。首先介绍了控制系统常用的基本元件和基本概念、拉普拉斯变换及其逆变换、传递函数及频率特性。随后给出了常系数线性系统分析与设计的解析方法和频域方法，包括稳定性和李雅普诺夫第二方法、特性曲线、米哈伊洛夫判据及稳定性区域划分、反馈系统及其镇定，讨论了调节系统的品质指标、校正综合以及根轨迹法及其应用。最后介绍了非线性系统的分析方法包括相空间方法、谐波平衡法，刻画了非线性特性对随动系统的影响。

本书适合高等院校自动化专业本科生和研究生阅读，也可供从事控制理论与控制工程研究的科研和工程技术人员参考。

图书在版编目（CIP）数据

控制系统动力学讲义 / 黄琳编著. —北京：科学出版社，2024.1
ISBN 978-7-03-075950-4

Ⅰ. ①控… Ⅱ. ①黄… Ⅲ. ①控制系统-动力学 Ⅳ. ①TP13

中国国家版本馆 CIP 数据核字（2023）第 121042 号

责任编辑：姚庆爽 / 责任校对：崔向琳
责任印制：赵 博 / 封面设计：无极书装

科 学 出 版 社 出版
北京东黄城根北街 16 号
邮政编码：100717
http://www.sciencep.com
固安县铭成印刷有限公司印刷

科学出版社发行　各地新华书店经销
*
2024 年 1 月第 一 版　开本：720×1000　1/16
2024 年 10 月第二次印刷　印张：22
字数：440 000
定价：**180.00 元**
（如有印装质量问题，我社负责调换）

前　　言

　　20 世纪 60 年代初，全国高等学校掀起了一股热潮，在原有电机系的基础上纷纷筹办自动控制系。不仅一些知名工科院校如此，就连相当缺乏工程基础的北京大学数学力学系也在 1960 年和 1961 年进校的学生中办起了自动控制专业。当时我刚好研究生毕业，遂被安排先在一般力学专门化讲授调节原理等课程，同时为将要开办的自动控制专业进行基础课程的建设。这本讲义就是在此背景下经过几次教学实践于 1965 年定稿的。

　　从总体上讲，产生经典控制理论的前提一方面是工业化的需求，在 20 世纪先是机电工业，后是航空、汽车运输业的推动，出现需要按给定值要求输出的系统，随后又进一步提升要求为输出能精确及时地追踪一个活动目标运行。在常系数线性系统的前提下，这两类问题的解决途径是类似的。另一方面是数学工具的形成，先是处理交流电系统中行之有效的运算微积方法，进而是用积分变换(Laplace 变换与 Fourier 变换)对系统进行刻画，描述传递函数与频率特性，以及建立在这种描述基础上的一些判别系统性能方法的成熟。一方面是日益增长的需求，另一方面是数学为解决这类需求提供了方法，两者促成自动调节系统理论产生。有趣的是，在这个过程中起到一些独特作用的并不是真正研究自动调节理论的人，因为当时虽然有了自动调节系统的需求，但尚未形成专门进行这方面研究的队伍。这方面典型的实例是，布莱克及其同事应用负反馈原理在 1930 年成功设计了一个具有线性负反馈的电子管放大器。著名的稳定性分析的奈奎斯特判据的创立者却是一个从事通信工作的工程师。将该理论联系到分析离心调速器工作的却是装置已经出现近八十年后的物理学家麦克思韦完成的。可以看到，自动调节系统理论的形成首先应归功于与之有关联的其他学科的科学家。在他们的工作之上再加上应用数学家和力学家的参与才使调节理论的框架得以形成和完善。

　　奈奎斯特能在调节理论的建立中占得先机的主要原因是他建立的判据既有明确的物理意义，又有基于复变函数论的严格证明。判据需要的信息主要是开环的传递函数，当其自变量 s 用 $j\omega$ 代入时就称为频率特性，在物理上表示系统在谐波输入下，输入到输出的复放大系数(输入输出在零初始条件下振幅比与位相差的双重信息)。这样在系统开环传递函数建模并不能用数学准确地表示时就可以通过实验的方法得到。从物理的角度考虑，将实验得到的频率特性用于奈奎斯特判据自然应该是正确的。这就使判据不但可用于能用数学方法建模的系统，而且可直接利用实验得到的图形对系统进行判别。然而，这种基于物理的做法却未必能用数学进行严格证明，因为一个实验得到的频率特性曲线是否能用一个以 $j\omega$ 为自变量的亚纯函数表述并不是一个数学上显然成立的结论。

当组成开环的系统元部件都能用常系数线性微分方程描述，并满足物理可实现条件时，通过对传递函数的代数运算就能方便地得到开环传递函数。它是复变量 s 的实有理函数，而且继续满足物理可实现条件，即分子多项式的次数不超过分母多项式的次数，人们把分子与分母多项式的根分别称为开环的零点与极点。当负反馈的放大系数 k 作为参数时，这个参数对于系统的性能将有非常重要的影响。如果考虑 k 由 $0 \rightarrow +\infty$ 变化时闭环的极点变化情况，自然地会产生后来被称为根轨迹方法的设计方法。钱学森先生曾对根轨迹方法给出过一个流体由源到汇流动的比拟。

上述两种方法形成了调节原理线性理论的主体，并为控制工程设计的人所喜爱与使用，后来在计算机逐渐普及的情况下，将这些方法与计算机算法和软件结合成为控制工程中解决大量问题行之有效的办法。

上述两个方法都是建立在系统开环传递函数上。系统的开环部分是由一系列元部件经过各种联接形成的。其中一部分元部件及其参数是不能做任何改变与选择的，另一些元件及其参数是允许改变的，人们自然希望通过改变可选择的参数来改进系统的性能。当讨论的性能是系统的稳定性时，我们就得到了参数空间的稳定性区域。通过简单的变量替换，我们也可以讨论系统带一定衰减要求的稳定性。当讨论的系统性能是一种平方积分误差时，我们可以选择参数来满足平方积分误差的要求。这种平方积分误差的讨论实际上是后来发展起来的二次最优控制的最早体现。

始于 20 世纪 30 年代关于系统中非线性影响的研究催生了非线性振动或非线性力学的出现。人们对于一些系统中出现的现象，如自振等，用线性的理论完全无法解释。这方面的研究比较热的时间是在 20 世纪五六十年代，取得了一批有价值的成果，之后处于发展的平静期。对于非线性的重要动力学性质，诸如非线性引起自振这类关系精密机械精度的重要基础性研究，在我国产生了脱节，这一脱节造成的影响至今仍然存在。无论是自振，还是后来出现的分岔现象，乃至混沌这些奇特的非线性现象在控制系统中自然也会出现，而且其存在会严重影响系统的正常运转。正因为上述脱节现象的影响，在后来出版的控制原理的教材中，分析实际控制系统中本质非线性影响的内容就相对缺失。控制系统中这类问题的分析在阶次低时可以利用相平面或相空间。这种利用相平面分析的办法完全是由二阶非线性振动理论引入的，其中由于复杂非线性引起的多层相平面分析与点变换方法可以专门用来讨论自振及其稳定性。这类相空间方法向高阶系统延拓时立刻遇到了巨大的困难，后来发展起来的基于低阶流形经动态系统到自身变换，利用拓扑学中压缩映射的结论来寻找高阶系统的自振的工作实际上是点变换方法的拓展。而这也只是在一些相对特殊的情况下才有效。当系统阶次高时，控制学家从物理分析的角度将非线性振动中的渐近方法与线性系统的频域方法相结合，形成一种有很好物理思想的谐波平衡法。这种方法适用于系统的线性部分和非线性元件可以分离且可以看成闭合系统的控制对象与反馈的情形，只在此时利用在回路中运行的谐波必须在振幅与频率具有可衔接性才是合理的。这种可衔接性就是一种平衡。对于较为复杂的系统人们常常通过系统的等效变换将其转换成适用谐波平衡法的情形再进行分析。后来有人企图从数学理论严格证明这一方法在数学上的合理性，但这种证明只适合非线性特性应该是充分可微的情况。这与大量控制系统的非线性特性具有的由饱和、间隙、干摩擦，以及由于使用磁元件而产生磁滞回线等矛盾，因为这些非线性特性通常都无法满足解析性的要求。后来发展起来的用微分几何方法处理非线性系统的理论，是用微分同胚变换的方法把系统化成线性系统来研究，因此对包括自振这类本质非线性现象的研究就无能为力了。这表明，一些实际问题的解决并不能仅依据严格的数学理论，更应从物理角度思考。

　　大体上，上面说的就是 20 世纪 60 年代经典控制理论发展的状况，也是这本讲义涉及的内容。这本讲义经过两次教学的实践，第一次包含非线性控制的内容，后来考虑到非线性控制应另外单独设课，因此第二次将这部分整个去掉了。后来由于诸多原因，不但非线性控制没有再单独设课，而且改好的讲义也没有再讲过。这次出版这本讲义，考虑经典控制理论理应包括非线性系统的相关内容，因此把本已去掉的非线性控制的内容又重新加了进来。

　　时过 30 年，北京大学力学系希望对研究生和高年级本科生讲授经典控制理论的课程，考虑北京理工大学的孙常胜教授在这方面已从事多年教学工作，造诣颇深、经验丰富，而且他也是北京大学力学系一般力学的毕业生，遂请他前来执教。当他得知曾有这样一本讲义，在阅读后便决定将其复印作为教材发给学生，遂使这本教材"重见天日"。这样又过了 20 年，中国科协开展老科学家学术成长资料采集工程，我亦被选，愧立其中，采集小组找到了这本半个多世纪前编写的讲义，并认为应正式出版，一方面作为历史的见证，另一方面认为在今天仍有参考价值，遂决定由科学出版社正式出版，以应我从教 60 年之需。

　　20 世纪 60 年代之前，中国在控制科学方面的著作仅有钱学森先生的《工程控制论》一书，大学教材全部由苏联教材翻译而成。例如，索洛多夫尼科夫的《自动调节原理》共出版三部，其中调节原理的理论基础就分了多册出版，另两部是关于控制元件与控制系统的。就调节原理本身而言，它主要是突出频率方法，但过于烦琐。这对于北京大学数力系的学生来说并不合适。钱先生的名著是一本范围很广且过于精炼的著作，也不易为大学生所接受。针对学生应有的特点编写一本教材是我编写这本讲义的初衷，也是我努力在讲义中实现的主要目标。

下面简略地叙述一下这本讲义的特点。

作为线性系统分析的基本数学工具——Laplace 变换和在控制中用得较多的单位脉冲函数 $\delta(t-t_0)$ 的性质，在讲义的第 2 章给出了一个较详细且严谨的叙述。由于系统的一些分析常常依赖求闭环多项式的根，因此第 2 章专门给出一个基于辗转相除的分解任意次因式的近似方法。这个方法是我在 1959 年从事飞机安定性分析的任务时在一篇苏联短文的基础上做了一些改进后形成的。第 3 章是不同于当时调节原理而设立的解析方法，其中对 Hurwitz 判据给出了一个严格的证明。三十年后一位华裔教授在看到我著的《稳定性理论》中对该定理的同一证明时，问我："为什么别的稳定性乃至控制的书上都有这个判据但均不给出证明，而你会给出呢？"我笑着告诉他："在北大数力系，如果上课有一个定理老师都不能给出证明，学生会看不起他的。"这一章在关于平方积分误差的叙述上建立了一种平方积分误差与 Lyapunov 方法的关系，这样一个关系实际上和后来我与郑应平、张迪一起建立的二次型最优控制的基本理论是一脉相承的。对于当时占研究与应用主导地位的频率特性法连同根轨迹法，讲义中力求将其最核心本质的部分加以介绍，而对其细节则只能舍去不谈。在叙述时，考虑力学专业高年级学生学习的习惯，我尽可能从比较理论的角度来阐述，但由于这一方法又很强地依赖工程实际，因此不能指望这一部分在数学理论上严谨，而应从控制工程角度去理解。对于这两个不同的要求，我只能尽力去做。这些都是在第 4 章叙述的。当时控制科学的发展对于非线性更多地是从工程的需求出发进行讨论，而对于解析非线性下的非线性控制理论，无论是基于微分几何的，还是基于积分方程的，当时均未出现。从工程需求出发，研究非线性主要集中在具有非线性特性元件的系统的分析上，特别是对于自振等过程所作的分析上。讲义特别针对非解析的非线性特性在控制系统中引起的问题采用非线性力学的两个方法，即相平面方法和谐波平衡法进行讨论。前者通过例子叙述由于非线性的复杂而不得不采用利用切换机制形成的多层相平面统一分析的方法，以及 Andnobov 基于 Poincare 在 19 世纪的一系列工作基础上建立的点变换方法研究自振。后者假设在闭环系统中发生简谐振动，以通过系统的线性部分和非线性元件时在振幅与位相上必须达成的平衡作为出发点，研究自振及其稳定性的办法。在这两个方法中，基于物理的思考比寻求一般的数学理论的严谨要重要得多。这部分内容对从事控制系统应用研究的人来说是重要的，因为当时的机电系统中确实常会出现这类非线性对系统正常运转和仪器仪表工作的精确性产生的损害乃至破坏作用。与此同时，人们也从如何利用非线性，例如从产生期望的自振上得到了好处。据近代研究提供的信息，这种非线性影响在微机构系统，甚至纳米级的系统中依然不可忽视。

上面的内容是对讲义特点的一些概括性的叙述，基本上可以满足数学力学系力学专业学生对控制科学知识的需要。

经典控制理论在 20 世纪 60 年代基本上趋向成熟，是指其基本框架与主要理论成果在后来的发展中没有再发生带实质性的进展，而控制科学却从这个时候发生两方面根本性的变化。一个变化是对已经广泛应用的经典控制理论，借助计算机技术的发展使其在应用上更加便捷，另一个变化是一些新的控制问题并不能简化成经典控制讨论的单回路单变量的控制问题，于是建立在一般数学模式下研究的问题也以一般化提法出现的现代控制理论应运而生。不同于以前经典控制理论时期，控制领域基本上很少有数学家介入的情况，现代控制理论领域吸引了大量数学家，并且在一些专业数学领域的刊物中还单独设有控制理论与系统理论，作为应用数学的一个分支。这两方面的变化产生了两支不同的队伍，他们基本上互不往来。搞控制工程的称对方理论高深但无法用，"中看但不中用"，而另一方则认为对方是虽然有用但没理论水平，"中用但不中看"。有趣的是，科学发展的规律十分复杂，并不能简单地用"中看"和"中用"来评价其长短，于是他们都能发展，并都找到了自己发挥作用的天地。但从技术科学用重于看的视角考虑，无疑将经典控制理论与计算机相结合起来的现代 PID 方法是真实推动控制事业，使之影响国防、工农业生产、促进科技繁荣并与人民生活的进步直接相关的功臣。经典控制理论则是现代 PID 的基础。

从讲义的定稿到这次正式出版，整整经过了半个多世纪。这半个多世纪恰好是人类科技，特别是信息科技大发展的时期，无论是控制系统的元部件，还是理论方法均经历着前所未有的变化，但作为历史见证还是以保存原有的状况为宜。我曾经请教过一些从事尖端科技研究的专家，四五十年前，人们既没有现代发达的计算机支撑，也没有发达的信息科技支持，为什么也能实现登月与氢弹的成功爆炸。不少人都认为是物理以及其他科学提供的思维和知识起到了决定性的作用。事实上，控制科学提供的知识和思维方法在充分利用现代信息科技，特别是计算机的优势后必将使控制在众多领域取得更大的成功。

这本讲义在定稿之后，作者因各种原因而将其束之高阁，这次正式出版自当认真修改以免传误。但当初写讲义时的青年人已到耄耋之年，年老眼花，担当此任却力不从心，因而不足之处在所难免，热忱欢迎读者批评指正。

这次讲义的正式出版对内容未作实质性修改，基本保持了原状。为了方便读者阅读，我在书中加了必要的注释。由于原讲义未列参考文献，这次作了补列，而且仅限于当时用到的，并且以书籍为主。这些文献大体上是伺服控制和调节理论在其定型过程中提炼出的最重要的内容。

这本讲义得以重新问世首先要感谢的是以王金枝教授领衔的"老科学家学术成长资料采集工程"关于黄琳的采集小组。这个小组的成员还有段志生、杨莹、李忠奎和李倩，他们在了解了讲义的内容和特点后一致支持该讲义的正式出版。我由于年事过高，精力不济，已无能力完成书稿的终校。王金枝教授和杨莹教授见此即伸出援手担当此事以保证出版质量。在此对她们的大力支持深表谢意。李忠奎承担了与科学出版社之间的联系，安排将讲义重新录入成电子版，并在录入后进行了初校。李倩改正了因简体字和繁体字之间由于历史原因造成的混乱，并对部分图重新绘制，对书稿的文字作了核校。这里还要感谢北京理工大学的孙常胜教授，是他在讲义完稿的 30 年后毅然将此选定为北大力学系课程的教材，使这本已定稿的讲义获得了唯一一次的教学经历。感谢清华大学黄立培教授，他帮我审阅了讲义中有关电机和电路方面的叙述，并纠正了原讲义的一些失误。最后对编辑的付出，以及克服讲义纸质褪变和蜡版刻字模糊等困难认真录入的工作人员表示感谢。感谢为此尘封半个多世纪的讲义出版过程所有提供鼓励、帮助和支持的家人、同行和朋友。

　　衷心希望这本讲义的出版能对我国控制事业尽点绵薄之力。

黄　琳

目　　录

第1章 绪 论

1.1 引 言

1.1.1 自动控制在我国社会主义建设与国防事业中的作用

自动控制科学与技术的发生与发展本身就是由于物质生产的需要而产生与发展的。今天这一学科在社会主义生产建设与国防事业中起着越来越重大的作用。生产实践与国防需求要求控制科学能解决在国防或经济建设中提出的某些关键问题，以便更好地为社会主义服务。下面我们来具体考查自动控制的科学与技术在社会主义建设和国防事业中的作用。

(1)自动控制装置在生产中的使用可以提高劳动生产率，改善劳动条件。例如，在热电工业中，使用部分自动控制装置来控制锅炉与轮机，就可以大大减少这些设备的操作管理人员数量，从而大大提高劳动出产率；在机械工业中，使用各种自动控制车床与自动作业线就可以提高劳动生产率，同时又可以大大减少笨重体力劳动，改善劳动者的劳动条件。

(2)在工业生产中，由于机械化程度的提高和强大能源的使用，要求管理与操纵机械的水平有迅速的提高，即要求有较快的反应速度与较高的工作精度，而这一点只有使用了自动控制装置才有可能实现。

(3)自动控制装量可以直接参与人不能直接参与的生产与反应过程。例如，化学工业中的各种化学反应与热核反应中的各种操作，使用自动控制装置不但可以在人所不能直接参与的环境中操作，而且可以保证工作的准确性与精度的要求。

(4)近代工业生产由于精度的严格要求，需要对加工的环境有严格的规定，例如需要恒温室，需要对湿度进行控制，而要求环境发生微小扰动后能迅速地加以调整，这一点只有在使用了自动控制的设备才有可能实现。类似的问题在精密的实验室中几乎都会遇到。

(5)无论是航空事业还是近代航海事业，都要求使用各种自动控制装置，例如安装各种自动驾驶仪保证飞机按给定的航线平稳地飞行，对飞机涡轮发动机的转速进行一定的控制，类似的问题在海船中也会碰到。近代战争使用的飞机、军舰、潜艇都有各种自动控制系统，如导航系统、稳定系统、自动瞄准系统等。对地面部队来说，一个完善的大炮系统，通常要求使用各种驱动装置，使用雷达网来自动操纵高炮系统就能比较迅速准确地击中飞机。导弹的一切工作几乎完全是按自动控制的方式进行工作的。近代航空事业由于自动控制装置的使用得到快速发展，并且它也大大促进自动控制事业的发展。

从上面的具体分析不难看出，自动控制事业在我国社会主义建设与国防事业中是大有可为的。

我国目前还是一个经济上比较穷，科学技术上比较落后的社会主义大国，进行改变一穷二白面貌的斗争，我们党关于艰苦奋斗自力更生地建设自己伟大祖国的方针要求我们迅速地去占领各种科学技术领域，别人有的东西我们应该在较短的时间内掌握它，别人没有的东西我们要在经过一段摸索，努力地实践后占有它，只有这样我们才能更有作为，我们才能尽快把我们伟大的祖国建设成为一个社会主义强国。

我们学习自动控制系统动力学的目的就是学会从一个比较偏重理论的角度去解决自动控制中提出的问题，也就是学会一种分析与研究自动控制系统的本领，准备将来在这样的岗位上发挥我们的作用，对我国的经济建设与国防建设付出我们的一份劳动。

1.1.2　控制系统动力学的任务

自动控制是十分复杂，涉及面很广的一个科学领域，它包括控制论、控制系统动力学、控制系统与元件的设计、控制系统的应用、随动系统的设计与理论、计算技术等一系列的学科。它涉及的物理领域可以有电力、机械、电子、光学等，有时也涉及化学、生物学、医学等。自动控制技术的应用范围几乎遍及各种工业部门与近代国防的各个方面。自动控制研究的问题从一般的数学理论直到控制元件的设计制造和控制系统的应用。对于这样复杂的领域的研究必须从各个不同的角度加以讨论。控制系统动力学只是这其中的一部分，是一个具有相当重要意义的理论部分。

控制系统动力学的任务是研究各种控制系统具有的普遍性的动力学规律：分析控制系统中的动力学过程，研究控制系统的动力学设计(也叫综合)，以便使系统中的动力学过程满足一定品质指标的要求。例如，考虑某发动机的调速系统，我们的任务就是研究其中某物理量(如转速)是否能保持我们要求的数值，在这种要求受到破坏时是否还能恢复(通常称为稳定性)与恢复的过程如何，如何设计转速控制器以保证发动机工作过程中的品质要求等。这一切的讨论都是与控制系统动力学的研究分不开的。

在自然界和各种工程技术领域，事物的变化是多种多样的，但是不同领域的物理过程有时存在某种共同性，我们的任务就是研究存在于不同控制系统中的共同的一般规律和具共性的分析与设计控制系统的理论与方法。由于控制系统动力学正是研究不同领域中控制系统的这种共性的问题，这样我们抽去控制系统具体的物理内容(电的、机械的)讨论某些物理量随时间的变化规律，并称这种变化规律为动力学过程。可以发现，存在于各种不同系统中的动力学过程及对它们的研究有着十分惊人的同一性。它们往往被一些大体相同的微分方程或其他方程所满足。控制系统动力学就是研究控制系统中动力学过程的学科，但它又不同于数学中的方程论，既不会去讨论方程在什么条件下有解存在且唯一，也不会去研究一般的方程的解法和近似解法，而是根据实际控制系统的需要去分析这些动力学过程，并为达到一定的品质指标对设计控制系统提出一些切实可行的方法，确定控制系统中各元件比较合理的结构与参数，校正与综合控制系统使其满足要求等。控制系统动力学研究的是共同规律，由此得到的科学结论一般对具有各种物理特性的系统有一定的普遍意义。

以下就两个例子来说明上述我们对动力学过程的看法：一个是 *RLC* 电子回路，如图 1.1.1 所示；另一个是具湿阻尼的机械振子模型，如图 1.1.2 所示。显然，这两个系统涉及的物理领域是不相同的。

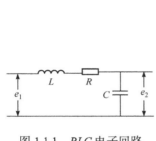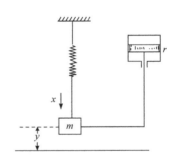

图 1.1.1 *RLC* 电子回路 图 1.1.2 机械振子模型

对图 1.1.1，若以 e_1 与 e_2 分别表示输入与输出电压，则由基尔霍夫(Kirchhoff)定律可知，它们满足下述方程，即

$$L\frac{\mathrm{d}^2 e_2}{\mathrm{d}t^2} + R\frac{\mathrm{d}e_2}{\mathrm{d}t} + \frac{1}{c}e_2 = \frac{1}{c}e_1(t) \tag{1.1.1}$$

对图 1.1.2，根据牛顿定律可知，质量块 m 之位移 y 与外驱动力 x 之间满足下述方程，即

$$m\frac{\mathrm{d}^2 y}{\mathrm{d}t^2} + r\frac{\mathrm{d}y}{\mathrm{d}t} + ky = x(t) \tag{1.1.2}$$

其中，m 系质量；r 与 k 表示湿阻尼与弹性恢复力之系数。

虽然方程(1.1.1)与方程(1.1.2)所代表的物理内容完全不同，一个是电网络中电压变化满足的规律，另一个是机械振子满足的规律，但它们之间却有着极大的相似性。如果我们对这两个方程的系数与变量之间作如下之对应，即 L 对应 m，R 对应 r，K 对应 $1/c$，e_2 对应 y，$\frac{1}{c}e_1$ 对应 x，则可以发现这两个系统从动力学的观点看来在研究上有着惊人的相似，研究清楚其中一个实际上就弄清楚了另一个

的特征。由此我们可以更一般地以二阶常系数线性方程

$$a\ddot{y} + b\dot{y} + cy = x \tag{1.1.3}$$

来代替它们，其中 a、b、c 系常量。一般称 x 是系统之输入，而 y 是系统之输出，我们可用如图 1.1.3 所示之方块图来代表它们。

图 1.1.3　系统(1.1.3)的图示

　　从研究动力学过程的观点出发，我们感兴趣的问题实际上可归结为讨论系统在一定的输入下，其输出变化的规律。当然，促使输出变化的原因从输入输出的变化关系看是由于存在输入信号而引起的，但是真的要能发生输出的变化还必须讨论其中能量是否平衡的问题。例如，要使汽轮机的阀门真的发生转动，除了信号本身以外，还必须具备足够的功率。我们在这里需要指出，控制系统动力学实际上是避开了能量平衡的问题而去研究动力学规律的。这在设计工作中作为工作的一步是允许的，但应该看到这种讨论的不完善性。我们的讨论主要是研究输入变化下系统输出应怎样变化，而讨论的前提是认为能量平衡的问题已经解决了。应该指出，在确定了控制系统各部件的方程参数以后再按能量平衡(功率)的需要去选取合适的元件的问题实际上超出了控制系统动力学研究的范围。例如，相同阻值的电阻由于对通过电流的不同要求，需要考虑使用不同功率但阻值相同的电阻。

　　应用控制系统动力学的方法来研究控制系统，我们必须十分清楚它的特点，明确它从哪个角度解决了什么问题，同时也必须十分清楚地看到它的不完备性。这种不完备性说明，用一个具体的学科企图解决实际上极为复杂的问题在很多情况下并不现实。复杂的客观世界要求我们运用各种学科和各种方法从各个方面去研究，这一点在自动控制中是很明显的。

1.1.3　控制系统动力学与其他学科之关系

　　控制系统动力学是一门涉及面较广的基本理论，它同很多工程技术、技术科学与基础科学有十分密切的关系，其中数学力学占有比较重要的地位。控制系统动力学是一门技术理论，涉及的面从各种实际的工程领域一直到一些基础学科。

　　从基础学科来看，首先是数学，它提供了控制系统动力学理论方法的工具。从数学上提供方法去解决自动控制中的问题是当前应用数学的一个重要任务。无论是微分方程、复变函数、矩阵代数、稳定性理论与微分方程定性理论、概率统计与随机过程、变分法、积分方程与泛函分析，甚至抽象的拓扑学都与控制系统动力学有着直接或间接的联系。它们提供解决控制问题的工具，给予理论上的

严格论证。同时，近代控制理论又对各种数学理论提出进一步发展的问题，并促进一些新的数学分支的发展，如控制论、最优过程理论、动态规划论，以及信息论等。

在基础科学中，除数学以外，同控制系统动力学关系最为密切的是力学中的一般力学，如稳定性理论、非线性振动等都向它提供研究方法，而控制系统动力学的成果也丰富了这些理论。在一般力学的几个极为重要的方面，例如陀螺力学与陀螺系统理论、导航理论、飞行力学与控制飞行等都可以找到应用控制系统动力学成果的广阔天地。而控制系统动力学的电子模拟技术也是一般力学各学科中最常使用的实验工具之一。

技术科学中与控制系统动力学直接或间接相关的有电工学、工业电子学、计算技术、通信理论。在工程技术方面，控制系统动力学几乎涉及一切利用控制设备的领域，无论是热工、水电、航空、拖动、动力、机电、机械、化工、仪表、造船、冶金、采矿、石油、核能等都与控制系统动力学有关。控制系统动力学的成果在这些工业中几乎都有应用，而控制系统动力学的发展也必须与这些工业部门相结合。一名好的控制系统动力学的研究者必须对一个具体的应用部门有较清楚的了解，否则他就容易脱离实际而失去发展的动力。

近代医学，特别是研究神经系统的医学、生物物理学等也对控制系统动力学提出各种要求，以控制系统动力学为分析方法与实验工具在研究细胞的活动、神经活动与生物体器官的活动等方面都取得了不少有益的结果。生物体本身实际上是一个比较完善的控制系统，因此利用生物体内部天然存在的控制机理进行研究，改进工程控制系统也是一件有益而又有趣的工作。近年来，控制系统动力学的概念方法在动力气象学、群体生物学等方面也有一些应用。

1.1.4 研究与学习控制系统动力学的方法

研究控制系统动力学的目的是揭示控制系统中的规律，并改造提高控制系统的性能以适应生产与国防的需要，因此研究控制系统动力学的方法必须是理论与实践相结合的方法。虽然控制系统动力学的工作者会有所分工，有些人多从事一些实验的工作，另一些人多从事一些理论分析的工作，但对我们来说，必须坚决贯彻理论联系实际的方针，否则就会有脱离实际的危险，从而不能真正解决实际控制系统提出的问题。在控制系统动力学的研究中，理论联系实际主要是指研究的问题应该有实际的背景与需求，研究的结果应该在实际中有用，研究过程应该既有理论分析，也有对客观事物进行的实验。实验既包括实际控制系统的实验，也包括电子模拟实验。控制系统动力学不应该成为研究一般的抽象的数学理论，必须紧密地与实际问题和实验技术相配合。

研究与设计一个控制系统，一般都包含两个方面的工作，一方面是分析工作，即对一已确定的控制系统进行分析，研究其中的动力学过程，特别是那些从实际需要来说最感兴趣的一些动力学性质，例如分析系统是否具有稳定性，稳定的裕度如何，系统在改变工作状况或在调整过程中过渡过程的特点如何，反映实际要求的一些过渡过程品质指标如何等。这种分析工作为我们揭示了系统中工作的特点，在一定程度上也指出进一步改进系统的可能的途径。另一个方面是对系统进行综合的工作，即在对系统提出一定的要求下，设法对系统进行校正，设计一些部件并将其安置在系统中，以保证系统具有较为满意的性能。显然，综合的工作是更具有能动性的工作。对一个实际的控制系统的设计过程，这两方面的工作常常是不可分割、互为补充且交错进行的。无论是分析的方面还是综合的方面，从研究方法来看都应该是既有理论分析又有实验。

控制系统动力学课程的学习同其他力学课程一样，侧重点应该是在正确理解基本理论的前提下掌握从动力学的角度分析综合控制系统的实际能力。我们这一门课程的特点要求读者能多练习。这对学习控制系统动力学来说是必要的，在这门理论课程中将配备大量的习题与作业，以便读者进行练习，真正掌握方法与理论。不能以纯粹形式逻辑的方法来学习与研究控制系统动力学，必须从实际出发。特别是对工程行之有效的综合方法，应该从实际工程需要与设计工作的特点去把握，而不能单纯追求数学上严格的道理，因为数学上的严格对自然界复杂的现象来说并不都是必要的，如果拘泥于此将无法前进。

讲义主要向读者介绍控制系统动力学最基本的部分，力图使读者有一个基础，以便进一步学习控制理论中某些专题时有所准备。讲义包含讲述控制系统基本概念及具体控制系统的绪论，控制系统动力学研究方法的数学基础，如拉普拉斯变换、线性系统的稳定性分析、线性系统的过渡过程与综合，以及部分非线性问题的研究方法等。不言而喻，在掌握这些基本内容后再去研究与学习其他专题就有了一个比较实在的基础，同时掌握了这些内容实际上也就具备了分析与综合控制系统的初步能力。

1.1.5 自动控制的简单发展史

自动控制同其他学科一样，发展过程是紧密地与物质生产的发展相联系的。物质生产一方面向自动控制提出各种任务，另一方面也为自动控制提供物质基础，因此整个自动控制的发展是物质生产发展的结果。特别在工业革命以后，由于大生产的需要，使用了各种机器，因此自动控制的广泛应用主要是在工业革命之后。特别是在20世纪，随着电子学与电工学的发展，广泛使用的电设备为自动控制提供了方便的部件，使自动控制得到了快速的发展。30年代开始的航空事业的巨大发展需要自动控制能加速自己的发展以适应需要，现今的自动控制实际上已经成为近代航空，特别是国际航空中的一个十分中心的问题。

中国是世界上文化发达最早的国家之一，就目前已有的资料分析可以看出，中国古代在含有自动控制思想的装置方面同其他领域一样是作出了杰出贡献的。

远在东汉时期，我国就制造出能在行动过程中保持恒定方向的指南车，其工作原理实际上就是近代控制理论中发展很快的按干扰控制的开环系统。国外按干扰控制的应用至少要比我国晚 1000 年左右。根据记载，这方面应用比较早的是阿拉伯人，在约 1000 年以前才制造出按负载干扰自动控制的风磨，至于"文明的西方"直到 1829 年才由法国人庞西雷特（Poncelet）创造了一个在蒸汽机上应用的按干扰控制的转速调节器。

在北宋哲宗元祐初年（1086—1092 年），苏颂和韩公廉就制造了一种水力天文仪器——水运仪象台。它以水为动力来转动一个枢轮，枢轮必须作每天 400 周的恒速转动，为保证这一点，苏颂他们引用铜壶滴漏装置做了一个天衡来控制水位，这是一个近代闭环反馈控制的系统，并且是非线性的。这种闭环按偏差进行控制的调节器是目前广泛使用的调节器的最早应用，西方公认的最早的闭环调节器是俄国波尔祖诺夫（Ползунов）的水位调节器与英国瓦特（Watt）的蒸汽机转速调节器，他们制成与应用的时间是在 1765 年与 1784 年，比起我国苏韩二人要晚 700 年。另外，西方也有人企图把闭环控制系统的建立归功于荷兰惠更斯（Huygens）的时钟与马义克勒（Meikle）的风车，但比起我国苏韩二人仍然落后 500 年以上。

无论是在自动控制的什么领域，我国人民都在比西方人更早的时候就使用了简单的自动装置。例如，明代曾铣发明的自动爆炸的地雷，东汉时代张衡发明的能进行自动检测的候风地动仪，作为程序控制系统出现的张衡的水运天文仪器上自动表示每月日数的装置，作为参数恒定系统的铜壶滴漏装置等。

在工业革命之前，控制机构的应用仍然是十分个别的，由于没有同强大的工业生产相联系因而发展比较缓慢，更谈不到什么理论的研究。

工业革命使生产得到了发展，随之而来的是控制器在生产中的应用大大加强，因而使自动控制得到了发展。由于航海的需要，19 世纪出现了最早的一批舵机，由于电力事业的发展，各种电动控制器得到应用，从而加速了自动控制的发展。

作为自动控制理论研究的一个方面的控制系统动力学的发展，主要是在自动控制装置大大发展的 20 世纪的事。在 40 年代之前，人们的主要注意力还在各种调节系统的理论研究上，例如线性系统的稳定性与过渡过程的研究，而在非线性系统的研究工作则很"幼稚"，对随机输入问题的研究也仅仅起步。50 年代以后，无论是非线性系统的研究，还是随机输入问题的讨论都取得了很大的成就。由于测量技术与计算技术的发展，人们对控制系统的要求越来越高，促使控制系统与控制系统动力学得到高速发展。这方面最值得提出的是广泛应用计算装置来装备控制系统，建立了按不变性原理工作的按干扰控制的理论，形成了各种最优化系统与自适应系统，并建立了最优控制、极值控制与自适应控制的理论。

1.2 控制系统中常用的基本元件[①]

1.2.1 控制系统的动作机理与职能元件

一个比较完善的控制系统可以有如图 1.2.1 所示之结构，它由下列基本部件构成。

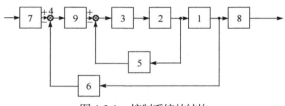

图 1.2.1　控制系统的结构

控制对象 1，受控制的目的物，在系统中它是不允许被改变的。我们施加控制的目的是要求它的某些状态量能按一定的要求变化。这些状态量通常称为被控制量或简称被调量。控制对象根据执行机构的命令，按照一定的物理规律使被控制量实现某种预期的变化，一般执行机构的命令常称为控制对象的输入，而被控制量则称为控制对象的输出。

执行机构 2，执行控制命令以达到控制与改变被控制量的目的。它的输入是被放大或变换了的控制信号，从控制技术的观点看，在系统中这一部分也是不能改变的。执行机构通常是一些电动、气动、液动的伺服马达。执行机构通常带有外能源，并且它的工作特性一般是非线性的。

放大元件 3 与中间元件 9，放大与变换由测量机构得到的偏差信号，发出控制命令操纵执行机构。在系统中，它是易于改变的，控制设计工作者常着眼于此使系统达到要求。它可以由各种电子式、机电式、或机械式的放大与变换装置组成，也可以包含一部分校正网络。

比较元件 4，比较系统的输入量与输出量，测量其偏差以便发出偏差信号。它根据具体被控制量与输入信号之物理性能，可以取电桥、差动齿轮或差压膜盒等。

局部反馈 5，镇定与改善元件或系统品质的装置。一般来说，在系统中，它改变的自由度也较大，可以是各种电子网络或其他易于改变动态特性的元件。

主反馈 6，比较输出量输到输入端的装置，其中也可能包含部分测量与变换的元件。它是闭环系统之核心。

给定机构 7，给出输入信号的装置。

① 本节讲述的基本元件是针对当时的需求与实际情况。随着科技的进步，其中很大部分均已更新。从控制系统动力学的角度，我们只关心其中的动态性质与输入输出关系。其工作原理详细的阐述应在相关资料中寻找。

间接控制对象 8。

以上元件在实际系统中并不一定都出现，有时一个部件也可以兼有两个职能。

对于实际的控制系统，我们在得到输入信号后往往将其经过给定机构 7 进行变换，以便于系统接受，然后作为给定作用输入至系统。当然，此时系统之实际输出并不一定合乎要求，将实际输出由主反馈通道回输到输入端，由比较元件与输入比较可以得到偏差信号。偏差信号经过放大变换后形成控制命令来操纵执行机构，控制受控对象以达到改变输出至满足预期的要求。以上就是控制系统主回路工作之概括，局部反馈在系统中起到改进品质之作用。

1.2.2　控制对象

控制对象是一个控制系统中施加控制的目的物。对于不同的工业部门，不同的兵种来说，控制系统的对象当然是不一样的。例如，在发电工业中，控制对象可以是汽轮机、锅炉和发电机；在机械工业中，它可以是机床；在航空中，它可以是飞机和导弹；在防空体系中，它可以是火炮；在海军中，它可以是军舰和鱼雷等。

对一个控制对象来说，控制的目的是控制其某些物理量的变化，如汽轮机的转速，锅炉的水位，发电机所发出的电压，机床马达的转速，飞机的俯仰、倾侧与偏航角，导弹的轨道与姿态，火炮的角位置，军舰与鱼雷的航向角等。这些物理量统称被控制量。不同系统和不同对象具有不同物理特性的被控制量。

以下就我们课程中涉及的几个控制系统的控制对象讨论并建立动力学方程。

1. 飞机纵向运动方程

由理论力学的讨论可知，一个飞机在空间中的运动可以分解为飞机上某固定点在空间中之平动与机体绕该点之转动。对于后者又可将其分解为纵向俯仰角的转动，绕铝垂轴所作的航向角转动与绕飞机本身轴所作的倾侧运动。如果不考虑飞机的倾侧与偏航，我们可以对其纵向俯仰运动进行讨论。这种将俯仰运动从侧向运动的影响下孤立出来进行考虑在飞机作巡航飞行时通常是可以的。

如图 1.2.2 所示，设飞机重心为 O，研究飞机绕其重心所作的纵向运动，以 v 表飞机之速度，它与飞机重心之轨迹相切。以 X 与 Y 表飞机在大气中飞行所受之阻力与举力，G 为飞机所受之重力，α 为飞机飞行之攻角，θ 与 ϑ 分别表轨迹角与姿态角，P 为飞机之推力（设其安装角为 0），即 P 之作用方向与机轴完全吻合，飞机之质量为 $m = G/g$，g 为重力加速度。

在建立飞机纵向运动方程时，我们可以看出作用在飞机上的力一共有四个：飞机本身之重力 G，沿速度方向之阻力，与速度方向垂直之举力，以及与机轴方向重合之推力。

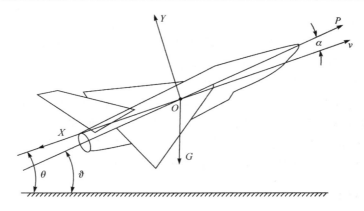

图 1.2.2 飞机纵向运动示意图

首先，建立飞机沿轨道切线方向之力的平衡方程，即

$$m\frac{\mathrm{d}v}{\mathrm{d}t} = P\cos\alpha - X - G\sin\theta \tag{1.2.1}$$

然后，沿轨道法向之方程为

$$\frac{mv^2}{r} = P\sin\alpha + Y - G\cos\theta$$

其中，r 是轨道在这一点之曲率半径。显然有 $r = \dfrac{\mathrm{d}s}{\mathrm{d}\theta}$，而 $v = \dfrac{\mathrm{d}s}{\mathrm{d}t}$，$s$ 为飞机的位移由此可知

$$\frac{mv^2}{r} = \frac{mv\dfrac{\mathrm{d}s}{\mathrm{d}t}}{\dfrac{\mathrm{d}s}{\mathrm{d}\theta}} = mv\frac{\mathrm{d}\theta}{\mathrm{d}t}$$

由此就有法向运动方程，即

$$mv\frac{\mathrm{d}\theta}{\mathrm{d}t} = P\sin\alpha + Y - G\cos\theta \tag{1.2.2}$$

最后，考虑飞机纵向运动中绕其重心转动之力矩平衡方程，若以 J_z 表飞机纵向绕过重心之横轴之转动惯量，则有

$$J_z\frac{\mathrm{d}^2\vartheta}{\mathrm{d}t^2} = M_z \tag{1.2.3}$$

其中，M_z 是外力矩，它与 X、Y 一样，由飞机之空气动力实验确定，对不同飞机有不同之数据与实验图表。

方程(1.2.1)～方程(1.2.3)之未知变量是 v、θ、ϑ 与 α，其中存在的约束关系为

$$\vartheta = \theta + \alpha \tag{1.2.4}$$

发动机推力 P 一般依赖飞行速度 v、大气压力 Ω_H、温度 T_H 及发动机操纵手柄的位置 δ_P，因此可以写为

$$P = P(v, \Omega_H, T_H, \delta_P)$$

在飞机做水平匀速直线飞行时，若不动操纵手柄，则 P 为常量。

空气动力 X 与 Y 一般依赖飞行速度 v、大气密度 ρ、攻角 α 与飞机升降舵偏角 δ_B。但升降舵的偏离比起整个机身对空气动力 X 与 Y 的影响仍属小量，故常被略去，通常可以写成

$$X = c_x S \frac{\rho v^2}{2}, \quad Y = c_y S \frac{\rho v^2}{2}$$

其中，c_x 与 c_y 分别是阻力系数与举力系数；S 是机翼面积。

空气动力力矩 M_z 一般可写为

$$M_z = m_z b_a S \frac{\rho v^2}{2}$$

其中，m_z 是力矩系数，依赖速度 v、攻角 α、升降舵偏角 δ_B 与大气密度 ρ。此外，它还依赖运动参量 $\dot\alpha$ 与 $\dot\vartheta$，即

$$m_z = m_z(\alpha, \rho, v, \delta_B, \dot\alpha, \dot\vartheta)$$

无论是 c_x、c_y，还是 m_z，均由实验确定。图 1.2.3 所示就是 P、c_x、c_y、m_z 对 M、α 及 δ_B 的关系曲线，不同型号的飞机具有不同曲线。

现考虑飞机作等高等速直线匀速巡航飞行，在此情况下设发动机推力是常数，飞机纵向运动可由下述方程确定，即

$$m v_0 \frac{d\theta}{dt} = P\sin\alpha + Y - G\cos\theta$$

$$J_z \frac{d^2\vartheta}{dt^2} = M_z, \quad \vartheta = \theta + \alpha$$

或者只用俯仰角与攻角来描述，即

$$m v_0 \frac{d\vartheta}{dt} = m v_0 \frac{d\alpha}{dt} + P\sin\alpha + Y - G\cos(\vartheta - \alpha)$$

$$J_z \frac{d^2\vartheta}{dt^2} = M_z(\alpha, \delta_B, \dot\alpha, \dot\vartheta)$$

(1.2.5)

考虑原定常飞行时，纵向状态是 α_0、ϑ_0、δ_B^0，其偏差为

$$\Delta\alpha = \alpha - \alpha_0, \quad \Delta\vartheta = \vartheta - \vartheta_0, \quad \Delta\delta_B = \delta_B - \delta_B^0$$

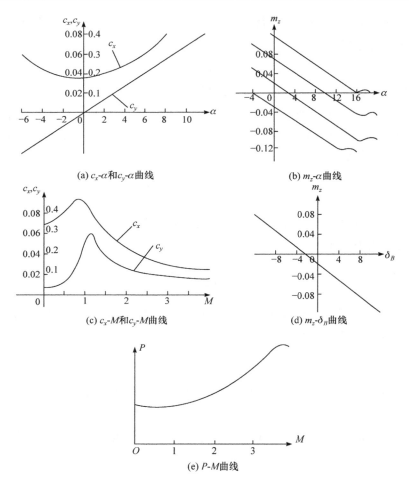

(a) c_x-α和c_y-α曲线

(b) m_z-α曲线

(c) c_x-M和c_y-M曲线

(d) m_z-δ_B曲线

(e) P-M曲线

图 1.2.3 飞机发动机推力 P、c_x、c_y 与 α、M、δ_B 的关系曲线

由此偏差量应满足方程

$$\begin{cases} mv_0 \dfrac{\mathrm{d}\Delta\vartheta}{\mathrm{d}t} = mv_0 \dfrac{\mathrm{d}\Delta\alpha}{\mathrm{d}t} + P\cos\alpha_0 \cdot \Delta\alpha + \left(\dfrac{\partial Y}{\partial \alpha}\right)_0 \Delta\alpha + \left(\dfrac{\partial Y}{\partial \delta_B}\right)_0 \Delta\delta_B \\ \qquad + G\sin(\vartheta_0 - \alpha_0)(\Delta\vartheta - \Delta\alpha) \\ J_z \dfrac{\mathrm{d}^2\Delta\vartheta}{\mathrm{d}t^2} = \left(\dfrac{\partial M_z}{\partial \alpha}\right)_0 \Delta\alpha + \left(\dfrac{\partial M_z}{\partial \dot\alpha}\right)_0 \Delta\dot\alpha + \left(\dfrac{\partial M_z}{\partial \dot\vartheta}\right)_0 \Delta\dot\vartheta + \left(\dfrac{\partial M_z}{\partial \delta_B}\right)_0 \Delta\delta_B \end{cases} \quad (1.2.6)$$

其中，$(\ )_0$ 表在相应关系中取 $\alpha = \alpha_0$，$\vartheta = \vartheta_0$，$\dot\alpha = \dot\vartheta = 0$ 时之值。

通常在飞机动力学中常引入时间常数 $t_a = \dfrac{m}{\rho VS}$，并考虑无量纲时间 $\tau = t/\tau a$，由此可将方程(1.2.6)写成无量纲变量。令 $\vartheta_0 = \alpha_0 = \delta_B^0 = 0$ ，并以 ϑ 、 α 、 δ_B 代替原来 $\Delta\vartheta$ 、 $\Delta\alpha$ 与 $\Delta\delta_B$ ，则我们有方程

$$\begin{cases} \rho v_0^2 s \left(\dfrac{\mathrm{d}\vartheta}{\mathrm{d}\tau} - \dfrac{\mathrm{d}\alpha}{\mathrm{d}\tau} \right) = \left(P + \dfrac{s\rho v_0^2}{2} \dfrac{\partial c_y}{\partial \alpha} \right)_0 \alpha \\ \dfrac{J_z \rho^2 v_0^2 s^2}{m^2} \dfrac{\mathrm{d}^2\vartheta}{\mathrm{d}\tau^2} = \dfrac{s\rho v_0^2 ba}{2} \left[\left(\dfrac{\partial m_z}{\partial \alpha} \right)_0 \alpha + \left(\dfrac{\partial m_z}{\partial \dot{\vartheta}} \right)_0 \dot{\vartheta} + \left(\dfrac{\partial m_z}{\partial \delta_B} \right)_0 \delta_B \right] \end{cases}$$

考虑飞机作等速飞行，$P-X=0$，由此就有

$$\frac{\mathrm{d}\vartheta}{\mathrm{d}\tau} - \frac{\mathrm{d}\alpha}{\mathrm{d}\tau} = \frac{1}{2} \left(\frac{\partial c_x}{\partial \alpha} + \frac{\partial c_y}{\partial \alpha} \right)_0 \alpha$$

$$\frac{\mathrm{d}^2\vartheta}{\mathrm{d}\tau^2} = \frac{m^2 ba}{2 J_z \rho s} \left[\left(\frac{\partial m_z}{\partial \alpha} \right)_0 \alpha + \left(\frac{\partial m_z}{\partial \dot{\alpha}} \right)_0 \dot{\alpha} + \left(\frac{\partial m_z}{\partial \dot{\vartheta}} \right)_0 \dot{\vartheta} + \left(\frac{\partial m_z}{\partial \delta_B} \right)_0 \delta_B \right]$$

写成微分算符形式[①]为

$$\begin{aligned} p(\vartheta - \alpha) &= n_{22}\alpha, \quad p = \frac{\mathrm{d}}{\mathrm{d}\tau} \\ (p^2 + n_{33}p)\vartheta &+ (n_0 p + n_{32})\alpha = -n_B \delta_B \end{aligned} \tag{1.2.7}$$

其 中， $n_{22} = \dfrac{1}{2}\left(c_x^\alpha + c_y^\alpha \right)$ ； $n_{33} = \dfrac{-m^2 ba \left(\dfrac{\partial m_z}{\partial \dot{\vartheta}} \right)_0}{2 J_z \rho s}$ ； $n_0 = \dfrac{\left(\dfrac{\partial m_z}{\partial \dot{\alpha}} \right)_0 m^2 ba}{2 J_z \rho s}$ ； $n_{32} =$

$\dfrac{-m^2 ba \left(\dfrac{\partial m_z}{\partial \alpha} \right)_0}{2 J_z \rho s}$ ； $n_B = \dfrac{\left(\dfrac{\partial m_z}{\partial \delta_B} \right)_0 m^2 ba}{2 J_z \rho s}$ 。

表 1.2.1 列出三种不同飞机对应之实验数值。

表 1.2.1　三种不同飞机的实验数值

轻型飞机	中型飞机	重型飞机	
$H=11\text{km}, M=0.9$	$H=4\text{km}, M=0.65$	$H=8\text{km}, M=0.8$	$H=12\text{km}, M=0.9$
$\tau_a = 3.8\text{s}$	$\tau_a = 2.1\text{s}$	$\tau_a = 2.5\text{s}$	$\tau_a = 4\text{s}$
$n_{22} = 2.4$	$n_{22} = 2.66$	$n_{22} = 3$	$n_{22} = 2.4$
$n_{32} = 38.0$	$n_{32} = 10.63$	$n_{32} = 42$	$n_{32} = 36$

---

① 这里的微分算符形式只具有形式上的意义，即这是一种微分方程的表述方式，在讲完拉普拉斯变换和传递函数后，这种书写形式就具有了明确的含义。

续表

轻型飞机	中型飞机	重型飞机	
$H=11\text{km},\,M=0.9$	$H=4\text{km},\,M=0.65$	$H=8\text{km},\,M=0.8$	$H=12\text{km},\,M=0.9$
$n_{33}=2.45$	$n_{33}=1.69$	$n_{33}=2.5$	$n_{33}=2.42$
$n_0=0.4$	$n_0=0.59$	$n_0=1.17$	$n_0=0.68$
$n_B=49.0$	$n_B=24.5$	$n_B=2.8$	$n_B=46$

对方程(1.2.7)消去中间变量α(或ϑ)后，可以直接得到舵偏角相对于ϑ(或α)之方程，即

$$\frac{\vartheta}{\delta_B}=\frac{-n_B\left(p+n_{22}\right)}{p\left(p^2+c_1 p+c_2\right)}$$

$$\frac{\alpha}{\delta_B}=\frac{-n_B}{p^2+c_1 p+c_2}$$

(1.2.8)

其中，$c_1=n_0+n_{22}+n_{33}$，$c_2=n_{32}+n_{22}n_{33}$。

方程(1.2.8)可以用图1.2.4表示。

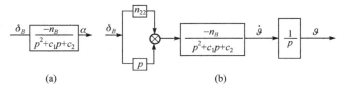

图 1.2.4　飞机纵向运动系统方程的框图

2. 电动机运动方程

电动机是控制系统中最常遇到的元件。在火炮随动系统中，我们将电动机的输出轴与火炮连接，就可以利用电动机来转动火炮，此时被控制量就是火炮的方位角。如果利用电动机拖动一般机械，此时感兴趣的是电动机的输出角速度。当然，电动机不仅用在系统的控制对象与执行机构上，有时我们也在系统的其他部分碰到它。由于本课程只涉及直流随动系统，因此我们只讨论直流电动机的问题。电动机发展至今已经适用于很多方面，从小功率仪表系统中的微电机一直到拖动火炮的大电动机。其优点是速度可变的范围广而且方便。控制电动机转速的基本方法有两种，一种是控制电枢回路中的电压而不改变励磁部分，另一种是控制励磁而不改变电枢回路中的电压。随动系统往往采用控制电枢的电压而不改变励磁的方法控制转速。随动系统为了满足电动机功率的需要，通常利用一些功率放大

的设备与电动机的电枢回路相连，最一般的是利用直流发电机、交磁放大机、磁放大器等。

研究电机是一门专门的学问，使用电机涉及的面也十分广。我们不企图去讨论一般电机学的问题，只是从控制系统动力学的角度去研究电动机，去研究电动机各部运动参量之间动力学上的联系。

执行电动机示意图如图 1.2.5(a) 所示，其中 A 表电枢，J 表转动惯量，B 表励磁绕组，U_B 与 U_a 分别是励磁与电枢端之电压。

电动机由两部分构成：一部分是不动的定子部分，主要形成磁场，另一部分是转动的电枢。当电枢回路中有电流通过时，电枢在磁场中发生转动运动。图 1.2.5(b) 为电动机中磁系统之图。

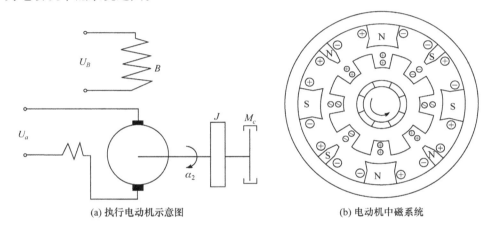

(a) 执行电动机示意图　　　　　　　(b) 电动机中磁系统

图 1.2.5　电动机示意图

电动机之磁路由两部分构成。一部分是不动的定子，它的内表面分布着成对出现的极，这些极都用导线绕着，一般有两种，即主绕组和附加绕组。图中的定子是各有两对的情形，其中附加绕组用于改善电机性能。另一部分是旋转的转子（电枢），它的外表面也有很多槽，也以导线绕成。电枢上有两对电刷与外面相连以便把电流导入电枢绕组。定子附加极与电枢绕组串联，但在电动机中，附加极的极性必须与主绕组极性相反。

描述电动机运动的方程一般由两部分构成。一部分是电动机中电与磁的平衡方程，另一部分是电枢上的力矩平衡方程。电枢的转动惯量通常与负载一起进行计算。下面分别建立其动力学方程。

设电动机输出角是 α_2，输入的电枢电压是 U_a，设励磁电压 U_B 是不变的，因此电机中出现由定子主绕组构成的常量磁通。在对电枢绕组引入电流以后，它就与上述磁场产生相互作用，使电枢连同负载发生转动运动。

为了得到动力学方程，引入下述符号。

U_a，作用在电枢上的电压。

I_a，电枢之电流。

r_{ad}，电枢回路之有效电阻。

L_{ad}，电枢回路之电感。

α_2，电枢之输出角。

c_1，电枢之感应电势系数。

J，负载转动惯量。

F，负载湿摩擦系数。

c_2，转动力矩系数。

p，微分算子。

$2n$，电枢极数目。

N_a，电枢有效导线数。

$2a$，电枢绕组并联回路之个数。

ϕ，磁通量。

首先建立电枢回路的电平衡方程。电枢回路之端电压是输入电压 U_a，沿回路之电压降、经过电阻 r_{ad} 与电感 L_{ad} 之电压降、感应电动势分别是 $I_a r_{ad}$、$L_{ad} p I_a$ 与 $c_1 p \alpha_2$。由此，我们有电枢回路电平衡方程，即

$$U_a = (r_{ad} + L_{ad} p) I_a + c_1 p \alpha_2$$

电枢轴上之力矩方程为

$$M = c_2 I_a = J p^2 \alpha_2 + F p \alpha_2$$

其中，$c_1 = \dfrac{n\phi N_a}{2\pi a} 10^{-8}$；$c_2 = \dfrac{n\phi N_a}{a 2\pi \times 9.81} 10^{-8} = \dfrac{c_1}{9.81}$。

由上述方程消去 I_a，则有

$$c_1 p \alpha_2 = U_a - r_{ad} \left(1 + \frac{L_{ad}}{r_{ad}} P\right) \left(1 + \frac{J}{F} p\right) \frac{F}{c_2} p \alpha_2$$

若引入两个时间常数 $T_{ad} = L_{ad} / r_{ad}$，$T_\mu = J / F$，则我们有

$$\frac{\alpha_2}{U_a} = \frac{1}{(1 + T_{ad} p)(1 + T_\mu p) \dfrac{r_{ad} F}{c_2} p + c_1 p}$$

若再令 $\dfrac{r_{ad} F}{c_1 c_2} T_{ad} T_\mu = T_\Omega^2$；$\dfrac{r_{ad} F}{c_1 c_2} (T_{ad} + T_\mu) = 2\xi_\Omega T_\Omega$；$k_\Omega = \dfrac{1}{c_1}$，则我们有

$$\frac{\alpha_2}{U_a} = \frac{k_\Omega}{\left(T_\Omega^2 p^2 + 2\xi_\Omega T_\Omega p + 1\right)p}$$

3. 热机转动方程

热电厂利用高压蒸汽推动汽轮机,再由汽轮机带动发电机发电。由于发电机是用专门的励磁机励磁的,因此发出的电的电压在很大程度上依赖发电机的转子。考虑汽轮机轴振动的问题,因此对汽轮机转动的角速度就有着较严格的要求。一般汽轮机的控制首先是解决其转速控制问题。

对汽轮机转速问题的讨论具有普遍意义,事实上很多动力设备都有转速控制问题,如内燃机、涡轮喷气发动机等。

图 1.2.6 为一个汽轮机工作的示意简图。图 1.2.6(a)是转子的一段,它的转动是由喷管中喷出高压蒸汽吹在汽轮机叶片上形成的,图 1.2.6(b)是汽轮机之简图。

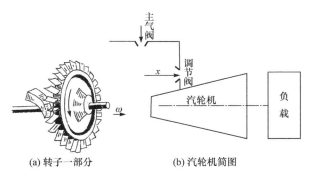

(a) 转子一部分　　　　　　(b) 汽轮机简图

图 1.2.6　汽轮机工作示意图

为了得到汽轮机转动的动力学方程,一般要依靠大量的计算与实验,通过这些工作可得到一系列的曲线图表,然后再由这些曲线定出汽轮机转动方程在各种状态下的参数。

发动机轴之转动方程为

$$J\frac{\mathrm{d}\omega}{\mathrm{d}t} = M_\Omega - M_c - M_H$$

其中,J 是全部转动部分折合至轴上之转动惯量;M_Ω 是转动力矩,由高压蒸汽吹在叶片上形成,一般来说,它与进气的大小和转速有关,如果把调节阀的位置以 x 表示,以 ω 表汽轮机轴之转速,则 M_Ω 是 x 之增函数,ω 之降函数;M_c 是阻尼力矩,是 ω 之增函数;M_H 是负载力矩,与 t 有关。

以上这些力矩与 ω 和 x 之间的关系都由实验曲线给定,如图 1.2.7 所示。

$$M_\Omega = M_\Omega(\omega, x), \qquad M_c = M_c(\omega), \qquad M_H = M_H(t)$$

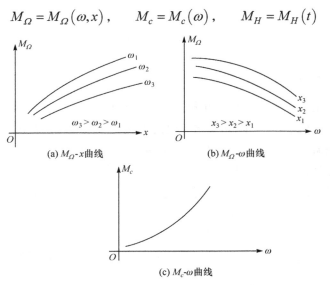

(a) M_Ω-x曲线　　　　　　　(b) M_Ω-ω曲线

(c) M_c-ω曲线

图 1.2.7　汽轮机力矩与ω、x的关系曲线

设上述函数都是至少可微一次的。

设原有定常状态为

$$\omega = \omega_0, \quad x = x_0, \quad M_H = M_H^0$$

则平衡方程为

$$M_\Omega(\omega_0, x_0) - M_c(\omega_0) - M_H^0 = 0$$

设负载由 M_H^0 变成 $M_H(t)$，对应此状态的汽轮机之转速及调节阀之位置分别是 ω 与 x，现引进 $\Delta\omega = \omega - \omega_0$，$\Delta x = x - x_0$，则在忽略二阶小量以后有

$$J\Delta\dot\omega = \left(\frac{\partial M_\Omega}{\partial \omega} - \frac{\partial M_c}{\partial \omega}\right)_0 \Delta\omega + \left(\frac{\partial M_\Omega}{3x}\right)_0 \Delta x + M_H^0 - M_H(t)$$

其中，$(\ )_0$ 表以 x_0 和 ω_0 代入后之结果。

若引入无量纲变量，则有

$$\varphi = \Delta\omega / \omega_H, \quad \xi = \frac{\Delta x}{x_H}$$

其中，ω_H 是某标准值；$x_H = M_H \Big/ \left(\dfrac{\partial M_\Omega}{\partial x}\right)_0$，$M_H$ 是额定力矩，则方程可以写成下述无量纲形式，即

$$T_a\dot\varphi + \delta\varphi = \xi - \lambda(t)$$

其中，$T_a = \dfrac{J\omega_H}{M_H}$；$\delta = \left(\dfrac{\partial M_c}{\partial \omega} - \dfrac{\partial M_\Omega}{\partial \omega}\right)_0 \dfrac{\omega_H}{M_H}$；$\lambda = \dfrac{M_H(t) - M_H^0}{M_H}$。

对于不同的汽轮机及其工作状态，T_a 与 δ 取不同的值。一般 $\delta>0$ ，这意味着汽轮机在不受控制时仍有良好的自调整性能。

1.2.3　敏感元件与比较元件

一个控制系统的工作目的是使受控制对象的被控制量满足预期的要求，由此我们首先必须能具体测出被控制量。敏感元件在控制系统中担任的就是测量被控制量的任务，因此把敏感元件比作控制系统的"眼睛"是十分合适的。不同的控制对象有不同的工作条件，并且被控制量也可以具有完全不同的物理特性，因此敏感元件必须根据控制对象的特点来选择。

1. 陀螺与陀螺垂直器

陀螺仪在航空系统中的应用已经有 30 多年的历史。随着航空事业的发展，远程火箭与潜艇的发展，陀螺作为航空、航海控制系统的敏感元件越来越重要。陀螺仪主要用来感受运动体在空间中的角度与角速度。

在理论力学中，我们已经知道一个高速旋转的刚体在惯性空间中具有定轴性，陀螺仪正是利用了这种性质并加以推广而成的。

以后我们只讨论在技术应用中碰到的对称陀螺。

为了测量飞机之俯仰角，人们通常使用陀螺垂直器来作为敏感元件。

图 1.2.8 所示为一具液体开关的陀螺垂直器。大家知道，一个三自由度陀螺在惯性空间具有定轴性，考虑飞机在空中飞行，这种定轴性就不能保证指示铅垂位置。为了保证能指出铅直位置，我们在内环上安装一液体开关，以保证陀螺房（由内环与转子组成）的水平位置。当陀螺房倾斜时，液体开关中气泡发生偏离，从而使修正电机之控制绕组产生电流，然后修正电机发出力矩使陀螺房水平。在整个飞行过程中，铅直线变化很小，因此这种修正实际上是经常作用的，并且修正甚小，从而确保陀螺房处于水平位置。

为了同时测出倾侧角与俯仰角，我们将外环轴指向机头方向，内环轴与其垂直并处在同一水平面内。我们在内环轴上装一电刷，在外环上装电位计之绕组以构成一电位计。显然，这一电位计将感受飞机之纵向角偏离。事实上，当飞机偏离水平位置时，整个外环将发生与飞机俯仰运动一致的偏离，而内环仍保持水平，则这个偏离就能从电位计上感受出来。此时有

$$U_1 = k\vartheta$$

其中，ϑ 是飞机俯仰角；U_1 是电位计的输出。

为了测出飞机的倾侧角，我们在外环轴上装一电刷，在机壳上装一电位计之绕组以构成一电位计。此电位计能感受倾侧角偏离。事实上，当飞机发生倾侧时，

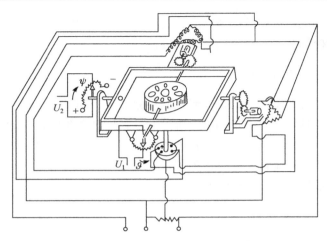

图 1.2.8　陀螺垂直器的原理示意图

外环将同内环轴一样保持水平，则倾侧运动可由机壳上的电位计与电刷间之电压差感受出来。此时有

$$U_2 = k_2 \psi$$

其中，ψ 是倾侧角；U_2 是电位计与电刷之电压差。

如果在控制过程中还需要得到角速度信号，我们可以采用微分陀螺[①]。

2. 离心测速器

早在瓦特（Watt）时代，人们就将离心测速器用于控制蒸汽机之转速。至今，离心测速器还在汽轮机、内燃机、飞机螺旋桨、航空发动机上普遍应用。

图 1.2.9 为一离心测速器之示意简图，设联系小球与滑块的杆的质量可忽略。在不考虑其绕主轴之旋转运动时，离心测速器具有一个自由度，即当滑块 B 的坐标 y 给定，则整个测速器之状态就确定了。

测速器之输入是转速 ω，输出是滑块的位置 y。

下面采用虚功原理的办法列写其运动方程。设想滑块有一虚位移 δ_y，则重力及弹簧力之虚功为

$$\delta A_1 = mg\delta_y + 2Mg\delta_z - F(y)\delta_y = E(y)\delta_y$$

其中，m 与 M 是滑块与小球之质量；$F(y)$ 是弹簧力；z 是小球之向下位移。

设原有平衡状态是 $\omega = \omega_0$ 与 $y = y_0$。

---

① 当时的陀螺均是这种有活动部件的机械陀螺，现在大部分已被激光陀螺和光纤陀螺代替了。

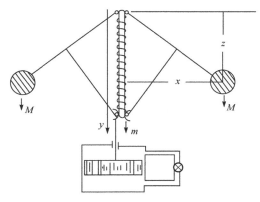

图 1.2.9   离心测速器的示意图

由于 $F(y)$ 代表弹性力，因此有 $\left.\dfrac{\partial F}{\partial y}\right|_{y=y_0}<0$ 。一般来说，这一性质对 $E(y)$ 亦合适。

在将离心测速器看成一个自由度时，我们认为此时这一体系受到离心力。它所作的虚功为

$$\delta A_2 = 2M\omega^2 x\delta_x = A(\omega,y)\delta_y$$

其中，x 为小球离主轴之距离；δ_x 是在 δ_y 下可能小球之水平位移。

显然，$\dfrac{\delta_x}{\delta_y}<0$ 。又因为 $\dfrac{\mathrm{d}z}{\mathrm{d}y}\cong\dfrac{\delta z}{\delta y}$ ，所以系统之总虚功为

$$\begin{aligned}\delta A &= \delta A_1 + \delta A_2 \\ &= \left\{\left[mg+2Mg\frac{\mathrm{d}z}{\mathrm{d}y}-F(y)\right]+2M\omega^2 x(y)\frac{\mathrm{d}x}{\mathrm{d}y}\right\}\delta_y \\ &= \left[E(y)+A(\omega,y)\right]\delta_y\end{aligned}$$

则广义力就是 $E(y)+A(\omega,y)$ 。

为了求滑块运动方程，还需要将上述平面运动时之系统质量折合到滑块上。考虑不计系统转动部分之功能，则平面运动动能为

$$T=\frac{1}{2}m\dot{y}^2+M\left(\dot{x}^2+\dot{z}^2\right)+T_1$$

其中，T_1 是杆件体系之动能，在忽略杆件之质量时可将其忽略。

由于

$$\dot{x}=\frac{\mathrm{d}x}{\mathrm{d}y}\dot{y},\quad \dot{z}=\frac{\mathrm{d}z}{\mathrm{d}y}\dot{y}$$

则我们有

$$T = \frac{1}{2} M(y)\dot{y}^2 = \frac{1}{2}\left[m + 2M\left(\frac{\mathrm{d}x}{\mathrm{d}y}\right)^2 + 2M\left(\frac{\mathrm{d}z}{\mathrm{d}y}\right)^2 + \frac{T_1}{\dot{y}^2} \right]\dot{y}^2$$

由此可知广义质量为

$$M(y) = m + 2M\left(\frac{\mathrm{d}x}{\mathrm{d}y}\right)^2 + 2M\left(\frac{\mathrm{d}z}{\mathrm{d}y}\right)^2 + \frac{T_1}{\dot{y}^2}$$

若再考虑摩擦，设折合至滑块上之摩擦系数是 b，则有

$$M(y)\ddot{y} = E(y) + A(y,\omega) - b\dot{y}$$

对应的平衡方程为

$$E(y_0) + A(y_0,\omega_0) = 0$$

考虑 $\Delta\omega = \omega - \omega_0$，$\Delta y = y - y_0$，

并略去二阶小量，则有

$$M(y_0)\Delta\ddot{y} + b\Delta\dot{y} - \left(\frac{\partial E}{\partial y} + \frac{\partial A}{\partial y}\right)_0 \Delta y = \left(\frac{\partial A}{\partial \omega}\right)_0 \Delta\omega$$

由于 $\left(\frac{\partial E}{\partial y} + \frac{\partial A}{\partial y}\right)_0 < 0$，则在引入 $\varphi = \Delta\omega/\omega_H$，$\eta = \Delta y/y_H$ 后就有

$$T_r^2\ddot{\eta} + T_K\dot{\eta} + \delta_1\eta = -\varphi$$

其中，$T_r^2 = \dfrac{-M(y_0)y_H}{\left(\frac{\partial A}{\partial \omega}\right)_0 \omega_H} > 0$；$T_K = \dfrac{-by_H}{\left(\frac{\partial A}{\partial \omega}\right)_0 \omega_H} > 0$；$\delta_1 = \left[\dfrac{\frac{+\partial}{\partial y}-(A+E)}{\frac{\partial A}{\partial \omega}}\right]\dfrac{y_H}{\omega_H} > 0$。

3. 电位计与电量比较

在直流角位置随动系统中，输入角信号与输出角信号都是利用电位计发送并比较的。简单地利用电位计比较输出输入角位置的装置如图 1.2.10 所示。它由两个电位计构成，设输入角为 θ_1，输出角为 θ_2，$U_{0_1 A_1}$ 与 $U_{0_2 A_2}$ 分别是两电位计之输出，k_1 与 k_2 为系数，显然我们有

$$U_{0_1 A_1} = k_1\theta_1, \quad k_1 = \frac{E}{\theta_{10}}$$

$$U_{0_2 A_2} = k_2\theta_2, \quad k_2 = \frac{E}{\theta_{20}}$$

其中，θ_{10} 与 θ_{20} 是电位计总张角之一半；E 为标定电压。

设两电位计构造完全相同，则有

$$e = U_{0_1 A_1} - U_{0_2 A_2} = k(\theta_1 - \theta_2), \quad k = E/\theta_0$$

由此可知，输出电压 e 刚好反映输入角与输出角之差。

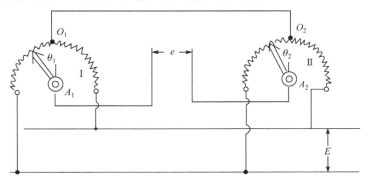

图 1.2.10   用电位计比较输出输入角位置装置

1.2.4   放大机构

在控制系统中，偏差信号无论在信号强度上，还是输出功率上都比较小，因此利用这种信号直接操纵执行机构有一定的困难，而不得不使用各种放大装置。它们既可以是用来放大信号的，也可以是在功率上进行放大。

我们主要叙述如下几种放大器，即电子管放大器、电机放大器、正交磁场电机放大器、液压放大器。

1. 直流电子管放大器

直流电子管放大器主要用来放大偏差以电压方式表达的信号。电子管放大器一般构造比较简单，但能得到较高的放大系数，在使用过程中有时容易发生振荡。一般在电的自动控制系统中经常使用。

对于三极电子管说来，它的静放大系数 M 一般与板流，以及电极上的电压无关，其非线性失真也较小，而其噪声水平比起多极管说来也较小，因此在直流电子管放大器中常使用三极管。

图 1.2.11 所示为一单级电子管放大器，其中 1 是三极管，2 是板极电池，R_c 是栅极电阻，R_a 是输出电阻，E_a 是板极电池之电动势，元件的输入与输出分别为 U_1 与 U_2。

显然，板极电压 U_a 满足下式，即

$$U_a = E_a - I_a R_a$$

其中，I_a 是板流。

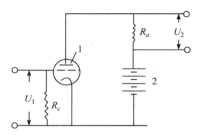

图 1.2.11　单极电子管放大器的原理示意图

另一方面，放大器之放大系数是

$$\frac{\Delta U_2}{\Delta U_1} = \frac{R_a \Delta I_a}{\Delta U_c} = S R_a = \frac{S_0 R_i}{R_a + R_i} R_a$$

显见，内阻 R_i 与跨导 S_0 越大，则放大系数越大。由上可知，电子管放大器好像是无惯性的，但在实际应用中还存在误差。

对电子管放大器，人们比较有兴趣的指标如下。

(1)静板极特性如图 1.2.12 所示。

$$I_a = f(U_a), \quad U_c = \text{const}$$

(2)静板栅特性如图 1.2.13 所示。

$$I_a = \varphi(U_c), \quad U_a = \text{const}$$

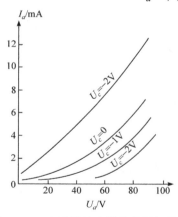

图 1.2.12　电子管放大器的静板极特性

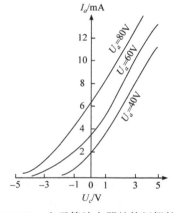

图 1.2.13　电子管放大器的静板栅特性

(3)跨导特性

$$S_0 = \frac{\Delta I_a}{\Delta U_c} \quad \text{或} \quad S_0 = \frac{\partial I_a}{\partial U_c}$$

(4)放大系数

$$\mu_0 = \frac{\Delta U_a}{\Delta U_c} \quad \text{或} \quad \mu_0 = \frac{\partial U_a}{\partial U_c}$$

(5)电子管内阻

$$R_i = \frac{\Delta U_a}{\Delta I_a} = \frac{\partial U_a}{\partial I_a}$$

由此，我们有

$$\mu_0 = S_0 R_i$$

在无负载的情况下，$R_a = 0$，我们就有

$$\Delta I_a = S_0 \Delta U_c = \frac{\mu_0}{R_i} \Delta U_c$$

如果考虑负载 R_a，则跨导特性会减小，此时有 $\Delta I_a = \frac{\mu_0}{R_a + R_i} \Delta U_c$ 或者 $\Delta I_a = S\Delta U_c$，则 $S = \frac{\mu_0}{R_a + R_i} = \frac{R_i S_0}{R_a + R_i}$。

2. 他激电机放大器

为了使执行机构动作，通常要求放大器的输出有较大的输出功率。这对一般电子管放大器说来是不可行的，常用的办法是将各种直流发电机作为功率放大的设备。在控制系统中，最简单的电机放大器就是他激式直流电机，有时也可以把几个电机串联起来使用。

考虑一直流发电机，其电流方向如图 1.2.14 所示。发电机的定子部分由控制绕组励磁，上面的极有两种，一种是主极，它构成磁场；另一种是辅助极，其作用是改善发电机的品质。发电机的转子由另外的电动机带动，做等速转动，由此在电枢绕组中将发生感应电势，通过电刷与外界负载连接以供应用户需要。发电机定子上辅助极之极性应按电枢旋转方向与主极一致。

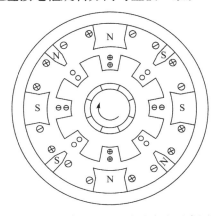

图 1.2.14　直流发电机电流方向示意图

现设控制绕组电压(输入)是U_y，它可以从量和极性上发生改变。由于电枢旋转按角速度ω为常数进行，因此感应电势应与U_y有关，没有外负载，其上之电压U_a一般应比电枢上电刷间感应电势小。

由于控制电压U_y之作用而产生磁通ϕ_y，电枢在此磁场中运动产生感应电势。在图1.2.15所示的两个他激发电机之示意图中，其中图1.2.15(b)是按纵轴控制的。

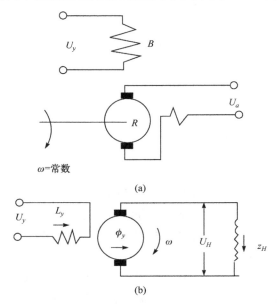

(a)

(b)

图 1.2.15 两个他激发电机的示意图

为了建立电机放大器方程，我们约定以下内容。

(1)忽略电机磁系统中发生的涡流。

(2)忽略电枢反应之影响。

(3)认为负载阻抗施加在电枢轴之力矩线性地依赖转速。

由于涡流存在若考虑涡流的影响将使建立方程的工作过分复杂化，我们只稍微讨论一下它的定性的影响。我们以短闭路来代替实心磁导体，并且以两个闭路来描述控制绕组如图1.2.16所示。现设控制绕组之电源内阻为0，其上之电压为U_B。为建立方程，引入互感系数M，控制绕组电感L_y，短接回路电感L_k，控制绕组的等效电阻r_y，短接回路的等效电阻r_k。由此我们有电压平衡方程

$$r_y i_y + L_y \frac{\mathrm{d}i_y}{\mathrm{d}t} + M \frac{\mathrm{d}i_k}{\mathrm{d}t} = U_B$$

$$M \frac{\mathrm{d}i_y}{\mathrm{d}t} + r_k i_k + L_k \frac{\mathrm{d}i_k}{\mathrm{d}t} = 0$$

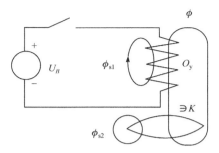

图 1.2.16 描述控制绕组的闭路

如果设

$$\sigma = 1 - \frac{M^2}{L_y L_k} , \quad \frac{L_y}{r_y} = T_1 = \frac{1}{\delta_1} , \quad \frac{L_k}{r_k} = T_2 = \frac{1}{\delta_2} , \quad k = \frac{M}{\sqrt{L_y L_k}}$$

则引入微分算子 $p = \dfrac{\mathrm{d}}{\mathrm{d}t}$ 后有

$$I_y = \frac{(\delta_2 + p) U_B}{L_y \left[\sigma p^2 + (\delta_1 + \delta_2) p + \delta_1 \delta_2 \right]}$$

$$I_k = \frac{M}{L_y L_k} \frac{p U_B}{\left[\sigma p^2 + (\delta_1 + \delta_2) p + \delta_1 \delta_2 \right]}$$

考虑 $i_y(t)$ 和 $i_k(t)$ 在零初始条件下之反应，上述微分方程之特征方程为

$$\sigma p^2 + (\delta_1 + \delta_2) p + \delta_1 \delta_2 = 0$$

特征根为

$$\lambda_{1,2} = \frac{-(\delta_1 + \delta_2) \pm \sqrt{(\delta_1 + \delta_2)^2 - 4\sigma \delta_1 \delta_2}}{2\sigma}$$

$$= \frac{-(\delta_1 + \delta_2) \pm b}{2\sigma}$$

对应的解 $i_y(t)$ 与 $i_k(t)$ 如图 1.2.17 所示。

定子主极的磁通是由电流 $i = i_y - i_k'$ 确定的，其中 i_k' 是 i_k 在控制绕组上之电流。不难看出，电流 i 在考虑涡流效应时，增长比 i_y 慢。一般是考虑了涡流后把时间常数增大 1.5～2 倍。

实际上，产生主极磁通的电流 i 应该满足以下方程，即

$$i = \frac{k(1 + \tau_1 p) U_B}{T^2 p^2 + 2\xi p + 1}$$

发生在定子上主极的磁通 ϕ 是由电流

$$i = i_y - i_k'$$

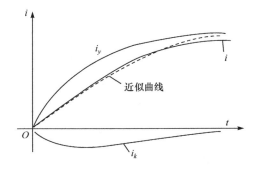

图 1.2.17　电机系统 i_y、i_k 与 t 的关系曲线

确定的，其中 τ_1 由 i_k 与 i'_k 之间耦合关系而定；$T = \sqrt{\dfrac{\sigma}{\delta_1 \delta_2}}$；$\xi = \dfrac{\delta_1 + \delta_2}{2\sqrt{\sigma \delta_1 \delta_2}}$。

在一定的近似下可以认为

$$i = \frac{kU_B}{1 + T_y p}$$

其中，T_y 由图 1.2.17 上近似曲线确定。

以后我们就认为，产生主极磁通 ϕ 的电流可由上述近似式确定，其中 T_y 是原控制绕组之时间常数经过放大 1.5～2 倍得到的。一般来说，主极磁能为

$$\phi = L_y i_y c_1$$

其中，c_1 是常数；L_y 是控制绕组电感。

发电机接线柱之电动势一般与 ϕ 和电枢转动角速度 ω 成正比，因此有

$$E = c_2 \phi \omega$$

其中，c_2 是常数。

由此有发电机之输出电压，即

$$U_a = E = c_1 c_2 L_y \omega i_y = \frac{c_1 c_2 L_y \omega k}{T_y P + 1} U_B$$

由此可知，发电机之输出电压 U_a 与控制电压之间满足

$$T_y \frac{\mathrm{d}}{\mathrm{d}t} U_a + U_a = k_1 U_B$$

其中，T_y 称为发电机之时间常数；k_1 称为发电机之放大系数。

3. 交磁电机放大器

为了得到较大的放大系数，通常使用的电机放大器是交磁电机放大器如图 1.2.18 所示，从原理上说它相当于两个直流发电机串联，安装在一个电机中。

交磁放大机之输入是加在控制绕组上的电压 U_1，由此在控制绕组中产生电流 i_1，这一电流形成磁通 ϕ_1。放大机之电枢转动时在电机电刷 I - I 间产生感应电势，而 I - I 间是短接的，因此在 I - I 间产生强大的电流 I_2，它满足

$$L_2 \frac{\mathrm{d}I_2}{\mathrm{d}t} + R_2 I_2 = E_2$$

其中，L_2 与 R_2 是横向绕组之电感与电阻。

由于横向绕组中有电流 I_2，因此产生磁通 ϕ_2，它的方向与 ϕ_1 垂直。这样在电刷 II - II 间将产生感应电势 E_3，由于 ϕ_2 比 ϕ_1 强，因此感应电流 I_3 比较强。

如果我们把 II - II 之间的电压直接加到执行电动机的电枢上，则 I_3 将产生磁通 ϕ_3，它的方向刚好与 ϕ_1 相反。为了抵消 ϕ_3 的影响，我们将 I_3 引入辅助绕组 k，借以产生磁通 ϕ_4。

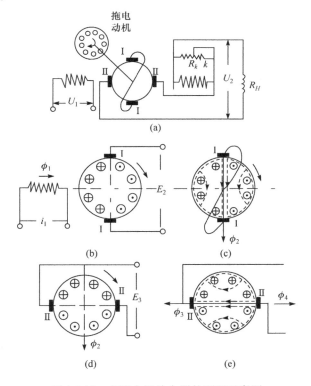

图 1.2.18　交磁电机放大器的原理示意图

由此可知，产生感应电势 E_2 之磁通应为

$$\phi_\pi = \phi_1 - \phi_3 + \phi_4$$

其中，$\phi_1 = I_1 M_{2.1}$，$M_{2.1}$ 是 Ⅰ - Ⅰ 绕组与控制绕组间之互感；$L_1 \dfrac{\mathrm{d}I_1}{\mathrm{d}t} + R_1 I_1 = U_1$，$L_1$ 与 R_1 是控制绕组之电感与电阻；$\phi_3 = L_3 I_3$，I_3 是电动机之电枢电流，L_3 是电动机电枢绕组之电感；$\phi_4 = I_3 M_{2.k}$，$M_{2.k}$ 是 Ⅱ - Ⅱ 绕组与辅助绕组 k 之间之互感。

由此就有

$$\phi_\pi = I_1 M_{2.1} - L_3 I_3 + I_3 M_{2.k}$$

感应电势 E_2 为

$$E_2 = c_1 \omega \phi_\pi = c_1 \omega \left(I_1 M_{2.1} - L_3 I_3 + I_3 M_{2.k} \right)$$

在短接绕组中，电流为

$$I_2 = \frac{E_2}{L_2 p + R_2}$$

电流 I_2 产生横向磁通 $\phi_{\pi 0 \pi} = L_3 I_2$，由此感应电动势 E_3，则

$$E_3 = c_2 \omega \phi_{\pi 0 \pi} = c_2 \omega L_3 I_2$$

其中，ω 是电枢转动的角速度，或者 Ⅱ - Ⅱ 间之电压就是 E_3。

由此令 $U_2 = E_3$，则电机放大器方程为

$$\begin{cases} U_2 = c_2 \omega L_3 I_2 \\ I_2 = \dfrac{E_2}{L_2 p + R_2} \\ E_2 = c_1 \omega \left(M_{2.1} I_1 - c_1 \omega L_3 I_3 + I_3 M_{2.k} \right) \\ I_1 = \dfrac{U_1}{L_1 p + R_1} \\ U_2 = \left(L_3 p + R_3 \right) I_3 \end{cases}$$

得到最后方程时，我们设负载之电感与电阻为 L_3 与 R_3，如果直接接到电动机电枢上，则在最后方程中考虑电动机转动之感应电势。设其已被忽略，由此可得输出电压 U_2 与输入电压 U_1 之间的关系，即

$$\left[1 + \frac{c_1 c_2 \omega^2 L_3 \left(c_1 \omega L_3 - M_{2.k} \right)}{\left(L_3 p + R_3 \right)\left(L_2 p + R_2 \right)} \right] U_2 = \frac{c_1 c_2 \omega^2 L_3 M_{2.1}}{\left(L_2 p + R_2 \right)\left(L_1 p + R_1 \right)} U_1$$

简单起见，设 $M_{2.1} I_1 \gg \left(M_{2.k} - c_1 \omega L_3 \right) I_3$，则有

$$U_2 = \frac{k_2}{\left(T_2 p + 1 \right)\left(T_1 p + 1 \right)} U_1$$

其中，$T_2 = L_2 / R_2$；$T_1 = L_1 / R_1$；$k_2 = \dfrac{c_1 c_2 \omega^2 L_3 M_{2.1}}{R_1 R_2}$。

4. 液压伺服放大机方程

在气动液动随动系统中，功率放大机构通常利用各种液动伺服机，例如在汽轮机调速系统和各种气动液动驾驶仪中就常碰到这种液动放大机。图 1.2.19 表示的就是一个液动伺服机之示意图，其活塞面积与工作机制具有多种类型，如图 1.2.20 所示。液动伺服机在工作过程中一般可以做到快速可靠。

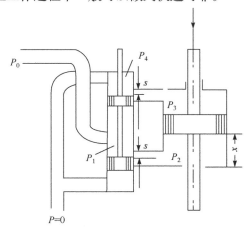

图 1.2.19　液动伺服机的原理示意图

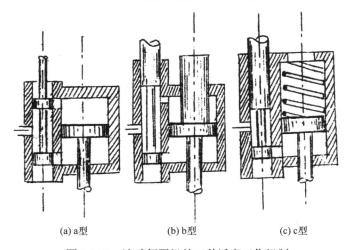

(a) a型　　　　　(b) b型　　　　　(c) c型

图 1.2.20　液动伺服机的三种活塞工作机制

为了建立运动方程，引入伺服机活塞的位置 x，设伺服机活塞连同与其刚性连接部分之质量为 m，F 为伺服机活塞之工作面积，分配活门从平衡位置之位移 s，分配活门打开之小窗之面积 Δ，流量系数为 μ，工作液体密度为 r，活塞所受的负载力为 P，c 型活塞受的弹簧力 P'，液源工作液体之压力 P_0，分配活门内工作液体

之压力 P_1，伺服机活塞下空腔工作液体之压力 P_2，伺服机活塞上空腔工作液体之压力 P_3，分配活门上下液体之压力 P_4，工作液体流量之瞬时值 Q。

设沿进油管与出油管之阻力系数分别是 c_1 与 c_2，考虑图 1.2.19 所示之液压伺服机，应用流体力学之基本规律并设活塞向上运动 $[s>0, \dot{x}>0]$，则有

$$P_0 - P_1 = c_1 Q$$

$$P_4 = c_2 Q$$

$$P_1 - P_2 = \frac{rQ^2}{2g\mu^2 \Delta^2}$$

$$P_3 - P_4 = \frac{rQ^2}{2g\mu^2 \Delta^2}$$

$$Q = F\dot{x}$$

$$P_2 - P_3 = \frac{1}{F}(m\ddot{x} + P)$$

从上述方程中消去 P_1、P_2、P_3、P_4 与 Q，则有活塞运动方程

$$\frac{rF^2}{g\mu^2 \Delta^2}\dot{x}^2 + \frac{m\ddot{x}}{F} + (c_1 + c_2)F\dot{x} + \frac{P}{F} = P_0$$

如果活塞向下，则我们以 $-\dot{x}$ 与 $-\ddot{x}$ 代替 $\dot{x}$ 与 $\ddot{x}$ 即可，上述分析正是 a 型的情况。

如果考虑的是 b 型，对于 $s>0$，$\dot{x}>0$，则有 $P_0 - P_1 = \frac{1}{2}cQ$，$P_1 - P_2 = \frac{rQ^2}{2g\mu^2 \Delta^2}$，

$P_2 - \frac{1}{2}P_1 = \frac{1}{F}[m\ddot{x} + P]$，$Q = F\dot{x}$。

由此相仿地有

$$\frac{rF^2 \dot{x}^2}{2g\mu^2 \Delta^2} + \frac{m\ddot{x}}{F} + \frac{1}{4}c_1 F\dot{x} + \frac{P}{F} = \frac{P_0}{2}$$

对于 $s<0$，$\dot{x}<0$，则有 $P_0 - P_1 = \frac{1}{2}c_1 Q$，$P_2 - \frac{1}{2}P_1 = \frac{1}{F}(m\ddot{x} - P)$，$P_2 - P_3 = \frac{rQ^2}{2g\mu^2 \Delta^2}$，

$P_3 = c_2 Q$，$Q = -F\dot{x}$。

由此相仿地有

$$\frac{rF^2 \dot{x}^2}{2g\mu^2 \Delta^2} - \frac{m\ddot{x}}{F} - \left(\frac{1}{4}c_1 + c_2\right)F\dot{x} + \frac{P}{F} = \frac{P_0}{2}$$

如果考虑的是 c 型，则有

$$\frac{rF^2 \dot{x}^2}{2g\mu^2 \Delta^2} + \frac{m\ddot{x}}{F} + c_1 F\dot{x} + \frac{P}{F} = P_0 - \frac{P'}{F}, \quad s>0$$

$$\frac{rF^2\dot{x}^2}{2g\mu^2\varDelta^2}-\frac{m\ddot{x}}{F}-c_2F\dot{x}+\frac{P}{F}=-\frac{P'}{F}, \quad s<0$$

由此可知，一般液压伺服机方程考虑管道中之阻力、活塞质量之影响，从流体力学的伯努利方程出发，则方程是二阶非线性的。

如果对 c 型伺服机，在整个工作过程中弹簧力 P' 变化不大，并且设其有

$$P'=\frac{1}{2}P_0F$$

则 c 型伺服机方程与 b 型伺服机方程没有太大区别。

如果进一步忽略活塞质量惯性之影响，以及进油管与出油管中阻力之影响，并且认为负载力 P 是常量，其方向依赖活塞运动方向，则无论 a、b 或 c 型（设 $P'=\frac{1}{2}P_0F$）之方程都可写成一般形式，即

$$\dot{x}=\frac{\mu\varDelta}{F}\sqrt{\frac{g}{r}\left(P_0-\frac{2P}{vF}\right)}$$

其中，v 是伺服机控制工作空腔之数目。

考虑相对变量

$$\xi=\frac{x-x_0}{x_H}, \quad \sigma=\frac{s}{s_H}$$

其中，x_H 与 s_H 是某个给定值；x_0 是某稳态时活塞之坐标。

考虑小窗面积 $\varDelta$ 是 σ 的函数，由此有 $\dot{\xi}=f(\sigma)$。$f(\sigma)$ 之曲线常称伺服机特性曲线。

在一般液压伺服机中常有以下几种情形。

(1) 矩形小窗且无间隙。设水窗宽为 b，则

$$\varDelta=bs$$

由此有 $T_s\dot{\xi}=\sigma$，$T_s=\dfrac{Fx_H}{\mu bs_H\sqrt{\dfrac{g}{r}\left(P_0-\dfrac{2P}{vF}\right)}}$。

(2) 矩形小窗但有间隙 s_0。设 $\sigma_0=s_0/s_H$，则有

$$T_s\dot{\xi}=\sigma-\sigma_0, \quad \sigma>\sigma_0$$
$$\dot{\xi}=0, \quad |\sigma|<\sigma_0$$
$$T_s\dot{\xi}=\sigma+\sigma_0, \quad \sigma<-\sigma_0$$

(3) 圆形小窗。$\varDelta$ 是 S 之比较复杂的函数，则有

$$T_s\dot{\xi}=\int_0^\sigma\sqrt{2rt-t^2}\,\mathrm{d}t$$

其中，r 是小窗之半径；$\sigma > \dfrac{2r}{s_H}$ 后取常量 T_s 仍为时间常数，但与矩形孔不一样。

1.2.5　校正与变换元件

在各种控制系统中，为了改善系统的品质，通常需要使用各种校正与变换元件。它们在系统中被改变的自由度较大，改变它们的结构与参数就能有效地改变系统的动态特性，可以使原有不稳定的系统稳定下来，也可以使系统的质量指标得到改善。在电系统中，这种元件可以使用各种无源网络，在机械系统中则可以使用各种弹簧阻尼或恒行器。

1. 测速电机与阻尼陀螺

在电动机作为执行机构的角位置随动系统中，系统的输出角常用电位计来感受。有时我们仍需测量电动机之输出角速度，一般采用各种测速电机。下面介绍一下直流测速电机之原理并建立其动力学方程。事实上，任何一个发电机在励磁绕组中保持常电压时，发电机定子绕组之磁通是常量。由此根据之前所讲发电机所发之电压，应有

$$E_0 = c_1 \omega \phi$$

现在 ϕ 是常量，由此有

$$E_0 = k_1 \omega$$

其中，ω 是拖动电枢转动之电动机之转速。

为了测得电动机之转速，我们只需将电动机之轴与测速发电机之电枢轴连接，并且在测速发电机之励磁部分保持常磁通（通常直接用磁铁就可以办到）就可以了。

测速发电机是在本身不动的情况下测量另一转动体之转速。这种方法对于在运动体内测量运动体之转动是不合适的。为了测量运动体之角速度，我们通常运用阻尼陀螺。此外，它也可以测量运动体的角加速度。

考虑图 1.2.21 所示一个阻尼陀螺。我们将内环轴指向飞机前进方向，而将外环轴指向飞机之侧向，转子轴铅垂向上。阻尼陀螺与一般三自由度陀螺不同之处在于，外环与内环均安装有阻尼器与弹簧。通过两个电位器之输出就能感受俯仰角速度与角加速度，以及倾侧角速度与倾侧角加速度，前两者由内环电位计电压 U_2 表示，后两者由外环电位计电压 U_1 表示。

由陀螺应用理论可知，三自由度陀螺在重心刚好落在不动点。在不计框架质量的情况下，其内环与外环轴转动角 α 与 β 近似满足方程

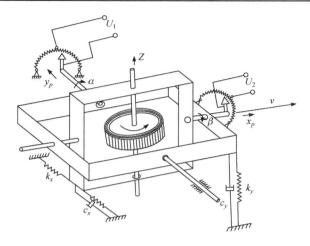

图 1.2.21 阻尼陀螺的原理示意图

$$I_{xp}\ddot{\beta} - H\dot{\alpha} = M_1$$

$$I_{yp}\ddot{\alpha} + H\dot{\beta} = M_2$$

其中，I_{xp} 与 I_{yp} 是绕内环与外环轴的转动惯量；M_1 与 M_2 是加在这两个方向之力矩，这个力矩主要由弹簧与阻尼器产生的。设飞机俯仰角、角速度与角加速度分别是 ϑ、$\dot{\vartheta}$ 与 $\ddot{\vartheta}$，倾侧角、角速度与角加速度是 ψ、$\dot{\psi}$ 与 $\ddot{\psi}$，则我们有

$$M_1 = k_x(\psi - \beta) + c_x(\dot{\psi} - \dot{\beta})$$

$$M_2 = k_y(\vartheta - \alpha) + c_y(\dot{\vartheta} - \dot{\alpha})$$

$$\begin{cases} I_{xp}p^2\beta - Hp\alpha = k_x(\psi - \beta) + c_x p(\psi - \beta) \\ I_{yp}p^2\alpha + Hp\beta = k_y(\vartheta - \alpha) + c_y p(\vartheta - \alpha) \end{cases}$$

我们可以将其化成

$$\left(I_{xp}p^2 + c_x p + k_x\right)\beta - Hp\alpha = (c_x p + k_x)\psi$$

$$\left(I_{yp}p^2 + c_y p + k_y\right)\alpha + Hp\beta = (c_y p + k_y)\vartheta$$

由此有

$$\left[\left(I_{xp}p^2 + c_x p + k_x\right)\left(I_{yp}p^2 + c_y p + k_y\right) + H^2 p^2\right]\beta$$

$$= (c_x p + k_x)\left(I_{yp}p^2 + c_{yp} + k_y\right)\psi + H\left(c_y p^2 + k_y p\right)\vartheta$$

$$\left[\left(I_{xp}p^2 + c_x p + k_x\right)\left(I_{yp}p^2 + c_y p + k_y\right) + H^2 p^2\right]\alpha$$

$$= (c_y p + k_y)\left(I_{xp}p^2 + c_x p + k_x\right)\vartheta - H\left(c_x p^2 + k_x p\right)\psi$$

在一般陀螺仪中，我们常有较大的 H，因此上述方程可以有方程

$$D(p)\beta = H\left(c_y p^2 + k_y p\right)\vartheta$$

$$D(p)\alpha = -H\left(c_x p^2 + k_x p\right)\varPsi$$

当在 α 和 β 定常时，就有

$$\begin{cases} \beta = \dfrac{H}{k_x k_y}\left(k_y p + c_y p^2\right)\vartheta \\ \alpha = \dfrac{-H}{k_x k_y}\left(k_x p + c_x p^2\right)\varPsi \end{cases}$$

由此可知，我们利用内环电位计测出了俯仰角之角速度与角加速度，利用外环电位计测出了倾侧角速度与角加速度。其组合系数由弹簧与阻尼器之系数 k_x、k_y、c_x、c_y 确定。

在航空系统中，有时也采用二自由变陀螺测量角速度与角加速度。

2. 四端无源网络

在应用电机或其他电子设备的控制系统中，用于变换与校正装置的最简单的工具是各种四端无源网络。下面介绍几种常用的线路，同时介绍使用微分变压器得到的动力学方程。

首先讨论各种 RC、RL 微分回路。图 1.2.22 表示三种微分回路，它们都由电阻 R 与电容 C 构成。我们来建立其方程。

（1）对图 1.2.22（a）。

$$u_2 = Ri$$

$$u_2 - u_1 = -\frac{1}{c}\int i\,\mathrm{d}t$$

由此就有

$$P(u_2 - u_1) = -\frac{1}{C}i$$

$$\Rightarrow (Rcp + 1)u_2 = RCpu_1$$

显然，u_2 近似地是 u_1 之导数。

（2）对图 1.2.22（b）。

按电学中的基尔霍夫定律不难有

$$u_2 - u_1 = -\frac{1}{C}\int i_1(t)\,\mathrm{d}t = -R_2 i_2$$

$$Cp(u_2 - u_1) = -i_1 = -R_2 Cp i_2$$

$$u_2 = R(i_1 + i_2)$$

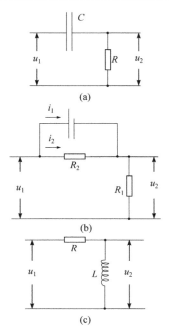

图 1.2.22 三种微分回路

或者写为

$$u_2 - R_1 i_1 - R_1 i_2 = 0$$
$$Cpu_2 + i_1 = Cpu_1$$
$$Cpu_2 + R_2 Cpi_2 = Cpu_2$$

消去 i_1 与 i_2 有

$$u_2 = \frac{R_1 Cp(1 + R_2 Cp)u_1}{(R_1 + R_2)Cp + R_1 R_2 C^2 p^2}$$

$$= \frac{1 + R_2 Cp}{\left(1 + \dfrac{R_2}{R_1}\right) + R_2 Cp} u_1$$

$$= \frac{R_1(1 + R_2 Cp)u_1}{(R_1 + R_2)\left(1 + \dfrac{R_1}{R_1 + R_2} R_2 Cp\right)}$$

$$= \frac{k(1 + T_1 p)}{1 + T_2 p} u_1$$

其中，$T_1 = R_2 C$；$T_2 = kT_1$，$k = \dfrac{R_1}{R_1 + R_2} < 1$。

由于 $k<1$ ，一般可以有 $T_2 p \ll 1$ ，因此 u_2 将在一定近似程度上反映 u_1 及其导数。

(3) 对图 1.2.22(c)。

利用克希霍夫定律有

$$u_1 = iR + L\frac{\mathrm{d}i}{\mathrm{d}t}, \quad u_2 = L\frac{\mathrm{d}i}{\mathrm{d}t}$$

若从中消去 i ，且令 $T = L/R$ ，则不难导出

$$T\frac{\mathrm{d}u_2}{\mathrm{d}t} + u_2 = T\frac{\mathrm{d}u_1}{\mathrm{d}t}$$

由此不难得知，输出电压 u_2 近似反映输入电压之导数。

我们也可以利用各种电机放大器达到改善系统的作用。如图 1.2.23 所示是微分变压器之原理图，图 1.2.23(a) 表示其作用原理。图 1.2.23(b) 表示一应用微分变压器之例，其变压器初级线圈直接接在电机放大器之输出端，而变压器之次级线圈则输出作用在电机放大器之控制线组上(在电子管放大器中，则将次级线圈的输出作用在电子管的栅极上)。一般来说，次级线圈中的电流是比较小的，如果次级线圈之电流越小，则微分变压器工作之误差就越小。

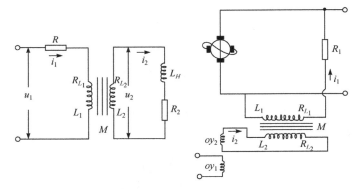

(a) 微分变压器的作用原理图　　　　(b) 微分变压器应用示意图

图 1.2.23　微分变压器的原理示意图

在忽略次级线圈中电流的情况下，我们有

$$u_2 = M\frac{\mathrm{d}i_1}{\mathrm{d}t}$$

其中，M 是互感系数。

在初级线圈中，则有

$$u_1 = \left(R_1 + R_{L_1}\right)i_1 + L_1\frac{\mathrm{d}i_1}{\mathrm{d}t}$$

其中，u_1 与 u_2 分别是微分变压器之输入电压与输出电压，同时也是电机放大器之

输出电压与作用在电机放大器控制绕组上之电压。

　　如果微分变压器次级线圈中的电流很强以致不允许忽略，此时微分变压器的方程应该变为

$$u_1 = \left(R_1 + R_{L_1} \right) i_1 + L_1 \frac{\mathrm{d}i_1}{\mathrm{d}t} + M \frac{\mathrm{d}i_2}{\mathrm{d}t}$$

$$0 = M \frac{\mathrm{d}i_1}{\mathrm{d}t} + \left(L_2 + L_H \right) \frac{\mathrm{d}i_2}{\mathrm{d}t} + \left(R_2 + R_{L_2} \right) i_2$$

此时变压器之输出是次级线圈中的电流而不是电压，L_H 是变压器输出电感，如果忽略 L_H，即令 $L_H = 0$，并令 $M = L_1 L_2$，则我们可以有

$$I_2 = \frac{kp}{\left(T_1 + T_2 \right) p + 1} u_1$$

其中，$T_1 = L_1 / R_1 + R_{L_1}$；$T_2 = L_2 / R_2 + R_{L_2}$。

　　此时变压器可近似实现微分作用。

　　在电系统中，除了采用各种微分线路以外，有时也采用各种积分线路或积分微分线路。图 1.2.24 所示就是两个积分回路之原理示意图。

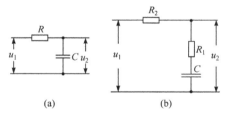

图 1.2.24　两个积分回路的原理示意图

对图 1.2.24(a)，我们不难有

$$u_1 = Ri + \frac{1}{C} \int i \mathrm{d}t, \quad u_2 = \frac{1}{C} \int i \mathrm{d}t$$

令 $T = RC$，则有

$$T \frac{\mathrm{d}u_2}{\mathrm{d}t} + u_2 = u_1$$

对图 1.2.24(b)，应用同样的方法，则有

$$u_1 = i\left(R_1 + R_2 \right) + \frac{1}{C} \int_0^t i \mathrm{d}t$$

$$u_2 = iR_1 + \frac{1}{C} \int_0^t i \mathrm{d}t$$

消去 i，且令 $T = C\left(R_1 + R_2 \right)$，$\tau = CR_1$，则有 $T \frac{\mathrm{d}u_2}{\mathrm{d}t} + u_2 = \tau \frac{\mathrm{d}u_1}{\mathrm{d}t} + u_1$。

　　对以上线路，若 T 较大而 τ 较小，则一般在交流输入的情况下都能近似地起

到积分作用。

图 1.2.25 表示一微分积分回路。它在输入的不同频带内反映积分微分的不同性质，仍旧利用克希霍夫定律可以确定它的方程为

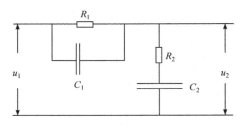

图 1.2.25　微分积分回路

$$\tau_1\tau_2\frac{\mathrm{d}^2u_2}{\mathrm{d}t^2}+\left(\tau_1+\tau_2+R_1C_2\right)\frac{\mathrm{d}u_2}{\mathrm{d}t}+u_2=\tau_1\tau_2\frac{\mathrm{d}^2u_1}{\mathrm{d}t^2}+\left(\tau_1+\tau_2\right)\frac{\mathrm{d}u_1}{\mathrm{d}t}+u_1$$

其中，$\tau_1=C_1R_1$；$\tau_2=C_2R_2$。

或者写为

$$u_2=\frac{\left(1+\tau_1p\right)\left(1+\tau_2p\right)}{1+\left(\tau_1+\tau_2+R_2C_1\right)p+\tau_1\tau_2p^2}=\frac{\left(1+\tau_1p\right)\left(1+\tau_2p\right)}{\left(1+T_1p\right)\left(1+T_2p\right)}$$

其中，T_1 与 T_2 是方程 $\mu^2-\left(\tau_1+\tau_2+R_2C_1\right)\mu+\tau_1\tau_2=0$ 的两个根。不难证明，它们都是正实数。

3. 液动校正装置[①]

在液动随动系统中，校正装置常采用气动液动式，利用这种装置也能达到快速可靠的效果。图 1.2.26 所示就是一个液动微分器的示意图。它由一个分配活门与两个伺服机活塞构成，为简单起见我们作如下基本假定。

(1) 设油是不可压缩且作匀速流动。

(2) 在分配活门打开小孔后，分至 B、C 两气缸中的油永远成比例，即设单位时间进入伺服机之油为 M_0，则分别进入气缸 B 与 C 之油恰为 α_1M_0 与 α_2M_0，其中 $\alpha_1+\alpha_2=1$，$\alpha_i>0$，$i=1,2$。

设平衡态对应 $y=0$，$y_1=0$，$z_1=0$，$z_2=0$，$x=0$。现有一控制信号 y，则分配活门打开小孔之面积是 $f(y_1)$，若孔是矩形的，则打开面积为 by_1，其中 b 是

孔之宽度，y_1 是分配活门活塞之位移。此时，设活塞 B 之位置为 z_1，则应有

$$-F_B\dot{z}_1 = by_1\alpha_1 M_0$$

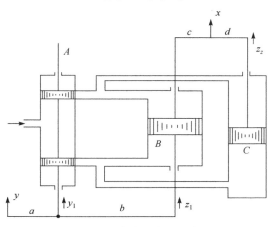

图 1.2.26　液动微分器示意图

另一方面，我们又有

$$\frac{y_1 - y}{a} = \frac{z_1 - y}{a + b} = \frac{z_1 - y_1}{b}$$

消去 y_1，我们有

$$y_1 = \frac{a}{a + b}(z_1 - y) + y$$

或者写为

$$\frac{F_B}{b\alpha_1 M_0}\dot{z}_1 + \frac{a}{a + b}z_1 + \frac{b}{a + b}y = 0$$

或者写为

$$(T_1 p + 1)z_1 = k_1 y$$

其中，$T_1 = \dfrac{a + b}{a} \times \dfrac{F_B}{b\alpha_1 M_0}$；$k_1 = -\dfrac{b}{a}$。

再考虑活塞 C 之运动，则不难有

$$F_c\dot{z}_2 = b\alpha_2 My_1, \quad T_2\dot{z}_2 = y_1, \quad T_2 = \frac{F_c}{b\alpha_2 M_0}$$

而微分器输出 x 应满足

$$\frac{x - z_1}{c} = \frac{z_2 - x}{d}$$

或者写为

$$x\left(\frac{1}{c}+\frac{1}{d}\right)=\frac{z_1}{c}+\frac{z_2}{d}, \quad x=\lambda_1 z_1+\lambda_2 z_2$$

另一方面，我们又有

$$T_2 p z_2 - y_1 = 0$$

由此就有

$$T_2 p z_2 - \frac{a}{a+b} z_1 - \frac{b}{a+b} y = 0$$

消去 z_1 或 z_2，则有

$$x = \lambda_1 \frac{k_1}{T_1 p+1} y + \lambda_2 \frac{1}{T_2 p}\left(\frac{a}{a+b}\frac{k_1}{T_1 p+1} y + \frac{b}{a+b} y\right)$$

$$= k\left[\frac{\tau_1 p+1}{(T_1 p+1)T_2 p}\right]$$

其中，$k=\dfrac{\lambda_2}{a+b}[ak_1+b]$；$\tau_1=\left[\lambda_1 k_1 T_2(a+b)+\lambda_2 T_1 b\right]\big/\lambda_2(ak_1+b)$；$\lambda_1,\lambda_2$ 由 c 与 d 确定；k_1 为写成最后形式所需之常数。

一种比较简单的液动校正装置是液动恒行器，其示意图如图 1.2.27 所示，输入是恒行器气缸的位置 z，输出是其活塞之坐标 y。

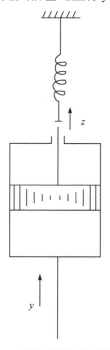

图 1.2.27　液动恒行器的原理示意图

设恒行器平衡状态是 $z = y = 0$，则我们有以下运动方程，即

$$m\ddot{z} + r(\dot{z} - \dot{y}) + kz = 0$$

其中，m 是活塞质量；k 是弹簧常数；r 是阻尼系数。

由此可以有

$$z = \frac{rp}{mp^2 + rp + k}y$$

如果忽略小活塞质量，则我们有

$$z = k\frac{\tau p}{\tau p + 1}y$$

其中，$\tau = \dfrac{r}{k}$；$k = K$。

1.3 控制系统举例

在这一节，我们列举几个实际的控制系统建立它们的运动方程。这些系统包括直流随动系统、汽轮机转速调节系统、飞机纵向运动驾驶系统与单轴陀螺稳定器。

1.3.1 直流随动系统

直流随动系统是随动系统中常见的一种。它的职能是要求系统的输出能复现输入的变化。这种系统被广泛地应用在各种领域内，小到小功率仪表随动系统，大至火炮位置随动系统。直流随动系统主要是由电机构成的电随动系统，间或也有气动液动随动系统。图 1.3.1 所示系一火炮位置直流随动系统。其输出是火炮的方位角，由电位计敏感与输入角信号进行比较。偏差信号经过电子式放大器与两级电机放大器进行信号与功率放大，然后操纵电动机转动火炮。

下面列写其动力学方程。令输出角与输入角分别是 θ_2 与 θ_1，由此有以下方程。

电位计比较方程

$$\varepsilon = k_1(\theta_2 - \theta_1)$$

电子放大器方程

$$e_1 = -k_2\varepsilon$$

直流电机方程

$$T_f\dot{e}_2 + e_2 = k_3 e_1$$

直流电机连同负载运动方程

$$T_M\ddot{\theta}_2 + \dot{\theta}_2 = \frac{1}{K_v}e_2$$

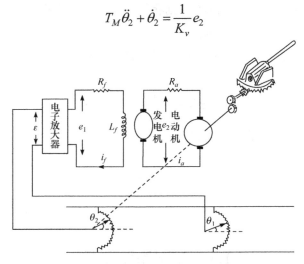

图 1.3.1　火炮位置直流随动系统示意图

其中，k_1 是电位计比例系数；k_2 是电子放大器之放大倍数；$T_f = L_f/R_f$ 是发电机时间常数；k_3 是发电机之放大倍数；T_M 是电动机时间常数；$\dfrac{1}{K_v}$ 是发动机之放大倍数。所有这些都是常数。

以上方程不难改写为

$$e_1 = -k_1k_2\left(\theta_2 - \theta_1\right)$$

$$e_2 = \frac{k_3}{T_f p + 1}e_1$$

$$\theta_2 = \frac{1}{K_v\left(T_M p + 1\right)p}e_2$$

由此有

$$\theta_2 = \frac{-k_1k_2k_3}{K_v}\frac{1}{\left(T_M p + 1\right)\left(T_f p + 1\right)p}\left(\theta_2 - \theta_1\right)$$

于是有

$$\theta_2 = \frac{k_1k_2k_3/K_v}{\left(T_M p + 1\right)\left(T_f p + 1\right)p + k_1k_2k_3/K_v}\theta_1$$

若令 $k = k_1k_2k_3/K_v$，则有

$$\theta_2 = \frac{k}{\left(T_M p + 1\right)\left(T_f p + 1\right)p + k}\theta_1$$

研究 θ_2 的自由运动，主要从特征方程 $\left(T_M p+1\right)\left(T_f p+1\right) p+k=0$ 的根开始。

1.3.2　汽轮机调速系统

汽轮机在工作过程中常要求输出转速是一个常量。例如，使用汽轮机发电，为了保证发电的质量则要求汽轮机具有比较严格的恒定角速度。这里讨论的汽轮机转速系统原则上也适用于其他热机转速的调节，如内燃机等发动机的调节。

图 1.3.2 所示是一个汽轮机调速系统工作的示意图。

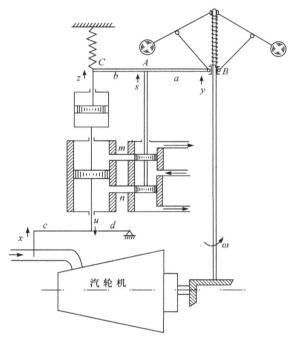

图 1.3.2　汽轮机调速系统工作的示意图

汽轮机调速系统工作原理如下。设汽轮机在转速 $\omega=\omega_0$ 下做定常转动时受到干扰，设角速度 $\omega>\omega_0$，则离心测速器之滑块 B 将偏离原来位置向上运动 y。由此可知，与 B 点以杆相联的 A 点亦发生向上之运动 s，从而分配活门之小孔 m 被打开。高压油由 m 孔流入伺服机空腔，使活塞得一向下之位移 u。由此阀门亦发生一向下之位移 $-x$，从而使汽轮机进气减少，转速 ω 由此降低。反之，若干扰使 $\omega<\omega_0$，则相应的调节过程同上面所述的相反。

以下来建立发动机(汽轮机)之调速系统的运动方程[①]。

---

① 在前一节，我们给出了建立这类液动元件方程的方法与对应最终方程中各系数的求法与表述。下面将只给出结果不再重复这一过程，读者应自行解决这问题。

首先，调节对象方程为

$$T_a \dot{\varphi} + \varphi = \xi - \lambda(t)$$

其中，φ 与 ξ 是角速度 ω 与阀门位置对应之无量纲变量。

离心测速器方程为

$$T_r^2 \ddot{\eta} + T_r \dot{\eta} + \delta_1 \eta = \varphi$$

而伺服机方程为

$$\dot{\mu} = f(\sigma)$$

其中，μ 是活塞位移，设其是无量纲变量，$\mu = u/u_H$，$\sigma = s/s_H$ 也是无量纲变量，m 和 n 是矩形孔时，我们有

$$T_s \dot{\mu} = \sigma$$

考虑在一个位移 u 下将唯一确定 x，并且有

$$\frac{u}{d} = -\frac{x}{c+d}, \quad u = -\lambda_1 x$$

考虑 u_H 未定，令 $u_H = \dfrac{x_H}{\lambda_1}$，则伺服机方程可改写为

$$T_s \dot{\xi} = -\sigma$$

此外，简单恒行器方程为

$$\tau \frac{\mathrm{d}\zeta}{\mathrm{d}t} + \zeta = \tau \frac{\mathrm{d}u}{\mathrm{d}t} = \tau \frac{\mathrm{d}\xi}{\mathrm{d}t}$$

其中，$\zeta = z/z_H$，z_H 未定。

由于在整个工作过程中 BAC 在一条直线上，我们有方程

$$\frac{z-s}{b} = \frac{s-y}{a}$$

或者写为

$$z = \lambda_2 s - \lambda_3 y$$

其中，$\lambda_2 = 1 + \dfrac{b}{a}$；$\lambda_3 = \dfrac{b}{a}$。

或者写成无量纲形式，即

$$\zeta = \lambda_2' \sigma - \lambda_3' \eta$$

其中，$\lambda_2' = \dfrac{\lambda_2 s_H}{z_n}$；$\lambda_3' = \dfrac{\lambda_3 y_H}{z_n}$。

考虑 y_H 与 s_H 未给定，我们总可以选它们就是使 $\lambda_2' = \lambda_3' = 1$ 之数。由此我们有

整个调速系统方程，即

$$\begin{cases} T_a\dot{\varphi} + \varphi = \xi - \lambda(t) \\ T_r^2\ddot{\eta} + T_k\dot{\eta} + \delta_1\eta = \varphi \\ T_s\dot{\xi} = -\sigma \\ \tau\dot{\zeta} + \zeta = \tau\dot{\xi} \\ \sigma = \zeta + \eta \end{cases}$$

如果写成算子形式为

$$\begin{cases} \varphi = \dfrac{1}{T_a p + 1}\xi - \dfrac{1}{T_a p + 1}\lambda \\ \xi = -\dfrac{1}{T_s p}\sigma \\ \sigma = \zeta + \eta \\ \eta = \dfrac{1}{T_r^2 p^2 + T_k p + \delta_1}\varphi \\ \zeta = \dfrac{\tau p}{1 + \tau p}\xi \end{cases}$$

或者写为

$$\varphi = \left[\frac{-1}{T_a p + 1}\right]\left[\frac{(\tau p + 1)}{T_s p(\tau p + 1) + \tau p}\right]\left[\frac{1}{T_r^2 p^2 + T_k p + \delta_1}\right]\varphi - \frac{1}{T_a p + 1}\lambda$$

或者写为

$$\left\{(T_a p + 1)\left[\tau p + T_s p(\tau p + 1)\right]\left(T_r^2 p^2 + T_k p + \delta_1\right) + (\tau p + 1)\right\}\varphi$$

$$= \left\{\left[\tau p + T_s p(\tau p + 1)\right]\left(T_r^2 p^2 + T_k p + \delta_1\right)\right\}\lambda$$

若研究自由运动，则对立齐次方程之特征方程为

$$(T_a p + 1)\left[\tau + T_s(\tau p + 1)\right]\left(T_r^2 p^2 + T_k p + \delta_1\right)p + \tau p + 1 = 0$$

它是一个五阶方程

当 $T_r = T_k = 0$ 时，我们有

$$\delta(T_a p + 1)\left[T_s\tau p + (\tau + T_s)\right]p + \tau p + 1 = 0$$

考虑 $\delta_1 \neq 0$，展开有

$$T_a T_s \tau s^3 + \left[T_a(\tau + T_s) + T_s\tau\right]s^2 + (2\tau + T_s)s + 1 = 0$$

1.3.3　飞机纵向自动驾驶仪方程

图 1.3.3 所示是一飞机纵向自动驾驶系统之示意图。考虑没有外界输入，飞机作自由飞行时，飞机与自动驾驶系统闭合后的系统方程。闭合系统由飞机、陀螺、电子管放大器、直流电动机拖动的舵机等组成。飞机发出俯仰运动时，由陀螺垂直器、阻尼陀螺感受俯仰角 ϑ 及俯仰角速度 $\dot{\vartheta}$，可由两个电位计算出，即

$$u_1 = k_1\vartheta, \quad u_2 = -k_2\dot{\vartheta}$$

由此可知，电子管放大器输入信号为

$$\varepsilon = k_1\vartheta + k_2\dot{\vartheta}$$

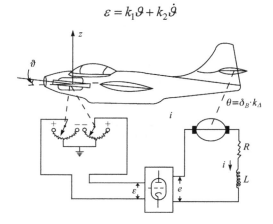

图 1.3.3　飞机纵向自动驾驶系统的示意图

电子管放大器对此信号进行信号与功率放大，利用电子管放大器输出的较大电流控制执行电动机操纵舵机。各部件的方程如下。

飞机纵向运动方程

$$\frac{\mathrm{d}^3\vartheta}{\mathrm{d}t^3} + c_1\frac{\mathrm{d}^2\vartheta}{\mathrm{d}t^2} + c_2\frac{\mathrm{d}\vartheta}{\mathrm{d}t} = -n_B\frac{\mathrm{d}\delta_B}{\mathrm{d}t} - n_Bn_{22}\delta_B$$

电位计综合器方程

$$\varepsilon = k_1\vartheta + k_2\dot{\vartheta}$$

放大器方程

$$e = k_3\varepsilon$$

电枢回路电流方程

$$L\frac{\mathrm{d}i}{\mathrm{d}t} + Ri = e \ \text{或}\ T_1\frac{\mathrm{d}i}{\mathrm{d}t} + i = k_4e$$

电动机转动方程

$$J\frac{\mathrm{d}^2\delta_B}{\mathrm{d}t^2}+r\frac{\mathrm{d}\delta_B}{\mathrm{d}t}=k_5'i \text{ 或 } T_2\frac{\mathrm{d}^2\delta_B}{\mathrm{d}t^2}+\frac{\mathrm{d}\delta_B}{\mathrm{d}t}=k_5i$$

算子形式为

$$\vartheta=\frac{-n_B(p+n_{22})}{p^3+c_1p^2+c_2p}\delta_B$$

$$i=\frac{k_4k_3}{T_1p+1}(k_1+k_2p)\vartheta$$

$$\delta_B=\frac{k_5}{(T_2p+1)p}i$$

或者合起来写为

$$\left[1+\frac{n_B(p+n_{22})}{p^3+c_1p^2+c_2p}\times\frac{k_3k_4k_5}{(T_1p+1)}\times\frac{(k_1+k_2p)}{p(T_2p+1)}\right]\vartheta=0$$

它对应的自由运动之特征方程为

$$p(T_1p+1)(T_2p+1)(p^3+c_1p^2+c_2p)+n_Bk_3k_4k_5(k_1+k_2p)(p+n_{22})=0$$

如果忽略电枢回路中之电感，则 $T_1=0$，由此有

$$p(T_2p+1)(p^3+c_1p^2+c_2p)+n_Bk_3k_4k_5(k_1+k_2p)(p+n_{22})=0$$

1.4　控制系统动力学中的基本概念

1.4.1　控制系统的一些分类

对于控制系统，我们可以从不同的角度进行分类。这种分类并不一定要有十分严格的界限。目前，对控制系统的分类及名称还没有形成完全统一的看法。下面的介绍是最一般的一种分法。

控制系统按其担负的任务一般可分为以下几种。

(1) 调节系统。调节系统一般又称稳定系统或镇定系统，它的输入或给定作用是不随时间变化的常量，对系统所提的任务是要求被控制量保持在某一常量附近；对系统所提的要求是系统在受到各种干扰的情况下能保持其工作状态的稳定性以及在原有工作状况受到破坏后恢复过程的品质。调节系统在各工业部门的各种工程装置中都有应用，如电压调节的稳压器、飞机飞行纵向运动的镇定器、汽轮机调速系统、锅炉水位调节器等。此外，所有造成特定工作环境的控制系统，如恒温室控制系统等也属此类。

(2) 程序控制系统。程序控制系统的输入或给定作用是时间 t 的已知函数，而要求输出相应的事前已经规定的变化。除保证系统工作应具有某种稳定性以外还

需要研究为了得到给定的输出，系统的输入应该怎样给出。在程序控制系统中，给定作用都是以程序装置给出的。这种系统在一些机械加工工业中常遇到，如各种程序机床。在近代飞行器的研究中，程序飞行也是这类系统的例子。

（3）随动系统。随动系统的输入或给定作用是事前无法知道的随时间变化的函数，对系统的要求是力求在每个时刻输出能尽量复现输入的变化。有时候系统之输入具有某种概率性质的。对系统的要求主要是工作的稳定性与复现误差在统计意义下应充分小。由于这类系统的输入往往不是使用系统的人所能预先知道的，因此除信号是随机的以外，有时还应把输入理解成是有益信号与噪声干扰的混合。系统在复现输入之前首先应具有区别信号与干扰的能力，也就是系统应具有在混有干扰的输入作用下要求输出充分准确地复现有益的信号输入。

（4）最优化系统与极值系统。系统的工作状态并不一定总是要求输入保持常量或是随时间变化的某个函数，而是根据系统的特点，结合环境的变化，要求系统中的几个量能保持某个合理的关系，或者要求这些量之间的某个函数关系达到极值。这种系统实际上已经具有了一些逻辑判断能力。对于这种系统，首先提出的问题是如何使系统尽快地达到这种最优的关系。这种最优值在系统工作的过程中并不都是随时知道的，需要随时进行探索。所谓逻辑判断能力实际上就是判断这种探索是否合理。目前这类系统的理论研究极不充分。在实际应用中，这类系统已经在石油钻探和锅炉燃烧中得到一些应用，并且确实可以提高这些装置的效率。

（5）自适应系统。近代控制系统日趋完善的一个特征就在于在其中使用了各种控制计算机。自适应系统是在外界环境发生变化的情况下，利用控制计算机进行判断并改变系统的结构来适应环境的变化，从而保证是合理，乃至工作状态最优的系统。这类系统目前已经在驾驶系统、冶金工业等方面得到了应用。

我们主要讨论调节系统与随动系统的问题，因为它们的问题是控制系统中发展得比较完全、比较基本的。此外，限于时间，我们也不涉及随机过程的问题。

对于调节系统与随动系统来说，有时候又根据输入输出之间是否存在定常误差，可将系统分为有差系统与无差系统。

设一反馈控制系统如图 1.4.1 所示，其中 $x(t)$ 是系统之输入，$y(t)$ 是系统之输出，$\varepsilon(t)$ 是系统输入之间之误差。

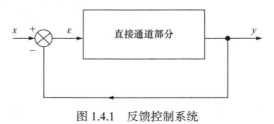

图 1.4.1　反馈控制系统

如果一个系统在输入是非零常数的情况下，输出与输入之间存在非零的定常误差，则称系统是有差系统或零阶无差系统。图 1.4.2 所示的是一个零阶无差调速系统。事实上，当系统处于定常状态时，调节对象电动机一定在作等速转动。为了维持这种等速转动，电机放大器之输出电流应不为零，这就要求电子放大器之输出电压亦不为零。显然，作为放大器输入之误差电压不能为零，因此系统在输入给定情况下，反映输出转速的测速发电机的输出电压一定与反映输入的电压之间存在误差，这表明系统是有差的。

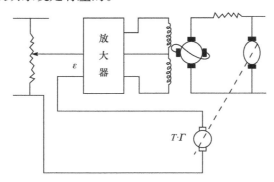

图 1.4.2 零阶无差调速系统示意图

如果在系统输入趋近于常量的情况下，系统之输入输出间不存在定常误差，则系统称为无差系统。如果输入作等速变化时，系统之输出与输入间已经存在定常误差，则这种系统称为一阶无差系统。图 1.3.1 所示的位置随动系统就是一个一阶无差系统。这是由于输入作等速转动时，定常状态下之输出也在作等速转动。这样控制对象电动机也必须作等速转动，而能维持这种转动就表明作为放大器输入的误差电压应不为零。但由于在系统受有常量输入时，系统的输出位置亦应处在一固定位置，因此电动机不发生转动。在这种情况下，唯一可能作为放大器输入电压之误差信号应为零，因此这一系统确定是一阶无差系统。

如果系统输入是时间的一次函数时还能保持无差的性能，而在输入是时间的二次函数时这种性能就受到破坏，则称其为二阶无差系统。由此可以引入更高阶无差系统的概念。但系统并不是无差阶数越高越好，因为随着这种阶数的增高系统的其他性能，如稳定性等将得不到保证。

以上系统有差无差的概念主要是针对系统的控制作用输入而言的，这种问题在随动系统中较多。有时候，我们也会遇到另一类有差无差的提法，这主要是针对系统中的干扰而言的。如果被控制量在干扰趋于一个新定常值时，被调量跟着发生变化而趋于一个新定常值，则称系统对干扰作用是有差的；如果不论干扰趋向于任何定常值，系统的被控制量都能保持不变，则称系统对干扰作用是无差的。图 1.4.3 所示的水位调节器就是有差的(图 1.4.3(a))和无差的(图 1.4.3(b))。事实上，当外界负载发生变化(视为干扰)，例如用水量增大，则相应的进水阀门应上抬，从而保证流进更多的水，但在阀门与球形浮标间存在刚性联系，因此这只存在容器内水位比原来未被扰动时之水位下降才有可能。由于系统在负载趋近于新常量时，作为被控制量的水位发生偏离原高度的情况，因此系统对干扰作用是有差的。反过来考虑图 1.4.3(b)，不管负载取何数值，系统的定常状态只能对应电动机不再转动的情形，只有在继电器之电键 K 处于中间位置时才有可能，而这也仅当浮标的高度不变时才有可能。系统的被控制量水位高度将保持不变，因此系统对干扰作用来说是无差系统。

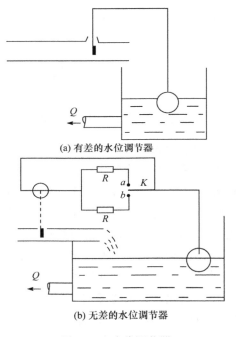

(a) 有差的水位调节器

(b) 无差的水位调节器

图 1.4.3　水位调节器

对干扰作用提无差和有差主要是针对调节系统提出的，我们对此并不太关心，或者说，在从分析方法上对前一个提法弄清楚以后，并不难导出后一个提法下的结果。

控制系统的分类还可以有其他分法。例如，按系统控制工程中是否引入能源，是否直接用偏差信号控制控制对象又可将系统分为直接作用的与间接作用的。此外，还可以将系统分为连续控制的(以前讲的都是这种)与断续控制的。后者是指偏差信号的获得并不始终连续得到，而是隔一段时间进行一次采样。然后，根据这种断续采样的结果进行控制，这种控制有时也称为采样系统或脉冲系统。我们以后讲的都是连续系统。

1.4.2 两种常见的控制原则

在调节系统与随动系统中，最常用到的控制原则是相仿于宋代苏颂与韩公廉制造天衡的控制原则，一般称为按偏差控制，如图 1.4.4 所示。其控制机理是不管在系统中干扰究竟作用在什么地方，从干扰的结果考虑，把输出与输入进行比较，用得到的偏差信号 $\varepsilon(t)$ 消除输出中的误差。1.3 节中的例子都是按偏差控制的控制系统。这样的系统没有必要去考虑对干扰进行测量的问题。应该指出，这种系统的控制过程本身是在已经产生一定偏差以后才能进行，因此这种系统在比较精密的系统中仍显得不足。

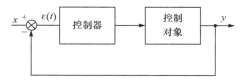

图 1.4.4 按偏差控制的结构图

由于近代测量技术的发展，已经使测量部分干扰成为可能。按干扰控制的原则是在测量出干扰的前提下，预先估计干扰在系统输出上的影响，然后采用另一个通道测出干扰并进行适当运算，然后输送到对象上去补偿原干扰的影响。这种控制实际上是一种补偿作用。它在干扰可测的前提下是适用的。近年来自动控制中提出的不变性原理就在于此，不变性原理在数学上已经得到证明，并且建立了双通道准则，即要补偿干扰对输出的影响，必须建立干扰作用点到输出点之间的第二个通道。实际上，无论是不变性原理，还是双通道原则在中国古代的指南车中都有比较完整的反映。按干扰控制的工作机理如图 1.4.5 所示。

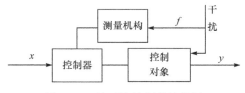

图 1.4.5 按干扰控制的结构图

如果把按干扰控制与按偏差控制结合起来,我们就可以得到复合控制的系统,如图 1.4.6 所示。在近代要求比较精密的控制系统中,复合控制的原则已经得到很大发展。

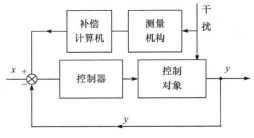

图 1.4.6　复合控制系统结构图

应该指出，无论是按干扰控制，还是复合控制，目前看来主要的困难并不在数学上而是究竟怎样去实现，其中既包含对干扰测量的现实可能性问题，也包含如何近似实现对干扰信号所应进行的运算问题。

在以后的内容中，我们原则上不去讨论按干扰控制与复合控制的问题。但在弄清楚按偏差控制的系统分析与综合手段以后，再对按干扰控制进行一些不多的学习就可以进行讨论了。

1.4.3　其他一些基本概念

在以后的讨论中，我们约定系统中的信息传递严格具有单向性。这一点我们在前面已经不自觉地应用了。具体地说就是，系统中的任何一个部件，都是由输入的变化引起输出的变化，而不可能考虑输出的变化会引起输入的变化。例如，离心率速器只可能是角速度的变化影响滑块的位置，绝不讨论滑块的位置影响汽轮机的角速度。虽然这种反向影响在某些电系统中是存在的，但影响很小，可以将其忽略。

输出输入间没有反馈进行比较的系统称为开环系统。例如，按干扰进行控制的系统多属此类；反之，若在系统的输入输出之间具有反馈且有比较的作用，则系统是闭环的。

如果系统中的通道环线不止一个，则系统称为多环的。如果各通道之间存在交叉影响，则系统称为具交叉影响的。

读者亦不难理解单输出单输入系统、单输出多输入系统、多输出多输入系统等概念。

1.5　思考题与习题

1. 什么叫动力学过程？控制系统动力学的任务是什么？它在解决控制系统

设计时有什么局限性?

2. 什么叫控制对象? 为什么控制对象的特性通常是不允许改变的? 控制系统设计的任务是什么?

3. 在飞机纵向运动方程中, 如果作变速飞行, 运动方程的特点是什么?

4. 在汽轮机转动方程中, 为什么说当 $\delta > 0$ 时, 一般汽轮机在无控制时仍有良好的自调整性能?

5. 两个控制原则之区别是什么? 它们各自的优点与缺点如何? 试比较之。

6. 什么叫无差系统, 能否建立对干扰一阶无差, 二阶无差的概念, 应如何建立这种概念。

7. 建立下述元件之动力学方程。

(1)离心测速器(图 1.5.1)。

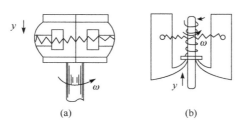

图 1.5.1 离心测速器的工作示意图

(2)液压伺服机(图 1.5.2)。

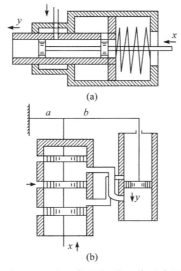

图 1.5.2 液压伺服机的工作示意图

(3)电子四端网络(图 1.5.3)。

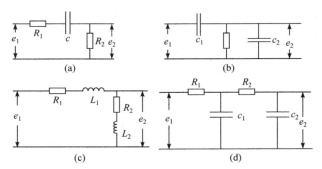

图 1.5.3　电子四端网络示意图

(4)轴上考虑弹性扭转效应的电动机(图 1.5.4)。

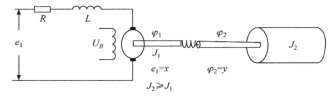

图 1.5.4　轴上弹性扭转效应的电动机示意图

(5)具弹性阻尼联系之列车(图 1.5.5)。

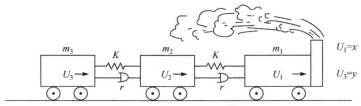

图 1.5.5　具弹性阻尼联系列车的示意图

8. 建立下述系统方程。

(1)电动机调速系统(图 1.5.6)。

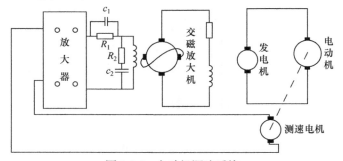

图 1.5.6　电动机调速系统

(2)透平发电机转速调节器(图 1.5.7)。

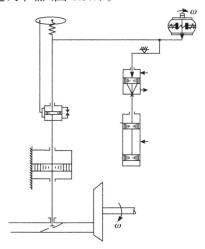

图 1.5.7 透平发电机转速调节器示意图

(3)图 1.4.3(b)之水位调节器。

(4)图 1.4.2 之转速调节器。

第 2 章　拉普拉斯变换传递函数与频率特性

2.1　拉普拉斯变换介绍

这一节我们主要讲述线性控制系统动力学研究中的基本数学工具——拉普拉斯 (Laplace) 变换。在求解常微分方程的过程中,我们发现,如果把微商看作一种运算,利用算符来解方程在计算上有一定的优越性。英国早期电气工程师哈维西德 (Heaviside) 早在 20 世纪之前,为方便电工计算提出用运算微积的方法解线性常系数微分方程。这一方法的理论基础就是拉普拉斯变换。有趣的是拉普拉斯本人在使用这一变换时根本就没有考虑数学上的严格证明。这生动地说明了一些数学工具发生与发展的动力并不在数学本身,而是首先从实际提出要求,数学上首先给出的往往并不是形式逻辑的严格说明,而是给出一种方法。这种方法有力之处在于其应用性。它丝毫不会因为数学上还缺少严格论证而停止发展,相反使数学由此获得发展的力量,会设法论证这种方法的合理性与适用范围。这在近代控制理论中是屡见不鲜的。

由于拉普拉斯变换目前已经具备了严格的教学基础,因此这里不再按照某种粗糙的说法来叙述问题,而是从严格的分析出发。

2.1.1　拉普拉斯变换及其逆变换

考虑实变量的复值函数 $f(t)$,它满足以下条件。

(1) $f(t)$ 及其导数在半实轴 $t \geq 0$ 定义,除有限个第一类间断点以外,均连续。在间断点 t_0 有定义 $f(t_0) = \frac{1}{2}\big[f(t_0+0) + f(t_0-0)\big]$,其中 $f(t_0+0)$ 与 $f(t_0-0)$ 是 $f(t)$ 在 $t=t_0$ 之右极限与左极限。

(2) $f(t)$ 在负实轴 $t < 0$ 消失,即

$$f(t) \equiv 0 , \quad t < 0$$

(3) 对于 $f(t)$,存在实数 M、c,使不等式

$$|f(t)| < Me^{ct}$$

成立,其中 $|f(t)|$ 是 $f(t)$ 之模。

从实际物理与工程领域的过程看,条件 (1) 与 (3) 是易于满足的,甚至条件 (2)

在实际问题中往往是考虑一个系统在一定初始条件下的反应问题，因此什么时候改作计算时间的起点并不重要，这样条件(2)也就自然满足了。对于条件(2)，我们应作为一个理解，即以后考虑的任何函数实际上都是以函数 $1(t)$ 乘过以后的，其中 $1(t)$ 是单位阶跃函，定义为

$$1(t) = \begin{cases} 1, & t > 0 \\ 0, & t < 0 \end{cases}$$

显然，任何通常的函数 $f(t)$，若考虑 $\varphi = f(t)1(t)$，则 φ 将自动满足条件(2)。一般 $1(0) = \frac{1}{2}$。

为简单起见，我们约定讨论的函数均作上述理解。

定义 2.1　复变量复值函数 $F(s)$ 称为 $f(t)$ 之象函数，系指由函数 $f(t)$ 按下述积分定义之函数，即

$$F(s) = \int_{0^-}^{+\infty} f(t) e^{-st} dt \tag{2.1.1}$$

并称 $f(t)$ 是 $F(s)$ 之原函数，一般记为

$$F(s) = \mathscr{L}\left[f(t) \right]$$

定义 2.2　实数 c_0 称为函数 $f(t)$ 之收敛横坐标，系指对任何 $\varepsilon > 0$，总有

$$\int_{0^-}^{\infty} f(t) e^{-(c_0 + \varepsilon)t} dt, \quad 收敛$$

$$\int_{0^-}^{\infty} f(t) e^{-(c_0 - \varepsilon)t} dt, \quad 发散$$

不难证明，给定函数 $f(t)$，它只有唯一的收敛横坐标。

如果 $f(t)$ 对任何实数 c 总有 $\int_{0^-}^{+\infty} f(t) e^{-ct} dt$ 收敛，则称 $f(t)$ 之收敛横坐标为 $+\infty$。如果 $f(t)$ 对任何实数 c 总有 $\int_{0^-}^{+\infty} f(t) e^{-ct} dt$ 发散，则称 $f(t)$ 之收敛横坐标为 $-\infty$。

不难确定下述函数之收敛横坐标，即左边是函数，右边是对应的收敛横坐标

$$\begin{aligned} &e^{-at}, &&-a \\ &\sin(\omega t), &&0 \\ &\cos(\omega t), &&0 \\ &\sinh(at), &&|a| \\ &\cosh(at), &&|a| \\ &t^n, &&0 \end{aligned}$$

定理 2.1　对任何 $f(t)$，其象函数 $F(s)$ 在半平面 $\mathrm{Re}(s) > c_0$ 是变量 s 的解析函数，其中 c_0 是 $f(t)$ 之收敛横坐标。

定理之证明几乎是显然的。

如果按照式 (2.1.1) 来定义 $f(t)$ 之像 $F(s)$，则 $F(s)$ 仅在半平面 $\mathrm{Re}(s) > c_0$ 定义，而不允许将 $F(s)$ 扩展至全平面。以下我们实际上以 $F(s)$ 在全平面进行解析开拓来理解函数 $F(s)$。

进一步，我们建立拉普拉斯变换的反变换。这里只从数学上引入结果，而不准备给出严格的数学论证。相关的数学证明，读者可以参见复变函数论或运算微积分的书籍。

定理 2.2　设 $f(t)$ 是满足条件 (1)、(2) 与 (3) 的函数，$F(s)$ 是 $f(t)$ 拉普拉斯变换的像，则在 $f(t)$ 的连续点有

$$f(t) = \frac{1}{2\pi \mathrm{j}} \int_{c-\mathrm{j}\infty}^{c+\mathrm{j}\infty} \mathrm{e}^{st} F(s) \mathrm{d}s \qquad (2.1.2)$$

其中，积分系沿直线 $\mathrm{Re}(s) = c$ 求积的；$c > c_0$，c_0 是 $f(t)$ 之收敛横坐标。

定理 2.3　$f(t)$ 除间断点以外完全由象函数 $F(s)$ 确定。

定理 2.4　若函数 $F(s)$ 在半平面 $\mathrm{Re}(s) > c_0$ 解析，且在 $\mathrm{Re}(s) \geqslant c > c_0$ 内相对于 $\arg(s)$ 一致地有 $\lim\limits_{s \to \infty} F(s) = 0$，而积分 $\int_{c-\mathrm{j}\infty}^{c+\mathrm{j}\infty} F(s) \mathrm{d}s$ 绝对收敛，则 $F(s)$ 是函数

$$f(t) = \frac{1}{2\pi \mathrm{j}} \int_{c-\mathrm{j}\infty}^{c+\mathrm{j}\infty} F(s) \mathrm{e}^{st} \mathrm{d}s$$

之象函数，且 $f(t)$ 满足条件 (1)、(2) 与 (3)。

上述定理 2.1～定理 2.4 为函数 $f(t)$ 及其拉普拉斯变换 $F(s)$ 之间的关系问题。下面我们来讨论一例。

例 2.1　考虑函数 $f(t) = \mathrm{e}^{\alpha t}$，不难看出

$$F(s) = \int_{0^-}^{+\infty} \mathrm{e}^{\alpha t} \mathrm{e}^{-st} \mathrm{d}t = \frac{1}{s - \alpha}, \quad \mathrm{Re}(s) > \alpha$$

反过来，我们从 $F(s)$ 求原函数 $f(t)$。函数 $F(s)$ 完全满足定理 2.4 之假定，则我们有

$$f(t) = \frac{1}{2\pi \mathrm{j}} \int_{c-\mathrm{j}\infty}^{c+\mathrm{j}\infty} \frac{1}{s - \alpha} \mathrm{e}^{st} \mathrm{d}s = \frac{\mathrm{e}^{\alpha t}}{2\pi \mathrm{j}} \int_{r-\mathrm{j}\infty}^{r+\mathrm{j}\infty} \frac{\mathrm{e}^{\sigma t}}{\sigma} \mathrm{d}\sigma, \quad s = \sigma + \alpha$$

下面计算积分

$$I(t) = \frac{1}{2\pi \mathrm{j}} \int_{r-\mathrm{j}\infty}^{r+\mathrm{j}\infty} \frac{\mathrm{e}^{\sigma t}}{\sigma} \mathrm{d}\sigma, \quad r = c - \alpha > 0$$

为了计算我们在复平面作一过 $(r,0)$ 平行虚轴的直线 π，则上述积分就是沿 π 的积分。画一个以原点为圆心 R 为半径的大圆。当 R 充分大时，圆被 π 分成两块，形成两个回路 c 与 c'，其包围的区域为 s 与 s'，如图 2.1.1 所示。

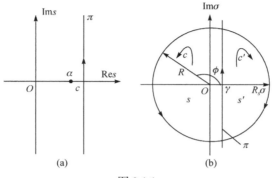

图 2.1.1

首先考虑 $t < 0$，研究图 2.1.1 回路 c' 上的积分，由于 $\mathrm{e}^{\sigma t} / \sigma$ 在 s' 解析，则有

$$\frac{1}{2\pi \mathrm{j}} \oint_{c'} \frac{\mathrm{e}^{\sigma t}}{\sigma} \mathrm{d}\sigma = 0$$

考虑当 $R \to \infty$ 时 $\mathrm{e}^{\sigma t} / \sigma$ 在半圆上积分为零，由此就有其在 π 上积分亦为零。此即表明 $t < 0$ 时，$f(t) = 0$，这刚好保证 $f(t)$ 满足条件（2）。

现在考虑 $t > 0$，研究回路 c 上积分。由于 $\mathrm{e}^{\sigma t} / \sigma$ 在 s 上有一简单极点 $\sigma = 0$，于是有

$$\frac{1}{2\pi \mathrm{j}} \oint_{c} \frac{\mathrm{e}^{\sigma t}}{\sigma} \mathrm{d}\sigma = \frac{\mathrm{e}^{\sigma t}}{1} = 1$$

上述第一个等式用到函数回路积分与其在极点留数的关系。同样，当 $R \to \infty$ 时，其在 c 的一段半圆的积分亦为零。于是就有

$$f(t) = \mathrm{e}^{\alpha t} \times 1(t) = \mathrm{e}^{\alpha t}, \quad t > 0$$

从而完成对 $F(s) = \dfrac{1}{s - \alpha}$ 的原函数的计算。

在常系数线性控制系统的理论研究上，复变函数的极点，留数计算和回路积分有着十分重要的作用。

2.1.2 拉普拉斯变换的基本性质

在这一节，我们主要对拉普拉斯变换的一些基本性质进行讨论。这些性质对于计算或者以后的理论分析都有基本的意义。

性质 2.1　拉普拉斯变换是一个线性变换。

设 $F_i(s) = \mathscr{L}\left[f_i(t)\right]$，$C_i$ 是一组常数，则有

$$\sum_{i=1}^{n} C_i F_i(s) = \sum_{i=1}^{n} C_i \mathscr{L}\left[f_i(t)\right] = \mathscr{L}\left[\sum_{i=1}^{n} C_i f_i(t)\right] \tag{2.1.3}$$

利用拉普拉斯变换的线性性质，我们有

$$\mathscr{L}\left(e^{\alpha t}\right) = \frac{1}{s - \alpha}, \quad \mathscr{L}\left(e^{-\alpha t}\right) = \frac{1}{s + \alpha}, \quad \mathscr{L}\left(e^{j\omega t}\right) = \frac{1}{s - j\omega}$$

则

$$\mathscr{L}\left[\sinh(\alpha t)\right] = \mathscr{L}\left[\frac{1}{2}\left(e^{\alpha t} - e^{-\alpha t}\right)\right] = \frac{1}{2}\left(\frac{1}{s - \alpha} - \frac{1}{s + \alpha}\right) = \frac{\alpha}{s^2 - \alpha^2}$$

$$\mathscr{L}\left[\cosh(\alpha t)\right] = \mathscr{L}\left[\frac{1}{2}\left(e^{\alpha t} + e^{-\alpha t}\right)\right] = \frac{1}{2}\left(\frac{1}{s - \alpha} + \frac{1}{s + \alpha}\right) = \frac{s}{s^2 - \alpha^2}$$

$$\mathscr{L}\left[\sin(\omega t)\right] = \mathscr{L}\left(\frac{e^{j\omega t} - e^{-j\omega t}}{2j}\right) = \frac{1}{2j}\left(\frac{1}{s - j\omega} - \frac{1}{s + j\omega}\right) = \frac{\omega}{s^2 + \omega^2}$$

$$\mathscr{L}\left[\cos(\omega t)\right] = \mathscr{L}\left(\frac{e^{j\omega t} + e^{-j\omega t}}{2}\right) = \frac{1}{2}\left(\frac{1}{s - j\omega} - \frac{1}{s + j\omega}\right) = \frac{s}{s^2 + \omega^2}$$

性质 2.2　相似性质。

若 $F(s) = \mathscr{L}\left[f(t)\right]$，对任何 $\alpha > 0$，总有

$$\frac{1}{\alpha}F\left(\frac{s}{\alpha}\right) = \mathscr{L}\left[f(\alpha t)\right] \tag{2.1.4}$$

式 (2.1.4) 表明，在时间轴放大或缩小 α 倍之后，对应的象函数无论是函数值，还是自变量均缩小或放大 α 倍。

现在简单证明。

$$\mathscr{L}\left[f(\alpha t)\right] = \int_0^{+\infty} f(\alpha t)e^{-st}dt = \int_0^{+\infty} f(\tau)e^{-\frac{s\tau}{\alpha}}\frac{1}{\alpha}d\tau = \frac{1}{\alpha}F\left(\frac{s}{\alpha}\right), \quad \tau = \alpha t$$

性质 2.3　微分法则。

若已知 $f(t)$ 之像是 $F(s)$，则我们有

$$\mathscr{L}\left[f^{(k)}(t)\right] = s^k F(s) - s^{k-1}f(0) - \cdots - f^{(k-2)}(0)s - f^{(k-1)}(0) \tag{2.1.5}$$

其中，$f^{(i)}(0) = \lim\limits_{t \to 0} f^{(i)}(t)$ 是 $f^{(i)}(t)$ 在 $t = 0$ 之左极限；$f^{(i)}(t)$ 是 $f(t)$ 的 i 阶导数。

式 (2.1.5) 表明，$f(t)$ 导数之拉普拉斯变换之像只与 $f(t)$ 之拉普拉斯变换和 $f(t)$ 之初值有关。

若 $f(t)$ 之初值为零，则我们有

$$\mathscr{L}\left[f^{(k)}(t)\right]=s^k F(s), \quad f^{(i)}(0)=0, \quad i=1,2,\cdots,k \tag{2.1.6}$$

设 $k=1$，下面简单证明这一性质，

$$\mathscr{L}\left[f'(t)\right]=\int_0^\infty \frac{\mathrm{d}f}{\mathrm{d}t}\mathrm{e}^{-st}\mathrm{d}t=\int_0^\infty \frac{\mathrm{d}f}{\mathrm{d}t}\mathrm{e}^{-st}\mathrm{d}t, \quad \varepsilon\to 0$$

$$=f\mathrm{e}^{-st}\Big|_{-\varepsilon}^\infty+s\int_{-\varepsilon}^\infty f\mathrm{e}^{-st}\mathrm{d}t$$

$$=sF(s)-f(0)$$

显然，这一结果不难推证 $k\neq 1$ 之情形。

性质 2.4　积分法则。

若 $F(s)=\mathscr{L}\left[f(t)\right]$，$\varphi(t)=\int_0^t f(t)\mathrm{d}t$，则我们有

$$\varPhi(s)=\mathscr{L}\left[\varphi(t)\right]=\frac{1}{s}F(s) \tag{2.1.7}$$

利用性质 2.3 易证明性质 2.4。

性质 2.5　时域中之移动法则。

A：设 $F(s)=\mathscr{L}\left[f(t)\right]$，$\varphi(t)=f(t-\tau)1(t-\tau)$，其中 $\tau>0$ 是常数，则有

$$\varPhi(s)=\mathscr{L}\left[\varphi(t)\right]=\mathrm{e}^{-\tau s}F(s) \tag{2.1.8}$$

B：设 $\psi(t)=f(t+\tau)1(t)$，$\tau>0$ 是常数，则有

$$\psi(s)=\mathscr{L}\left[\psi(t)\right]=\mathrm{e}^{s\tau}\left[F(s)-\int_0^\tau f(t)\mathrm{e}^{-st}\mathrm{d}t\right] \tag{2.1.9}$$

无论是 A 或 B，读者均可用拉普拉斯变换之定义直接证明。

性质 2.6　象函数微分。

设 $F(s)=\mathscr{L}\left[f(t)\right]$，则有

$$\frac{\mathrm{d}^n F}{\mathrm{d}s^n}=(-1)^n\mathscr{L}\left[t^n f(t)\right] \tag{2.1.10}$$

这一性质之证明是比较容易的，故从略。

考虑 $1(t)=\mathrm{e}^{0t}$ 的拉普拉斯变换应该是 $\dfrac{1}{s}$，由此我们有

$$\mathscr{L}[t]=(-1)\frac{\mathrm{d}}{\mathrm{d}s}\left(\frac{1}{s}\right)=\frac{1}{s^2}$$

$$\mathscr{L}\left[t^2\right]=(-1)^2\frac{\mathrm{d}^2}{\mathrm{d}s^2}\left(\frac{1}{s}\right)=\frac{2}{s^3}$$

$$\vdots$$

$$\mathscr{L}\left[t^n\right]=(-1)^n\frac{\mathrm{d}^n}{\mathrm{d}s^n}\left(\frac{1}{s}\right)=\frac{n!}{s^n}$$

性质 2.7　极限值定理。

定理分 $f(t)$ 在 $t\to 0+$ 对应初值和 $t\to +\infty$ 对应终值两种。

初值定理 $\lim\limits_{s\to\infty}sF(s)=f(0+)$ ，其中 $s\to\infty$ 指在满足 $\left|\arg s\right|<\dfrac{\pi}{2}-\delta,\delta>0$ 时，$s\to\infty$ 。

考虑下式，即

$$\int_{0^-}^{\infty}\frac{\mathrm{d}f}{\mathrm{d}t}\mathrm{e}^{-st}\mathrm{d}t=sF(s)-f(0-)$$

$f(t)$ 在 $t=0$ 有跳跃[①]，则 $\dfrac{\mathrm{d}f}{\mathrm{d}t}$ 在 $t=0$ 应取无穷值。由此等式左端应为

$$\int_{0^-}^{+\infty}\frac{\mathrm{d}f}{\mathrm{d}t}\mathrm{e}^{-st}\mathrm{d}t=\int_{0^-}^{0^+}\frac{\mathrm{d}f}{\mathrm{d}t}\mathrm{e}^{-st}\mathrm{d}t+\int_{0^+}^{+\infty}\frac{\mathrm{d}f}{\mathrm{d}t}\mathrm{e}^{-st}\mathrm{d}t$$

再考虑当 $s\to\infty$ 时，我们有

$$f(0+)-f(0-)=\lim_{s\to\infty}sF(s)-f(0-)$$

从而有

$$\lim_{s\to\infty}sF(s)=f(0+)\tag{2.1.11}$$

比较容易证明下述终值定理，即

$$\lim_{t\to\infty}f(t)=\lim_{s\to 0}sF(s)\tag{2.1.12}$$

式 (2.1.12) 在今后讨论系统之定常误差问题时有重要意义。

性质 2.8　卷积定理。

对于函数 $f(t)$ 和 $g(t)$ ，定义其卷积为

$$\varphi(t)=f(t)*g(t)=\int_{0}^{t}f(\tau)g(t-\tau)\mathrm{d}\tau\tag{2.1.13}$$

则我们可得它们的拉普拉斯变换之间有

---

① 由于对 $f(t)$ 作拉普拉斯变换是在 $[0,+\infty)$ 上作的，当 $t=0$ 时若 $f(t)$ 有跳跃需要认真应对，这在一些拖动问题研究中常会碰到。

$$\Phi(s) = F(s)G(s) \qquad (2.1.14)$$

相仿地，有

$$\mathscr{L}\big[f(t)g(t)\big] = \frac{1}{2\pi\mathrm{j}}\int_{c-\mathrm{j}\infty}^{c+\mathrm{j}\infty} F(q)G(s-q)\mathrm{d}q$$

其中，$c > c_1$，$c > c_2$，c_1 和 c_2 是 f 和 g 之收敛横坐标，且上述函数在 $\mathrm{Re}(s) > c_2$ 上定义。

2.1.3　一个广义函数及其性质

在控制系统中，一般考虑如下三种作为输入作用的函数，即谐波输入、单位阶跃输入与单位脉冲输入。最后一种是广义函数，通常称为 δ 函数，在自动控制理论和其他近代物理的领域内都有广泛的应用。在力学或机械系统中，单位脉冲或一般的脉冲函数可以反映某种冲击或者打击。考虑作用力 $\delta(t)$，它在 $t = 0$ 之后的一个很短的时间区间 $[0, \varepsilon]$ 作用在系统上，$\delta(t)$ 之强度极大，以致总的冲量 $\int_0^{\varepsilon}\delta(t)\mathrm{d}t = 1$，而在 $[0, \varepsilon]$ 之后我们认为此力消失。显然，满足上述条件的函数很多，例如可以取作

$$\delta_{\varepsilon}(t) = \begin{cases} \dfrac{1}{\varepsilon}, & 0 \leqslant t \leqslant \varepsilon \\ 0, & \varepsilon < t \end{cases} \qquad (2.1.15)$$

为了更加确切地使冲击抽象化，我们定义脉冲函数为

$$\delta(t) = \lim_{\varepsilon \to 0}\delta_{\varepsilon}(t) \qquad (2.1.16)$$

由式 (2.1.16) 不难理解 $\delta(t)$ 为什么叫作一种广义函数。实际上，这种函数是通常函数集的一个极限。有人这样认为，$\delta(t)$ 实际上是按下式定义的，即

$$\begin{cases} \delta(t) = \begin{cases} \infty, & t = 0 \\ 0, & t \neq 0 \end{cases} \\ \displaystyle\int_0^{\varepsilon}\delta(t)\mathrm{d}t = 1, \quad \varepsilon > 0 \end{cases}$$

不难看出，单位脉冲函数 $\delta(t)$ 是单位阶跃函数的导数，有时也记为 $1(t) = \delta^{(-1)}(t)$。

如果把式 (2.1.15) 理解为

$$\delta_{\varepsilon}(t) = \frac{1}{\varepsilon}\big[1(t) - 1(t - \varepsilon)\big]$$

考虑 $\delta(t)$ 实际上是 $1(t)$ 之导数，则相应地，我们定义广义函数 $\delta(t)$ 之导数为

$$\delta_{\varepsilon}'(t) = \frac{1}{\varepsilon}\Big[\delta_{\varepsilon}(t) - \delta_{\varepsilon}(t-\varepsilon)\Big]$$

或者认为

$$\delta'(t) = \frac{\mathrm{d}\delta(t)}{\mathrm{d}t} = \lim_{\varepsilon \to 0}\frac{1}{\varepsilon}\Big[\delta(t) - \delta(t-\varepsilon)\Big]$$

相仿，则有

$$\delta^{(n)}(t) = \lim_{\varepsilon \to 0}\frac{1}{\varepsilon}\Big[\delta^{(n-1)}(t) - \delta^{(n-1)}(t-\varepsilon)\Big] \qquad (2.1.17)$$

这种微商的概念在通常函数的情况下完全同微商的经典定义吻合。

在引入广义函数 $\delta(t)$ 及其导数之后，我们可以证明以下结果。

(1) $\displaystyle\int_a^b \delta(t)F(t)\mathrm{d}t = \begin{cases} F(0), & 0 \in [a,b] \\ 0, & 0 \bar{\in} [a,b] \end{cases}$

(2) $\displaystyle\int_a^b F(t)\delta(t-t_0)\mathrm{d}t = \begin{cases} F(t_0), & t_0 \in [a,b] \\ 0, & t_0 \bar{\in} [a,b] \end{cases}$

(3) $\displaystyle\int_a^b F(t)\delta^{(n)}(t-t_0)\mathrm{d}t = \begin{cases} (-1)^n F^{(n)}(t_0), & t_0 \in [a,b] \\ 0, & t_0 \bar{\in} [a,b] \end{cases}$

在使用了函数 $\delta(t)$ 之后，我们对分段可微及分段连续的函数就可以得到一种新的描述办法。

设分段 n 次可微函数 $f(t)$ 及其各阶导数的间断点是 $t_1, t_2, \cdots, t_n, \cdots$。这些间断点函数及其各阶导数的跳跃值为

$$\Delta f(t_i) = f(t_i+0) - f(t_i-0)$$
$$\Delta_1 f(t_i) = f^1(t_i+0) - f^1(t_i-0)$$
$$\vdots$$
$$\Delta_n f(t_i) = f^{(n)}(t_i+0) - f^{(n)}(t_i-0)$$

由此考虑函数

$$\varphi(t) = f(t) - \Delta f(t_1)1(t-t_1) - \Delta f(t_2)1(t-t_2) - \cdots - \Delta f(t_n)1(t-t_n) - \cdots$$
$$\varphi_1(t) = f^1(t) - \Delta_1 f(t_1)1(t-t_1) - \cdots - \Delta_1 f(t_n)1(t-t_n) - \cdots$$
$$\vdots$$
$$\varphi_n(t) = f^{(n)}(t) - \Delta_n f(t_1)1(t-t_1) - \cdots - \Delta_n f(t_n)1(t-t_n) - \cdots$$

显然，$\varphi(t), \varphi_1(t), \cdots, \varphi_n(t)$ 都是连续函数，则我们有

$$f(t) = \varphi(t) + \sum_n \Delta f(t_n) 1(t - t_n)$$

$$f^1(t) = \varphi_1(t) + \sum_n \Delta_1 f(t_n) 1(t - t_n) + \sum_n \Delta f(t_n) \delta(t - t_n)$$

$$\vdots$$

$$f^{(m)}(t) = \varphi_m(t) + \sum_n \Delta_m f(t_n) 1(t - t_n) + \sum_n \sum_{k=0}^m \Delta_k f(t_n) \delta^{(m-k)}(t - t_n)$$

$$\vdots$$

为了说明这一点，我们考虑单位阶跃函数 $1(t)$，显然有

$$\varphi = \varphi_1 = \cdots = \varphi_m = 0$$

由此就有

$$f = 1(t), f^1 = \delta(t), \cdots, f^{(n)} = \delta^{(n)}(t)$$

如果考虑 $f(t) = t^n 1(t)$，则我们有

$$\Delta f(0) = \cdots = \Delta_{n-1} f(0) = 0, \quad \Delta_n f(0) = n!$$

由此就有

$$f = 1(t) t^n$$

$$f^1 = n t^{n-1} 1(t)$$

$$\vdots$$

$$f^{(n-1)} = n! t 1(t)$$

$$f^{(n)} = n! 1(t)$$

$$f^{(n+1)} = n! \delta(t)$$

$$\vdots$$

$$f^{(n+k)} = n! \delta^{(k-1)}(t)$$

$$\vdots$$

最后我们来求 $\delta(t)$ 之拉普拉斯变换，即

$$\mathscr{L}\left[\delta(t - t_0)\right] = \int_0^{+\infty} \delta(t - t_0) e^{-st} dt = e^{-st_0}$$

$$\mathscr{L}\left[\delta^1(t - t_0)\right] = \int_0^{+\infty} \delta^1(t - t_0) e^{-st} dt = s e^{-st_0}$$

$$\vdots$$

$$\mathscr{L}\left[\delta^{(n)}(t - t_0)\right] = \int_0^{+\infty} \delta^{(n)}(t - t_0) e^{-st} dt = s^n e^{-st_0}$$

特别地，当 $t_0 = 0$ 时，有

$$\mathscr{L}\left[\delta^{(n)}(t)\right]=s^{n}, \quad n=0,1,\cdots,m,\cdots$$

2.1.4　一个拉普拉斯变换小字典与有理函数像的原函数求法

虽然在 2.1.1 节已经引入拉普拉斯变换正逆变换的公式，但是从应用的方便说来，我们仍希望建立一些常用函数之拉普拉斯变换表（表 2.1.1）用来寻找有关函数对应的拉氏变换，特别是反变换。我们在这里建立的表格主要针对自动控制中必须用到的函数。表的建立分三部分，其中第一排是时间的函数 $f(t)$，第二排是这一函数之收敛横坐标，第三排是这一函数的像。

表 2.1.1　常用函数拉普拉斯变换对照表

原函数	收敛横坐标	象函数
$1(t)$	0	$\dfrac{1}{s}$
$\delta(t)$	∞	1
e^{at}	$-a$	$\dfrac{1}{s-a}$
$\sinh(\omega t)$	$-\omega$	$\dfrac{\omega}{s^2-\omega^2}$
$\cosh(\omega t)$	$-\omega$	$\dfrac{s}{s^2-\omega^2}$
$\sin(\omega t)$	0	$\dfrac{\omega}{s^2+\omega^2}$
$\cos(\omega t)$	0	$\dfrac{s}{s^2+\omega^2}$
t	0	$\dfrac{1}{s^2}$
t^n	0	$\dfrac{n!}{s^{n+1}}$
$\mathrm{e}^{-\alpha t}\sin(\beta t)$	α	$\dfrac{\beta}{(s+\alpha)^2+\beta^2}$
$\mathrm{e}^{-\alpha t}\cos(\beta t)$	α	$\dfrac{s+\alpha}{(s+\alpha)^2+\beta^2}$
$\vdots$	$\vdots$	$\vdots$

以下我们将拉普拉斯变换 $F(s)=\mathscr{L}(f(t))$ 的逆变换记为 $f(t)=\mathscr{L}^{-1}(F(s))$。

在控制理论中，实际上最常遇到的是关于象函数是有理函数来求原函数的问题。下面给出有理函数的原函数求解的一般规则。

考虑有理函数为

$$Y(s) = \frac{M(s)}{D(s)}$$

其中，M 与 D 分别是复变量 s 的实系数多项式，且按习惯 $M(s)$ 与 $D(s)$ 无公共根。

我们首先考虑 $D(0) \neq 0$ 的情形，并设方程

$$D(s) = 0 \tag{2.1.18}$$

之根是 $s_1, s_2, \cdots, s_n$。为简单起见，设其均为单根。

对 $D(s)$ 进行因式分解，则在复数域上讨论时有

$$D(s) = \prod_{i=1}^{n} (s - s_i)$$

于是对应地就有

$$Y(s) = \frac{M(s)}{D(s)} = \sum_{i=1}^{n} \frac{A_i}{s - s_i} \tag{2.1.19}$$

为了求得 A_i，对上式两边乘以 $(s - s_i)$ 并令 s 趋近 s_i，则我们有

$$A_i = \lim_{s \to s_i} (s - s_i) \frac{M(s)}{D(s)} = \lim_{s \to s_i} \frac{M(s)}{D'(s)} = \frac{M(s_i)}{D'(s_i)}$$

其中 $D'(s)$ 是 $D(s)$ 对 s 的导数，得到上面的结果也依赖于 s_i 是 $D(s)$ 的单根的假定，由此就有

$$y(t) = \sum_{i=1}^{n} \frac{M(s_i)}{D'(s_i)} e^{s_i t} \tag{2.1.20}$$

实际的控制系统一般其中的物理参数也都是实的，此时我们得到的有理函数将是实系数的。如果在实数域上讨论问题，由于实数域不是代数封闭域，在其上多项式的质因式有可能出现二次的，即实系数多项式 $D(s)$ 的分解因式应为

$$D(s) = \prod_{i=1}^{k} (s^2 + F_i s + G_i) \prod_{j=1}^{i} (s - s_j) \tag{2.1.21}$$

其中 F_i、G_i 与 s_j 均为实数，如果

$$F_i^2 - 4G_i < 0 \tag{2.1.22}$$

则 $s^2 + F_i s + G_i$ 将无法在实数域进一步分解，否则将可以分解为两个一次质因式的乘积。对应 (2.1.21) 则有

$$Y(s) = \frac{M(s)}{D(s)} = \sum_{j=1}^{l} \frac{A_i}{(s - s_j)} + \sum_{i=1}^{k} \frac{G_i s + D_i}{s^2 + F_i s + G_i} \tag{2.1.23}$$

这里 A_j 的求法与在复数域上讨论完全一样，即

$$A_j = \frac{M(s_j)}{D'(s_j)}$$

问题在于如何求 C_i 与 D_i。

以下为简单我们省去脚标 i，即考虑 (2.1.23) 展式中的一项

$$\frac{Cs+D}{s^2+Fs+G}$$

其中 s^2+Fs+G 具一对共轭复根 s_0 与 s_0^*，即有

$$s^2+Fs+G=(s-s_0)(s-s_0^*)$$

于是就有

$$D(s_0)=0,\quad D(s_0^*)=0$$

由于前面假定 s_0 是单根，于是

$$D'(s_0)\neq 0$$

同时由于 s_0 不是 $M(s)$ 的根，于是有

$$M(s_0)\neq 0$$

为了求得系数 C 与 D，考虑对 $M(s)$ 和 $D'(s)$ 分别用 s^2+Fs+G 去除，则有

$$D'(s)=D_1(s)(s^2+Fs+G)+c_1s+c_2$$
$$M(s)=M_1(s)(s^2+Fs+G)+d_1s+d_2 \tag{2.1.24}$$

于是我们有

$$D'(s_0)=c_1s_0+c_2,\quad D'(s_0^*)=c_1s_0^*+c_2$$
$$M(s_0)=d_1s_0+d_2,\quad M(s_0^*)=d_1s_0^*+d_2 \tag{2.1.25}$$

考虑到

$$\frac{Cs+D}{s^2+Fs+G}=\frac{M(s_0)}{D'(s_0)}\frac{1}{s-s_0}+\frac{M(s_0^*)}{D'(s_0^*)}\frac{1}{s-s_0^*}$$

则我们有

$$Cs+D=\frac{M(s_0)}{D'(s_0)}(s-s_0^*)+\frac{M(s_0^*)}{D'(s_0^*)}(s-s_0)$$

于是就有

$$C=\frac{M(s_0)}{D'(s_0)}+\frac{M(s_0^*)}{D'(s_0^*)},\quad D=-\frac{M(s_0)}{D'(s_0)}s_0^*-\frac{M(s_0^*)}{D'(s_0^*)}s_0 \tag{2.1.26}$$

考虑到 (2.1.23)，(2.1.25) 以及 s_0 和 s_0^* 是 s^2+Fs+D 具一对共轭根，则有

$$s_0+s_0^*=-F,\quad s_0s_0^*=G$$
$$s_0^2+s_0^{*2}=(s_0+s_0^*)^2-2s_0s_0^*=F^2-2G$$

则可以算出

$$C=\frac{2c_1d_1G-(d_1c_2+d_2c_1)F+2c_2d_2}{c_1^2G-c_1c_2F+c_2^2}$$

$$D = -\frac{d_2 c_1 (F^2 - 2G) - d_1 c_1 FG + 2d_1 c_2 G - c_2 d_2 F}{c_1^2 G - c_1 c_2 F + c_2^2} \tag{2.1.27}$$

显然 C 与 D 都是实数。可直接用 c_1, c_2, d_1, d_2 与 F, G 表示。其中 c_1, c_2, d_1, d_2 是由式 (2.1.24) 作除法的余式系数。

最后我们来求 $\mathscr{L}^{-1}\left[\dfrac{Cs + D}{s^2 + Fs + G}\right]$。

由于条件 (2.1.22)，则对应有

$$s^2 + Fs + G = (s - \alpha)^2 + \beta^2$$

其中 α、β 均为实数，由此

$$\frac{Cs + D}{s^2 + Fs + G} = \frac{C(s - \alpha) + (D - C\alpha)}{(s - \alpha)^2 + \beta^2}$$

于是通过拉普拉斯变换小字典，我们就有

$$\mathscr{L}^{-1}\left(\frac{Cs + D}{s^2 + Fs + G}\right) = \mathrm{e}^{\alpha t}[C\cos(\beta t) + E\sin(\beta t)] \tag{2.1.28}$$

其中 $E = D - C\alpha$。

综上所述，可将有理函数像求原函数之过程概括如下。

(1) 将 $D(s)$ 分解，即 $D(s) = \prod\limits_{v=1}^{k}(s - s_v)\prod\limits_{i=1}^{l}\left(s^2 + A_i s + B_i\right)$，并建立 $D'(s)$。

(2) $M(s)$ 和 $D'(s)$ 分别对 $s - s_v$ 作综合除法，得两余数 $M(s_v)$ 和 $D'(s_v)$，其商就是 A_v。

(3) $M(s)$ 和 $D'(s)$ 分别对 $s^2 + A_i s + B_i$ 作综合除法，得两余式 $d_1 s + d_2$，与 $c_1 s + c_2$。

(4) 应用式 (2.1.25) 与式 (2.1.27) 求出 c_i 与 E_i。

(5) 解 $s^2 + A_i s + B_i = 0$ 之根，令为 $s_i = \alpha_i + j\beta_i$。

(6) 对应 $\dfrac{M(s)}{D(s)}$ 之原函数一定是

$$y(t) = \sum_{v=1}^{l} A_v \mathrm{e}^{s_v t} + \sum_{i=1}^{k} \mathrm{e}^{\alpha_i t}\left(c_i \cos(\beta t) + E_i \sin(\beta t)\right)$$

2.1.5　代数多项式的近似因式分解①

从上一节和以后的讨论可以看到，无论是求解有理函数的逆拉普拉斯变换，

---

① 由于当时电子计算机还处在初级阶段，本节的方法仍是十分有用的，至今这类方法的思想在一些工作过程中依然有参考价值。

还是对控制系统中过渡过程的分析，求解实系数代数方程的根总是占有相当重要的地位。这里介绍一种比较有效的办法，同时粗糙地提供一些实际计算经验。

考虑一实系数多项式，即

$$F(s) = a_0 s^n + a_1 s^{n-1} + \cdots + a_{n-1} s + a_n \tag{2.1.29}$$

我们的目的是通过综合除法将其分解为 m 次与 $n-m$ 次多项式之乘积。我们以 $f_-(x)$ 和 $f_+(x)$ 分别表示按降幂和升幂排之多项式，以 $f_{1-}(x)$ 和 $f_{1+}(x)$ 分别表示以首次和自由项系数除后所得之多项式。例如

$$f_-(s) = a_0 s^r + a_1 s^{r-1} + \cdots + a_{r-1} s + a_r$$

$$f_{1-}(s) = s^r + \frac{a_1}{a_0} s^{r-1} + \cdots + \frac{a_{r-1}}{a_0} s + \frac{a_r}{a_0}$$

$$f_+(s) = b_0 + b_1 s + \cdots + b_{r-1} s^{r-1} + b_r s^r$$

$$f_{1+}(s) = 1 + \frac{b_1}{b_0} s + \cdots + \frac{b_{r-1}}{b_0} s^{r-1} + \frac{b_r}{b_0} s^r \tag{2.1.30}$$

设 $F_-(s)$ 以 m 次多项式 $f_-^{(0)}(s)$ 除，其商是 $\varphi_-^{(0)}(s)$，它是 $n-m$ 次的，余式是 $r_-^{(0)}(s)$。反过来，我们以 $n-m$ 次多项式 $\varphi_+^{(0)}(s)$ 除 $F_+(s)$，令其商为 $f_+^{(1)}(s)$，其余式记为 $t_+^{(1)}(s)$，我们认为以上是一个计算过程。第二个过程完全重复前面的步骤，以 $f_-^{(1)}(s)$ 试除 $F_-(s)$，并一直进行下去。由此，我们有

$$F_-(s) = f_-^{(0)}(s) \varphi_-^{(0)}(s) + r_-^{(0)}(s)$$

$$F_+(s) = \varphi_+^{(0)}(s) f_+^{(1)}(s) + t_+^{(1)}(s)$$

$$F_-(s) = f_-^{(1)}(s) \varphi_-^{(1)}(s) + r_-^{(1)}(s)$$

$$F_+(s) = \varphi_+^{(1)}(s) f_+^{(2)}(s) + t_+^{(2)}(s)$$

$$\vdots$$

$$F_-(s) = f_-^{(k)}(s) \varphi_-^{(k)}(s) + r_-^{(k)}(s)$$

$$F_+(s) = \varphi_+^{(k)}(s) f_+^{(k+1)}(s) + t_+^{(k+1)}(s)$$

$$\vdots$$

显然，如果有 $f_-^{(k)}(s) \to f_-(s)$，$\varphi_-^{(k)}(s) \to \varphi_-(s)$，

则不能看出

$$F_-(s)=f_-(s)\varphi_-(s),\qquad F_+(s)=f_+(s)\varphi_+(s),$$

$$r_-^{(k)}(s)\to r_-(s)=0,\qquad t_+^{(k)}(s)\to t_+(s)=0。$$

这样,我们就把 $F_-(s)$ 分解成两个多项式之积了。以下我们针对上述思想需要建立一个计算表格如表 2.1.2 所示,这种表格的建立使计算过程完全规则地进行。需要指出,对于 $f_-^{(k)}(s)$ 收敛的条件目前并未给出,而是依赖计算经验。在列表计算过程中,我们将力求计算简单明确且便于检查。

表 2.1.2 近似因式分解的计算表格

次数	除式 $f_{1-}(s)$	$\tilde{F}_-(s)$					被除式 $\tilde{\varphi}_{1+}(s)$	$\tilde{F}_+(s)$		
		a_0	a_1	a_2	a_3	a_4		a_6	a_5	a_4
第一次	$b_2^{(1)}=\dfrac{a_6}{a_4}$			$-c_0^{(1)}b_2^{(1)}$	$-c_1^{(1)}b_2^{(1)}$	$-c_2^{(1)}b_2^{(1)}$	$d_2^{(1)}=\dfrac{c_2^{(1)}}{c_4^{(1)}}$			$-e_6^{(1)}d_2^{(1)}$
	$b_1^{(1)}=\dfrac{a_5}{a_4}$	$+$	$-c_0^{(1)}b_0^{(1)}$	$-c_1^{(1)}b_1^{(1)}$	$-c_2^{(1)}b_1^{(1)}$	$-c_3^{(1)}b_1^{(1)}$	$d_1^{(1)}=\dfrac{c_3^{(1)}}{c_4^{(1)}}$	$+$	$-e_6^{(1)}d_1^{(1)}$	$-e_5^{(1)}d_1^{(1)}$
	$\varphi_{1-}(s)$	$c_0^{(1)}$	$c_1^{(1)}$	$c_2^{(1)}$	$c_3^{(1)}$	$c_4^{(1)}$		$e_6^{(1)}$	$e_5^{(1)}$	$e_4^{(1)}$
第二次	$b_2^{(2)}=\dfrac{e_6^{(1)}}{e_4^{(1)}}$			$-c_0^{(2)}b_2^{(2)}$	$-c_1^{(2)}b_2^{(2)}$	$-c_2^{(2)}b_2^{(2)}$	$d_2^{(2)}=\dfrac{c_2^{(2)}}{c_4^{(2)}}$			$-e_6^{(2)}d_2^{(2)}$
	$b_1^{(2)}=\dfrac{e_5^{(1)}}{e_4^{(1)}}$	$+$	$-b_0^{(2)}c_0^{(2)}$	$-c_1^{(2)}b_1^{(2)}$	$-c_2^{(2)}b_1^{(2)}$	$-c_3^{(2)}b_1^{(2)}$	$d_1^{(2)}=\dfrac{c_3^{(2)}}{c_4^{(2)}}$		$-e_6^{(2)}d_1^{(2)}$	$-e_5^{(2)}d_1^{(2)}$
		$c_0^{(2)}$	$c_1^{(2)}$	$c_2^{(2)}$	$c_3^{(2)}$	$c_4^{(2)}$		$e_6^{(2)}$	$e_5^{(2)}$	$e_4^{(2)}$
第三次	$b_2^{(3)}=\dfrac{e_6^{(2)}}{e_4^{(2)}}$			$-c_0^{(3)}b_2^{(3)}$	$-c_1^{(3)}b_2^{(3)}$	$-c_2^{(3)}b_2^{(3)}$	$d_2^{(3)}=\dfrac{c_2^{(3)}}{c_4^{(3)}}$			$-e_6^{(3)}d_2^{(3)}$
	$b_1^{(3)}=\dfrac{e_5^{(2)}}{e_4^{(2)}}$	$+$	$-c_0^{(3)}b_1^{(3)}$	$-c_1^{(3)}b_1^{(3)}$	$-c_2^{(3)}b_1^{(3)}$	$-c_3^{(3)}b_1^{(3)}$	$d_1^{(3)}=\dfrac{c_3^{(3)}}{c_4^{(3)}}$		$-e_6^{(3)}d_1^{(3)}$	$-e_5^{(3)}d_1^{(3)}$
		$c_0^{(3)}$	$c_1^{(3)}$	$c_2^{(3)}$	$c_3^{(3)}$	$c_4^{(3)}$		$e_6^{(3)}$	$e_5^{(3)}$	$e_4^{(3)}$

考虑上述推导的过程,运算可以分为以下几个部分。

(1)多项式除法。我们的目的是对 n 次多项式 $F_-(s)$ 以 m 次多项式去除,目的是得到 $n-m$ 次商 $\varphi_-(s)$,因此这种除法对低于 m 次的余式来说,计算就显得没有必要。若设 $F_-(s)=a_0s^n+\cdots+a_ms^{n-m}+\cdots+a_n$,则综合除法只要对 $\tilde{F}_-(s)=a_0s^n$

$+\cdots+a_m s^{n-m}$ 以 $f_-(s)$ 去除就可以了。

相仿地，$F_+(s)$ 以 $n-m$ 次多项式 $\varphi_+(s)$ 去除，只要考虑 $\widetilde{F}_+(s)=a_n+a_{n-1}s$ $+\cdots+a_{n-m}s^m$ 以 $\varphi_+(s)$ 去除就可以了。我们的目的是得到 m 次商式，而对于它的余式仍然是不感兴趣的。

(2) 为了简化计算的过程，对于除式，无论是 $f_-(s)$ 还是 $\varphi_+(s)$，均用标准多项式 $f_{1-}(s)$ 与 $\varphi_{1+}(s)$ 代替。

以一个 6 阶方程为例来说明上述列表的过程。设 6 阶多项式为

$$F(s)=a_0 s^6+a_1 s^5+a_2 s^4+a_3 s^3+a_4 s^2+a_5 s+a_6$$

我们的目的是将其分解为 2 次与 4 次多项式之乘积，对应上述分析与符号则有 $f_{1-}^{(i)}(s)=s^2+b_1^{(i)}s+b_2^{(i)}$，$\varphi^{(i)}(s)=c_0^{(i)}s^4+c_1^{(i)}s^3+c_2^{(i)}s^2+c_3^{(i)}s+c_4^{(i)}$，而 $\varphi_1^{(i)}(s)=1+$ $d_1^{(i)}s+d_2^{(i)}s^2+d_3^{(i)}s^3+d_4^{(i)}s^4$。由于在 $F_+(s)$ 用 $\varphi_{1+}^{(i)}(s)$ 除时只要得到两次之多项式，因此表 2.1.2 中 $\varphi_{1+}^{(i)}(s)$ 以缩短多项式 $\widetilde{\varphi}_{1+}^{(i)}(s)=1+d_1^{(i)}s+d_2^{(i)}s^2$ 代替了。

表 2.1.2 中之计算无论对 i 是多少，应按下式计算，即

$$\begin{cases} c_0^{(i)}=a_0 \\ c_1^{(i)}=a_1-c_0^{(i)}b_1^{(i)} \\ c_2^{(i)}=a_2-c_0^{(i)}b_2^{(i)}-c_1^{(i)}b_1^{(i)} \\ c_3^{(i)}=a_3-c_1^{(i)}b_2^{(i)}-c_2^{(i)}b_1^{(i)} \\ c_4^{(i)}=a_4-c_2^{(i)}b_2^{(i)}-c_3^{(i)}b_1^{(i)} \end{cases}$$

$$\begin{cases} e_6^{(i)}=a_6 \\ e_5^{(i)}=a_5-e_6^{(i)}d_1^{(i)} \\ e_4^{(i)}=a_4-e_6^{(i)}d_2^{(i)}-e_5^{(i)}d_1^{(i)} \end{cases}$$

即每次作除法之被除式一定是 $\widetilde{F}_-(s)$ 或 $\widetilde{F}_+(s)$。

例 2.2　多项式 $F(s)=s^6+6.661s^5+18.48s^4+18.42s^3+12.13s^2+0.7524s+0.02334$，试求其全部根。

按上述办法可以有下述结果，即

$$F(s)=\left(s^2+0.06526s+0.002127\right)\left(s^4+6.596s^3+18.05s^2+17.23s+10.97\right)$$
$$=\left(s^2+0.06531s+0.00213\right)\left(s^2+5.535s+11.19\right)\left(s^2+1.061s+0.9840\right)$$

其计算表格如下。

(1)6 阶分为 4 阶与 2 阶之乘积，如表 2.1.3 所示。为简单只在表中列写计算的数字，因而对应表 2.1.2 的前两列与第四列将不出现在该表中。

表 2.1.3　例 2.2 的 6 阶因式分解计算表格

	1.000	6.661	18.48	18.42	12.13		0.02334	0.7524	12.13
0.001924			−0.002	−0.0127	−0.035	1.640			−0.0383
0.06202		−0.062	−0.409	−1.1210	−1.072	1.569		−0.0366	−1.1230
	1	6.599	18.07	17.29	11.02		0.02334	0.7158	10.97
0.002127			−0.002	−0.0140	−0.038	1.645			−0.0381
0.06526		−0.065	−0.430	−1.1780	−1.124	1.571		−0.0368	−1.124
	1	6.596	18.05	17.23	10.97		0.02334	0.7156	10.97
0.002127			−0.002	−0.0140	−0.038				
0.06526		−0.065	−0.430	−1.1780	−1.124				
	1	6.596	18.05	17.23	10.97				

(2)4 阶分为两个 2 阶之乘积，如表 2.1.4 所示。

表 2.1.4　例 2.2 的 4 阶因式分解计算表格

	1.000	6.596	18.05		10.97	17.23	13.05
0.6077			−0.61	0.08244			−0.902
0.9327		−0.933	−5.28	0.4657		−5.109	−5.664
	1.000	5.663	12.16		10.97	12.12	11.48
0.9556			−0.956	0.0889			−0.975
1.056		−1.056	−5.848	0.4925		−5.40	−5.826
	1.000	5.540	11.25		10.97	11.83	11.15
0.9840			−0.984	0.0894			−0.980
1.061		−1.061	−5.873	0.4945		−5.42	−5.841
	1.000	5.535	11.19		10.97	11.81	11.13

最后，我们不难求出根为

$$\lambda_{1,2} = -0.03265 \pm 0.0326\mathrm{j}, \quad s^2 + 0.06531s + 0.00213 = 0$$

$$\lambda_{3,4} = -2.768 \pm 2.127\mathrm{j}, \quad s^2 + 5.535s + 11.19 = 0$$

$$\lambda_{5,6} = -0.535 \pm 0.8353\mathrm{j}, \quad s^2 + 1.061s + 0.9840 = 0$$

例 2.3 求 $Y(s) = \dfrac{M(s)}{D(s)}$ 之原函数，其中 $M(s) = 9.722s^2 + 6.982s + 0.0821$，
$D(s) = s^4 + 2.532s^3 + 29.10s^2 + 0.3503s + 0.002466$。

首先分解 $D(s)$ 的因式，我们用上述方法可以得到表 2.1.5。为了尽量减少运算，我们把表右边的被除式也完全写为标准式，即以 1、142.1、11800 代替 0.002466、0.3503、29.10，这样可以省去右边一半运算。

表 2.1.5　例 2.3 中 $D(s)$ 因式分解的计算表格

	1.000	2.532	29.10		1	142.1	1800.00
0.0000847			−0.00008	0.03367			−0.034
0.01150		−0.011	−0.0289	0.09724		−0.09724	−1.380
	1.000	2.521	29.07		1	142.0	11799
0.000085			−0.00008				
0.01150		−0.011	−0.0289				
	1.000	2.521	29.10				

由此有

$$D(s) = \left(s^2 + 2.521s + 29.10\right)\left(s^2 + 0.01150s + 0.000085\right)$$

对应的根为

$$\lambda_2^1 = -1.260 \pm 5.24\mathrm{j}, \quad s^2 + 2.521s + 29.10 = 0$$

$$\lambda_4^3 = -0.00575 \pm 0.00841\mathrm{j}, \quad s^2 + 0,01150s + 0.000085 = 0$$

为了计算反拉普拉斯变换的系数，我们作综合除法，为此先求 $D'(s) = 4s^3 + 7.596s^2 + 58.20s + 0.3503$。

(1) 对 $s^2 + 2.521s + 29.1$ 作综合除法。其第一行为 $D'(s)$ 的系数而第一列为除式系数。

求 c_1 与 c_2，如表 2.1.6 所示。

表 2.1.6　对 $s^2 + 2.521s + 29.1$ 作综合除法求 c_1 与 c_2 的计算表格

	4	7.596	58.20	0,3503
29.10			−116.40	72.4
2.521		−10.034	6.29	130.9
	4	−2.488	−51.91	203.65

由此，$c_1 = -51.91$，$c_2 = 203.65$。

求 d_1 与 d_2，如表 2.1.7 所示。其第一行为 $M(s)$ 之系数，第一列为除式系数。

表 2.1.7　对 $s^2 + 2.521s + 29.1$ 作综合除法求 d_1 与 d_2 的计算表格

	9.722	6.982	0.0821
29.10			−282.9
2.521		−24.51	+44.2
	9.722	−17.53	−238.6

由此，$d_1 = -17.53$，$d_2 = -238.6$。

然后依据前述求 C，D，E 的公式可以算出 $C = -0.453$，$E = 5.37$。

(2) 另一个因式对 $s^2 + 0.01150s + 0.000085$ 作综合除法。

求 c_1 与 c_2，如表 2.1.8 所示。

表 2.1.8　对 $s^2 + 0.01150s + 0.000085$ 作综合除法求 c_1 与 c_2 的计算表格

	4	7.596	58.20	0.3503
0.000085			−0.00034	−0.0006
0.0115		−0.046	−0.087	−0.6683
	4	7.550	58.11	−0.3186

由此，$c_1 = 58.11$，$c_2 = -0.3186$。

求 d_1 与 d_2，如表 2.1.9 所示。

表 2.1.9　对 $s^2 + 0.01150s + 0.000085$ 作综合除法求 d_1 与 d_2 的计算表格

	9.722	6.982	0.0821
0.000085			−0.0008
0.0115		−0.112	−0.0790
	9.722	6.870	0.023

由此，$d_1 = 6.870$，$d_2 = 0.023$。

对应的 C 和 E 为

$$C = \frac{2 \times 58.11 \times 6.870 \times 0.000085 + 2 \times 0.023 - 0.0115(58.11 \times 0.023 - 6.89 \times 0.3186)}{58.11^2 \times 0.000085 + 0.3186^2 + 58.11 \times 0.3186 \times 0.0115}$$

$$= 0.0947$$

$$E = 12.69$$

由此 $Y(s)$ 之原函数为

$$y(t) = \mathrm{e}^{-1.26t}\left[-0.453\cos(5.24t) + 5.37\sin(5.24t)\right]$$
$$+ \mathrm{e}^{-0.00575t}\left[0.0947\cos(0.008t) + 12.69\sin(0.008t)\right]$$

上面的例子说明了求解代数方程根的近似方法，但有时我们也会遇到收敛很慢或不收敛的情形。在这种情况下，下述经验可以有助于计算。

（1）一般把多项式分解成两个多项式。这两个多项式次数不同，则收敛问题比较好办。

（2）方程者看得出来有实根（例如从最高项与第二次判别系数有无大实根，从常数项与一次项判别有无小实根），可以先将实根求出来降阶方程。

（3）有时也需要去猜想一个二次三项式作为因子去试除，例如，例 2.3 的情形，容易找到用原来多项式的一部分作零次近似，有时也可以选择与解可能接近的整系数多项式作零次近似。

（4）为了计算方便，最好在按升幂或降幂作综合除法时一律使首项系数为 1，这样计算将大大简化。

2.1.6　应用拉普拉斯变换解常系数线性微分方程

研究一常系数线性微分方程，即

$$a_0 y^n + a_1 y^{(n-1)} + \cdots + a_{n-1}y + a_n y = b_0 x^{(m)} + b_1 x^{(m-1)} + \cdots + b_m x(t) \quad (2.1.31)$$

其中，$x(t)$ 和 $y(t)$ 是输入和输出，对应的初始条件为

$$y^{(n-1)}(0-) = y_0^{(n-1)}, \cdots, y(0-) = y_0$$
$$x^{(m-1)}(0-) = x_0^{(m-1)}, \cdots, x(0-) = x_0 \quad (2.1.32)$$

现在问其解如何。

拉普拉斯变换对于常系数线性微分方程来说，具有特殊的效力，可以把解常系数线性微分方程的问题归结为比较简单的代数运算。当然这只对初值问题合适。下面我们具体对方程（2.1.31）在初值（2.1.32）下之解进行讨论。

我们对式（2.1.31）两边作拉普拉斯变换，则有

$$\left(a_0 s^n + a_1 s^{n-1} + \cdots + a_{n-1}s + a_n\right)Y(s) - a_0 y_0 s^{n-1} - a_0 y_0^{(1)} s^{n-2} - \cdots$$
$$- a_0 y_0^{(n-1)} - a_1 y_0 s^{n-2} - \cdots - a_1 y_0^{(n-2)} - \cdots - a_{n-1}y_0$$
$$= \left(b_0 s^m + \cdots + b_m\right)x(s) - b_0 x_0 s^{m-1} - \cdots - b_0 x_0^{(m-1)} - b_1 x_0 s^{m-2} - \cdots - b_1 x_0 s^{m-2} - \cdots - b_{m-1}x_0$$

由此可知

$$Y(s) = \frac{M(s)}{D(s)}x(s) + \frac{M_1(s)}{D(s)} - \frac{M_2(s)}{D(s)} \tag{2.1.33}$$

其中

$$D(s) = a_0 s^n + a_1 s^{n-1} + \cdots + a_{n-1}s + a_n$$

$$M(s) = b_0 s^m + b_1 s^{m-1} + \cdots + b_{m-1}s + b_m$$

$$M_1(s) = y_0\left(a_0 s^{n-1} + \cdots + a_{n-1}\right) + y_0^{(1)}\left(a_0 s^{n-2} + \cdots + a_{n-2}\right) + \cdots + y_0^{(n-1)}a_0$$

$$M_2(s) = x_0\left(b_0 s^{m-1} + \cdots + b_{m-1}\right) + x_0^{(1)}\left(b_0 s^{m-2} + \cdots + b_{m-2}\right) + \cdots + x_0^{(m-1)}b_0$$

$x(s)$ 与 $Y(s)$ 分别表示输入与输出之拉普拉斯函数。

由式 (2.1.33) 可以看出，若令

$$\begin{cases} y_1(t) = \mathscr{L}^{-1}\left[\frac{M(s)}{D(s)}x(s)\right] \\[2mm] y_2(t) = \mathscr{L}^{-1}\left[\frac{M_1(s)}{D(s)}\right] \\[2mm] y_3(t) = \mathscr{L}^{-1}\left[\frac{M_2(s)}{D(s)}\right] \end{cases} \tag{2.1.34}$$

则有

$$y(t) = \mathscr{L}^{-1}\left[Y(s)\right] = y_1(t) + y_2(t) - y_3(t) \tag{2.1.35}$$

其中，$y_1(t)$ 对应系统中因输入而引起的输出；$y_2(t)$ 是由系统中输出初始值引起的输出；$y_3(t)$ 是由系统中输入初始值引起的输出（一般相当于输入发生某种跃变）。

如果系统是由纯粹静态开始工作，则有

$$y(t) = y_1(t) = \mathscr{L}^{-1}\left[\frac{M(s)}{D(s)}x(s)\right] \tag{2.1.36}$$

不难看出，如果系统的输入是时间 t 的幂函数，指数函数（包括谐波函数），则它们的像是 s 的有理实系数函数。在这种情况下，输出 $y(t)$ 的像就是 s 的有理函数，因此完全可以利用 2.1.4 节提供的方法直接解算出原函数 $y(t)$。

考虑图 2.1.2 所示之四端网络。它的输入是一交流电压 $e_1(t) = A_0\sin(\omega_0 t)$，在 $t=0$ 时才作用在系统上。系统之初始条件为

$$e_2(0-) = e_{20}, \quad \dot{e}_2(0-) = 0$$

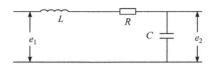

图 2.1.2 四端网络图

显见系统之电压 e_2 满足之方程为

$$L\ddot{e}_2 + R\dot{e}_2 + \frac{1}{c}e_2 = \frac{1}{c}e_1$$

对两边作拉普拉斯变换，则有

$$\left(Ls^2 + Rs + \frac{1}{c}\right)E_2(s) = \frac{A_0\omega_0}{c\left(s^2 + \omega_0^2\right)} + (Ls + R)e_{20}$$

由此可以有

$$E_2(s) = \frac{A_0\omega_0}{c\left(s^2 + \omega_0^2\right)\left(Ls^2 + Rs + \frac{1}{c}\right)} + \frac{(Ls + R)e_{20}}{Ls^2 + Rs + \frac{1}{c}}$$

设电阻 R 比较大，因此方程

$$Ls^2 + Rs + \frac{1}{c} = 0$$

将具两个负实根，即 $s_1 = -\alpha_1$ 和 $s_2 = -\alpha_2$。

可以看出，$e_2(t)$ 由四个部分组成，即

$$e_2(t) = A_1 e^{-\alpha_1 t} + A_2 e^{-\alpha_2 t} + A_3 \cos\omega_0 t + A_4 \sin\omega_0 t$$

其中

$$A_1 = \frac{A_0\omega_0}{Lc(\alpha_2 - \alpha_1)(\alpha_1^2 + \omega_0^2)} + \frac{e_{20}(-L\alpha_1 + R)}{L(\alpha_2 - \alpha_1)}$$

$$A_2 = \frac{A_0\omega_0}{Lc(\alpha_1 - \alpha_2)(\alpha_2^2 + \omega_0^2)} + \frac{e_{20}(R - L\alpha_2)}{L(\alpha_1 - \alpha_2)}$$

$$A_3 = \frac{-A_0\omega_0(\alpha_1 + \alpha_2)}{Lc(\alpha_1^2 + \omega_0^2)(\alpha_2^2 + \omega_0^2)}$$

$$A_4 = \frac{-A_0(\alpha_1 + \alpha_2)}{Lc(\alpha_2^2 + \omega_0^2)(\alpha_1^2 + \omega_0^2)}$$

显见，A_3 和 A_4 与 e_{20} 无关，表示系统的强制输出（由输入引起的）部分，而 A_1 和 A_2 则与系统之初始条件有关。

2.2　传递函数及结构变换

由上一节已经可以看到，应用拉普拉斯变换的工具可以把解常系数线性微分方程的问题归结为一类简单的代数运算问题。对于一个由常系数线性微分方程描述的系统(以后称为常系数线性系统)来说，我们从描述的方法上也可以不用方程而改用代替方程的工具——传递函数与频率特性来描述。这种描述是频率法的基础。

常系数线性系统本质之处在于，它适用叠加原则，并且与时间起点的选择无关。正因为如此，对它应用拉普拉斯变换、传递函数进行分析才是可能的。当然系统能否看成是线性的具有很大程度的近似性，但应用拉普拉斯变换或传递函数的工具进行研究本身，由于方法是严格的，因此它不会在这种近似性上再增加粗糙的成分。

2.2.1　单位脉冲响应及其意义

在控制系统动力学研究中，我们常常讨论系统在各种典型输入下的反应。单位脉冲函数是系统的典型输入之一，应用系统的单位脉冲函数再加上对线性系统可以使用的叠加原则，就可以得到用来描述系统输入输出关系的积分描述。这种积分描述在已知单位脉冲响应函数后可以进行近似算出相应输入下的输出。积分描述对理论研究来说有重要的意义，这对具有随机输入的问题更是如此。

首先，我们回忆一下微分方程理论中的如下事实，对任何非齐次常系数线性方程组，即

$$\dot{v} = Av + Bu \tag{2.2.1}$$

如果其非齐次项(即输入)是由若干项组成的，如 $u = \sum_{i=1}^{n} u_i$，系统的初值是 $V = V^0$，则不难得知系统的解可以写为

$$v = v_0 + v_1 + \cdots + v_n = \sum_{i=1}^{n} v_i \tag{2.2.2}$$

其中，v_0 是齐次系统

$$\dot{v} = Av \tag{2.2.3}$$

在初值 $v(0) = v^0$ 下之解；v_i 是系统

$$\dot{v} = AV + Bu_i \tag{2.2.4}$$

在零初始值下之特解。

实际上，这一规则表现出常系数线性系统的叠加原则。

对单输入单输出系统，即

$$D(p)y = M(p)x \qquad (2.2.5)$$

其中，$D(p) = a_0 p^n + a_1 p^{n-1} + \cdots + a_{n-1}p + a_n$；$M(p) = b_0 p^m + \cdots + b_{m-1}p + b_m$；$p = \dfrac{\mathrm{d}}{\mathrm{d}t}$。

设 $x(t)$ 是在 $t = t_0$ 时作用单位脉冲 $\delta(t - t_0)$，系统对应的在零初始条件下的响应是 $k(t, t_0)$。显然，当 $t < t_0$ 时，按假设系统静止，由此有

$$k(t, t_0) = 0, \quad t < t_0 \qquad (2.2.6)$$

以后称式 (2.2.6) 是物理现实性条件。此外，由于系统是定常的，因此单位脉冲响应实质上应与单位脉冲的作用时刻无关，而只与观察时刻 t 和作用脉冲时间 t_0 之差有关，因此 $k(t, t_0)$ 只是 $t - t_0$ 的函数，不妨记为

$$k(t, t_0) = k(t - t_0) \qquad (2.2.7)$$

式 (2.2.7) 从数学上也是不难论证的。

以后我们把 $k(\tau)$ 称为系统之单位脉冲响应。它表示系统在单位脉冲的作用下零初始条件之反应。

考虑系统在任意输入 $x(t)$ 下之输出，我们认为 $x(t)$ 在一定近似的程度下可以理解为有穷个具无穷小面积的脉冲之和，例如图 2.2.1 所示的那样，即

$$y(t) = \int_0^t x(\tau)\delta(t - \tau)\mathrm{d}\tau \doteq \sum x(\tau)\delta(t - \tau)\Delta\tau \qquad (2.2.8)$$

其中，每一个脉冲元都用函数 $x(\tau)\Delta\tau\delta(t - \tau)$ 描述，是 $t = \tau$ 时作用上去且强度为 $x(\tau)\Delta\tau$ 之脉冲。

由于系统是线性的，因此在零初始条件下，对应该脉冲元的输出反应为

$$x(\tau)k(t - \tau)\Delta\tau$$

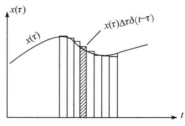

图 2.2.1　式 (2.2.8) 的图形表示

按照线性系统满足叠加原则，在零初始条件下，当输入是 $x(t)$ 时，系统对应的输出应为

$$y(t) = \int_0^t k(t - \tau)x(\tau)\mathrm{d}t \doteq \sum k(t - \tau)x(\tau)\Delta\tau \qquad (2.2.9)$$

显然，这是 $k(t)$ 与 $x(t)$ 之间的卷积，也可以写为

$$y(t) = \int_0^t k(\tau)x(t-\tau)\mathrm{d}t \qquad (2.2.10)$$

或者考虑物理现实性条件，即

$$x(\tau) = k(\tau) = 0, \quad \tau < 0$$

则我们有

$$y(t) = \int_0^{+\infty} k(t-\tau)x(\tau)\mathrm{d}t = \int_0^{+\infty} k(\tau)x(t-\tau)\mathrm{d}t \qquad (2.2.11)$$

式(2.2.9)、式(2.2.10)和式(2.2.11)都是描述系统输出输入关系的积分形式。

2.2.2 传递函数及其运算与结构变换规则

在上一节，我们看到系统在零初始条件下输入输出间的关系，从积分描述来看，这是用卷积描述的关系，因此对式(2.2.9)两边作拉普拉斯变换有

$$Y(s) = \Phi(s)X(s) \qquad (2.2.12)$$

其中，$X(s)$ 和 $Y(s)$ 是输入输出之拉普拉斯变换；$\Phi(s)$ 是单位脉冲响应的拉普拉斯变换，我们称之为系统之传递函数，它是系统在零初始条件下，输出与输入拉普拉斯变换之比。式(2.2.12)恰好表明，在零初始条件下，系统输出之拉普拉斯变换是输入拉普拉斯变换与传递函数之积。

如果系统的方程是式(2.2.5)，则不难证明系统之传递函数应为

$$\Phi(s) = \frac{M(s)}{D(s)} \qquad (2.2.13)$$

由此可知，在系统的方程给出以后，若要求其传递函数，并不需要再从单位脉冲响应通过拉普拉斯变换求解，只需把对应之微分算符以 s 代替，并把输入与输出都换成拉普拉斯式，然后求 $\dfrac{Y(s)}{Z(s)}$ 就是单输入单输出系统之传递函数[①]。

在引入传递函数以后，我们对于系统的一些讨论就应将其落实在传递函数之上。为此，在两个部件之传递函数已知的条件下，按控制系统中常碰到的情形进行连接时，其合起来的系统的传递函数究竟如何，通常这种连接可以有串联、并联与跨接反馈三种，分别表示在图 2.2.2 中。

首先考虑两个部件串联的情形，其传递函数分别是 W_1 与 W_2。显然按定义我们有

$$Z(s) = W_2(s)Y(s), \quad Y(s) = W_1(s)X(s)$$

由此我们有

---

① 有些教材对传递函数只从微分算符出发，看似简单但却损失了对其物理意义的正确理解。

$$Z(s) = W(s)X(s)$$

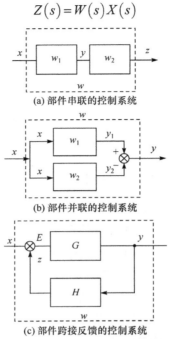

(a) 部件串联的控制系统

(b) 部件并联的控制系统

(c) 部件跨接反馈的控制系统

图 2.2.2 控制系统部件的连接方式

其中，$W(s) = W_2(s)W_1(s)$。

这表明，两部件串联，其各自传递函数之积刚好是合成系统之传递函数。这一性质也可以用单位脉冲响应来证明。

如果考虑两个环节并联，则我们有

$$Y_1(s) = W_1(s)Z(s), \quad Y_2(s) = W_2(s)Z(s)$$

由此就有

$$Y(s) = Y_1(s) + Y_2(s) = \left[W_1(s) + W_2(s)\right]Z(s) = W(s)Z(s) \tag{2.2.14}$$

这表明，两个部件并联之合成系统之传递函数刚好是各部件传递函数之和。

以上无论是部件串联或并联所得响应传递函数之结论对于多于两个部件的情形也完全适用。

最后，我们来研究跨接反馈的情形。设直接通道之传递函数是 $G(s)$，跨接反馈之传递函数是 $H(s)$，试求合成系统之传递函数。由于 $Y(s) = G(s)E(s)$，$E(s) = X(s) - Z(s)$，$Z(s) = H(s)Y(s)$，

从中消去 E 与 Z，则有

$$\frac{Y(s)}{X(s)} = \frac{G(s)}{1 + H(s)G(s)} \tag{2.2.15}$$

而对应误差对输入之传递函数为

$$\frac{E(s)}{X(s)} = \frac{1}{1 + H(s)G(s)} \tag{2.2.16}$$

特别，当反馈是硬反馈时(此时 $H = 1$)，则有

$$\frac{Y(s)}{X(s)} = \frac{G(s)}{1 + G(s)}, \quad \frac{E(s)}{X(s)} = \frac{1}{1 + G(s)} \tag{2.2.17}$$

考虑传递函数是单位脉冲响应的拉普拉斯变换，若我们研究的系统的方程为

$$D(p)y = M(p)x$$

前面指出单位脉冲响应是系统在零初始条件下输入是单位脉冲下之反映。这里给出它的另一种解释。设单位脉冲响应是 $k(t)$，则我们有

$$\mathscr{L}[k(t)] = \Phi(s) = \frac{M(s)}{D(s)}$$

如果令 $x=0$，即系统是无输入之自由系统，则在一组初始条件

$$y(0-) = y_0, \cdots, y^{(n-1)}(0-) = y_0^{(n-1)} \tag{2.2.18}$$

下自由系统

$$D(p)y = 0 \tag{2.2.19}$$

之解 $y(t)$ 之拉普拉斯变换应为

$$Y(s) = \frac{M_1(s)}{D(s)} \tag{2.2.20}$$

其中，$M_1(s) = y_0\left(a_0 s^{n-1} + a_1 s^{n-2} + \cdots + a_{n-1}\right) + y_0^{(1)}\left(a_0 s^{n-2} + \cdots + a_{n-2}\right) + \cdots + y_0^{(n-1)} a_0$。

如果令

$$b_0 s^m + \cdots + b_m = M_1(s)$$

则 b_i 与 $y^{(j)}$ 之间满足如下方程组，即

$$\begin{cases} b_m = y_0 a_{n-1} + y_0^{(1)} a_{n-2} + \cdots + y_0^{(n-1)} a_0 \\ b_{m-1} = y_0 a_{n-2} + y_0^{(1)} a_{n-3} + \cdots + y_0^{(n-2)} a_0 \\ \qquad\qquad\qquad\vdots \\ b_0 = y_0 a_{n-m-1} + y_0^{(1)} a_{n-m-2} + \cdots + y_0^{(n-m-1)} a_0, \quad m < n-1 \\ 0 = y_0 a_{n-m} + y_0^{(1)} a_{n-m-1} + \cdots + y_0^{(n-m-2)} a_0 \\ \qquad\qquad\qquad\vdots \\ 0 = y_0 a_0 \end{cases} \tag{2.2.21}$$

由上述分析可知，单位脉冲响应既可以看成系统在零初始条件下受输入是单

位脉冲函数的反映,也可以看成系统没有输入作用在一组特定初始条件下之输出,不过这组初始条件应满足方程(2.2.21)。由于通常的系统总有 $m \leqslant n-1$,因此上述方程总是可解的。这种对单位脉冲响应两种解释之等价性告诉我们可以通过使用模拟设备来演示单位脉冲响应,即无须引入输入,而只要设计适当的初始条件就可获得单位脉冲响应。

为简单,我们考虑 $m=0$ 的情形。此时我们有

$$y_0 = y_0^{(1)} = \cdots = y_0^{(n-2)} = 0, \quad y_0^{(n-1)} = \frac{b_0}{a_0}$$

就是一个特殊之初始条件。

最后,我们把单输入单输出系统的概念推广到多输入多输出系统。

对一般的多输出系统,设它的输出是 n 维向量 y,输入是 m 维向量 x,它们之间以下述线性常系数线性微分方程描述,即

$$A(p)y = B(p)x \tag{2.2.22}$$

其中,$A(p) = \left(a_{ij}(p)\right)$ 和 $B(p) = \left(b_{ik}(p)\right)$ 分别是 $n \times n$ 和 $n \times m$ 的 p 的实系数多项式矩阵;$p = \dfrac{\mathrm{d}}{\mathrm{d}t}$ 是微分算子。

我们定义系统处于零初始状态下,在下述一组输入作用下,即

$$x_k = \delta(t), \quad x_i = 0, \quad i \neq k$$

第 j 个输出 $y_j(t)$ 是系统第 j 个输出相对于第 k 个输入的单位脉冲响应,记为 $k_{jk}(t)$,当然它也有物理现实性假定,即

$$k_{jk}(t) = 0, \quad t < 0; j = 1, 2, \cdots, n; k = 1, 2, \cdots, m$$

显然,整个系统的特性不能由一个单位脉冲响应函数决定,而应由一个单位脉冲响应矩阵来确定,即

$$K(t) = \left(k_{jk}(t)\right) \tag{2.2.23}$$

当系统在零初始值下受一组向量输入 $x(t)$ 作用时,系统的输出向量应为

$$y(t) = \int_0^t K(t-\tau)x(\tau)\mathrm{d}\tau = \int_0^t K(\tau)x(t-\tau)\mathrm{d}\tau \tag{2.2.24}$$

这个公式从形式上看同以前一样,但是 y 与 x 分别是 n 与 m 维向量,$K(t)$ 是 $n \times m$ 维矩阵,其中的乘法是矩阵在向量上的运算。

同样,我们定义单位脉冲响应矩阵之拉普拉斯变换是系统之传递函数矩阵,并记为 $\varPhi(s)$。

显然,若令 $A(s)$ 之伴随矩阵是 $A^*(s)$,且 $A(s)$ 有逆,并记 $D(s) = \det A(s)$,则我们从

$$A(s)A^*(s) = D(s)E = A^*(s)A(s), \quad A^{-1}(s) = \frac{A^*(s)}{D(s)}$$

可知

$$Y(s) = A^{-1}(s)B(s)Z(s) \tag{2.2.25}$$

由此可知，系统的传递函数矩阵为

$$\Phi(s) = A^{-1}(s)B(s) = \frac{1}{D(s)}A^*(s)B(s) \tag{2.2.26}$$

其中，$A^*(s)$ 是矩阵 $A(s)$ 之伴随矩阵，它的元素 $A_{ji}(s)$ 恰好是 $A(s)$ 的元素 $a_{ji}(s)$ 之代数余子式，一般我们有

$$\sum_{j=1}^{n} a_{ij}(s)A_{jk}(s) = D(s)\delta_{ik}$$

其中，δ_{ik} 是克罗内克符号（Kronecker symbol），定义为

$$\delta_{ik} = \begin{cases} 1, & i = k \\ 0, & i \neq k \end{cases}$$

2.2.3　系统的动力学环节与结构图

对于控制系统来说，为了研究它的动力学特性，人们总常用其输出与输入之间满足的方程来描述。例如，可以是一个常系数线性微分方程，即

$$a_0 y^{(n)} + a_1 y^{(n-1)} + \cdots + a_{n-1}\dot{y} + a_n y = b_0 x^{(m)} + \cdots + b_m x$$

也可以用变系数线性方程，即

$$a_0(t)y^{(n)} + a_1(t)y^{(n-1)} + \cdots + a_n(t)y = b_0(t)x^{(m)} + \cdots + b_m(t)x$$

或者非线性方程，即

$$F\left(y^{(n)}, y^{(n-1)}, \cdots, y, x, \cdots, x^{(m)}\right) = 0$$

及其他更复杂的方程来描述。同一种类型方程描述的系统不论是动力学性质，还是研究动力学的方法都具有某种共同性，而从动力学的观点来看，我们侧重的是输入与输出间的约束关系，即方程式，而不是具体的物理性质。若两个元件具有同种类型的方程，我们就视其为同一类，对其中一个研究清楚，另一个也就基本清楚了。由此，凡在输入输出间由同一类型方程约束的元件均属同一环节。实际上，环节是从动力学研究这一角度对元件的抽象。

一般来说，我们可以有非线性环节，这是指输入输出间由非线性方程约束，可以有变系数环节。它表明输出输入间满足变系数方程，也可以是常系数线性环

节。这种情形当然指输入输出间由常系数线性方程来描述,如此等等。

在研究常系数线性系统时,我们指出将其合并成同一类以便揭示问题的实质。当然,分得过细除表明繁琐哲学以外没有别的作用,因此我们应该把常系数线性环节分解成若干基本环节。这些基本环节之间存在本质的区别。

由于任何常系数线性系统都可以用它的传递函数来描述,这个传递函数的特点通常是 s 的实系数有理函数,并且分子的次数通常总低于分母的次数。由代数的知识可知,任何实系数多项式均可分解为实系数二次或一次多项式之乘积,而且无论是牛顿定律还是电学中的克希霍夫定律一般也只与其变量的二次导数有关,因此我们可以把常系数线性系统分解为分母次数小于等于 2 的一些环节之组合。这些环节之传递函数之分子次数也应小于等于 2。当然,一个二次三项式有两个独立的系数,连同它们的符号在内,已经可分成好几种情况,同时考虑传递函数中分子分母都是二次三项式,这样我们就会进入一个极端繁琐哲学的范畴。我们不打算去研究这种繁琐的分类,只讨论几个最有代表性也是最常用的环节,希望落实在以下几个方面,即方程与传递函数、零点极点分布、脉冲特性与其图形、单位阶跃作用下之反应及其图形。

(1)放大环节,如图 2.2.3(a)所示。$y = Kx$ 的传递函数 K 无零点,也没有极点,脉冲特性 $k = K\delta(t)$,如图 2.2.3(b)所示。时间特性(单位阶跃下之反应)如图 2.2.3(c)所示。

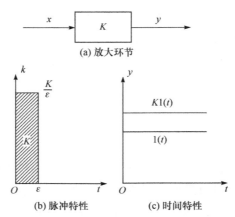

图 2.2.3　放大环节的脉冲特性及时间特性

(2)积分环节,如图 2.2.4(a)所示。方程 $\dot{y} = Kx$ 的传递函数为 $\dfrac{K}{s}$。

原点是一阶极点但无零点。脉冲特性 $y = K1(t)$ 如图 2.2.4(b)所示。时间特性 $y = Kt1(t)$ 如图 2.2.4(c)所示。

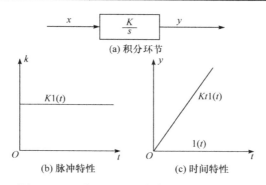

图 2.2.4 积分环节下的脉冲特性与时间特性

(3)稳定非周期环节,如图 2.2.5(a)所示。

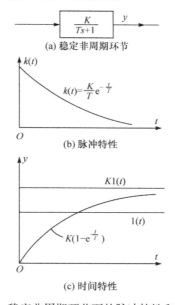

图 2.2.5 稳定非周期环节下的脉冲特性和时间特性

$T\dot{y}+y=Kx$ 的传递函数 $\dfrac{K}{Ts+1}$ 在 $s=-\dfrac{1}{T}$ 有一阶极点无零点。脉冲特性 $\dfrac{1}{T}Ke^{-\frac{t}{T}}$ 如图 2.2.5(b)所示。时间特性 $K\left(1-\exp\left(-\dfrac{t}{T}\right)\right)$ 如图 2.2.5(c)所示。

(4)不稳定非周期环节,如图 2.2.6(a)所示。$T\dot{y}-y=Kx$ 的传递函数 $\dfrac{K}{Ts-1}$ 在 $s=\dfrac{1}{T}$ 有一个一阶极点,没有零点。脉冲特性 $\dfrac{K}{T}e^{\frac{t}{T}}$ 随时间增长而无界增大,如

图 2.2.6(b) 所示。时间特性 $K\left(\exp\left(-\dfrac{t}{T}\right)-1\right)$ 随时间增长而无界增大,如图 2.2.6(c)

所示。

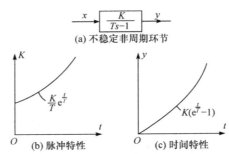

(a) 不稳定非周期环节

(b) 脉冲特性　　　　　(c) 时间特性

图 2.2.6　不稳定非周期环节下的脉冲特性和时间特性

(5) 谐振环节,如图 2.2.7(a) 所示。$\ddot{y}+\omega^2 y=Kx$ 的传递函数 $\dfrac{K}{s^2+\omega^2}$ 在 $s=\pm\mathrm{j}\omega$

各有一个一阶极点。脉冲特性 $k(t)=\dfrac{1}{\omega}K\sin(\omega t)$ 如图 2.2.7(b) 所示。时间特性是

$h(t)$,可以这样求得,即

$$\mathcal{L}\big[h(t)\big]=\frac{K}{s\left(s^2+\omega^2\right)}=\frac{K}{\omega^2}\left(\frac{1}{s}-\frac{s}{s^2+\omega^2}\right)$$

由此就有

$$h(t)=\frac{k}{\omega^2}\big[1(t)-\cos(\omega t)\big]$$

其图形如图 2.2.7(c) 所示。

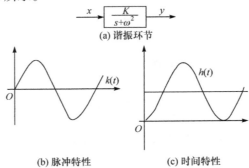

(a) 谐振环节

(b) 脉冲特性　　　　　　(c) 时间特性

图 2.2.7　谐振环节下的脉冲特性和时间特性

(6) 阻尼振动环节,如图 2.2.8(a) 所示。$\ddot{y}+2\varsigma\omega\dot{y}+\omega^2 y=Kx$ 的传递函数是

$\dfrac{K}{s^2+2\varsigma\omega s+\omega^2}$,由于是阻尼振动,因此 $\varsigma<1$。不难证明,它可以用等效环节

$\dfrac{K}{(s+\alpha)^2+\beta^2}$ 代替，其中 $\alpha=\varsigma\omega$，$\beta^2=\omega^2(1-\varsigma^2)$。它无零点，在 $s=-\alpha\pm\beta\mathrm{j}$ 各有一个一阶极点。其脉冲特性是 $k(t)=\dfrac{K}{\beta}\mathrm{e}^{-\alpha t}\sin(\beta t)$，时间特性可用与(5)相仿的办法求出，即

$$h(t)=\frac{K}{\alpha^2+\beta^2}1(t)-\frac{K\mathrm{e}^{-\alpha t}}{\alpha^2+\beta^2}\big(\cos(\beta t)+\alpha\sin(\beta t)\big)$$

图 2.2.8(b)与图 2.2.8(c)分别为 $k(t)$ 与 $h(t)$ 之图形。

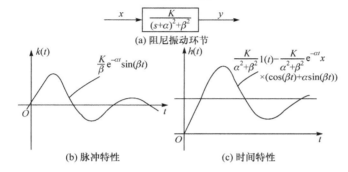

图 2.2.8　阻尼振动环节下的脉冲特性和时间特性

(7)恒行器，如图 2.2.9(a)所示。$T\dot{y}+y=T\dot{x}$ 一般称为具微分信号之非周期环节。它的传递函数 $\dfrac{Ts}{Ts+1}$ 在原点有一个一阶零点，在 $s=-\dfrac{1}{T}$ 有一个一阶极点。时间特性 $h(t)=\mathrm{e}^{-\frac{t}{T}}$ 的脉冲特性是 $k(t)=\delta(t)-\dfrac{1}{T}\mathrm{e}^{-\frac{t}{T}}$。其中出现 $\delta(t)$ 是由于存在微分信号，如图 2.2.9(b)与图 2.2.9(c)所示。

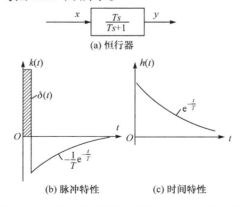

图 2.2.9　恒行器系统下的脉冲特性和时间特性

2.2.4 三个系统的结构图

在第 1 章，我们曾经以方块图表示一个系统，并得到了它的方程式。我们仍用方块代表系统的各个部件，但以对应部件的传递函数表示这一部件的动态特性，也就是把一个系统看成是很多环节构成的。这种办法常称为绘制系统的动力学结构图，主要是为了以后研究的方便。

1. I 型直流随动系统结构图

系统各部件之传递函数如下。
电位计与放大器

$$e_1 = -k_1 k_2 (\theta_2 - \theta_1), \quad \text{比例比较}$$

发电机

$$e_2 = \frac{k_3}{\tau_f s + 1} e_1, \quad \text{非周期}$$

电动机

$$\theta_2 = \frac{1}{k_v s (T_M s + 1)} e_2, \quad \text{积分非周期}$$

由此就有结构图，如图 2.2.10 所示，其中图 2.2.10(a) 是系统之动力学结构图，图 2.2.10(b) 是经过运算的等效结构图。其中开环部分合并的传递函数为

$$\theta_2 = \frac{-k_1 k_2 k_3}{k_v} \frac{1}{s (T_f s + 1)(T_m s + 1)} (\theta_2 - \theta_2)$$

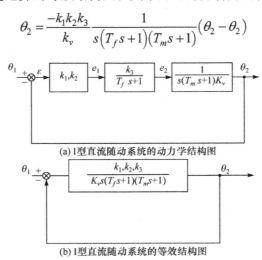

(a) I 型直流随动系统的动力学结构图

(b) I 型直流随动系统的等效结构图

图 2.2.10　I 型直流随动系统结构图

2. 汽轮机调速系统

首先写出各部件的传递函数：

发电机

$$\varphi = \frac{1}{T_a s + 1}\xi - \frac{1}{T_a s + 1}\lambda, \quad 非周期$$

伺服机

$$\xi = -\frac{1}{T_s s}\sigma, \quad 积分$$

杠杆

$$\sigma = \zeta + \eta, \quad 综合加法$$

离心测速器

$$\eta = \frac{1}{T_r^2 s^2 + T_k s + \delta_1}\varphi$$

当 $T_k^2 - 4\delta_1 T_r^2 \geqslant 0$ 时，两非周期串联；当 $T_k^2 - 4\delta_1 T_r^2 < 0$ 时，振动阻尼环节。

恒行器（带微分之非周期）

$$\zeta = \frac{\tau s}{1 + \tau s}\xi$$

由此不难有系统之结构图，如图 2.2.11 所示，其中图 2.2.11(a) 是系统之动力学结构图，图 2.2.11(b) 与图 2.2.11(c) 都是等效结构图，图 2.2.11(c) 对应 $\lambda = 0$ 的情形。

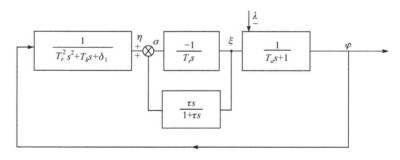

(a) 汽轮机调速系统的动力学结构图

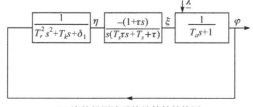

(b) 汽轮机调速系统的等效结构图

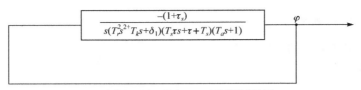

(c) 汽轮机调速系统当λ = 0时的等效结构图

图 2.2.11　汽轮机调速系统结构图

3. 飞机纵向自动驾驶系统

飞机纵向 $v = \dfrac{-n_B\left(s + n_{2z}\right)}{s^3 + c_1 s^2 + c_2 s}\delta_B$ 是一带微分的积分振荡环节。

陀螺

$$\varepsilon = \left(k_1 + k_2 s\right)v$$

放大器

$$e = k_3\varepsilon$$

电动机电枢

$$i = \dfrac{k_4}{T_1 s + 1}e$$

电动机转动

$$\delta_B = \dfrac{k_5}{s\left(T_2 s + 1\right)}i$$

由此不难有其结构图，如图 2.2.12 所示，其中图 2.2.12（a）是原系统之动力学结构图，图 2.2.12（b）是经运算后化简之结构图。

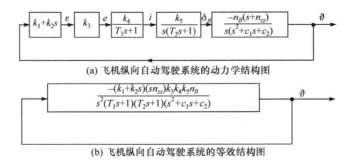

(a) 飞机纵向自动驾驶系统的动力学结构图

(b) 飞机纵向自动驾驶系统的等效结构图

图 2.2.12　飞机纵向自动驾驶系统结构图

2.3 频率特性及其描述

2.3.1 频率特性及其物理意义

在控制系统动力学的研究上，无论对于系统还是一个环节，为研究其动力学过程，我们常以一些典型的时间函数作为一种典型输入送入系统来考查系统的反应，从而研究系统的性能。之前的单位脉冲响应和时间特性就是输入取单位脉冲函数与单位阶跃函数下的反应。在研究时，人们也常用谐波输入进行讨论。频率特性的概念与这种想法在物理上有密切的联系。

从以前的讨论中看到描述一个系统，既可以用微分方程来描述，也可以用传递函数来描述，从这一点上讲系统的一切知识应该完全可以通过传递函数来研究它。

考虑系统的传递函数 $\Phi(s)$，对于常系数线性系统来说，它是复变量 s 的有理函数，即 s 的两个实系数多项式之商。我们如果以 $j\omega$ 代替 s，ω 是实变量，则可以得到一个实变量 ω 的复值函数，ω 的定义域是整个实数轴。显然，ω 变化时，$\Phi(j\omega)$ 就在复数平面上画出一条曲线，而由于 $\Phi(-j\omega) = \Phi^*(j\omega)$，可知这样一条曲线一定关于复数平面的实轴对称，因此要作出这样的曲线来只需作出取正值的 ω 所对应的数值即可。

考虑传递函数是单位脉冲响应 $k(t)$ 的拉普拉斯变换，令 $s = j\omega$，我们有

$$\Phi(j\omega) = \int_0^{+\infty} k(t) e^{-st} dt = \int_0^{+\infty} k(t) e^{-j\omega t} dt \tag{2.3.1}$$

由于 $k(t)$ 具有物理现实性假定，即 $k(-t) = 0$，$t > 0$，因此有

$$\Phi(j\omega) = \int_{-\infty}^{+\infty} k(t) e^{-j\omega t} dt \tag{2.3.2}$$

实际上，要能用积分来表述 $\Phi(j\omega)$，就有一个前提，即 $k(t)$ 是绝对可积的。我们约定凡 $k(t)$ 是绝对可积时，就采用式 (2.3.2) 来定义 $\Phi(j\omega)$，即用 $k(t)$ 函数的傅里叶 (Fourier) 变换来定义它，而在 $k(t)$ 不满足绝对可积时，我们就用传递函数中的 $j\omega$ 代替 s。

以后我们称 $\Phi(j\omega)$ 是对应系统的频率特性。

频率特性不像传递函数，它同单位脉冲响应一样具有明确的物理意义。下面我们以 $k(t)$ 绝对可积来叙述它。实际上，在 $k(t)$ 不能绝对可积时，表明系统在单位脉冲作用下 (相当于一个等效的初始条件) 的反应是发散的或至少是不以零为极限的。这种系统本身在受到瞬时脉冲作用后就会失去原有工作状态且不能恢复，因此从物理实际来说，可以先不去讨论这种反常的系统。我们设系统的单位脉冲

响应是绝对可积的。研究系统在零初始条件下有一个输入，它是时间 t 以频率为 ω 的谐波函数 $x(t)=a\mathrm{e}^{\mathrm{j}\omega t}$，其中 a 可以是复数。显然，对应系统的输出为

$$y(t)=\int_0^t ak(t-\tau)\mathrm{e}^{\mathrm{j}\omega\tau}\mathrm{d}\tau=\int_0^t ak(\tau)\mathrm{e}^{\mathrm{j}\omega(t-\tau)}\mathrm{d}\tau=a\mathrm{e}^{\mathrm{j}\omega t}\int_0^t k(\tau)\mathrm{e}^{-\mathrm{j}\omega\tau}\mathrm{d}\tau$$

我们有

$$\frac{y(t)}{x(t)}=\int_0^t k(\tau)\mathrm{e}^{-\mathrm{j}\omega\tau}\mathrm{d}t$$

如果两边取极限，则有

$$\lim_{t\to\infty}\frac{y(t)}{x(t)}=\int_0^{+\infty} k(t)\mathrm{e}^{-\mathrm{j}\omega\tau}\mathrm{d}t=\Phi(\mathrm{j}\omega) \tag{2.3.3}$$

式 (2.3.3) 表明，当系统有谐波输入作用时，充分长的时间以后，输出也是一个谐波，同输入具有相同的频率。输出与输入之比系一复常量。这也表明，在充分长时间以后，我们有

$$y(t)=\Phi(\mathrm{j}\omega)a\mathrm{e}^{\mathrm{j}\omega t}=|a|\big[A(\mathrm{j}\omega)\big]\mathrm{e}^{\mathrm{j}(\omega t+\varphi(\omega)+\alpha)} \tag{2.3.4}$$

我们记

$$a=|a|\mathrm{e}^{\mathrm{j}\alpha}$$

$$\Phi(\mathrm{j}\omega)=|\Phi(\mathrm{j}\omega)|\mathrm{e}^{\mathrm{j}\varphi(\omega)}=A(\omega)\mathrm{e}^{\mathrm{j}\varphi(\omega)}$$

由此可知，在定常以后（输入作用时间充分长），输出输入两谐波之振幅比恰好是频率特性之模，而两谐波之位相差恰好是频率特性之辐角。由此不难看出，频率特性确实具明确的物理意义。这一物理意义本身表明，频率特性可以通过实验近似求得。

频率特性这一工具在以后的讨论中具有极为重要的地位。

我们也称 $\Phi(\mathrm{j}\omega)=A(\omega)\mathrm{e}^{\mathrm{j}\varphi(\omega)}$ 为辐相特性，$A(\omega)$ 为辐频特性，$\varphi(\omega)$ 为相频特性。如果记 $\Phi(\mathrm{j}\omega)=P(\omega)+\mathrm{j}Q(\infty)$，则实函数 $P(\omega)$ 称为实频特性，实函数 $Q(\omega)$ 称为虚频特性。

实频特性与虚频特性分别为

$$\begin{aligned} P(\omega)&=\int_0^{+\infty} k(t)\cos(\omega t)\mathrm{d}t\\ Q(\omega)&=\int_0^{+\infty} -k(t)\sin(\omega t)\mathrm{d}t \end{aligned} \tag{2.3.5}$$

这表明，在已知 $k(t)$ 之图形后，可以近似地求出 $P(\omega)$ 与 $Q(\omega)$，而 $k(t)$ 可以通过模拟系统在特定初始条件下的响应得到。

2.3.2　初等环节之频率特性

在这一节, 我们给出若干常用初等环节频率特性之表达式及其对应曲线之图形。

1. 放大环节

$$W(\mathrm{j}\omega) = U(\omega) + \mathrm{j}V(\omega) = k$$

它在复数平面上是位于实轴上的一个点, 对应的实频特性为 $U(\omega) = k$, 虚频特性为 $V(\omega) = 0$, 幅频特性为 $A(\omega) = k$, 相频特性为 $\varphi(\omega) = 0$。由于对应图形较为简单, 在此不画了。

2. 非周期环节

频率特性是 $\dfrac{k}{Tj\omega + 1}$, 对应的有 $U(\omega) = \dfrac{k}{1 + T^2\omega^2}$, $V(\omega) = \dfrac{-kT\omega}{1 + T^2\omega^2}$, $A(\omega) = \dfrac{k}{\sqrt{1 + T^2\omega^2}}$, $\varphi(\omega) = -\arctan(T\omega)$。

为了在复数平面上画出 $W(\mathrm{j}\omega)$ 之图形, 我们取 U 为横坐标, V 为纵坐标, 在 $U(\omega)$ 和 $V(\omega)$ 中消去 ω 有

$$\left(U - \frac{k}{2}\right)^2 + V^2 = \left(\frac{k}{2}\right)^2$$

由此可知, 这是一个以 $\left(\dfrac{k}{2}, 0\right)$ 为圆心, $\dfrac{k}{2}$ 为半径之圆。其对应 $\omega > 0$, 刚好在下半平面, 对应 $\omega < 0$ 刚好在上半平面, 圆与 V 轴相切, 如图 2.3.1 所示。

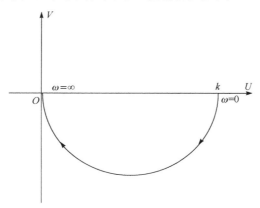

图 2.3.1　非周期环节频率特性曲线

3. 两非周期环节串联

频率特性 $W(\mathrm{j}\omega) = \dfrac{k}{1-T_1T_2\omega^2+(T_1+T_2)\mathrm{j}\omega}$ ，对应地有

$$U(\omega) = \frac{k\left(1-T_1T_2\omega^2\right)}{\left(1-T_1T_2\omega^2\right)^2+\left(T_1+T_2\right)^2\omega^2}$$

$$A(\omega) = \frac{k}{\sqrt{\left(1-T_1T_2\omega^2\right)^2+\left(T_1+T_2\right)^2\omega^2}}$$

$$V(\omega) = \frac{-k\left(T_1+T_2\right)\omega}{\left(1-T_1T_2\omega^2\right)^2+\left(T_1+T_2\right)^2\omega^2}$$

$$\varphi(\omega) = \arctan\frac{\left(T_1+T_2\right)\omega}{T_1T_2\omega^2-1}$$

不难看出，当 $\omega>0$ 时，总有 $V(\omega)<0$ ，对应 $\omega>0$ 的曲线在下半平面， $\omega<0$ 的曲线在上半平面，它们刚好对称，如图 2.3.2 所示。

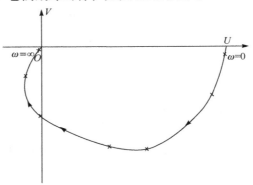

图 2.3.2　两非周期环节串联频率特性曲线

4. 振荡环节

频率特性 $W(\mathrm{j}\omega) = \dfrac{k}{(\alpha+\mathrm{j}\omega)^2+\beta^2} = \dfrac{k}{\alpha^2+\beta^2-\omega^2+2\alpha\mathrm{j}\omega}$ ，对应地有

$$U(\omega) = \frac{k\left(\alpha^2+\beta^2-\omega^2\right)}{\left(\alpha^2+\beta^2-\omega^2\right)^2+4\alpha^2\omega^2}$$

$$V(\omega) = \frac{-k2\alpha\omega}{\alpha^2+\beta^2-\omega^2+4\alpha^2\omega^2}$$

$$A(\omega) = \frac{k}{\sqrt{\left(\alpha^2 + \beta^2 - \omega^2\right)^2 + 4\alpha^2\omega^2}}$$

$$\varphi(\omega) = \arctan\frac{-2\alpha\omega}{\alpha^2 + \beta^2 - \omega^2}$$

它的图形同两个非周期环节串联差不多，但随着 α 的减少，会出现一些奇异现象。考虑 $\alpha=0$，则有

$$U(\omega) = \frac{k}{\beta^2 - \omega^2}, \quad V(\omega) = 0$$

$$A(\omega) = \frac{k}{\beta^2 - \omega^2}, \quad \varphi(\omega) = 0, \pi$$

由此可知，此时实际上变成实轴上的线段，它由 $\dfrac{k}{\beta^2}$ 起至 $+\infty$，然后又从 $-\infty$ 开始一直到坐标原点，如图 2.3.3 所示。

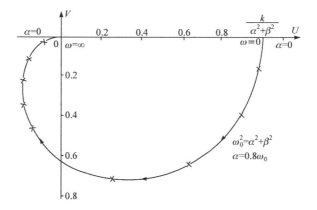

图 2.3.3　振荡环节频率特性曲线

5. 积分环节

$$W(\mathrm{j}\omega) = -\frac{\mathrm{j}}{T\omega}$$

对应地有

$$U(\omega) = 0, \quad V(\omega) = -\frac{1}{T\omega}, \quad A(\omega) = \frac{1}{T\omega}, \quad \varphi(\omega) = -\frac{\pi}{2}$$

这表明，对 $\omega > 0$，图形是虚轴之下半部；对 $\omega < 0$，图形对称地反射成虚轴之上半部，如图 2.3.4 所示。

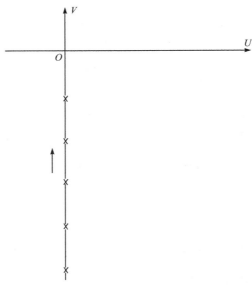

图 2.3.4   积分环节频率特性曲线

6. 微分环节

$$W(j\omega) = Tj\omega$$

对应地有

$$U(\omega) = 0, \quad V(\omega) = T\omega, \quad A(\omega) = T\omega, \quad \varphi(\omega) = \frac{\pi}{2}$$

这表明，对 $\omega > 0$，图形是虚轴之上半部；对 $\omega < 0$，图形反射成虚轴之下半部，如图 2.3.5 所示。

7. 非周期环节与积分环节串联

频 率 特 性 $W(j\omega) = \dfrac{k}{j\omega(Tj\omega+1)}$，对 应 地 有 $U(\omega) = -\dfrac{kT}{\omega^2 T^2 + 1}$，$V(\omega) =$

$\dfrac{-k\omega}{\omega^2 + T^2\omega^4}$，$A(\omega) = \dfrac{k}{\omega\sqrt{1+T^2\omega^2}}$，$\varphi(\omega) = \arctan\dfrac{1}{\omega T}$。

由于 $\omega > 0$，$V(\omega) < 0$，则从 $\varphi(\omega) = \arctan\dfrac{1}{\omega T} > 0$ 可知，曲线总在第三象限 $(\omega > 0)$，反之在第二象限，如图 2.3.6 所示。

8. 微分与非周期环节之串联(恒行式环节)

频率特性 $\dfrac{kTj\omega}{1+Tj\omega}$，对应地有 $U(\omega) = \dfrac{kT^2\omega^2}{1+T^2\omega^2}$，$V(\omega) = \dfrac{k\omega T}{1+T^2\omega^2}$，$A(\omega) =$

$\dfrac{k\omega T}{\sqrt{1+T^2\omega}}$, $\quad \varphi(\omega)=\arctan\dfrac{1}{\omega T}$。

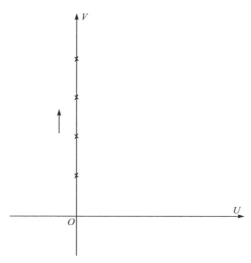

图 2.3.5 微分环节频率特性曲线

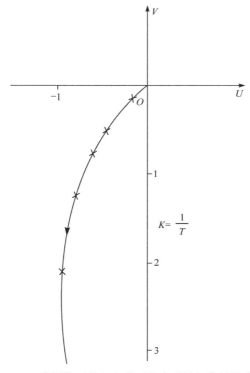

图 2.3.6 非周期环节与积分环节串联的频率特性曲线

为了找到 $W(\mathrm{j}\omega)$ 图形之表达式，我们在 $U=U(\omega)$ 与 $V=V(\omega)$ 中消去 ω，则有

$$\left(U-\frac{k}{2}\right)^2+V^2=\left(\frac{k}{2}\right)^2$$

方程同非周期环节的一样，但当 $\omega>0$ 时，曲线在上半平面，当 $\omega<0$ 时，曲线在下半平面。其次目前这一环节之频率特性在低频时接近原点，在高频时远离原点，这也是与非周期环节不相同之处。

此环节的频率特性曲线如图 2.3.7 所示。

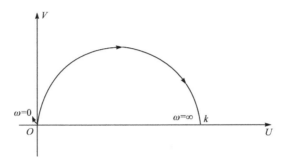

图 2.3.7　恒行式环节频率特性曲线

在实际应用上，我们常以这样的环节代替微分环节，因为后者实际上是无法准确做到的。这种传递函数是 $\dfrac{kTs}{1+Ts}$ 的恒行式回路，用简单的 RC 网络就能实现，因此有时也称这种环节为微分环节。

考虑微分环节与理想微分环节 kTs 之差，二者之比是 $\sqrt{1+\omega^2 T^2}$。如果这一比值恰好是 1，则没有误差。这一点只在 $\omega=0$ 附近才可能，这表明对低频信号来说，恒行式回路实际上可以起到微分之作用。如果令 $\alpha=(\omega T)^2$，并且给定一个容许误差 Δ，设 $\Delta\ll 1$，则由 $\sqrt{1+\alpha}=1+\Delta$，有

$$\sqrt{1+\alpha}=1+\frac{1}{2}\alpha+0(\alpha)=1+\Delta$$

由此可知，$\alpha=2\Delta$，$\omega=\dfrac{1}{T}\sqrt{2\Delta}$，即在 $\left(0,\dfrac{1}{T}\sqrt{2\Delta}\right)$ 这一频带内，以 $\dfrac{kTs}{1+Ts}$ 这种环节代替环节 kTs 误差不超过 Δ。

9. 无源相位超前回路

无源相位超前回路又称微分回路，其频率特性为 $W(\mathrm{j}\omega)=k(T_2\mathrm{j}\omega+1)/(T_1\mathrm{j}\omega+1)$，可以用简单的 RC 回路实现，如图 2.3.8(a) 所示，其中 $T_2>T_1$。

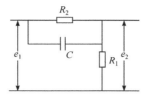

图 2.3.8　无源相位超前回路

对应的有

$$U(\omega)=\frac{k\left(1+T_1T_2\omega^2\right)}{1+T_1^2\omega^2},\quad V(\omega)=\frac{k(T_2-T_1)\omega}{\omega^2T_1^2+1}$$

$$A(\omega)=\frac{k\sqrt{1+T_2^2\omega^2}}{\sqrt{1+T_1^2\omega^2}},\quad \varphi(\omega)=\arctan(T_2\omega)-\arctan(T_1\omega)$$

为了得到复数平面 $W(j\omega)$ 之图形，消去 ω 可以有

$$V^2+\left[U-\frac{k}{2}\left(1+\frac{T_2}{T_1}\right)\right]^2=\frac{\left(\dfrac{T_2}{T_1}-1\right)^2}{4}k^2$$

它代表一个圆。当 $\omega>0$ 时，对应的曲线在上半平面如图 2.3.9 所示，由于 $\varphi(\omega)>0$，因此称为相位超前回路。

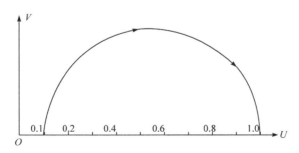

图 2.3.9　无源相位超前回路频率特性曲线

$$\frac{E_2}{E_1}=k\frac{T_2s+1}{T_1s+1},\quad T_2=R_2c>T_1,\quad T_1=R_1c\frac{k}{R_1+R_2},\quad k=\frac{T_1}{T_2},\quad \frac{T_2}{T_1}=10$$

10. 无源相位落后回路

无源相位落后回路有时又称无源积分回路，其频率特性是 $\dfrac{1+\tau j\omega}{1+\alpha\tau j\omega}$，其中 $\alpha>1$，可以由简单的 RC 回路构成，如图 2.3.10 所示。

对应地有 $U(\omega)=\dfrac{1+\alpha\tau^2\omega^2}{1+\alpha^2\tau^2\omega^2}$，$V(\omega)=\dfrac{-(\alpha-1)\tau\omega}{1+\alpha^2\tau^2\omega^2}$，$A(\omega)=\sqrt{\dfrac{1+\tau^2\omega^2}{1+\alpha^2\tau^2\omega^2}}$，$\varphi(\omega)=\arctan(\tau\omega)-\arctan(\alpha\tau\omega)$。

对 $\theta(\omega)$ 说来，当 $\omega>0$ 时，总有 $\varphi(\omega)<0$，因此称相位落后回路。

与相位超前回路相仿，要得到 $W(\mathrm{j}\omega)$ 之图形，我们令 $T_1=\alpha\tau$，$T_2=\tau$，$k=1$，则有对应圆的方程，即

$$V^2+\left(U-\frac{1+\dfrac{1}{\alpha}}{2}\right)^2=\frac{\left(\dfrac{1}{\alpha}-1\right)^2}{4}$$

由于 $V(\omega)<0$，我们取下半平面的半圆，如图 2.3.11 所示。

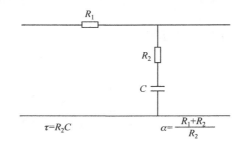

$$\tau=R_2C \qquad \alpha=\frac{R_1+R_2}{R_2}$$

图 2.3.10　无源相位落后回路

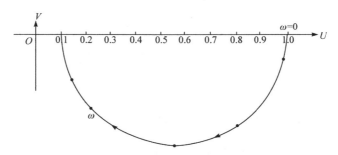

图 2.3.11　无源相位落后回路频率特性曲线

11. 无源相位落后提前回路

图 2.3.12 所示的是一个相位落后提前回路。其频率特性为

$$W(\mathrm{j}\omega)=\frac{\tau_1\tau_2(\mathrm{j}\omega)^2+(\tau_1+\tau_2)\mathrm{j}\omega+1}{\tau_1\tau_2(\mathrm{j}\omega)^2+(\tau_1+\tau_2+R_1c_2)\mathrm{j}\omega+1}=\frac{(1+\tau_1\mathrm{j}\omega)(1+\tau_2\mathrm{j}\omega)}{(1+T_1\mathrm{j}\omega)(1+T_2\mathrm{j}\omega)}$$

其中，$\tau_1=c_1R_1$；$\tau_2=c_2R_2$。

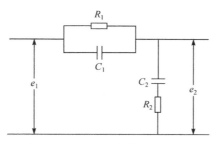

图 2.3.12　无源相位落后提前回路

$$T_1 = \frac{2\tau_1\tau_2}{\tau_1 + \tau_2 + c_2 R_1 - \sqrt{\left(\tau_1 + \tau_2 + c_2 R_1\right)^2 - 4\tau_1\tau_2}}$$

$$T_2 = \frac{2\tau_1\tau_2}{\tau_1 + \tau_2 + c_2 R_1 + \sqrt{\left(\tau_1 + \tau_2 + c_2 R_1\right)^2 - 4\tau_1\tau_2}}$$

对应地有

$$A(\omega) = \sqrt{\left(1 + \tau_1^2\omega^2\right)\left(1 + \tau_2^2\omega^2\right)} \Big/ \sqrt{\left(1 + T_1^2\omega^2\right)\left(1 + T_2^2\omega^2\right)}$$

$$\varphi(\omega) = \arctan(\tau_1\omega) + \arctan(\tau_2\omega) - \arctan(T_1\omega) - \arctan(T_2\omega)$$

幅相特性如图 2.3.13 所示，其中

$$\tau_2 = 0.25\tau_1$$
$$T_1 = 10\tau_1$$
$$T_2 = 0.025\tau_1$$
$$\tau_1 = R_1 c_1$$
$$\tau_2 = R_2 c_2$$
$$T_1 + T_2 = \tau_1 + \tau_2 + R_1 c_2$$

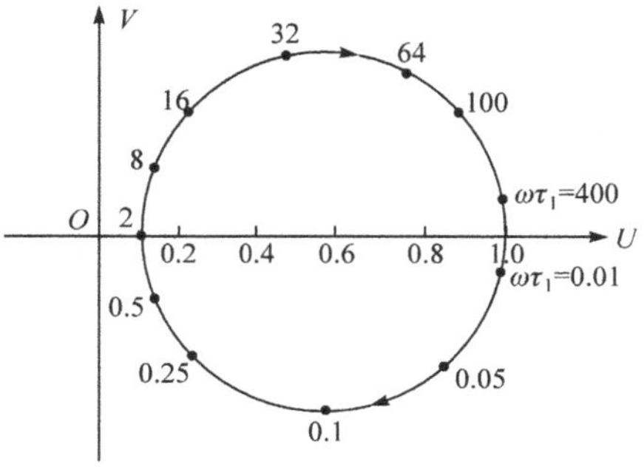

图 2.3.13　无源相位落后提前回路频率特性曲线

　　以上回路是控制系统动力学研究中比较常用的回路，常被用来作为给定回路或校正回路。

2.3.3　对数频率特性及其某些规定

　　在初等数学的学习过程中，我们已经知道，对于若干数的连乘运算如果采用对数运算就可以把乘法变为加法。控制系统往往碰到一连串环节的串联，而环节串联后合起来的传递函数恰好是各环节传递函数之乘积，因此采用频率特性的对数将大大简化以后的计算。

　　例如，考虑 n 个环节串联，它们的频率特性是 $W_i(\mathrm{j}\omega)$，指数形式为

$$W_i(\mathrm{j}\omega) = A_i(\omega)\mathrm{e}^{\mathrm{j}\varphi_i(\omega)} \tag{2.3.6}$$

　　如果以 $W(\mathrm{j}\omega)$ 表示串联后合成环节之频率特性，即

$$W(\mathrm{j}\omega) = A(\omega)\mathrm{e}^{\mathrm{j}\varphi(\omega)} \tag{2.3.7}$$

由于

$$W(\mathrm{j}\omega) = \prod_{i=1}^{n} W_i(\mathrm{j}\omega) \tag{2.3.8}$$

则有

$$A(\omega) = \prod_{i=1}^{n} A_i(\omega), \quad \varphi(\omega) = \sum_{i=1}^{n} \varphi_i(\omega) \tag{2.3.9}$$

或者有

$$\begin{cases} \lg A(\omega) = \displaystyle\sum_{i=1}^{n} \lg A_i(\omega) \\ \varphi(\omega) = \displaystyle\sum_{i=1}^{n} \varphi_i(\omega) \end{cases} \tag{2.3.10}$$

　　由式 (2.3.10) 可以看到，位相特性与对数幅频特性在环节串联之后用对应各环节特性加法可以构成组成后环节之特性。

　　为了以后绘制对数幅频特性能够进行近似估计，我们对横轴以 $\lg\omega$ 代替 ω，并以倍频程为单位长或 10 倍频程 (dec) 为单位，而沿纵轴也换成以分贝数为单位。

　　所谓倍频程 (从音乐学中借用的词)，就是包括在任一 ω 值和它的双倍值 2ω 之间的频率区间。但在对数尺度中，我们用倍频程表示的频率段长度是相同的，与 ω 之大小无关，而且总是 $\lg 2$，这是因为

$$\lg 2\omega - \lg \omega = \lg 2 = 0.301$$

　　有时不用倍频程来作衡量的单位，而改用 10 倍频程作单位，此时每 10 倍频程之区间长度为

$$\lg 10\omega - \lg\omega = \lg 10 = 1$$

无论是 10 倍频程，还是倍频程都是作为单位，为方便我们在横轴上仍标示原来 ω 的数值，如图 2.3.14 所示。

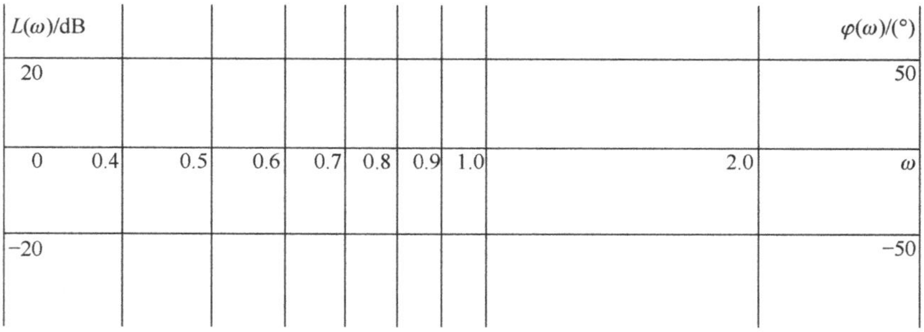

图 2.3.14　对数分度

"分贝"是估计二量之比或二数之比的对数单位，以 10 为底的对数并不是最方便的尺度。为了估计某些特性的幅度，通常利用分贝来衡量，数字 N 的分贝数 S 定义为

$$S = 20\lg N \tag{2.3.11}$$

以后再作幅频特性时，我们除了横坐标以 $\lg\omega$ 为标准外，纵坐标按 $20\lg A(\omega)$ 线性分度，单位为分贝，并记

$$L(\omega) = 20\lg A(\omega) \tag{2.3.12}$$

为清楚起见，我们考虑一例，研究非周期环节与积分环节串联的对数幅频特性为

$$W(\mathrm{j}\omega) = \frac{k_0}{\mathrm{j}\omega(1 + T\mathrm{j}\omega)}$$

它的幅频特性为

$$A(\omega) = \frac{k_0}{\omega\sqrt{1 + T^2\omega^2}}$$

对数幅频特性是

$$L(\omega) = 20\lg\frac{k_0}{\omega\sqrt{1 + T^2\omega^2}} = 20\lg k_0 - 20\lg\omega - 20\lg\sqrt{1 + T^2\omega^2}$$

显然它由三部分构成。

不难看出，当 k_0 变化时，$L(\omega)$ 曲线的形状将不发生任何变化，只是沿纵轴方向发生平移而已。由此可知，当环节的放大系数 k_0 发生变化时，我们可以很方便地绘制它的对数幅频特性。

我们考虑 $\omega \ll \dfrac{1}{T}$ 的那一段特性曲线，此时有 $\omega^2 T^2 \ll 1$，$\sqrt{\omega^2 T^2 + 1} \doteq 1$，$\lg\sqrt{\omega^2 T^2 + 1} \doteq 0$，由此有 $L(\omega) = 20\lg k_0 - 20\lg\omega$。这一方程对 $\lg\omega$ 与 $L(\omega)$ 来说是线性的，当 $\omega = 1$ 时，纵坐标是 $20\lg k_0$，其斜率是每 10 倍频程下降 20dB（记为 $-20\text{dB}/10$倍频），或者说每倍频程下降 6dB（记为 6dB/倍频）。

如果 $\omega \gg \dfrac{1}{T}$，此时有 $\omega^2 T^2 \gg 1$，$\sqrt{\omega^2 T^2 + 1} = \omega T$，$\lg\sqrt{\omega^2 T^2 + 1} = \lg T + \lg\omega$。由此就有

$$L(\omega) = 20\lg k_0 - 40\lg\omega - 20\lg T$$

它在 $\lg\omega$ 与 $L(\omega)$ 为坐标下也是直线。此直线经过 $\omega = 1$，$L(\omega) = 20\lg\dfrac{k_0}{T}$ 这一点，斜率是 $-40\text{dB}/10$倍频。

由此可知，无论是 $\omega \ll \dfrac{1}{T}$ 还是 $\omega \gg \dfrac{1}{T}$，对应之 $L(\omega)$ 曲线均可用近似直线代替。在 $\omega = \dfrac{1}{T}$ 附近，这种代替可能有较大的误差。

下面求此两直线之交点，交点横坐标为

$$20\lg\omega = -20\lg T$$

由此可知，对应 ω 之数值为 $\omega = \omega_1 = \dfrac{1}{T}$，即对应两直线交点恰好是 $\omega = \omega_1$ 的那一点，以后我们就用上述两直线来代替原对数幅频特性曲线，它们的分界点是 $\omega = \dfrac{1}{T}$。

图 2.3.15 所示是上述环节之准确对数特性与近似直线代替之近似对数特性之曲线图。可以看出，最大误差发生在 $\omega = \dfrac{1}{T}$ 那一点，我们有

$$L(\omega) = 20\lg k_0 - 20\lg\dfrac{1}{T} - 20\lg\sqrt{2}$$

近似直线有

$$L_1(\omega) = 20\lg k_0 - 20\lg\dfrac{1}{T}$$

由此可知，误差

$$\Delta = L - L_1 = -20\lg\sqrt{2} = -3 \tag{2.3.13}$$

因此，利用上述近似直线代替误差最大不超过 3dB。

最后，我们讨论相频特性的问题。

如果还以上例来考查，则有

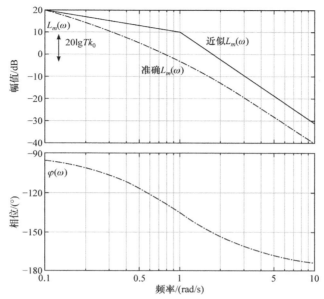

图 2.3.15　近似对数频率特性曲线

$$\varphi(\omega) = -\frac{\pi}{2} + \arctan T\omega = -\left(\frac{\pi}{2} - \arctan\frac{\omega}{\omega_1}\right)$$

显然它与 k_0 无关。关键问题是要建立 $\arctan\dfrac{\omega}{\omega_1}$ 之图形。考虑

$$\arctan\frac{\omega}{\omega_1} = \arctan e^{\lg\omega - \lg\omega_1}$$

不难看出，它在 $\omega = \omega_1$ 时，有 $\arctan\dfrac{\omega}{\omega_1} = 45°$。对 $\dfrac{\omega}{\omega_1} = \lambda$ 与 $\dfrac{\omega}{\omega_1} = \dfrac{1}{\lambda}$ 两点（在对数坐标下关于 $\omega = \omega_1$ 对称）对应的有 $\arctan\dfrac{\omega}{\omega_1} = \arctan\lambda$ 与 $\arctan\dfrac{\omega}{\omega_1} = \arctan\dfrac{1}{\lambda}$。这两个值恰好有 $\arctan\lambda = 90° - \arctan\dfrac{1}{\lambda}$，因此对应的点之纵坐标应关于 45° 对称。

综上所述，$\arctan\dfrac{\omega}{\omega_1}$ 在对数坐标下曲线形状之特点是在 $\omega = \omega_1$ 时纵坐标为 45°，而曲线本身关于 $(\omega_1, 45°)$ 这一点对称。图 2.3.15 所示为 $\arctan\dfrac{\omega}{\omega_1}$ 之曲线。显然 ω_1 变动时，只要将此曲线沿横轴平移就可以了。

2.3.4　几个初等环节的对数特性曲线

由于在使用对数特性时，环节串联的结果只是做加法，因此只要研究几个最

简单环节之对数特性就足以构成我们需要的一切环节的对数特性了。为了说明这一点，设一环节之传递函数为

$$W(s) = \frac{k_0 \prod_{i=1}^{m}(\tau_i s+1) \prod_{\alpha=1}^{k}\left(T_\alpha^2 s^2 + 2\xi_\alpha T_\alpha s+1\right)}{s^v \prod_{\delta=1}^{n}(\tau_j' s+1) \prod_{\beta=1}^{l}\left(T_\beta'^2 s^2 + 2\xi_\beta' T_\beta' s+1\right)} \qquad (2.3.14)$$

显然，任何环节都可以写成这种形式。无论 $L(\omega)$，还是 $\varphi(\omega)$ 都可由以下环节之对数特性作加减法构成，即 $k_0; \dfrac{1}{s}; \dfrac{1}{(\tau_j' s+1)}; \dfrac{1}{T_\beta'^2 s^2 + 2\xi_\beta' T_\beta' s+1}$，　$\xi_\beta' < 1$。

因为在分子上出现的因子对应的对数幅频特性与相频特性曲线只是对应分母上出现时关于 ω 轴之反演。

（1）$W = k_0$，此时我们有

$$L(\omega) = 20\lg k_0, \quad \theta(\omega) = \begin{cases} 0, & k_0 > 0 \\ \pi, & k_0 < 0 \end{cases}$$

由于此对应曲线过分简单，因此不再作图。

（2）$W = \dfrac{1}{s}$，此时我们有 $L(\omega) = -20\lg \omega$ 经过 $\omega = 1$，$L = 0$ 这一点，斜率是 $-20\text{dB}/10$ 倍频之直线。$\varphi(w) = -\dfrac{\pi}{2}$ 是一常量。对应图形如图 2.3.16 所示。

（3）$W(s) = \dfrac{1}{1+\tau s}$，对应地有 $L(\omega) = -20\lg\sqrt{1+\tau^2\omega^2}$，在 $\omega < \dfrac{1}{\tau}$ 时，以 $L(\omega) = 0$ 代替；在 $\omega > \dfrac{1}{\tau}$ 时，以 $L(\omega) = -20\lg\omega + 20\lg\dfrac{1}{\tau}$ 代替，其中用直线代替之最大误差不超过 3dB。

$\theta(\omega) = -\arctan \tau\omega = -\arctan\dfrac{\omega}{\omega_1}$ 在前面已经讨论了。

图 2.3.17 所示为非周期环节之对数特性，其中之一是放大系数 $k \neq 1$（传递函数 $\dfrac{k}{Ts+1}$），另一个是 $k = 1$。它们的位相特性完全相同.

（4）振动环节 $\dfrac{k}{T_1^2 s^2 + 2\zeta T_1 s+1}$，当 $\zeta > 1$ 时，此环节仍是两个非周期环节之串联。由此我们易于作出其对数幅特性与相特性，不妨设 $\zeta < 1$，不难看出

$$W(\mathrm{j}\omega) = \frac{k}{\left(1 - T_1^2\omega^2\right) + 2\zeta T_1 \omega \mathrm{j}}$$

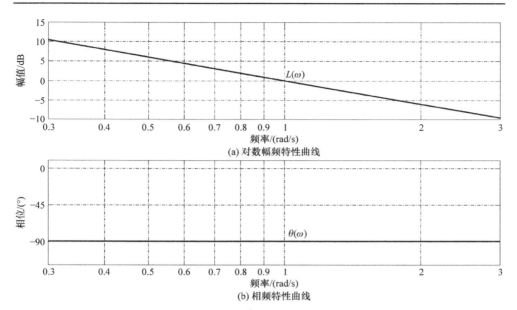

(a) 对数幅频特性曲线

(b) 相频特性曲线

图 2.3.16　$W = \dfrac{1}{s}$ 时的对数频率曲线

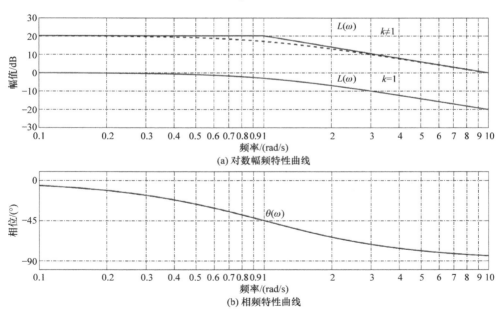

(a) 对数幅频特性曲线

(b) 相频特性曲线

图 2.3.17　非周期环节的对数频率曲线

$$A(\omega) = \frac{k}{\sqrt{1 + T_1^4 \omega^4 + \left(4\zeta^2 - 2\right) T_1^2 \omega^2}}$$

$$\theta(\omega) = \arctan \frac{2\zeta T_1 \omega}{T_1^2 \omega^2 - 1}$$

考虑当 $\omega << \dfrac{1}{T_1}$ 时，我们有

$$\sqrt{1 + T_1^4 \omega^4 + \left(4\zeta^2 - 2\right)T_1^2 \omega^2} \doteq 1, \quad L(\omega) = 0$$

当 $\omega >> \dfrac{1}{T_1}$ 时，则有

$$\sqrt{1 + T_1^4 \omega^4 + \left(4\zeta^2 - 2\right)T_1^2 \omega^2} \doteq T_1^2 \omega^2$$

$$L(\omega) = 40\left(\lg T_1 + \lg \omega\right)$$

显然在这种情况下，我们也用了两条直线来代替原来的对数特性曲线，由于实际上 $L(\omega)$ 依赖 ζ，因此对 ζ 取不同值，这种近似有不同的意义。一般来说，这种近似最大的偏差发生在近似直线之交点 $\omega = \dfrac{1}{T_1}$ 附近，即

$$\Delta = 20\lg \frac{1}{2\sqrt{\zeta}} = 10\lg \frac{1}{4\zeta} = -10\lg 4\zeta$$

当 $\zeta = 0$ 时，$\Delta = \infty$，通常对不同的 ζ 有相应的误差曲线表示。同样，由于相位特性 $\varphi(\omega)$ 亦与 ζ 有关，因此对于它的绘制亦应按不同 ζ 作出，如图 2.3.18 所示。

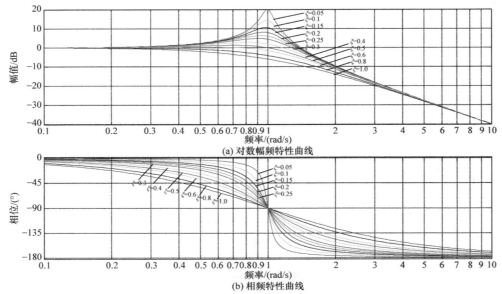

图 2.3.18　振荡环节的对数频率曲线

2.3.5　若干环节串联后之对数特性的绘制

在控制系统中，我们常遇到若干环节串联的情形，并且需要从串联后的开环幅频特性与相频特性曲线之形式讨论系统之稳定性与过渡过程之品质。

设开环系统之传递函数为

$$W(s) = \frac{k\prod_{i=1}^{m}(\tau_i s + 1)\prod_{j=1}^{l}(\tau_j^2 s^2 + 2\tau_j \xi_j s + 1)}{s^v \prod_{\alpha=1}^{m}(T_\alpha s + 1)\prod_{\beta=1}^{n}(T_\beta^2 s^2 + 2T_\beta \xi_\beta s + 1)}$$

它由 k/s^v 和以下四类环节串联而成，即

$$W_{i1}(s) = \tau_i s + 1, \qquad W_{j2}(s) = \tau_j^2 s^2 + 2\tau_j \xi_j s + 1$$

$$W_{\alpha3}(s) = \frac{1}{T_\alpha s + 1}, \qquad W_{\beta4}(s) = \frac{1}{T_\beta^2 s^2 + 2T_\beta \xi_\beta s + 1}$$

下面指出其在低频时之幅频特性特征。在低频时，我们有

$$A(\omega) \approx \frac{k}{\omega^v}, \quad L_m(\omega) \approx 20\lg k - v20\lg\omega$$

它经过 $\omega = 1$，$L_m = 20\lg k$ 分贝这一点，斜率是每 10 倍频程下降 $v20\mathrm{dB}$ 的直线。这是实际幅频特性在低频段的近似直线也是其渐近线。

由于

$$
\begin{aligned}
L_m(\omega) = {} & 20\lg k - v20\lg\omega + \sum_{i=1}^{k} 20\lg\sqrt{1 + \tau_i^2\omega^2} - \sum_{\alpha=1}^{m} 20\lg\sqrt{1 + T_\alpha^2\omega^2} \\
& + 20\sum_{j=1}^{l}\lg\sqrt{\left(1 - \tau_j^2\omega^2\right)^2 + 4\tau_j^2\omega^2\xi_j^2} \\
& - 20\sum_{\beta=1}^{n}\lg\sqrt{\left(1 - T_\beta^2\omega^2\right)^2 + 4T_\beta^2\xi_\beta^2\omega^2}
\end{aligned}
\tag{2.3.15}
$$

不难看出，上式第 3 项与第 4 项的元大致相似但符号不同，而第 5 项与第 6 项亦类似，于是总开环幅频特性的绘制是在其低频渐近线上叠加或减去非周期环节与振动环节之特性。如果我们以近似折线代替原幅频特性曲线，则可以指出如下之原则。

（1）考虑发生在对应分子上的一次环节 $\tau_i s + 1$ 对应之连接频率 $\omega_i = \dfrac{1}{\tau_i}$ 附近曲线的变化时，即以原直线在经过该点后向上斜率提高 $\dfrac{20\mathrm{dB}}{10\text{倍频程}}$（在 $\omega < \omega_i$ 时，曲线的近似直线已经作出，余同）。

(2) 如果考虑发生在对应分母上的一次环节 $\dfrac{1}{T_\alpha s+1}$ 对应之连接频率 $\omega_\alpha = \dfrac{1}{T_\alpha}$ 时，则应将对应之近似直线在经过该点以后斜率向下降低 $\dfrac{20\text{dB}}{10\text{倍频}}$。

(3) 如果发生对应分子上二次环节 $\tau_j^2 s^2 + 2\tau_j \xi_j s + 1$ 对应之连接频率 $\omega_j = \dfrac{1}{\tau_j}$ 时，则相仿于(1)，只是将 $\dfrac{20\text{dB}}{10\text{倍频}}$ 改为 $\dfrac{40\text{dB}}{10\text{倍频}}$。

(4) 如果发生对应分母之二次环节 $T_\beta^2 s^2 + 2T_\beta \xi_\beta s + 1$ 对应之连接频率 $\omega_\beta = \dfrac{1}{T_\beta}$ 时，读者不难自行建立规则。

为了得到准确特性，可以在各连接频率附近使用前述之修正曲线。

事实上，在清楚了上述规则以后，我们可以将作图的过程归结如下。

(1) 作出低频渐近线。

(2) 将全部连接频率拿来排队，设 $\omega_1 < \omega_2 < \omega_3 < \cdots < \omega_N$，则在经过每一个 ω_i 时，我们这样绘制下一段直线，若 ω_i 是对应分子上的连接频率，则经过 ω_i 时，直线的斜率应该增加，若对应的是分母上的环节，则经过 ω_i 时直线的斜率应该减小，其对应增加或减少的数值是 $\mu_i \dfrac{20\text{dB}}{10\text{倍频}}$，其中 μ 表示对应 $\omega = \omega_i$ 的那个环节的次数。

(3) 在每一个连接频率附近利用修正曲线进行修正。

由上可见，作对数幅频特性的过程是一个比较简单的过程。这完全是因为使用对数尺度带来的结果。

下面建立相频特性，特别是对相特性进行近似估计。

显然，系统的相频特性为

$$\varphi(\omega) = -v\left(\frac{\pi}{2}\right) + \sum_{i=1}^{k}\arctan\frac{\omega}{\omega_i} - \sum_{\alpha=1}^{m}\arctan\frac{\omega}{\omega_\alpha} + \sum_{j=1}^{l}\arctan\frac{2\xi_j\dfrac{\omega}{\omega_j}}{1-\left(\dfrac{\omega}{\omega_j}\right)^2} - \sum_{\beta=1}^{n}\arctan\frac{2\xi_\beta\dfrac{\omega}{\omega_\beta}}{1-\left(\dfrac{\omega}{\omega_\beta}\right)^2}$$

一般来说，相频特性的绘制需要逐点进行计算，然后画出，但对于最小相位系统(它的传递函数的零点极点均在复数平面的左半平面)，我们可以利用它的对数幅频特性作出其相频特性。这种计算也可以近似地进行。

设对数幅频特性由许多近似直线构成。这些直线段每逢到连接频率后将改变 $\dfrac{\pm 20\text{dB}}{10\text{倍频}}$ 的整数倍。我们考查任一点 ω_x 的相频特性 $\varphi(\omega_x)$，引入下述记号。

ω_{i_1} 是传递函数分母中小于 $\omega_x(0.6\sim0.7)$ 的连接频率，设其共 m_1 个。

ω_{k_1} 是传递函数分子中小于 $\omega_x(0.6\sim0.7)$ 的连接频率，设其共 k_1 个。

ω_{i_2} 是传递函数分母中大于 $\omega_x(1.4\sim1.7)$ 的连接频率，设其共 m_2 个。

ω_{k_2} 是传递函数分子中大于 $\omega_x(1.4\sim1.7)$ 的连接频率，设其共 k_2 个。

ω_{i_3} 和 ω_{k_3} 是分母和分子中处于 $\omega_x(0.6\sim1.7)$ 之间之连接频率。

v 是系统无静差度。

利用下式，即

$$\arctan\frac{\omega_x}{\omega_{i_1}}=\frac{\pi}{2}-\arctan\frac{\omega_{i_1}}{\omega_x}\doteq\frac{\pi}{2}-\frac{\omega_{i_1}}{\omega_x}$$

$$\arctan\frac{\omega_x}{\omega_{k_1}}=\frac{\pi}{2}-\arctan\frac{\omega_{k_1}}{\omega_x}\doteq\frac{\pi}{2}-\frac{\omega_{k_1}}{\omega_x}$$

$$\arctan\frac{\omega_x}{\omega_{i_2}}=\frac{\omega_x}{\omega_{i_2}},\quad\arctan\frac{\omega_x}{\omega_{k_2}}\doteq\frac{\omega_x}{\omega_{k_2}}$$

为简单，设系统只由一次环节串联而成，则我们有

$$\varphi(\omega_x)=-v\frac{\pi}{2}-\left(m\frac{\pi}{2}-\sum_{i_1=1}^{m}\frac{\omega_{i1}}{\omega_x}\right)+\left(l\frac{\pi}{2}-\sum_{k_1=1}^{l}\frac{\omega_{k1}}{\omega_x}\right)-\sum\frac{\omega_x}{\omega_{i_2}}+\sum\frac{\omega_x}{\omega_{k_2}}$$

$$-\sum\arctan\frac{\omega_x}{\omega_{i_3}}+\sum\arctan\frac{\omega_x}{\omega_{k_3}}$$

在计算时，我们还可以把比 ω_x 大 10 倍和小 10 倍的连接频率产生的 $\dfrac{\omega_{i_1}}{\omega_x}$、$\dfrac{\omega_{k_1}}{\omega_x}$、$\dfrac{\omega_x}{\omega_{i_{20}}}$、$\dfrac{\omega_x}{\omega_{k_2}}$ 全部略掉。

如果系统中含有二次环节，则若出现它的连接频率在 $\omega_x(0.6\sim1.7)$ 内，则我们对它应使用准确公式；若它的连接频率在 $\omega_x(0.6\sim1.7)$ 之外，则我们仍用前述公式，只是在相应的地方乘以 2 倍。

上述近似估计相频特性之实质，实际上就是以正切代替对应的弧度值。这种代替的误差如下。

若 $\omega_i\leqslant0.25\omega_x$ 或 $\omega_i\geqslant4\omega_x$，误差 $<0.4°$。

若 $\omega_i\leqslant0.5\omega_x$ 或 $\omega_i\geqslant2\omega_x$，误差 $<2°$。

若 $\omega_i\leqslant0.6\omega_x$ 或 $\omega_i\geqslant1.7\omega_x$，误差 $<4°$。

若 $\omega_i\leqslant0.7\omega_x$ 或 $\omega_i\geqslant1.4\omega_x$，误差 $<5°$。

最后我们研究一个例子。考虑 1.3.1 节讨论的 I 型随动系统。它的开环传递函

数为

$$W(s) = \frac{k}{s(T_M s + 1)(T_f s + 1)}$$

令参数取 $T_M = 0.25$、$T_f = 0.0625$、$k = 2$ 和 40，试建立其频率特性曲线与对数特性曲线。

首先求频率特性曲线，即

$$W(j\omega) = \frac{k}{j\omega(1 + T_M j\omega)(1 + T_f j\omega)}$$

$$= \frac{-kj(1 - T_M j\omega)(1 - T_f j\omega)}{\omega(1 + T_M^2 \omega^2)(1 + T_f^2 \omega^2)}$$

$$= B_1(\omega) + jB_2(\omega)$$

其中，$B_1(\omega) = \dfrac{-(T_M + T_f)k}{(1 + T_M^2 \omega^2)(1 + T_f^2 \omega^2)} = \dfrac{B_{11}}{B_{12}}$；$B_2(\omega) = \dfrac{k(T_M T_f \omega^2 - 1)}{\omega(1 + T_M^2 \omega^2)(1 + T_f^2 \omega^2)} = \dfrac{B_{21}}{B_{22}}$。

为计算简便，设计下述计算表格（表 2.3.1），即

$$T_M + T_f = 0.313, \ -(T_M + T_f)k = B_{11} = -0.628$$

并且引入

$$\theta(\omega) = \arctan\frac{B_2}{B_1}, \quad A(\omega) = \sqrt{B_1^2 + B_2^2}$$

系统的幅相频率特性如图 2.3.19 所示。其对数幅频特性及其近似特性如图 2.3.20 所示。其相位特性亦如图 2.3.20 所示。其中对数特性是对 $k = 2$ 作出的。

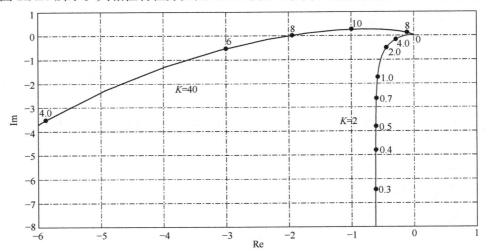

图 2.3.19　I 型随动系统的幅相频率特性曲线

表 2.3.1　I 型随动系统的计算表格

ω	0.2	0.3	0.4	0.5	0.7	1.0	2.0	4.0	6.0	8.0	10	20	30
$T_M\omega$	0.050	0.075	0.100	0.125	0.175	0.250	0.500	1.000	1.500	2.000	2.500	5.000	7.500
$T_M^2\omega^2$	0.003	0.006	0.010	0.016	0.031	0.063	0.250	1.000	2.250	4.000	6.250	25.00	56.25
$1+T_M^2\omega^2$	1.003	1.006	1.010	1.016	1.031	1.063	1.250	2.000	3.250	5.000	7.250	26.00	57.25
$T_f\omega$	0.013	0.019	0.025	0.031	0.044	0.063	0.125	0.250	0.375	0.5	0.625	1.250	1.875
$T_f^2\omega^2$	0	0	0.001	0.001	0.002	0.004	0.016	0.063	0.145	0.250	0.393	1.570	3.530
$1+T_f^2\omega^2$	1.000	1.000	1.001	1.001	1.002	1.004	1.016	1.063	1.145	1.250	1.393	2.570	4.530
B_{12}	1.003	1.006	1.011	1.017	1.033	1.067	1.270	2.126	3.760	6.250	10.12	66.82	259.3
B_1	-0.622	-0.621	-0.619	-0.613	-0.604	-0.585	-0.492	-0.294	-0.167	-0.100	-0.061	-0.009	-0.002
$T_MT_f\omega^2$	0	0.001	0.003	0.004	0.008	0.016	0.063	0.250	0.563	1.000	1.563	6.250	14.07
$T_MT_f\omega^2-1$	-1	-0.999	-0.997	-0.996	-0.992	0.984	-0.937	-0.750	-0.437	0	0.563	5.250	13.07
B_{21}	-2	-1.992	-1.994	-1.992	-1.984	-1.968	-1.874	-1.500	-0.874	0	1.126	10.50	26.14
B_{22}	0.200	0.302	0.404	0.509	0.723	1.067	2.540	8.504	22.56	50	101.2	1336.4	7774
B_2	-10	-6.66	-4.95	-3.92	-2.75	1.84	-0.74	-0.18	-0.04	0	0.01	0.008	0.003
B_2/B_1	16.05	10.7	8.0	6.4	4.56	3.22	1.51	0.613	0.24	0	-0.164	-0.90	-1.50

续表

ω	0.2	0.3	0.4	0.5	0.7	1.0	2.0	4.0	6.0	8.0	10	20	30
$\varphi(\omega)$	266°30'	264°40'	262°50'	261°10'	257°40'	252°45'	236°30'	211°30'	193°30'	180°	170°40'	138°	123°40'
B_2^2	100	40.4	24.5	15.4	7.56	3.39	0.548	0.0324	0.0016	0	0.0005	0.000064	0.000009
B_1^2	0.387	0.38	0.38	0.37	0.36	0.34	0.24	0.86	0.028	0.01	0.0036	0.00008	0.000004
$B_1^2+B_2^2$	100.4	40.79	24.88	15.77	7.92	3.73	0.79	0.1189	0.029	0.01	0.0037	0.00014	0.000013
$\sqrt{B_1^2+B_2^2}$	10	6.38	4.98	3.97	2.814	1.931	0.1888	0.33	0.172	0.100	0.061	0.0124	0.0036
$20\lg A$	40	16.96	13.94	12.00	9.00	5.72	-1.03	-9.63	15.29	-20	-24.28	-38.14	-48.8

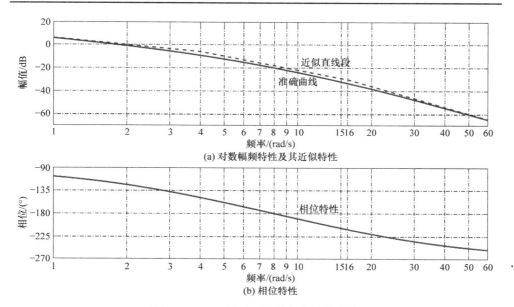

图 2.3.20 I 型随动系统的频率特性曲线

2.4 思考题与习题

1. 计算下列函数的拉普拉斯变换与收敛横坐标。

(1) $e^{-\alpha t}t$, $e^{-\alpha t}\sin\beta t$, $(t-1)^2+(t+1)^2$, $\sin\omega(t-\varphi)$。

(2) $e^{at}1(t-3)$, t^2-2t+1, $(t-1)^2 1(t-1)$。

(3) $\int_0^t \sin\tau\cos(t-\tau)\mathrm{d}t$, $\left(\int_0^t \sin\tau e^{-\alpha\tau}\mathrm{d}t\right)e^{at}$。

2. 求下列函数之反拉普拉斯变换

(1) 用反变换公式计算 $\dfrac{a}{s^2+a^2}$, $\dfrac{k}{s^2-b^2}$。

(2) 用小字典及拉普拉斯变换性质计算 $\dfrac{5}{s^2+3s+2}$, $\dfrac{s+3}{s^2+4s+5}$, $\dfrac{1}{s}(1-e^{-\tau s})$,

$\dfrac{1}{s+3}(e^{-2s}-e^{-3s})$, $\dfrac{s+1}{(s+5)\left[(s+2)^2+9\right]}$。

3. 解下列代数方程

(1) $\lambda^5+1.203\lambda^4+3.521\lambda^3+21.301\lambda^2+5.261\lambda+4.301=0$。

(2) $\lambda^6+12.04\lambda^5+103.5\lambda^4+726.4\lambda^3+6314\lambda^2+52610\lambda+3.26\times10^5=0$。

(3) $\lambda^5+2.36\lambda^4+10.21\lambda^3+30.04\lambda^2+31.26\lambda+50.13=0$。

4. 应用解代数方程的办法求下述函数之反拉普拉斯变换。

(1) $\dfrac{s+2.61}{s^3+2.51s^2+3.41s+1.023}$。

(2) $\dfrac{s^2+3.51s+1.58}{s^3+2.51s^2+3.41s+1.023}$。

(3) $\dfrac{s^2+4.25s+7.216}{s^5+1.203s^4+3.521s^3+21.031s^2+5.261s+4.301}$。

5. 将下述微分积分方程写成拉普拉斯变换形式。

(1) $M\ddot{x}+D\dot{x}+kx=Ft^2,\quad x(0)=x_0,\ \dot{x}(0)=0$。

(2) $\dot{v}+\displaystyle\int_0^t kv\,\mathrm{d}t=\sin t,\quad v(0)=v_0$。

(3) $L\ddot{x}+R\dot{x}+\dfrac{1}{c}x+x(t-\tau)=e(t),\tau>0;\ x(\lambda)=0\ \lambda<0;\ \dot{x}(0)=y_0,\ x(0)=x_0$。

(4) $D\ddot{x}+\displaystyle\int_0^t x(\tau)\sin(t-\tau)\,\mathrm{d}t+\dot{x}=\cos(\omega t),\quad \dot{x}(0)=y_0,\quad x(0)=0$。

6. 应用拉普拉斯变换方法求下列简单系统(图 2.4.1)在电键合上后之反应，描述系统状态的物理量分别是输出电压 e、输出电流 i、输出角速度 ω、输出电压 e。

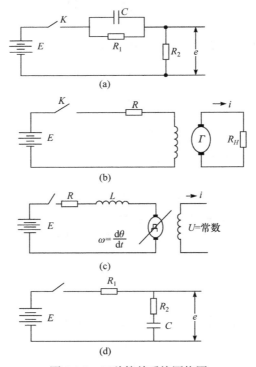

图 2.4.1　四种简单系统网络图

7. 求第 1 章习题 7 中(b)、(c)、(d)、(e)之传递函数。

8. 求作出第 1 章习题 8 中(a)、(b)之动力学结构图。

9. 某系统之传递函数不知，已知的是可以将电的输入信号输进去，并且输出可以利用仪器进行测量，今有正弦波发生器一台，如何作出系统的脉冲特性曲线。

10. 绘制下列环节之频率特性曲线。

$$W_1(s) = \frac{1}{s(0.1s+1)(s+1)(5s+1)}$$

$$W_2(s) = \frac{10}{s(0.1s+1)(s+1)(5s+1)}$$

$$W_3(s) = \frac{5}{s(0.02s+1)(0.2s+1)(s+1)}$$

$$W_4(s) = \frac{1}{s(s+1)(5s+1)}$$

$$W_5(s) = \frac{1}{s(0.02s+1)(s+1)}$$

在画这些曲线时想一想怎样画可以更方便，同时对画出的结果进行一点分析，从这个分析中可以得到什么结论？

11. 作下列系统之结构图，其中 y 是输出，x 是输入，试求其闭环系统之频率特性与实频特性。

(1) $T_1\dot{y} + y = -k\xi + x$,　$T_2\dot{\xi} = \sigma$,　$\sigma = y - \xi$。

(2) $T_1\ddot{y} + \dot{y} = -k\xi + x$,　$T_2\dot{\xi} + \xi = \dot{y}$。

12. 想一想并论述下述问题错在何处，其中→代表拉普拉斯变换。

(1) 由 $t \to \dfrac{1}{s^2}$，$t^2 \to \dfrac{2}{s^3}$，$1 \to \dfrac{1}{s}$ 可知，

$$(t-1)^2 = t^2 - 2t + 1 \to \frac{2}{s^3} - \frac{2}{s^2} + \frac{1}{s}$$

按时域中之移动定理应有

$$(t-1)^2 \to \frac{2}{s^3}e^{-s}$$

可以看出

$$\frac{2}{s^3}e^{-s} \neq \frac{2}{s^3} - \frac{2}{s^2} + \frac{1}{s}$$

(2)大家知道 $[\sin t]' = \cos t$, $-[\cos t]' = \sin t$, 而 $\sin t \to \dfrac{1}{s^2+1}$, $\cos t \to \dfrac{s}{s^2+1}$。

显然, 由 $[\sin t]' = \cos t$ 验证 $s \cdot \dfrac{1}{s^2+1} = \dfrac{s}{s^2+1}$ 说明公式正确, 而按 $-[\cos t]' = \sin t$, 则有 $\dfrac{-s^2}{s^2+1} = \dfrac{1}{s^2+1}$ 的奇怪结论。

深入想想上述错误出在哪里, 画出这些曲线, 然后通过做一个简短的小结。

13. 计算下列系统输出电压 e 随时间 t 之变化规律。

(1)一个具双开关的网络如图 2.4.2 所示, 其中开关 A 在 $t=0$ 时闭合, 开关 B 在 $t=2$ 时闭合, 在 A 闭合前系统静止, 问系统之输出电压 e 随时间 t 之变化规律

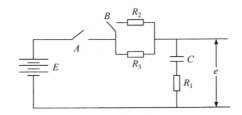

图 2.4.2　具双开关的网络图

为何? 其中, $R_1 = 100\text{k}\Omega$, $R_2 = 200\text{k}\Omega$, $c = 50\mu\text{F}$, $E = 15v$。

(2)一个具电键 K 之网络如图 2.4.3 所示。在 $t=0$ 时, 电键 K 与触点 A 接通, 在 $t=T$ 时, K 由 A 跳至 B, 在 $t=0$ 前系统处于静态, 即 $e = \dot{e} = \ddot{e} = 0$。其中, $R_1 = 50\text{k}\Omega$, $R_2 = 100\text{k}\Omega$, $R_3 = 200\text{k}\Omega$, $c = 20\mu\text{F}$, $E = 10\text{V}$, $T = 3\text{s}$。

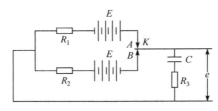

图 2.4.3　具电键 K 的网络图

对上述两题作出 $e(t)$ 曲线。

14. 有一双关联系统如图 2.4.4 所示。求输出向量 y 对输入向量 x 之传递函数矩阵。

15. 建立传递函数 $W(s) = \dfrac{k(1+0.15s)}{s^2(1+0.5s)}$ 对应之频率特性曲线图, 其中 $k = 50$ 与 $k = 200$。

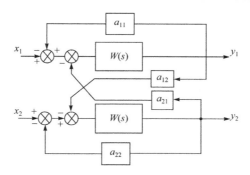

图 2.4.4　双关联系统框图

16. 建立传递函数 $W(s) = \dfrac{ks^2}{(1+T_1 s)^2 (1+T_2 s)}$ 之频率特性曲线，其中 $k = 4$，

$T_1 = 0.5$，　$T_2 = 0.1$。

17. 建立下述传递函数对应之对数特性，即

$$W(s) = \frac{300}{(1+0.025s)^2}$$

$$W(s) = \frac{1.25}{s(1+0.004s+0.0004s^2)}$$

$$W(s) = \frac{k(1+T_1 s)}{s^2(1+T_2 s)(1+T_3 s)}, \quad k = 75, \quad T_1 = 200, \quad T_2 = 25, \quad T_3 = 6$$

第 3 章　常系数线性系统(一)——解析方法

3.1　常系数线性系统的稳定性

3.1.1　常系数线性系统的特征

对一个控制系统或动力学系统,如果它的特征可以由常系数线性微分方程组描述,则称它是常系数线性系统。实际的物理系统中是不存在真正的常系数线性系统的。常系数线性系统或某种非线性系统都是实际系统的一种描述,是一种近似。在实际工作中,研究系统的这种近似模型具有重要意义,因为在很多情况下常系数线性系统的研究可以反映出系统一些最基本的特征。特别是当系统偏离工作点不远时更是如此。将实际系统用常系数线性系统描述是一种理想化。理想化的工作取决于:对系统的实际状况的研究,对实际过程的了解;针对系统不同物理特征选用不同的物理规律,并在一定近似程度下以一定的数学模型来描述这样的物理规律;研究的问题的特征,例如研究系统中的自振就必须采用非线性模型,研究某种渐近稳定性可以选用常系数线性模型等。此外,研究问题的精度要求也常常影响我们选取模型的标准。

前面两章通过几个控制系统的实例建立了它们的动力学方程。在这里,我们将从其一般的抽象形式常系数线性系统出发,介绍研究这类系统实现控制时的基本方法。

现在研究常系数线性系统已经具备了一些比较完整的工具,常用的理论分析方法有解析方法、频率方法、根迹法。

在系统论述常系数线性系统之前,我们先来研究一下常系数线性微分方程组的某些基本特征。这些特征对今后的讨论具有基本意义。

考虑一个闭环系统,它的输入是 $x(t)$,输出是 $y(t)$,它们之间由下述常系数线性微分方程描述,即

$$D(p)y = M(p)x, \quad p = \frac{\mathrm{d}}{\mathrm{d}t} \tag{3.1.1}$$

其中,$D(p)$ 和 $M(p)$ 是算子 p 的实系数多项式。

常系数线性系统最本质的特点就在于满足叠加原则。为了叙述简单,我们把系统(3.1.1)改写成一阶微分方程组,即

$$\dot{v} = Av + bu \tag{3.1.2}$$

其中，u 是输入；v 是输出，v 相当于 $y, \dot{y}, \cdots, y^{(n-1)}$。

我们不去证明系统(3.1.1)一定可以经过变量替换写成(3.1.2)这种形式，而是利用这一事实。实际上，在单环调节系统或多环调节系统中这是能够做到的。

对于常系数线性系统(3.1.2)，如果在 $t = 0$ 时，初始值是 $v = v_0$，则系统之解可以写为

$$v(t) = e^{At} v_0 + \int_0^t e^{A(t-\tau)} bu(\tau) \mathrm{d}\tau \tag{3.1.3}$$

其中，$e^{At} = I + At + \dfrac{1}{2} A^2 t^2 + \dfrac{1}{3!} A^3 t^3 + \cdots$。

它是齐次方程

$$\dot{v} = Av \tag{3.1.4}$$

之基本解矩阵，显然 $\left. e^{At} \right|_{t=0} = I$，$I$ 是单位矩阵。

系统(3.1.2)的解(3.1.3)由两部分组成，其中第一项是齐次方程组(无输入的系统)的通解，由系统及其初始条件确定，与输入无关；第二项是系统零初始条件下由输入引起的输出。

系统满足的叠加原则如下。

(1) 如果 v_1 与 v_2 分别是初值 v_1^0 与 0 对应输入 0 与 $u(t)$ 之输出，则 $v = v_1 + v_2$ 就是初值 v_1^0 对应输入 $u(t)$ 之输出。

(2) 如果 v_1 与 v_2 恰好是初值 v_1^0 与 v_2^0 分别对应输入 $u(t)$ 与 0 之反应，则 $v = v_1 + v_2$，是初值为 $v_1^0 + v_2^0$，输入为 $u(t)$ 之输出。

(3) 如果 v_1 与 v_2 恰好是初值 v_1^0 与 v_2^0 分别对应输入 $u_1(t)$ 与 $u_2(t)$ 之反应，则 $v = v_1 + v_2$ 是初值为 $v_1^0 + v_2^0$，输入为 $u_1 + u_2$ 之输出。

由于常系数线性系统具有上述叠加原则，因此系统对应同样输入 $u(t)$ 之输出 v_1 与 v_2 之差为

$$\Delta v(t) = v_1 - v_2 = e^{At} (v_1^0 - v_2^0) = e^{At} \Delta v^0 \tag{3.1.5}$$

它应该是无输入系统(3.1.4)之解。由此可知，在输入不变的情况下，系统不同输出之间之差别，仅仅是由于初始条件之差引起的，并且 $\Delta v(t)$ 恰好满足式(3.1.4)，因此问题的研究就可以归结为式(3.1.4)在不同初值下解之研究。

3.1.2　系统稳定性与渐近稳定性之概念

控制系统能否正常地工作，第一步要求就是系统对其工作状况具有某种稳定性。考虑系统之输出是 y，输入是 x，设对应输入 $x^0(t)$ 之标准输出是 $y = y^0(t)$，

我们讨论由于系统受到某个扰动以后运动相对于 $y^0(t)$ 之稳定性。为了讨论明确，设系统之输入 $x^0(t)$ 并没有变。显然，这样一种破坏系统偏离标准运动 $y^0(t)$ 之扰动应归结为初始扰动。由于 $x^0(t)$ 是时间 t 的已知函数，并且在系统受扰动下保持原有的变化特征，因此它应看作是不动的。我们可以认为系统之运动满足下述方程组，即

$$\dot{y}_i = Y(y_1,\cdots, y_n, t), \quad i=1,2,\cdots,n \tag{3.1.6}$$

其中，理想工作状态 $y_i = y_i^0(t)$ 以后常称未扰运动；其他满足式(3.1.6)之运动 $y_i(t)$ 均称为扰动运动，其间差

$$\eta_i = y_i - y_i^0 \tag{3.1.7}$$

称为系统之扰动。

下面引入稳定性概念的严格数学描述以便于今后的研究。

定义 3.1　系统(3.1.6)关于未扰运动 $y_i = y_i^0(t)$ 是稳定的，系指任给 $\varepsilon>0$ ，$\exists \delta>0$ ，只要初值满足

$$|\eta_i(t_0)| = |y_i(t_0) - y_i^0(t_0)| < \delta, \quad i=1,2,\cdots,n$$

则对一切 $t \geq t_0$ ，都有

$$|\eta_i(t)| = |y_i(t) - y_i^0(t)| < \varepsilon, \quad i=1,2,\cdots,n$$

如果又有

$$\lim_{t\to\infty}\eta_i(t) = 0, \quad i=1,2,\cdots,n$$

则对应的稳定性称为渐近稳定性。

如果对式(3.1.7)两边求导，则不难看出扰动 η_i 满足下式，即

$$\begin{aligned}\dot{\eta}_i &= Y_i(y_1^0+\eta_1,\cdots,y_n^0+\eta_n,t) - Y_i(y_1^0,\cdots,y_n^0,t)\\&= H(\eta_1,\cdots,\eta_n,t)\end{aligned} \tag{3.1.8}$$

其中，$H(0,\cdots,0,\ t)\equiv 0$ ，或者说 $\eta_1 = \cdots = \eta_n = 0$ 是系统(3.1.8)之平衡点。

不难看出，前述稳定性的定义等价于系统(3.1.8)关于平衡点稳定之定义。不失一般性，以后稳定性的研究可以只对某系统的零解稳定性进行讨论。

对一般非线性系统来说，系统(3.1.8)总与未扰运动 $y_i^0(t)$ 有关，因此对非线性系统不能笼统地提运动稳定性之要求，而应针对其不同运动来提。为了搞清楚这一点，考虑一例。

例 3.1　$\dot{x} = (1-x^2)x$ ，$x=1$ ，-1 ，0 是它的三个特解，不难证明 $x=0$ 是不稳定的，而 $x=\pm 1$ 都是稳定的并且是渐近稳定的。

为了说明这一点，考虑函数 $V=x^2$ ，不难看出

$$\dot{V} = 2x^2\left(1-x^2\right)\begin{cases} >0, & |x|<1 \\ <0, & |x|>1 \end{cases}$$

由此可知，当 $|x|<1$ 时，$|x|$ 是增大的；当 $|x|>1$ 时，$|x|$ 是不断减少的。

由此可知，系统关于零解是不稳定的，关于 $x=\pm 1$ 都是稳定的。

对于系统 $\dot{x}=\left(1-x^2\right)x$，可以有 $\int_{x_0}^{x}\dfrac{\mathrm{d}x}{x\left(1-x^2\right)}=t-t_0$。

如果一开始 $1>x^0>0$，则在 $t\to\infty$ 之过程中，对应之运动 $x(t)\to 1$。这一点不论 x^0 取 $(0,1)$ 中何值，都要发生。由此可知，$x=0$ 是不稳定的。

如果一开始 $x^0>1$，则不难看出 $\dfrac{1}{x\left(1-x^2\right)}$ 恒为负，由此可知对应的运动总有 $x(t)$ 不断下降；当 $t\to\infty$ 时，应有 $x(t)\to 1$，由此可知 $x=1$ 是稳定的，并且是渐近稳定的。

相仿地，不难证明 $x=-1$ 也是渐近稳定的。

从例 3.1 可以看出，对于非线性系统来说，系统是稳定的这一提法并不确切。但是对于线性系统来说，问题就很简单了，考虑线性系统，即

$$\dot{y}=Ay+bx \tag{3.1.9}$$

其中，输入 $x=x^0(t)$ 下标准运动记为 $y^0(t)$，其他扰动运动记为 $y(t)$，其扰动满足方程

$$\dot{\eta}=\dot{y}-\dot{y}^0(t)=A\left(y-y^0\right)=A\eta \tag{3.1.10}$$

显然，这一系统与 $y^0(t)$ 无关且是系统(3.1.9)之齐次系统。因此，如果线性系统(3.1.9)对某一特定运动 $y=y^0(t)$ 是渐近稳定的，则它对一切特定运动都是渐近稳定的。这样以后就可以一般地讨论线性系统的稳定性了，而这一种谈论最后可归结为对齐次系统(3.1.10)讨论零解的稳定性。

为了研究系统之稳定性，我们首先应对系统(3.1.10)解之基本结构有所了解。

由上所述，以后在研究常系数线性系统稳定性时可以认为系统是在无输入的工作状态下，系统的未扰运动就是平衡点(坐标原点)。

3.1.3　常系数线性系统的解的结构

设常系数线性系统为

$$\dot{y}=Ay \tag{3.1.11}$$

显然其通解为

$$y=\mathrm{e}^{At}y^0 \tag{3.1.12}$$

其中，y^0 是 $y(t)$ 在 $t=0$ 时之初值向量。

对于系统 (3.1.11)，由常系数线性微分方程或线性代数的知识可知，一定存在非奇异线性变换，即

$$x = Cy \qquad (3.1.13)$$

使对应系统 (3.1.11) 变为下述正则型，即

$$\dot{x} = Jx \qquad (3.1.14)$$

其中

$$J = \begin{bmatrix} M_1 & & \\ & \ddots & \\ & & M_k \end{bmatrix} \qquad (3.1.15)$$

M_i 是对应特征根 λ_i 之若当块，可以是

$$M_i = \begin{bmatrix} \lambda_1 & 1 & 0 & 0 & 0 \\ 0 & \lambda_1 & 1 & \ddots & \vdots \\ \vdots & \ddots & \ddots & \ddots & 0 \\ 0 & \cdots & 0 & \lambda_1 & 1 \\ 0 & 0 & \cdots & 0 & \lambda_1 \end{bmatrix} \qquad (3.1.16)$$

设它是 m_i 次的，并且 $\sum\limits_{i=1}^{k} m_i = n$。

由于 C 是非奇异矩阵，因此在研究稳定性及渐近稳定性问题上，系统 (3.1.11) 与系统 (3.1.14) 应该是等价的，即其中之一的稳定性或渐近稳定性将完全确定另一系统之稳定性或渐近稳定性。以后我们就从系统 (3.1.14) 出发。

系统 (3.1.14) 实际上可以看成 k 个彼此不相关的子系统。我们考虑其中之第一个子系统，即

$$\begin{aligned} \dot{x}_1 &= \lambda_1 x_1 + x_2 \\ \dot{x}_2 &= \lambda_1 x_2 + x_3 \\ &\vdots \\ \dot{x}_{m_1-1} &= \lambda_1 x_{m_1-1} + x_{m_1} \\ \dot{x}_{m_1} &= \lambda_1 x_{m_1} \end{aligned}$$

对应系统的矩阵是 J_{m_1}，其解为

$$\tilde{x} = \mathrm{e}^{J_{m_1} t} x^0, \quad \tilde{x} = \begin{bmatrix} x_1 \\ \vdots \\ x_{m_1} \end{bmatrix} \qquad (3.1.17)$$

其中，x^0 是初始条件。

现在我们来研究 $e^{J_{m_1}t}$，即

$$e^{J_{m_1}t} = I + J_{m_1}t + \frac{1}{2}J_{m_1}^2 t^2 + \cdots + \frac{1}{n!}J_{m_1}^n t^n + \cdots$$

可以证明它是

$$e^{J_{m_1}t} = \begin{bmatrix} 1 & t & \dfrac{t^2}{2} & \cdots & \dfrac{t^{m_1-1}}{(m_1-1)!} \\ 0 & 1 & t & \cdots & \dfrac{t^{m_1-2}}{(m_1-2)!} \\ \vdots & \vdots & \vdots & & \vdots \\ 0 & 0 & 0 & \cdots & t \\ 0 & 0 & 0 & \cdots & 1 \end{bmatrix} \tag{3.1.18}$$

从式(3.1.18)可以看出，若系统对应特征根的初等因子不是一次的，则对应的解是指数函数(谐波函数是其特例)与多项式之积。多项式之次数比起初等因子之次数要至少低 1。

考虑指数函数有如下性质，对任何多项式 $p(t)$，都有。

$\lim\limits_{t\to\infty} e^{\lambda_i t} p(t) = 0$，　$\mathrm{Re}\,\lambda_i < 0$

$\lim\limits_{t\to\infty} e^{\lambda_i t} p(t)$ 无界，　$\mathrm{Re}\,\lambda_i > 0$

$\lim\limits_{t\to\infty} e^{\lambda_i t} p(t)$ 无界，　$\mathrm{Re}\,\lambda_i = 0$，$p(t)$ 次数不为零

$\lim\limits_{t\to\infty} e^{\lambda_i t} p(t)$ 有界，　$\mathrm{Re}\,\lambda_i = 0$，$p(t)$ 次数为零

从前面之分析不难看出以下几点。

(1)如果系统的特征根均具有负实部，即

$$\mathrm{Re}\,\lambda_i < 0, \quad i = 1, 2, \cdots, k$$

则系统之未扰运动是稳定的，也是渐近稳定的，或者系统是渐近稳定的。

(2)如果系统的特征根均具非正实部，即

$$\mathrm{Re}\,\lambda_i \leqslant 0, \quad i = 1, 2, \cdots, k$$

而对应零实部的根的初等因子是一次的，则系统仍然是稳定的，但并不渐近稳定。

(3)若系统有一特征根具有正实部，则系统之扰动运动按指数发散，从而系统不稳定。

(4)若系统之特征值 $\mathrm{Re}\,\lambda_i \leqslant 0$，但对应零实部特征值之初等因子不是一次的，则系统不是稳定的。此时之不稳定不以指数方式发散，而是以 t 的多项式方式发散。多项式次数小于对应初等因子之次数。

综上所述，系统渐近稳定性之充要条件可归纳为其特征方程根全部具有负

实部，即

$$\operatorname{Re}\lambda_i<0, \quad i=1,2,\cdots,n$$

在控制系统设计中，我们对于上述四种情形一般称(1)是渐近稳定的或简称稳定的；(2)是中性的；(3)是不稳定的；(4)一般碰到较少，有时称其为中性不稳定。

如果系统方程为

$$D(p)y = M(p)x, \quad p=\frac{\mathrm{d}}{\mathrm{d}t}$$

其中，$M(p)$ 和 $D(p)$ 是微分算子的实系数多项式，则系统稳定与否就归结为特征方程 $D(\lambda)=0$ 之根之实部符号之讨论。

若全部特征根均具有负实部，则对应系统稳定；若有一特征根具有正实部，则对应系统不稳定。其余结论与对方程组(3.1.11)讨论的类似。

3.1.4　特征根实部符号之判定——赫尔维茨(Hurwitz)判据

从 3.1.3 节的讨论可以看出，系统的稳定性判定实质上可归结为对其特征方程之根之研究。在系统之参数全部确定的情况下，我们可以去求解特征方程，但是从稳定性的要求看，我们要了解的只是特征根实部符号，而不是特征根之数值，因此求解特征方程就是完全多余的行为。我们需要给出某个判据，按系统特征方程的系数判定其根是否均落在根平面的开左半平面。

上述问题目前已有基本答案，可归结为赫尔维茨判据，在叙述之前我们约定凡根均具负实部的实系数多项式一律称为赫尔维茨多项式。

赫尔维茨判据　实系数多项式 $f(\lambda)=\lambda^n+a_1\lambda^{n-1}+\cdots+a_n$ 是赫尔维茨多项式之充分必要条件是下述赫尔维茨行列式，即

$$\varDelta_1=a_1>0, \quad \varDelta_2=\begin{vmatrix}a_1 & 1\\ a_3 & a_2\end{vmatrix}>0, \quad \cdots$$

$$\varDelta_n=\begin{vmatrix}a_1 & 1 & 0 & 0 & \cdots & 0\\ a_3 & a_2 & a_1 & 1 & \cdots & 0\\ a_5 & a_4 & a_3 & a_2 & \cdots & 0\\ \vdots & \vdots & \vdots & \vdots & & \vdots\\ 0 & 0 & 0 & 0 & \cdots & a_n\end{vmatrix}>0 \tag{3.1.19}$$

在 $\varDelta_n$ 中按规则排列凡出现 a_l，$l>n$ 者以零代替。

上述赫尔维茨判据在低阶时，当 $n=1$ 时，显然成立。为了证明判据成立，我们采用数学归纳法证明。以后不妨设系数全部为正。事实上容易证明，赫尔维茨多项式的一个必要条件是该多项系数一定同号，而上述讨论中已设 $a_0=1$，因此必

然有全部系数为正的假定。

现设当 n 时定理为真，来证 $n+1$ 时成立。也就是说，当多项式是 n 阶时，赫尔维茨多项式充要条件是赫尔维茨行列式均为正这已成立，证明的目的是设法把 $n+1$ 阶问题转化到 n 阶问题。

设 $f(\lambda)=\lambda^n+a_1\lambda^{n-1}+\cdots+a_n$ ，引入 $f^*(\lambda)=(-1)^n f(-\lambda)=\lambda^n-a_1\lambda^{n-1}+a_2\lambda^{n-2}-\cdots+(-1)^n a_n$ 。

考虑 $n+1$ 阶多项式 $F_0=(\lambda+c)f(\lambda)$ ，其中 $c>0$ ，则不难看出 F_0 与 f 在是否为赫尔维茨多项式这一问题上等价。

考虑多项式

$$F_\mu=(\lambda+c)f(\lambda)+\mu\lambda f^*(\lambda),\quad 0\leqslant\mu\leqslant 1$$

我们指出， F_μ 对 $0\leqslant\mu\leqslant 1$ 来说在赫尔维茨多项式问题上将等价。

首先，对任何 μ ， F_μ 之首项不为零，因此 F_μ 之根对 $0\leqslant\mu\leqslant 1$ 一致有界，即不可能有根在无穷远点。

我们进一步指出，对任何 $\mu\in[0,1]$ ， F_μ 不可能有纯虚根。事实上，若对某个 μ ， F_μ 有纯虚根 $\mathrm{j}\omega$ ，则有

$$(\mathrm{j}\omega+c)f(\mathrm{j}\omega)+\mu\mathrm{j}\omega f^*(\mathrm{j}\omega)=0$$

由此就有

$$\frac{f(\mathrm{j}\omega)}{f^*(\mathrm{j}\omega)}=\frac{-\mu\mathrm{j}\omega}{\mathrm{j}\omega+c}$$

要使等式成立，两边取模必相等，由此就有

$$\frac{\mu\omega}{\sqrt{\omega^2+c^2}}=1$$

而对 $\mu\in[0,1]$ ， $c>0$ 来说是不可能的。由此可知， F_μ 对任何 $\mu\in[0,1]$ 没有纯虚根。

F_μ 之根一致有界，且无纯虚根，而 F_0 之全部根均与 $f(\lambda)$ 之根有相同之分布，因此 F_μ 对任何 $\mu\in[0,1]$ 与 $f(\lambda)$ 在是否赫尔维茨多项式问题上等价，特别是 $F_1=(\lambda+c)f(\lambda)+\lambda f^*(\lambda)$ 与 $f(\lambda)$ 在赫尔维茨多项式问题上等价。由此可知，对给定之 n 次多项式总可以建立一个 $n+1$ 次多项式与其在赫尔维茨多项式问题上等价。

反过来，对于任何 $n+1$ 次多项式 $\phi(\lambda)$ ，我们考虑多项式，即

$$f=-(\lambda-2b_1)\phi(\lambda)+\lambda\phi^*(\lambda)$$

其中， $\phi=\lambda^{n+1}+b_1\lambda^n+\cdots+b_n\lambda+b_{n+1}$ ， f 恰好是 n 次的。

如果对 f 构造 F_1，则有

$$F_1 = (\lambda + c)\left[-(\lambda - 2b_1)\phi(\lambda) + \lambda\phi^*(\lambda)\right]$$
$$+ \lambda(-1)^n\left[(-\lambda - 2b_1)\phi(-\lambda) - \lambda\phi^*(-\lambda)\right]$$

由于 $\phi^*(\lambda) = (-1)^{n+1}\phi(-\lambda)$，因此

$$F_1 = (\lambda + c)\left[-(\lambda - 2b_1)\phi(\lambda) + \lambda(-1)^{n+1}\phi(-\lambda)\right]$$
$$+ (-1)^n\lambda\left[(\lambda + 2b_1)\phi(-\lambda) - \lambda(-1)^{n+1}\phi(\lambda)\right]$$
$$= \phi(\lambda)\left[-(\lambda + c)(\lambda - 2b_1) - \lambda^2\right] - \phi(-\lambda)\left[(-1)^n\lambda(\lambda + c)\right.$$
$$\left. + (-1)^{n+1}\lambda(\lambda + 2b_1)\right]$$

若令 $c = 2b_1$，则有 $F_1 = +4b_1^2\phi$。由此可知，f 与 F_1 之间在赫尔维茨多项式上等价，而 F_1 与 ϕ 只差一个非零整系数，因此 ϕ 与 f 在赫尔维茨多项式上等价。这说明，任何 $n+1$ 次多项式均可用上述方法构造一个 n 次多项式 f 与其在赫尔维茨多项式问题上等价，而 ϕ 恰好与 f 构造 F_1 之结果差一正系数。

现在考查 F_1 对应之赫尔维茨行列式，我们发现

$$F_1 = \sum_{r=0}^{n+1} 2A_r\lambda^{n+1-r}, \quad A_r = \left[1 + (-1)^r\right]a_r + 2aa_{r-1}$$

对应之赫尔维茨行列式为

$$D_r = \begin{vmatrix} a_1 & 1 & 0 & 0 & \cdots \\ aa_2 & aa_1 + a_2 & a & 1 & \cdots \\ aa_4 & aa_3 + a_4 & aa_2 & aa_1 + a_2 & \cdots \\ \vdots & \vdots & \vdots & \vdots & \vdots \end{vmatrix}$$

其中，$a = \dfrac{1}{2}c$。

不难证明，经过行列式初等运算有 $D_r = a^r\Delta_{r-1}$，其中 Δ_{r-1} 是 $f(\lambda)$ 之 $r-1$ 阶赫尔维茨行列式。

由于在 F_1 与 f 之赫尔维茨行列式间仅差正数因子，因此当 f 之赫尔维茨行列式均为正时，F_1 之赫尔维茨行列式亦为正，而 F_1 与 f 在是否为赫尔维茨多项式上又完全等价。若在 n 次多项式情况下赫尔维茨判据若正确，则对一切 $n+1$ 次多项式赫尔维茨判据亦为真。

由于当 $n=1$ 时定理成立，因此判据之正确性得证。

以下分别就 $n=2$，3，4 列写对应之赫尔维茨判据，即

$$a_1 > 0, \quad a_2 > 0, \quad n = 2$$

$$a_i > 0, \quad a_1 a_2 - a_3 > 0, \quad n = 3$$

$$a_i > 0, \quad a_1 a_2 a_3 - a_1^2 a_4 - a_3^2 > 0, a_1 a_2 - a_3 > 0, \quad n = 4$$

如果特征多项式首项不为 1，则我们有对应的赫尔维茨判据。

(1) $a_0 > 0$，$a_1 > 0$，$\cdots$，$a_n > 0$

$$\Delta_k = \begin{vmatrix} a_1 & a_0 & \cdots & \cdots & \cdots \\ a_3 & a_2 & a_1 & a_0 & \cdots \\ \vdots & \vdots & \vdots & \vdots & \vdots \\ \cdots & \cdots & \cdots & a_k & \cdots \end{vmatrix} > 0, \quad k = 1, 2, \cdots, n$$

(2) $a_0 < 0$，$a_1 < 0$，$\cdots$，$a_n < 0$ 和对一切 k

$$\Delta_k (-1)^k > 0 \ 或 \ \Delta_1 < 0, \quad \Delta_2 > 0, \quad \cdots, \quad (-1)^n \Delta_n > 0$$

3.1.5　赫尔维茨判据的一种算表——劳斯（Routh）表

设待研究之多项式为

$$f(\lambda) = a_0 \lambda^n + a_1 \lambda^{n-1} + \cdots + a_{n-1} \lambda + a_n$$

不妨设 $a_0 > 0$，$\cdots$，$a_n > 0$，稳定性要求可归结为 n 阶行列式，即

$$\Delta_n = \begin{vmatrix} a_1 & a_0 & 0 & 0 & 0 & 0 & \cdots & 0 \\ a_3 & a_2 & a_1 & a_0 & 0 & 0 & \cdots & 0 \\ a_5 & a_4 & a_3 & a_2 & a_1 & a_0 & \cdots & 0 \\ a_7 & a_6 & a_5 & a_4 & a_3 & a_2 & \cdots & 0 \\ \vdots & \vdots & \vdots & \vdots & \vdots & \vdots & & \vdots \\ a_{n-1} & a_{n-2} & a_{n-3} & a_{n-4} & a_{n-5} & a_{n-6} & \cdots & a_n \end{vmatrix} \tag{3.1.20}$$

之主子式均为正。

分析行列式(3.1.20)，我们发现它与三角形行列式差得并不多，劳斯表的建立就是化简上述行列式的过程。

我们以 $-a_0$ 乘行列式之第 $2k-1$ 列，将第 $2k$ 列以 a_1 乘，然后相邻两列相加，可以得到如下行列式，即

$$\begin{vmatrix} a_1 & 0 & 0 & 0 & 0 & \cdots \\ a_3 & c_0 & a_1 & 0 & 0 & \cdots \\ a_5 & c_2 & a_3 & c_0 & a_1 & \cdots \\ a_7 & c_4 & a_5 & c_2 & a_3 & \cdots \\ \vdots & \vdots & \vdots & \vdots & \vdots & \end{vmatrix} \tag{3.1.21}$$

由此我们得 $a_1 > 0$，$c_0 = a_1 a_2 - a_0 a_3 > 0$，事实上由于上述计算归结为将行列式一列乘以正常数和将一列乘以常数加至另一列的初等变换，因此判别式(3.1.21)主

子式是否均正与判别行列式

$$\begin{vmatrix} c_0 & a_1 & 0 & 0 & 0 & \cdots \\ c_2 & a_3 & c_0 & a_1 & 0 & \cdots \\ c_4 & a_5 & c_2 & a_3 & c_0 & \cdots \\ \vdots & \vdots & \vdots & \vdots & \vdots & \cdots \\ \cdots & \cdots & \cdots & \cdots & \cdots & \cdots \end{vmatrix}$$

的主子式是否均正一样。显然，后者已是一个 $n-1$ 阶行列式，在引入 $a_1^{(1)} = c_0$，$a_0^{(1)} = a_1$，$a_2^{(1)} = a_3$，$a_3^{(1)} = c_2$，$\cdots$ 以后仍然化成一个赫尔维茨行列式。重复上面的做法，这样可以将行列式化简至 1 阶，并且在每化一次的过程中可以发现替代行列式为正的条件变为一个正数，如 $c_0 > 0$ 这种情形。

综上所述，可以建立如下算表。

$$c_{11} = a_0, \quad c_{21} = a_2, \quad c_{31} = a_4, \quad c_{41} = a_6, \cdots$$

$$c_{12} = a_1, \quad c_{22} = a_3, \quad c_{32} = a_5, \quad c_{42} = a_7, \cdots$$

$$c_{13} = a_1 a_2 - a_0 a_3, \quad c_{23} = a_1 a_4 - a_0 a_5, \quad c_{33} = a_1 a_6 - a_0 a_7, \quad c_{43} = a_1 a_8 - a_0 a_9, \cdots$$

$$c_{14} = c_{13} c_{22} - c_{12} c_{23}, \quad c_{24} = c_{13} c_{32} - c_{12} c_{33}, \quad c_{34} = c_{13} c_{42} - c_{12} c_{43}, \cdots$$

$$\cdots\cdots$$

这样一直计算下去，渐近稳定的充要条件可归结为

$$c_{11} > 0, \quad c_{12} > 0, \cdots, c_{1n} > 0$$

以下以一例算之。设一多项式为

$$f(\lambda) = \lambda^4 + 12\lambda^3 + 49\lambda^2 + 78\lambda + 40$$

由所有系数为正，以及 $a_1 a_2 a_3 - a_0 a_3^2 - a_1^2 a_4 = 39624 - 6084 - 5760 > 0$ 可知，根均具负实部。

如果用罗斯表，则有

$$a_0 = 1, \quad a_2 = 49, \quad a_4 = 40$$

$$a_1 = 12, \quad a_3 = 78, \quad a_5 = 0$$

$$c_{13} = 588 - 78 = 510, \quad c_{23} = 480, \quad c_{33} = 0$$

$$c_{14} = 34020, \quad c_{24} = 0, \cdots$$

由此可知，多项式确是赫尔维茨的。

在实际工作中，常可以利用一些简单的不等式建立判据，例如谢绪恺于 1957 年在中国力学会第一次会议提出的如下判据。

特征多项式零点具负实部之必要条件。

(1) $a_i > 0$，$i = 1, 2, \cdots, n$。

(2) $a_1 a_2 - a_0 a_3 > 0$，$a_2 a_3 - a_1 a_4 > 0, \cdots$，$a_{n-2} a_{n-1} - a_{n-3} a_n > 0$。

特征多项式零点具负实部之充分条件。

(1) $a_i > 0$，$i = 1, 2, \cdots, n$。

(2) $a_1 a_2 - 3a_0 a_3 > 0$，$a_2 a_3 - 3a_1 a_4 > 0, \cdots$，$a_{n-2} a_{n-1} - 3a_{n-3} a_n > 0$。

考虑上例可知以下几点。

(1) $a_i > 0$ 已全部满足。

(2) $a_1 a_2 - a_0 a_3 = 588 - 78 = 510 > 0$，

　　$a_2 a_3 - a_1 a_4 = 78 \times 49 - 12 \times 40 = 3822 - 480 = 3342 > 0$。

(3) $a_1 a_2 - 3a_0 a_3 = 588 - 234 = 354 > 0$，

　　$a_2 a_3 - 3a_1 a_4 = 3822 - 1440 = 2382 > 0$。

由此可知，对应的系统是渐近稳定的。

这一判据同一切近似判据一样，其优点在于简单易用。但是，充分条件有时过强会使实际渐近稳定之系统并不满足。

3.2　系统稳定参数之选择

3.2.1　参数空间的稳定性区域与具一定稳定裕度之区域

应用赫尔维茨判据不但可以对已设计好的系统验证其是否满足渐近稳定之要求，而且可以用来对系统进行设计，选择系统的参数以保证系统满足渐近稳定的要求。由于系统特征方程的系数 a_i 往往是系统中待定参数的函数，由系数组成之不等式(赫尔维茨行列式大于零或罗斯表中之 $c_i > 0$)实际上表示这些待定参数应满足之不等式。这些不等式在参数空间界定之范围一般称为参数空间中的稳定区域。它表明，当待定参数刚好落在此区域内取值时，对应系统是渐近稳定的。

应用上述判据，我们还可以对系统的部分品质提出要求，例如要求系统的特征根不但具有负实部，而且满足

$$\mathrm{Re}\, \lambda_i < -\delta \tag{3.2.1}$$

其中，$-\delta$ 是事前给定之负数。

满足条件(3.2.1)实际上是要求系统中的扰动以比 $\mathrm{e}^{-\delta t}$ 更快的方式渐近稳定，一般称 δ 为系统的稳定裕度。

考虑作变换，即

$$s = \lambda + \delta, \quad \lambda = s - \delta \tag{3.2.2}$$

则要求 $\mathrm{Re}\, \lambda_i < -\delta$ 就相当于要求

$$\mathrm{Re}\, s_i < 0 \tag{3.2.3}$$

由此考虑

$$f(\lambda)=f(s-\delta)=\varphi(s)=b_0 s^n+b_1 s^{n-1}+\cdots+b_{n-1}s+b_n \tag{3.2.4}$$

其中，$f(\lambda)$ 是 λ 的多项式，则

$$f(s-\delta)=f(-\delta)+f^1(-\delta)s+\cdots+\frac{1}{n!}f^{(n)}(-\delta)s^n \tag{3.2.5}$$

由此可知

$$b_k=\frac{1}{(n-k)!}f^{(n-k)}(-\delta) \tag{3.2.6}$$

显然，要求 $f(\lambda)$ 之根之实部小于 $-\delta$，只要对 $\varphi(s)$ 提赫尔维茨问题就可以了。利用不同的 δ，我们就可以在参数空间划分出具有不同稳定裕度的区域。

稳定裕度之确定通常以相当的指数函数衰减之指标来确定。

考虑 $y=y^0 e^{-\alpha t}$，则其衰减至 $|y(t)|<\eta$ 所需时间为

$$e^{\alpha T}=\frac{y^0}{\eta},\quad T=\frac{1}{\alpha}\lg\frac{y^0}{\eta}$$

由此，稳定裕度通常这样确定：若需要系统之扰动在 T 时间内大致衰减至初始扰动之 $\frac{1}{\eta}$，其中 $\eta>1$，则确定

$$\alpha=\frac{1}{T}\lg\eta \tag{3.2.7}$$

下面我们考虑几个例子。

例 3.2 汽轮机调速系统参数选择。

考虑 1.3.2 节之汽轮机调速系统，一般来说，对于机械系统，其结构相对于电系统不易改变，通常是在既定结构的前提下选择合适的参数以保证其性能，我们设其恒行器局部反馈时间常数 τ 与离心测速器传动比 δ 来定，其他参数为

$$T_a=1,\quad T_r=T_k=0,\quad \tau_s=0.1$$

则对应的特征方程变为

$$T_a\tau_s\tau\delta s^3+\delta[\tau(T_a+\tau_s)+T_a]s^2+(\tau+\tau\delta+1)s+1=0$$

以具体数值代入有

$$\tau\delta s^3+(11\tau+10)\delta s^2+(\tau+\tau\delta+1)s+1=0$$

不难证明，稳定性条件可归结为

$$\tau\delta>0$$
$$11\tau\delta+10\delta>0$$
$$\tau+\tau\delta+1>0$$
$$\delta[11\tau^2+20\tau+11\tau^2\delta+10\tau\delta+10]>0$$

显然,当 $\tau>0$, $\delta>0$ 时,上述条件全部自然满足,但从实际上来看,也只有 $\tau>0$, $\delta>0$ 对应物理元件才有意义,因此整个 $\tau\delta$ 平面之第一象限全是稳定性区域表明系统结构的合理性。

例 3.3　飞机驾驶仪参数选取(参照 1.2.2 节与 1.3.3 节)。

考虑某飞机驾驶仪之设计问题,研究 1.3.3 节所示之飞机驾驶系统,要求设计陀螺与角速度陀螺的传递系数 k_1 与 k_2 ,以使系统渐近稳定,具有一定稳定裕度。

从 1.3.3 节可知,系统之特征方程为

$$p(T_2 p+1)(p^3+c_1 p^2)+c_2 p+n_{13}k_3 k_4 k_5(k_1+k_2 p)\cdot(p+n_{22})=0$$

其中, $c_1=n_0+n_{22}+n_{33}$; $c_2=n_{32}+n_{22}n_{33}$ 。

考虑飞机是轻型机,在 4km 以 $M=0.65$ 飞行,由此我们有

$$n_{22}=2.66, n_{32}=10.63, n_{33}=1.69,\quad n_0=0.6, n_B=24.5$$

由此有

$$c_1=4.95=5,\quad c_2=15.13$$

此外,设舵本身转动惯量可以忽略,即 $T_2=0$,则特征方程为

$$p(p^3+c_1 p^2+c_2 p)+(\xi+\eta p)(p+n_{22})=0$$

其中, $\xi=n_B k_3 k_4 k_5 k_1;\eta=n_B k_3 k_4 k_5 k_2$ 。

展开有

$$p^4+c_1 p^3+(c_2+\eta)p^2+(n_{22}\eta+\xi)p+\xi n_{22}=0$$

显见,全部系数为正在 $\eta>0$, $\xi>0$ 时成立,留下要判别的是条件 $a_1 a_2 a_3-a_1^2 a_4-a_3^2 a_0>0$,写出来就是

$$c_1(c_2+\eta)(n_{22}\eta+\xi)-c_1^2 n_{22}\xi-(\xi+n_{22}\eta)^2>0$$

其边界方程为

$$(c_1 n_{22}-n_{22}^2)\eta^2+(c_1-2n_{22})\xi\eta-\xi^2+(c_1 c_2-c_1^2 n_{22})\xi+c_1 c_2 n_{22}\eta=0$$

以数字代入为

$$6.23\eta^2-0.32\xi\eta-\xi^2+9.15\xi+201\eta=0$$

这是一个双曲线方程,它经过原点。设其渐近线为

$$\xi=a\eta+b$$

代入有下式,即

$$6.23\eta^2-0.32(a\eta+b)\eta-(a\eta+b)^2+9.15(a\eta+b)+201\eta=0$$

由 η^2 之系数为零,我们有下式,即

$$6.23-0.32a-a^2=0$$

由此有

$$a = -0.16 \pm \sqrt{0.16^2 + 6.23} = -0.16 \pm \sqrt{6.25} = \begin{cases} 2.34 \\ -2.66 \end{cases}$$

由 η 之系数为零，则有

$$0.32b - 2ab + 9.15a + 201 = 0$$

由此有

$$b_1 = \frac{201 - 9.15a}{2a - 0.32} = \frac{180}{4.36} = 41.2, \quad a = 2.34$$

$$b_2 = \frac{201 - 9.15a}{2a - 0.32} = \frac{-225}{5.64} = -40, \quad a = -2.66$$

渐近线方程为

$$\xi = 2.34\eta + 41.2, \quad \xi = -2.66\eta - 40$$

中心 $(\xi_0, \ \eta_0)$ 为

$$\eta_0 = \frac{-81.2}{5} = -16.2, \quad \xi_0 = 3$$

　　为了准确建立双曲线，我们需要再求出几个点。实际上，对我们有用的只是第一象限内的半支。由前面所述，可知有

$$\xi^2 + (0.32\eta - 9.15)\xi - (201\eta + 6.23\eta^2) = 0$$

由此就有

$$\xi = \frac{(9.15 - 0.32\eta) \pm \sqrt{(9.15 - 0.32\eta)^2 + 4(201\eta + 6.23\eta^2)}}{2}$$

考虑第一象限半支，应取正号，则

$$\xi = 4.58 - 0.16\eta + \frac{1}{2}\sqrt{25\eta^2 + 799\eta + 84}$$

$$= 4.58 - 0.16\eta + \sqrt{6.25\eta^2 + 199.7\eta + 21}$$

令 $A = 6.25\eta^2 + 199.7\eta + 21$。

算表 3.2.1 如下所示。

表 3.2.1　例 3.3 飞机驾驶系统的计算表格

η	0	2	4	6	8	10	12	14	16
0.16η	0	0.32	0.64	0.96	1.28	1.60	1.92	2.24	2.56
200η	0	400	800	1200	1600	2000	2400	2800	3200
η^2	0	4	16	36	64	100	144	196	256
$6.25\eta^2$	0	25	100	225	400	625	900	1225	1600

续表

η	0	2	4	6	8	10	12	14	16
A	21	446	921	1446	2021	2646	3321	4046	4821
$\sqrt{A}$	4.58	21.1	30.35	38.0	44.9	51.4	57.6	63.6	69.43
ξ	9.15	25.4	34.3	41.6	48.1	54.4	60.3	66.0	71.43

计算结果表明,此轻型飞机在亚音速飞行时,对应陀螺比例系数 k_1、k_2(可以通过 ξ、η 求出)具有如图 3.2.1 所示之稳定性区域。

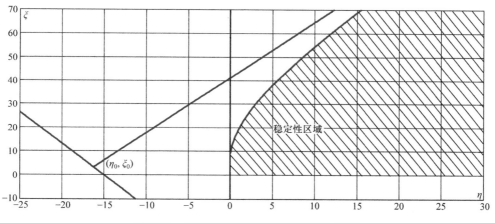

图 3.2.1　亚音速飞行时飞机的稳定性区域

例 3.4　研究一个飞机的航向自动器,设其结构图如图 3.2.2 所示。系统之闭环传递函数为

$$\phi(s)=\frac{k_1}{s^2\left(T_1 s+1\right)\left(T_2 s+1\right)+k_1\left(k_2+k_3 s\right)}$$

由此,系统之特征方程为

$$f(\lambda)=a_0\lambda^4+a_1\lambda^3+a_2\lambda^2+a_3\lambda+a_4$$

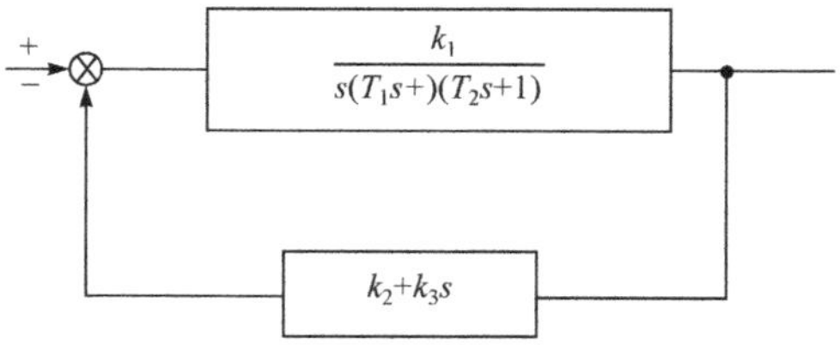

图 3.2.2　飞机航向自动器的结构框图

其中,　$a_0=T_1 T_2$;　$a_1=T_1+T_2$;　$a_2=1$;　$a_3=k_1 k_3$;　$a_4=k_1 k_2$。

设 $T_1 = 1$，$T_2 = 0.5$，$k_1 = 1$，由此有 $a_0 = 0.5$，$a_1 = 1.5$。

不考虑稳定裕度，要求之稳定性区域满足下述不等式，即

$$4.5k_2 < 3k_3 - k_3^2, \quad k_2 > 0, \quad k_3 > 0$$

这是 k_2、k_3 平面第一象限内由抛物线 $-(k_3 - 1.5)^2 > 4.5(k_2 - 0.5)$ 下部界定之区域，如图 3.2.3 所示。

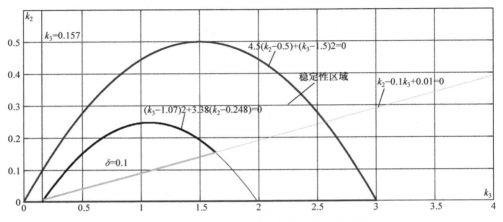

图 3.2.3　k_2、k_3 平面第一象限内界定的区域

进一步考虑系统有稳定裕度 δ，则有

$$b_0 = a_0 = 0.5$$

$$b_1 = \frac{1}{6} f^{(3)}(-\delta) = 1.5 - 2\delta$$

$$b_2 = \frac{1}{2} f^{(2)}(-\delta) = 1 - 4.5\delta + 3\delta^2$$

$$b_3 = f^1(-\delta) = k_3 - 2\delta + 4.5\delta^2 - 2\delta^3$$

$$b_4 = f(-\delta) = k_2 - k_3\delta + \delta^2 - 1.5\delta^3 + 0.5\delta^4$$

要求全部 $b_i > 0$，则要求 $1.5 - 2\delta > 0, 1 - 4.5\delta + 3\delta^2 > 0$。由此有 $\delta < 0.27$，否则系统将无法满足要求。

考虑 $\delta = 0.1$，则有

$$b_0 = 0.5$$

$$b_1 = 1.5 - 0.2 = 1.3$$

$$b_2 = 1 - 0.45 + 0.03 = 0.58$$

$$b_3 = k_3 - 0.2 + 0.045 - 0.002 = k_3 - 0.157$$

$$b_4 = k_4 - 0.1k_3 + 0.01$$

稳定性条件为

$$k_2 - 0.1k_3 + 0.01 > 0$$
$$k_3 - 0.157 > 0$$
$$(k_3 - 1.07)^2 + 3.38(k_2 - 0.248) < 0$$

它是由两个直线与一根抛物线相互界定之区域，如图 3.2.3 所示。由此可知，考虑 $\delta = 0.1$ 对应稳定性区域大大缩小，表明原系统结构对衰减要求来说较难适应。

3.2.2 三阶系统[①]

对于三阶系统来说，可以根据其特征方程根之分布近似地考虑系统在单位脉冲或其他输入下之过渡过程。当然，确定系统之过渡过程不能由特征方程确定，但是过渡过程的某些性质可以在特征方程根之分布中得到一定反映。

三阶系统的特征方程为

$$a_0 z^3 + a_1 z^2 + a_2 z + a_3 = 0 \tag{3.2.8}$$

从表面上看，方程有四个参数，但实际上其中只有两个实质性的参数。考虑变换，即

$$u = \left(\frac{a_0}{a_3}\right)^{\frac{1}{3}} z \tag{3.2.9}$$

则我们有

$$u^3 + Au^2 + Bu + 1 = 0 \tag{3.2.10}$$

其中

$$A = a_1 \left(a_0^2 a_3\right)^{-\frac{1}{3}}, \quad B = a_2 \left(a_0 a_3^2\right)^{-\frac{1}{3}} \tag{3.2.11}$$

从此可以看出，只要研究清楚式(3.2.10)根之分布的情况就可以了。

首先，系统稳定性的要求可归结为

$$AB > 1 \tag{3.2.12}$$

这在参数 AB 平面上是由一个双曲线界定之区域。以后我们设式(3.2.11)经常满足。

显然，在三阶系统下，根分布出现如下三种情况。

[①] 本节与前一章如何画伯德图一样，在分析问题时常用抓住影响结论的主要因素进行分析。这是一种符合工程要求的物理思维。这种思维在没有电子计算机的那个年代是能否解决实际问题的关键。今天在有了先进的计算工具的条件下，这种思维的作用也是不容忽视的。

(1) 三个实根，即 $-\alpha_1$、$-\alpha_2$、$-\alpha_3$。考虑系统之解是 $x = c_1 e^{-\alpha_1 t} + c_2 e^{-\alpha_2 t} + c_3 e^{-\alpha_3 t}$，因此系统之过渡过程一般不会出现振荡而呈现某种单调性。不难证明，对上述过程，它的零点只有两个，即系统中的过渡过程最多经过两次往复后就一定单调趋于零。

(2) 一个实根 $-\alpha_1$，一对复根 $-\alpha_2 \pm \mathrm{j}\beta$，并且 $\alpha_1 > \alpha_2$。从分布上粗略地看，过渡过程应主要由根 $-\alpha_2 \pm \mathrm{j}\beta$ 确定，因此在这种情况下，系统中的过渡过程往往呈现往复振荡的情形。

(3) 一个实根 $-\alpha_1$，一对复根 $-\alpha_2 \pm \mathrm{j}\beta$，并且 $\alpha_2 > \alpha_1$。从分布上粗略地看，过渡过程应主要由根 $-\alpha_1$ 确定，因此在这种情况下，系统中的过渡过程虽然呈现往复振荡现象，但一般不会很严重，只是在单调过程中出现一点起伏而已。

上述三种情形对应之过程如图 3.2.4 所示。

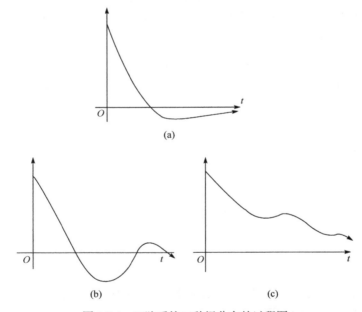

图 3.2.4　三阶系统三种根分布的过程图

为了在 AB 平面上，在稳定性区域 $AB > 1$ 内划分三个区域对应上述三种情形。我们来研究这三种情形之间的临界情形，确定上述不同分布在 AB 平面上不同区域之边界线。

(1) 考虑图 3.2.4(a) 和图 3.2.4(b) 之间之边界，它应相当于系统具有一对大实重根，以及一个小实根之情形。此时，系统之方程可大致写为

$$\left(u + \alpha_1^2\right)\left(u + \frac{1}{\alpha_1}\right)^2 = 0 \tag{3.2.13}$$

并且 $\dfrac{1}{\alpha_1} > \dfrac{1}{\alpha_1^2}$，或 $\alpha_1 < 1$。此时，我们有

$$u^3 + \left(\alpha_1^2 + \dfrac{2}{\alpha_1}\right)u^2 + \left(\dfrac{1}{\alpha_1^2} + 2\alpha_1\right)u + 1 = 0$$

由此，对应的边界线方程为

$$A = \alpha^2 + \dfrac{2}{\alpha}, \quad B = \dfrac{1}{\alpha^2} + 2\alpha, \quad 0 \leqslant \alpha \leqslant 1 \qquad (3.2.14)$$

(2) 考虑图 3.2.4(a) 和图 3.2.4(c) 之间之边界，它应当相当于系统有一对小实重根与一个大实根之情形。此时，系统之方程仍为式 (3.2.13)，但对应 $\alpha \geqslant 1$，因此这一段边界方程应为

$$A = \alpha^2 + \dfrac{2}{\alpha}, \quad B = \dfrac{1}{\alpha^2} + 2\alpha, \quad \alpha \geqslant 1 \qquad (3.2.15)$$

如果对式 (3.2.14)，令 $\alpha = \dfrac{1}{t}$，则表达式变为

$$A = \dfrac{1}{t^2} + 2t, \quad B = t^2 + \dfrac{2}{t}, \quad t \geqslant 1 \qquad (3.2.16)$$

则这一方程与式 (3.2.15) 比较，A，B 交换了位置。于是不难看出，式 (3.2.15) 与式 (3.2.14) 应关于直线 $A = B$ 对称。两曲线交点是 $A = 3$、$B = 3$、$\alpha = 1$，此相当于系统有三个重实根 $u = -1$ 的情形。

(3) 考虑图 3.2.4(b) 和图 3.2.4(c) 之间之边界，它应相当于系统有实部完全相同的根。令其为

$$u_1 = -\alpha, \quad u_2 = -\alpha + j\beta, \quad u_3 = -\alpha - j\beta$$

则特征方程为

$$\begin{aligned}
&(u+\alpha)\left[(u+\alpha)^2 + \beta^2\right] \\
&= (u+\alpha)\left(u^2 + 2\alpha u + \alpha^2 + \beta^2\right) \\
&= u^3 + 3\alpha u^2 + \left(3\alpha^2 + \beta^2\right)u + \alpha\left(\alpha^2 + \beta^2\right)
\end{aligned}$$

由此就有

$$\alpha = \dfrac{A}{3}, \quad 3\alpha^2 + \beta^2 = B, \quad \alpha^3 + \alpha\beta^2 = 1$$

显见，这一方程在消去 α 和 β 后变为

$$B = \dfrac{3}{A} + \dfrac{2}{9}A^2 \qquad (3.2.17)$$

它也经过 $(A,B)=(3,3)$ 这一点。

为了准确建立曲线，我们利用表 3.2.2 作出式 (3.2.14) 的曲线，然后对式 (3.2.15) 只要将上述曲线对于 $A=B$ 对称即可，即将表中 A 与 B 互易可得式 (3.2.15) 上之点。

表 3.2.2　式 (3.2.14) 的计算表格

α	0.3	0.35	0.4	0.45	0.5	0.55	0.6	0.7	0.8	0.9	1.0
2α	0.6	0.7	0.8	0.9	1.0	1.1	1.2	1.4	1.6	1.8	2.0
$\dfrac{1}{\alpha}$	3.33	2.86	2.5	2.22	2	1.84	1.67	1.43	1.25	1.11	1.0
$\dfrac{1}{\alpha^2}$	11.1	8.18	6.25	4.93	4.00	3.39	2.79	2.05	1.56	1.23	1.0
α^2	0.09	0.12	0.16	0.20	0.25	0.30	0.36	0.49	0.64	0.81	1.00
$\dfrac{2}{\alpha}$	6.66	5.72	5.00	4.44	4.00	3.68	3.34	2.86	2.50	2.22	2.00
A	6.75	5.84	5.16	4.64	4.25	3.98	3.70	3.35	3.14	3.03	3
B	11.7	8.88	7.05	5.83	5.00	4.49	3.99	3.45	3.16	3.03	3

对于式 (3.2.17)，我们先求其极值，考虑 $\dfrac{\partial B}{\partial A}=\dfrac{4}{9}A-\dfrac{3}{A^2}=0$，可得 $A=1.87$；

$\dfrac{\partial^2 B}{\partial A^2}=\dfrac{4}{9}+\dfrac{6}{A^3}>0$ 对应极小。

并且当 $\lim\limits_{A\to 0}B=\infty$。为了建立曲线可用如下的计算表格（表 3.2.3）。

表 3.2.3　式 (3.2.17) 的计算表格

A	0.25	0.5	0.8	1.0	1.3	1.6	1.87	2.2	2.5	2.8
$\dfrac{1}{A}$	4	2	1.25	1.0	0.77	0.66	0.54	0.45	0.40	0.36
$\dfrac{3}{A}$	12	6	3.75	3.0	2.31	1.98	1.62	1.35	1.20	1.08
A^2	0.06	0.25	0.64	1.0	1.69	2.56	3.50	4.84	6.25	7.87
$\dfrac{2}{9}A^2$	0.01	0.06	0.14	0.22	0.38	0.57	0.78	1.08	1.39	1.75
B	12.01	6.06	3.89	3.22	2.69	2.55	2.40	2.43	2.59	2.83

对应区域划分如图 3.2.5 所示。

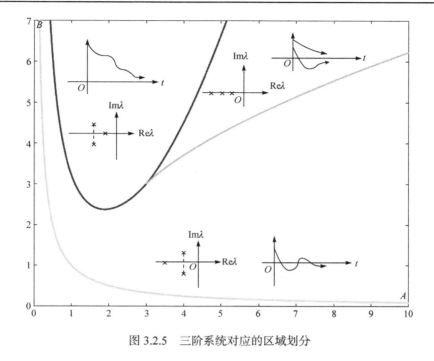

图 3.2.5　三阶系统对应的区域划分

3.3　李雅普诺夫第二方法与扰动解估计

研究常微分方程描述的动力学系统的稳定性问题，一个比较有效的方法是李雅普诺夫(Lyapunov)第二方法。这一方法不但对于线性系统合适，而且对于研究非线性系统来说也是很少的有效方法之一。应用李雅普诺夫第二方法对于研究系统中扰动解的估计也有重要意义。

3.3.1　李雅普诺夫第二方法基础

考虑动力学系统，即

$$
\begin{aligned}
\dot{x}_s &= X_s\left(x_1,\cdots,x_n\right) \\
&= \sum_{\sigma=1}^{n} p_{s\sigma}x_\sigma + X_s^{(2)}\left(x_1,\cdots,x_n\right) \quad _{s=1,\cdots,n}
\end{aligned}
\tag{3.3.1}
$$

其中，x_1，$\cdots$，x_n 代表系统中的广义坐标，如位移、速度、电压等；$X_s^{(2)}$ 是 x_1，$\cdots$，x_n 不低于 2 次的函数。

对应此非线性系统的线性系统为

$$
\dot{x}_s = \sum_{\sigma=1}^{n} p_{s\sigma}x_\sigma
\tag{3.3.2}
$$

对于系统 (3.3.2)，在稳定性问题的研究上我们已经有了办法，但对于系统 (3.3.1) 我们却没有办法。以下讲述李雅普诺夫第二方法时，我们从式 (3.3.1) 出发。

李雅普诺夫第二方法之要点在于避开解非线性微分方程之困难，而利用李雅普诺夫函数这个量可以从扰动的总体上进行稳定性的研究。

我们称函数 $V(x_1,\cdots,x_n)$ 是一个李雅普诺夫函数，指 $V(0,\cdots,0)=0$ 并且 V 具有对其变量 x_i 之连续偏导数。

函数 $V(x_1,\cdots,x_n)$ 是正常号的，指 V 在原点附近有 $V(x_1,\cdots,x_n)\geq 0$；函数 $V(x_1,\cdots,x_n)$ 是正定的，指 $V(x_1,\cdots,x_n)\geq 0$，只在 $x_1=\cdots=x_n=0$ 时，才有 $V(x_1,\cdots,x_n)=0$。

相应地有函数负常号与负定的概念。

如果

$$V(x_1,\cdots,x_n)=U(x_1,\cdots,x_n)+W(x_1,\cdots,x_n)$$

其中，U 是 m 次齐次函数；W 之展式中无低于 $m+1$ 次的项。

我们有下述结论。

如果 U 是正定的，则对任何满足上述条件的 W 说来，V 总是正定的，相应地有负定的结论。如果 U 是变号的，则对任何满足上述条件的 W，V 总是变号的。

例如，在 $n=3$ 情况下，$x_1^2+x_2^2+(x_3+x_1)^2$ 是正定的，$x_1^3+x_2^2+\sin x_3$ 是变号的，$(x_1+x_2)^2+(x_2+3x_3)^2$ 是正常的。

以后称函数 V 对系统 (3.3.1) 之全导数为

$$\begin{aligned}\dot{V}_{3.3.1}&=\left[\operatorname{grad}V,\ X(x)\right]\\&=\sum_{s=1}^{n}\frac{\partial V}{\partial x_s}X_s(x_1,\cdots,x_n)\end{aligned} \qquad (3.3.3)$$

我们不加证明地叙述下列判定稳定性的定理。

定理 3.1　对系统 (3.3.1)，若存在正定李雅普诺夫函数 V，对系统之全导数 (3.3.3) 是负常号的，则系统 (3.3.1) 的零解是稳定的。又若全导数 (3.3.3) 是负定的，则系统 (3.3.1) 的零解是渐近稳定的。

定理 3.2　对系统 (3.3.1)，若存在全空间正定李雅普诺夫函数，并且当 $\lim\limits_{x\to\infty}V(x_1,\cdots,x_n)=+\infty$，而 V 对系统之全导数 (3.3.3) 是全空间负定的，则系统 (3.3.1) 是全局渐近稳定的，即不论初值取在何处总有

$$\lim_{t\to\infty}\sum_{s=1}^{n}x_s^2(t)=0 \qquad (3.3.4)$$

定理 3.3　对系统 (3.3.1)，若存在李雅普诺夫函数 $V(x_1,\cdots,\ x_n)$，对系统之全

导数 $\dot{V}$ 是定号的,而 V 在原点附近总能取到与 $\dot{V}$ 同号的值,则系统的原点是不稳定的。

定理 3.4 对系统(3.3.1),若存在李雅普诺夫函数 $V(x_1,\cdots,x_n)$,且存在正数 λ,使 $\dot{V} = \lambda V + W$,而 W 是常号的,且 V 在原点附近总可取到与 W 同号的值,则系统(3.3.1)的原点是不稳定的。

对于上述四个定理,我们只准备给出直观上的解释。相关证明可在有关运动稳定性的著作中找到。

首先我们对正定函数、正常号函数与变号函数给出一个直观上的解释。以二维函数为例,考虑 $V_1 = x_1^2 + x_2^2$、$V_2 = x_1^2$、$V_3 = -x_1^2 + x_2^2$,它们刚好代表正定函数、正常函数与变号函数,它们的图形如图 3.3.1 所示。图 3.3.1(a)表示 V_1、V_2、V_3 之图形。图 3.3.1(b)表示以等高线 $V_1 = C$、$V_2 = C$、$V_3 = C$ 投影至 $x_1 x_2$ 平面之结果。

可以看出,当 V 是正定,而 $\dot{V}$ 负常,则表明 V 在运动过程中不增,因此只要初值选得足够小,就能使 V 保持充分小,使整个运动不能走出预定范围,从而保证稳定性。如果 $\dot{V}$ 负定,则表明运动总沿等高线由外往里走,从而最后无限接近原点,保证渐近稳定性。

对于全局渐近稳定,相应地也可以作这种解释。

至于不稳定定理,考虑 $\dot{V}$ 定号,例如正定,由于 V 在原点附近总能取到正值,V 是正定、正常但不是零或变号。从图 3.3.1 可以看出,总存在使 V 不断增大的方向,因此扰动运动将偏离平衡位置越来越远,而呈现不稳定现象。

我们从物理上可以给李雅普诺夫函数一个并不确切的比喻,即把李雅普诺夫函数 V 比作系统之总能量,那么定理 3.1 与定理 3.2 表明,能量不增的过程对应的是稳定过程,而能量不断下降的过程对应渐近稳定的过程;定理 3.3 与定理 3.4 可以这样理解,如果系统的能量随时间 t 增加,初始能量为正,则系统原点不稳定。

最后我们在举例之前,需指出上述四个定理都是充分性条件,即若有满足定理条件的李雅普诺夫函数存在就能推断定理之结论成立。这丝毫不意味着随便拿

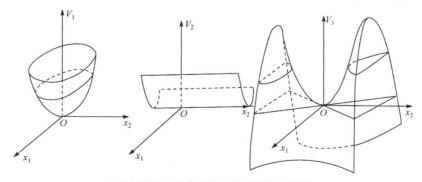

(a) 正定函数 V_1、正常函数 V_2 与变号函数 V_3 的图形

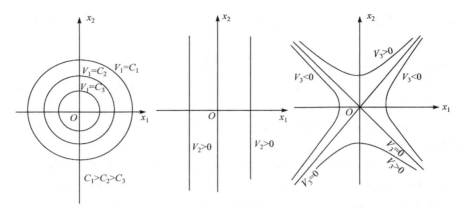

(b) 正定函数、正常函数和变号函数在 x_1x_2 平面上的投影

图 3.3.1　正定函数、正常函数和变号函数示意图

来一个李雅普诺夫函数，从它不满足定理条件这一点就推断定理的结论不成立。这一点很重要，一个李雅普诺夫函数可以用来判断系统的渐近稳定性，但是不意味着它对其他渐近稳定的系统就一定能判别。这种看来显然的论述常常被人们忽视，而自行宣布一些根本不成立的论断。

以下我们考虑两个例子。

例 3.5　简谐振子 $\ddot{x} + \omega^2 x = 0$。

引入相坐标 $\dot{x} = y$，$\dot{y} = -\omega^2 x$，令 $V = \omega^2 x^2 + y^2$，由 $\dot{V} \equiv 0$，因此平衡点即原点稳定。

例 3.6　简谐阻尼振子 $\ddot{x} + r\dot{x} + \omega^2 x = 0$。

引入相坐标 $\dot{x} = y$，$\dot{y} = -\omega^2 x - ry$，若仍用总能量 $V = \omega^2 x^2 + y^2$，则 $\dot{V} = -2ry^2$ 是负常号的，不能直接判断未扰运动的渐近稳定性[①]。

我们仍以能量为基础，考虑李雅普诺夫函数为

$$V = \frac{1}{2}\omega^2 x^2 + \frac{1}{2}y^2 + \varepsilon xy$$

当 ε 充分小时，V 保持正定，如 $\varepsilon < \omega$ 就可以。

研究 V 之全导数有

$$\dot{V} = -ry^2 + \varepsilon y^2 - \varepsilon x\left(\omega^2 x - ry\right)$$
$$= -(r - \varepsilon)y^2 - \varepsilon\omega^2 x^2 + \varepsilon rxy$$

---

① 后来由于在李雅普诺夫第二方法中引入了关于系统可观测性的概念，对于常系数线性系统说来只要二次型李雅普诺夫函数 V 正序，$\dot{V}$ 负常号且 $\dot{V}$ 对应矩阵与系统矩阵构成可观测对，则渐近稳定也能成立。这样 $V = a^2x^2 + y^2$ 也能用来判断原点的渐近稳定。

可以证明，在 ε 充分小时，$\dot{V}$ 是负定的，$\dot{V}$ 负定之充要条件为

$$r-\varepsilon>0$$

$$\varepsilon(r-\varepsilon)\omega^2-\frac{1}{4}\varepsilon^2r^2>0$$

由此可知，若选

$$\varepsilon<\min\left(r,\ \omega,\ \frac{r\omega^2}{\frac{1}{4}r^2+\omega^2}\right)$$

则上述李雅普诺夫函数就能满足定理 3.1 与定理 3.2 之全部要求，从而证明阻尼简谐振子是全局渐近稳定的。

3.3.2　李雅普诺夫第二方法与线性系统之扰动解之估计

在控制系统动力学的研究中，发展比较完善，解决得比较好的是常系数线性系统的理论。这一门课程的主要部分也是讨论常系数线性控制系统的问题，在工程实际上利用常系数线性系统的模型，在大部分情况下，作为一种近似考虑也完全是合理的。如果追溯常系数线性系统这一模型的来源，可以发现这是由于我们对于实际系统进行了理想化的结果。在建立系统元件方程时，我们常常对非线性函数在工作点附近线性化，略去高阶项，而用线性部分代替原来的非线性特征。这种代替表面上看是略去了高阶项，但人们完全有理由怀疑，这些高阶项在整个系统工作的进程中不能起显著的作用吗？会不会在时间的进程中由于我们的疏忽而发生"差之毫厘而失之千里"呢？归根到底，这就要求我们回答利用线性模型代替非线性系统是否确有根据，以及这种根据在何种条件下才能成立的问题。

由于非线性系统目前还无法求解，因此研究这一问题不能指望使用求解方程的技术，我们主要利用李雅普诺夫第二方法论证在小偏差的情况下线性系统确实是可用的。当然，这种可用性是附带有条件的。

在前一节，我们介绍了李雅普诺夫第二方法的主要定理。在使用这些定理的过程中，我们曾经假定要求某种性质的李雅普诺夫函数确实是存在的，但是并未指出李雅普诺夫函数如何寻求的途径。显然，不解决李雅普诺夫函数的寻求问题就必然使李雅普诺夫第二方法成为一种泛泛的议论而无助于实际问题的解决。

非线性系统李雅普诺夫函数的建立往往是十分困难的，这方面在理论上已有的进展实际上对于应用并没给出任何实质性的结果，而实际上用途比较大的工作往往依赖常系数线性系统有关李雅普诺夫函数的建立。实际上，最后这个问题我们也没有给予回答。

考虑常系数线性系统，即

$$\dot{x}_s = p_{s1}x_1 + p_{s2}x_2 + \cdots + p_{sn}x_n, \quad s = 1,2,\cdots,n \tag{3.3.5}$$

对应系统的特征方程为

$$D(\lambda) = \mathrm{Det}(P - \lambda I) = 0 \tag{3.3.6}$$

其中，P 是式 (3.3.5) 右端之系数矩阵。

我们指出下述定理成立，定理的证明从略。

定理 3.5　若系统 (3.3.5) 对应之特征方程 (3.3.6) 之根均有负实部，则任给二次型 W，一定唯一存在二次型 V，使

$$[\mathrm{grad}V, \; Px] = W \tag{3.3.7}$$

又若 W 负定，则 V 正定。

由此定理可知，判别线性系统渐近稳定之李雅普诺夫函数可以选作二次型，并且式 (3.3.7) 实际上给出一个求解二次型系数之代数方程组。因此，由式 (3.3.7) 可以归结出如下求李雅普诺夫函数的方法。

首先任给一负定二次型 W，然后设待求之二次型 $V = \sum\limits_{i=1}^{n}\sum\limits_{j=1}^{n} v_{ij}x_ix_j$，其中 v_{ij} 是 $\dfrac{1}{2}n(n+1)$ 个待定系数，将 V 代入式 (3.3.7) 两边，按 x_ix_j 集项，则可得 v_{ij} 应满足之线性代数方程组。可以证明，此代数方程组可解，由此可以求出全部 v_{ij}，确定二次型 V。

定理 3.6　若系统 (3.3.5) 之特征方程 (3.3.6) 有一正实部根，则一定存在 W 正定二次型及正数 λ，则存在可取正值之二次型 V，有

$$\dot{V} = [\mathrm{grad}V, \; Px] = \lambda V + W \tag{3.3.8}$$

这一定理保证了判别不稳定之李雅普诺夫函数之存在，且此李雅普诺夫函数亦可取作二次型。

利用定理 3.5，我们可以对系统的扰动进行估计。由于设系统是渐近稳定的，可以找出合适的正定二次型 V，其全导数为

$$\dot{V} = [\mathrm{grad}V, \; Px] = -W \tag{3.3.9}$$

是已给之负定二次型。

由于 V 与 W 都是正定二次型，总有两个正数 α_1 与 α_2 存在，使

$$\alpha_1 \geqslant \frac{W}{V} \geqslant \alpha_2 \tag{3.3.10}$$

成立，由此就有 V 满足微分不等式，即

$$\dot{V} = -W \geqslant -\alpha_1 V, \quad \dot{V} = -W \leqslant -\alpha_2 V \tag{3.3.11}$$

对不等式 (3.3.11) 两边积分，我们有 $V(x(t))$ 满足下式，即

$$V\big(x(t)\big)\big|_{t=0}\,\mathrm{e}^{-\alpha_1 t}\leqslant V\big(x(t)\big)\leqslant V\big(x(0)\big)\mathrm{e}^{-\alpha_2 t} \tag{3.3.12}$$

可以看到, 在使用李雅普诺夫第二方法以后, 系统中的扰动 $x(t)$ 从总体上应满足下式, 即

$$V_0\mathrm{e}^{-\alpha_1 t}\leqslant\sum_{i=1}^{n}\sum_{j=1}^{n}v_{ij}x_i(t)x_j(t)\leqslant V_0\mathrm{e}^{-\alpha_2 t} \tag{3.3.13}$$

其中, V_0 是系统中初始扰动 x_i^0 处 V 的数值, $V(x)$ 是正定二次型, 因此式(3.3.13)实际上描述了系统扰动的估计。

为了估计扰动时间, 通常由 $\dot{V}<0$ 可知, V 将随时间单调下降, 应用不等式(3.3.12)不难得知, 要求 $V(t)\leqslant\varepsilon$ 之时间 T 满足下式, 即

$$\frac{1}{\alpha_1}\lg\frac{V_0}{\varepsilon}\leqslant T\leqslant\frac{1}{\alpha_2}\lg\frac{V_0}{\varepsilon} \tag{3.3.14}$$

即一切初值取在区域 $V\leqslant V_0$ 内, 系统(3.3.5)之扰动衰减至区域 $V\leqslant\varepsilon$ 经过之时间 T 满足式(3.3.14)。

实际上, 需要求出 α_1 和 α_2, 对于已给之 V 与 W 应按 $\dfrac{W}{V}$ 之极值进行计算。

由于 $\dfrac{W}{V}$ 之极值无论是极小还是极大, 都在每一个 $n-1$ 维球面 $\sum\limits_{i=1}^{n}x_i^2=R^2$ 上取得, 也就是该极值与 R 无关。由此, 上述极值问题可以通过下述办法求得。

由于 V 与 W 都是正定的, 可以求得如下变换, 即

$$x=Cy \tag{3.3.15}$$

使

$$x'Wx=y'C'WCy=y'y$$
$$x'Vx=y'C'VCy=y'\varLambda y$$

其中, $\varLambda$ 是正系数对角矩阵。

由此我们有

$$\frac{W}{V}=\frac{y'y}{y'\varLambda y} \tag{3.3.16}$$

设 $\varLambda$ 之特征值按 $\lambda_1\geqslant\lambda_2\geqslant\cdots\geqslant\lambda_n$ 排列, 由此就有

$$\frac{1}{\lambda_1}\leqslant\frac{W}{V}\leqslant\frac{1}{\lambda_n}$$

可以看到, $\alpha_2=\dfrac{1}{\lambda_1}$, $\alpha_1=\dfrac{1}{\lambda_n}$。

事实上, λ_i 可以这样来求。研究方程, 即

$$\mathrm{Det}\,|V-\mu W|=0 \tag{3.3.17}$$

不难证明，这一方程只有正实根。令其最大根是 μ_1，最小根是 $\mu_n > 0$。通过线性代数知识可知

$$\mu_1 = \lambda_1, \qquad \mu_n = \lambda_n \tag{3.3.18}$$

由此计算 α_1 和 α_2 的工作就变成求解式 (3.3.17) 之最大与最小特征值问题。这个问题的求解并没有原则困难[①]。

如果在研究扰动解估计问题与估计系统中扰动的衰减时间估计问题时，将系统利用线性变换化成实系数正则性，则所得之结果往往是比较精准的。

3.3.3 线性系统理论之可用性

在这一节，我们利用李雅普诺夫第二方法回答关于线性系统之可用性问题，讨论非线性系统，即

$$\dot{x}_s = p_{s1}x_1 + \cdots + p_{sn}x_n + X_s^{(2)}(x_1, \cdots, x_n) \tag{3.3.19}$$

其中，$X_s^{(2)}$ 不低于二次，其线性化系统为

$$\dot{x}_s = p_{s1}x_1 + \cdots + p_{sn}x_n \tag{3.3.20}$$

以后研究的结论是系统 (3.3.19) 之稳定性问题，原则上可以由系统 (3.3.20) 之稳定性来确定。这可以归结为如下几个定理。

定理 3.7　由于系统 (3.3.20) 渐近稳定，则系统 (3.3.19) 之另解也一定渐近稳定。

证明　由于系统 (3.3.20) 是渐近稳定的，则可以由正定二次型 V 存在，使

$$\left.\frac{\mathrm{d}V}{\mathrm{d}t}\right|_{3.3.20} = \sum_{s=1}^n \frac{\partial V}{\partial x_s}(p_{s1}x_1 + \cdots + p_{sn}x_n) = -W$$

是负定二次型。我们仍以 V 作式 (3.3.19) 之李雅普诺夫函数，则有

$$\left.\frac{\mathrm{d}W}{\mathrm{d}t}\right|_{3.3.19} = -W + \sum_{s=1}^n \frac{\partial V}{\partial x_s} X_s^{(2)}(x_1, \cdots, x_n) \tag{3.3.21}$$

其等号右端第一项是负定二次型，第二项是三次以上函数，因此 $\left.\dfrac{\mathrm{d}V}{\mathrm{d}t}\right|_{3.3.19}$ 是负定的。

由定理 3.1 可知，系统 (3.3.19) 是渐近稳定的。

由于式 (3.3.21) 之负定性质只在原点附近保持，因此渐近稳定并不具有全局性。由此可利用线性系统代替非线性系统，在线性系统是渐近稳定的前提下且系统中的偏差不太大时是合理的。在这种情况下，非线性系统仍在渐近稳定状态下工作，因此系统总能保持小偏差工作。我们忽略高阶项就有了根据。

定理 3.8　如果系统 (3.3.20) 至少具有一个正实部根，则系统 (3.3.19) 一定不稳定。

证明　由于系统 (3.3.20) 至少具有一个正实部根，则一定存在正定二次型 W、

---

① 求解式 (3.3.17) 的根 μ 常称为在给定矩阵束 (v, w) 下的广义特征值问题。

正数 λ 与另一可取正值之二次型 V，使

$$\left.\frac{\mathrm{d}V}{\mathrm{d}t}\right|_{3.3.20} = \lambda V + W \tag{3.3.22}$$

成立。以 V 为式 (3.3.19) 之李雅普诺夫函数，则有

$$\left.\frac{\mathrm{d}V}{\mathrm{d}t}\right|_{3.3.19} = \lambda V + W + \sum_{s=1}^{n}\frac{\partial V}{\partial x_s}X_s^{(2)} \tag{3.3.23}$$

不难证明，$W + \sum\limits_{s=1}^{n}\dfrac{\partial V}{\partial x_s}X_s^{(2)}$ 也是正定的。由定理 3.4 可知，系统 (3.3.19) 是不稳定的。

当式 (3.3.20) 至少具有一个正实部根，上述定理表明，在研究系统不稳定问题上，线性系统可以反映非线性系统的特征。此时，线性系统未扰运动的不稳定意味着物理量会发散至 ∞，而实际的物理系统绝对不可能发生这种现象。它往往发生比较大偏离之前，系统已经不能再用原有的线性模型加以描述，必须采用非线性模型。因此，对于不稳定系统来说，利用线性模型研究原点的稳定性问题是可取的，但一涉及研究其中的过程，线性模型就会带来较大的失真。

现在讨论式 (3.3.20) 本身是中性稳定的情形。这种情况通常称为临界情形。在临界情形下，系统的渐近稳定性与不稳定性都是由非线性项确定的。我们通过下述例子说明。

例 3.7　设一简谐振子方程为

$$\dot{x} = y, \quad \dot{y} = -x \tag{3.3.24}$$

显然，它是中性的、稳定但不是渐近稳定的。

现在取非线性系统为

$$\dot{x} = y + \varepsilon x\left(x^2 + y^2\right), \quad \dot{y} = -x + \varepsilon y\left(x^2 + y^2\right) \tag{3.3.25}$$

不难证明，若 $\varepsilon < 0$，则系统是渐近稳定的；若 $\varepsilon > 0$，则系统零解是不稳定的；若 $\varepsilon = 0$，则系统是稳定的，但并不渐近稳定。

实际上，令 $V = x^2 + y^2$，则我们有

$$\dot{V}_{|3.3.25} = 2\varepsilon\left(x^2 + y^2\right)^2$$

显然，当 $\varepsilon < 0$ 时，它是负定的；当 $\varepsilon > 0$ 时，它是正定的。由此可知，上述结论为真。

如果系统为

$$\dot{x} = y + y\left(x^2 + y^2\right), \quad \dot{y} = -x - x\left(x^2 + y^2\right)$$

则这种非线性对系统与对应的线性系统 (3.3.24) 运动轨线的特性是完全一样的。

最后要指出，发生在控制系统中的非线性一般有两种。一种是光滑的，即在其工作点附近非线性可对其变量求导数，另一种是非光滑的，即在其工作点对其变量的导数不存在，如干摩擦、滞后回线、脉冲调宽等。对于前者可以讨论工作点稳定性问题，而对于后者不能，我们将在第 5 章专门讨论。

3.4　线性常系数系统设计的解析方法

前述几节我们主要讨论系统中的稳定性问题，同时涉及一些品质问题。例如，稳定裕度及扰动解的估计与衰减时间的问题。对于前一个问题，我们应有的正确认识是它虽然也是一个品质指标，但它给人们对系统中过渡过程带来的认识是非常少的。扰动解的估计与衰减时间的估计在应用到设计系统设计上还是有相当困难的。

在这一节，我们指出一种比较间接能描述系统过程的量——积分平方误差，同时研究这种指标的意义及其计算方法，指出要使这种指标达到极小，系统中的参数应如何选择。

在控制系统的品质研究上，能够作为系统中过程的指标的量一般应根据下述三个条件来进行考虑。

(1)它能直接或间接地描述系统过程的特点，给人一种直观的看法。例如，过程是平滑的，或者是比较快衰减的等。

(2)单纯地描述系统中过程的特点还不够，还需要考虑研究它的可能性，即能用各种严格的或近似的数学方法来分析，或者能用工程上可行的方法分析。

(3)最好能指出系统中结构、参数变化对这种指标的影响，或者说能指出为要达到品质的要求，系统中结构与参数的选择应遵循什么途径改变。当然，若能找出为使系统中指标达到极值，系统中最优的结构与最优的参数应如何选取。

总之，选取系统的品质指标必须从选取本身的合理性考虑，而不能从主观想象出发。这就要考虑指标确能说明系统之好坏，同时分析与研究它对系统进行设计的可能性。

3.4.1　积分平方误差问题的提法

考虑一控制系统，其输出为 y，输入为 x，它们满足的方程为

$$a_n y^{(n)} + a_{n-1} y^{(n-1)} + \cdots + a_1 \dot{y} + a_0 y = b_m x^{(m)} + \cdots + b_1 \dot{x} + b_0 x \qquad (3.4.1)$$

一般为了系统在有限输入下应有有限输出，我们设 $m \leqslant n-1$，同时设系统中渐近稳定的要求已经得到满足。

考虑 x 是一个典型的阶跃输入，不失一般性，设其幅值为 1，即 $x(t) = 1(t)$，

则我们有

$$y(\infty) = \lim_{t \to \infty} y(t) = \lim_{s \to 0} sY(s) = \lim_{s \to 0} \frac{s\sum_{i=0}^{m} b_i s^i}{\sum_{j=0}^{n} a_j s^j s} = \frac{b_0}{a_0} \tag{3.4.2}$$

如果要求系统是一阶无差的，则要求 $a_0 = b_0$。

考虑偏差

$$\varepsilon(t) = y(t) - y(\infty) \tag{3.4.3}$$

显然，它可以作为系统过渡过程好坏的测量标准。如果 $\varepsilon(t)$ 的模一直比较小，那么直观上可以认为系统中的过渡过程比较好。

偏差 $\varepsilon(t)$ 本身是时间 t 的函数，严格地说它是变的，不是一个数量，因此不能作为一个指标来讨论，因此为了从整个时间过程描述 $\varepsilon(t)$ 的大小，我们还需要寻找一个能从总体上描述系统偏差 $\varepsilon(t)$ 的量来作为指标。

首先我们考虑量 $\int_0^{+\infty} \varepsilon(t) \mathrm{d}t$，显然这个量是比较简单的，但由于 $\varepsilon(t)$ 可能取正也可能取负，因此 $\int_0^{+\infty} \varepsilon(t) \mathrm{d}t$ 不能回答系统过程的好坏。当然，在保证 $\varepsilon(t)$ 是恒负或恒正的情况下，选取这一指标是有意义的，但这种情形比较少见。

为了弥补上述缺陷，我们可以考虑泛函 $\int_0^{\infty} |\varepsilon(t)| \mathrm{d}t$，它表示图 3.4.1 阴影部分的面积。显然，这个量能较好地反映过渡过程之好坏，但由于其被积函数是不解析的，会造成计算困难，因此在实际应用时也不宜采用这种指标。

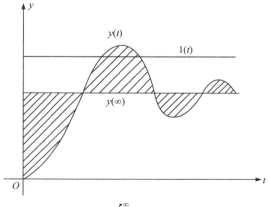

图 3.4.1　指标 $\int_0^{\infty} |\varepsilon(t)| \mathrm{d}t$ 的几何意义

实际上，比较可行的指标为

$$I_0 = \int_0^{+\infty} \varepsilon^2(t) \, \mathrm{d}t \tag{3.4.4}$$

显然，这个指标一方面便于计算，另一方面可以从总体上回答系统过渡过程的好坏。

研究表明，仅仅要求 I_0 比较小，有时还不能说明过渡过程一定合乎要求。由图 3.4.2 可以看到，如果从希望系统没有振荡发生或没有太大超调的情况出发，则我们希望有图 3.4.2(b)对应的过程发生而不发生图 3.4.2(a)的过程。从实际上看，一般发生振荡 ε 总会有比较大的数值，因此我们可以用下述指标，即

$$I_1 = \int_0^{\infty} \left[\dot{\varepsilon}(t) \right]^2 \mathrm{d}t \tag{3.4.5}$$

约束系统输出的振动。在这种情况下，一般问题可归结如下。

（1）用指标

$$I = I_0 + \tau^2 I_1 \tag{3.4.6}$$

作为衡量系统过程好坏的标准。

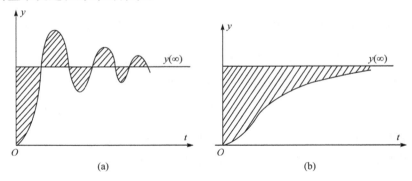

图 3.4.2　过渡过程图

（2）为了选择系统的参数，既可以从指标(3.4.6)取极小出发，也可以提出下述条件极值问题，即

$$I_0 = \min, \quad I_1 = A \tag{3.4.7}$$

其中，A 是给定的一个数。

在更一般的情形下，我们可以引入下式，即

$$I_k = \int_0^{\infty} \left[\varepsilon^{(k)}(t) \right]^2 \mathrm{d}t \tag{3.4.8}$$

考虑指标

$$I = I_0 + \sum_{k=1}^{n=1} \tau_k^2 I_k \tag{3.4.9}$$

在实际工作中，我们用到较多的指标是式(3.4.6)。

由于 $x(t)$ 是典型外作用 $1(t)$，其导数都是一些 δ 函数及其导数，因此这种作用原则上可以用各种等效的初始条件来代替。

对输出 y 作一坐标变换，即

$$\varepsilon = y(t) - y(\infty)$$

则我们有 y 之初始条件与 ε 之初始条件之间的关系，即

$$\varepsilon(0) = -y(\infty), \quad \dot{\varepsilon}(0) = \cdots = \varepsilon^{(n-1)}(0) = 0 \tag{3.4.10}$$

对应 ε 满足之方程应为

$$a_n \varepsilon^{(n)} + \cdots + a_0 \varepsilon = b_m x^{(m)} + \cdots + b_1 \dot{x} + b_0 x - a_0 y(\infty)$$

考虑此时 $x = 1(t)$，则有

$$a_n \varepsilon^{(n)} + \cdots + a_0 \varepsilon = b_m \delta^{(m-1)}(t) + \cdots + b_1 \delta(t) \tag{3.4.11}$$

即 ε 是系统 (3.4.11) 初始条件为式 (3.4.10) 之解。由以前分析可知，一切脉冲函数均可用等效之初始条件来代替，可知式 (3.4.11) 在式 (3.4.10) 下之解应相当于系统，即

$$a_n \varepsilon^{(n)} + \cdots + a_1 \dot{\varepsilon} + a_0 \varepsilon = 0 \tag{3.4.12}$$

在另一组初值，即

$$\overrightarrow{\varepsilon^0} = \left(\varepsilon_0^0, \varepsilon_1^0, \cdots, \varepsilon_{n-1}^0 \right) \tag{3.4.13}$$

之解，其中

$$\varepsilon_0 = \varepsilon, \quad \varepsilon_1 = \dot{\varepsilon}, \quad \cdots, \quad \varepsilon_{n-1} = \varepsilon^{(n-1)} \tag{3.4.14}$$

首先对系统 (3.4.11) 在初始条件 (3.4.10) 下作拉普拉斯变换，则我们有

$$D(s)E(s) = \sum_{i=1}^{m} b_i s^{i-1} + \varepsilon(0) \sum_{k=1}^{n} a_k s^{k-1} = \sum_{i=1}^{m} b_i s^{i-1} - y(\infty) \sum_{k=1}^{n} a_k s^{k-1} \tag{3.4.15}$$

另一方面，我们对式 (3.4.12) 式 (3.4.13) 两边乘拉普拉斯变换，则有

$$D(s)E(s) = a_n \varepsilon_0^0 s^{n-1} + \left(a_n \varepsilon_1^0 + a_{n-1} \varepsilon_0^0 \right) s^{n-2} + \cdots + \sum_{k=1}^{n} a_k \varepsilon_{k-1}^0 \tag{3.4.16}$$

考虑式 (3.4.15) 与式 (3.4.16) 应相等，由此有

$$a_n \varepsilon_0^0 = b_n - y(\infty) a_n$$
$$a_n \varepsilon_1^0 = b_{n-1} - y(\infty) a_{n-1} - a_{n-1} \varepsilon_0^0$$
$$a_n \varepsilon_2^0 = b_{n-2} - y(\infty) a_{n-2} - a_{n-1} \varepsilon_1^0 - a_{n-2} \varepsilon_0^0$$
$$\vdots$$
$$a_n \varepsilon_{n-1}^0 = b_1 - y(\infty) a_1 - a_{n-1} \varepsilon_{n-2}^0 - \cdots - a_1 \varepsilon_0^0$$

考虑 $b_n = 0$，$\varepsilon_0^0 = -y(\infty)$，则有

$$\begin{cases} \varepsilon_1^0 = \dfrac{1}{a_n}(b_n - 1) \\[2mm] \varepsilon_2^0 = \dfrac{1}{a_n}(b_{n-2} - a_{n-1}\varepsilon_1^0) \\[2mm] \qquad\qquad \vdots \\[2mm] \varepsilon_{n-1}^0 = \dfrac{1}{a_n}(b_1 - a_{n-1}\varepsilon_{n-2}^0 - \cdots - a_2\varepsilon_1^0) \end{cases} \tag{3.4.17}$$

显然，式 (3.4.17) 是递推关系式，由它不难求出全部初始条件 ε_0^0，ε_1^0，$\cdots$，ε_{n-1}^0。系统 (3.4.12) 可以等效写为

$$\begin{cases} \dot{\varepsilon}_0 = \varepsilon_1 \\ \dot{\varepsilon}_1 = \varepsilon_2 \\ \qquad \vdots \\ \dot{\varepsilon}_{n-2} = \varepsilon_{n-1} \\ \dot{\varepsilon}_{n-1} = -\dfrac{1}{a_n}(a_{n-1}\varepsilon_{n-1} + \cdots + a_1\varepsilon_1 + a_0\varepsilon_0) \end{cases} \tag{3.4.18}$$

其初始条件可用式 (3.4.17)。

由此可知，对一般动力学系统而言，积分平方误差问题可以作一种更为有效的提法。这种提法以上述单输出控制系统在阶跃输入下之问题为其特例。这种提法是，对于一偏差向量 ε 所满足之方程，即

$$\dot{\varepsilon} = P\varepsilon \tag{3.4.19}$$

对任给一组初始条件 $\varepsilon^0 = (\varepsilon_0^0, \cdots, \varepsilon_{n-1}^0)$，要求计算由解构成的下述泛函指标，即

$$I = \int_0^{+\infty} \varepsilon' M \varepsilon \, \mathrm{d}t \tag{3.4.20}$$

其中，M 是正定矩阵；ε' 是 ε 之转置；P 是方程 (3.4.18) 的系数矩阵[①]。

3.4.2　积分平方误差的计算 I

我们从最一般的情况开始，考虑系统 (3.4.19)，由于系统应该是渐近稳定的，因此特征方程

$$\mathrm{Det}(P - \lambda E) = 0 \tag{3.4.21}$$

---

① 对方程 (3.4.19) 分析或优化指标 (3.4.20) 是后来发展起来的二次型最优的萌芽。

的根均具有负实部。根据定理，可知对任给之二次型，即

$$U = \varepsilon' M \varepsilon$$

在上述条件下，总存在唯一的二次型 $V(\varepsilon)$，有

$$\dot{V}\big|_{3.4.19} = -U(\varepsilon) \qquad\qquad (3.4.22)$$

由于 U 是已知的，因此 V 可以利用式(3.4.22)确定的 V 的系数满足的线性代数方程组解出。这实际上就是李雅普诺夫第二方法的一种表述。

若在 $t = 0$ 时，系统有初始值 $\varepsilon(0) = \varepsilon^0 = \left(\varepsilon_0^0, \varepsilon_1^0, \cdots, \varepsilon_{n-1}^0\right)$ 下之解 $\varepsilon(t)$，将其代入式(3.4.22)，并两边积分。考虑系统是以指数方式衰减的，因此上述积分可在 $[0,+\infty)$ 求出，即

$$\int_0^{+\infty} \frac{\mathrm{d}V}{\mathrm{d}t}\big|_{3.4.19} \mathrm{d}t = -\int_0^{+\infty} U(\varepsilon)\mathrm{d}t$$

或者

$$I = \int_0^{+\infty} U(\varepsilon)\mathrm{d}t = V(\varepsilon(0)) - V(\varepsilon(\infty)) = V(\varepsilon^0)$$

其中我们用到了 $\varepsilon(\infty) = 0$。由此积分平方误差的计算就归结为求出 $V(\varepsilon)$，然后以 $\varepsilon(t)$ 之初始值代入即可。

综上所述，可以把上述求积分平方误差的方法归结如下。

(1)从原系统的问题化成等效系统(3.4.19)的问题，并建立对应系统(3.4.19)的初始条件式(3.4.17)。

(2)对所提出的指标(3.4.22)，求出对应的函数 V，然后求出 $V(\varepsilon^0)$ 就可以了。

从上面可以看出，计算 I 的问题原则上已经解决了，但是从实际工作来看，我们还有两个问题没有解决。

(1)从实际问题来看，指标的被积函数 $U = \varepsilon' M \varepsilon$ 应如何确定。

(2)是否有比较合理的计算方法来解决 I 的计算问题而不去求解方程(3.4.22)。

对于(1)，我们在这一节进行讨论。对于(2)，我们在下一节介绍另一种计算方法，而这一方法在控制系统统计动力学中是经常遇到的。

我们以指标(3.4.6)为例，叙述实际问题中 τ 应如何确定。如果我们不考虑 ε 满足由系统决定的方程，而单纯考虑由泛函

$$I = \int_0^{+\infty} \varepsilon^2(t) + \tau^2 \dot{\varepsilon}^2(t)\mathrm{d}t \qquad\qquad (3.4.23)$$

定义的指标。显然，被积函数只包含 ε 的一次导数，因此考虑上述泛函取极小的变分问题，边界条件应提两个。由于要求过程是衰减至零的，因此边界条件归结为

$$\varepsilon(0)=\varepsilon^0,\quad \varepsilon(\infty)=0 \tag{3.4.24}$$

由欧拉（Eular）方程可知，ε 满足如下方程，即

$$\tau^2\ddot{\varepsilon}-\varepsilon=0 \tag{3.4.25}$$

由此有通解

$$\varepsilon=c_1\mathrm{e}^{-\frac{t}{\tau}}+c_2\mathrm{e}^{\frac{t}{\tau}}$$

从边条件（3.4.24）可确定常数，即

$$c_1=\varepsilon^0,\quad c_2=0$$

由此上述变分问题之解为

$$\varepsilon(t)=\varepsilon^0\mathrm{e}^{-\frac{t}{\tau}} \tag{3.4.26}$$

表明对从 $\varepsilon(0)=\varepsilon^0$ 出发的任何曲线 $\varepsilon(t)$，总有

$$I(\varepsilon)>I\left(\varepsilon^0\mathrm{e}^{-\frac{t}{\tau}}\right)=\tau\varepsilon^{0^2}$$

也就是说，式（3.4.26）是指标（3.4.23）下之最优曲线。对于这一过程，它是单调的；从初值 ε^0 衰减至 $\varepsilon(t)\leqslant\eta$ 之时间为

$$T=\tau\lg\frac{\varepsilon^0}{\eta}$$

由此 τ 之确定可以按要求在 T 时刻内系统之偏差 ε 由初始 ε^0 衰减至 η，则

$$\tau=T\frac{1}{\lg\dfrac{\varepsilon^0}{\eta}}$$

　　事实上，确定 τ 的工作和计算 I 的工作只是一个简单分析系统过程的办法，重要的是选择系统中的待定参数以便实现 $I=\min$ 的条件。这里的极小是指在那一组待定参数下求极小。

3.4.3　积分平方误差的计算 II[①]

　　对上面积分平方误差的计算，我们通过 V 函数来计算。事实上，我们可以通过系统的传递函数与频率特性直接求它。

　　设系统运动方程之算子形式为

① 对积分平方误差的计算，上一节主要靠李雅普诺夫方法，这是在时域中做的。本节将计算转至复平面上，即频域上进行。这类将同一件事既在时域上又在频域上做是后来控制理论中常见的一种重要手法。

$$Y(s) = \phi(s)X(s)$$

其中，Y 是输出之算子；X 是输入之算子；$\phi(s)$ 是闭环系统之传递函数。

系统之定常值是 $\phi(0)$，由此偏差之算子形式为

$$E(s) = \phi(s)\frac{1}{s} - \phi(0)\frac{1}{s} = \frac{N(s)}{D(s)}$$

其中，$D(s)$ 是闭环系统的特征多项式；$N(s) = \left[M(s) - \frac{M(0)}{D(0)}D(S) \right]\frac{1}{s}$；而 $\phi(s) = \frac{M(s)}{D(s)}$，不难看出 $N(s)$ 一般是 $n-1$ 阶的。

由于 $\varepsilon(t)$ 在 $t=0$ 具有不连续点，因此有

$$\mathscr{L}\left[\dot{\varepsilon}(t)\right] = sE(s) + y(\infty)\mathscr{L}\left[\delta(t)\right] = \frac{M(s)}{D(s)}$$

相仿地，有

$$\mathscr{L}\left[\ddot{\varepsilon}(t)\right] = \frac{sM(s)}{D(s)}$$

$$\vdots$$

$$\mathscr{L}\left[\varepsilon^{(n-1)}(t)\right] = \frac{s^{n-2}M(s)}{D(s)}$$

对任何有理函数 $W(s)$，若其分子次数大于分母次数，则其反拉普拉斯变换出现高阶脉冲函数。此时，输出过程已经出现根幅值为 ∞ 的运动，在这种情况下考虑过程指标将失去意义。

进一步，我们考虑计算

$$\int_0^{+\infty} x^2(t)\mathrm{d}t$$

其中，$x(t)$ 是按指数收敛至零的。设 $X(s)$ 是 $x(t)$ 之拉普拉斯变换，即

$$X(s) = \int_0^{+\infty} x(t)\mathrm{e}^{-st}\mathrm{d}t, \quad x(t) = \frac{1}{2\pi\mathrm{j}}\int_{-\mathrm{j}\infty}^{\mathrm{j}\infty} X(s)\mathrm{e}^{st}\mathrm{d}s$$

由此我们有

$$I_0 = \int_0^{+\infty} x^2(t)\mathrm{d}t = \int_0^{+\infty} x(t)\int_{-\mathrm{j}\infty}^{+\mathrm{j}\infty} X(s)\mathrm{e}^{st}\mathrm{d}s\mathrm{d}t\frac{1}{2\pi\mathrm{j}} = \int_{-\mathrm{j}\infty}^{+\mathrm{j}\infty}\frac{1}{2\pi\mathrm{j}}X(s)X(-s)\mathrm{d}s \quad (3.4.27)$$

若令 $s = \mathrm{j}\omega$，则我们有

$$I_0 = \int_{-\infty}^{+\infty} \frac{1}{2\pi} X(j\omega) X^*(j\omega) d\omega \tag{3.4.28}$$

其中， $X(j\omega)$ 是 $x(t)$ 之傅里叶变换。

一般称式 (3.4.27) 与式 (3.4.28) 是波尔塞瓦 (Parsewal) 公式。由于 $X(s)$ 之极点均在左半平面，因此 $X(j\omega)$ 作为 ω 之函数来说，其极点均在 ω 平面下半平面，而 $X^*(j\omega)$ 之极点均在上半平面。

下面计算式 (3.4.28)，这一计算在平稳随机输入系统统计误差的计算中经常用到。

由于 $X(-j\omega) = X*(j\omega)$ 是 $X(j\omega)$ 之共轭量，因此 $X(j\omega)X*(j\omega)$ 一定是 ω 之偶函数， $X(j\omega)X*(j\omega) = \dfrac{g_n(\omega)}{h_n(\omega)h_n(-\omega)}$ ，其中 $h_n(\omega)$ 是 ω 的复系数多项式，其零点在上半平面。由于 $g_n(\omega)$ 是 $X(j\omega)$ 与 $X^*(j\omega)$ 之分子多项式相乘之结果，并且 $X(s)$ 之分子次数总比分母次数小 1，因此 $g_n(\omega)$ 是 ω^2 的 $n-1$ 次实系数多项式，即

$$g_n(\omega) = b_{n-1}\omega^{2n-2} + b_{n-2}\omega^{2n-4} + \cdots + b_0$$

$$h_n(\omega) = c_n\omega^n + c_{n-1}\omega^{n-1} + \cdots + c_1\omega + c_0$$

我们计算下述积分，即

$$I_0' = \frac{1}{2\pi j} \int_{-\infty}^{+\infty} \frac{g_n(\omega)}{h_n(\omega)h_n(-\omega)} d\omega \tag{3.4.29}$$

为了计算上述积分，我们利用复变函数论中的计算留数的办法。设 $h_n(\omega)$ 只有简单零点，则令 $\omega_1, \cdots, \omega_n$ 是 $h_n(\omega)$ 之零点，它们都在 ω 平面的上半平面。令

$$\frac{g_n(\omega)}{h_n(\omega)h_n(-\omega)} = \sum_{k=1}^{n} A_k \left(\frac{1}{\omega - \omega_k} - \frac{1}{\omega + \omega_k} \right) \tag{3.4.30}$$

由此按留数理论，可知

$$I_0' = \sum_{k=1}^{n} A_k \tag{3.4.31}$$

这样问题计算 I_0' 就归结为计算 A_k ，由式 (3.4.30) 不难有

$$g_n(\omega) = \sum_{k=1}^{n} A_k \left[\frac{h_n(\omega)}{\omega - \omega_k} h_n(-\omega) + \frac{h_n(-\omega)}{\omega + \omega_k} h_n(\omega) \right] \tag{3.4.32}$$

由于 $\omega - \omega_k$ 是 $h_n(\omega)$ 之因子，因此可令

$$\frac{h_n(\omega)}{\omega - \omega_k} = \sum_{r=0}^{n-1} B_{rk}\omega^r$$

显然 $B_{nk} = a_n$ ，将其代入式 (3.4.32)，则有

$$g_n(\omega) = \sum_{k=1}^{n} A_k \left[\frac{h_n(\omega)}{\omega - \omega_k} h_n(-\omega) + \frac{h_n(-\omega)}{\omega + \omega_k} h_n(\omega) \right]$$

$$= \sum_{k=1}^{n} A_k \left\{ \sum_{\sigma=0}^{n} \sum_{r=0}^{n-1} c_\sigma B_{rk} \omega^{\sigma+r} \left[(-1)^\sigma + (-1)^r \right] \right\} \tag{3.4.33}$$

只有 $\sigma + r = 2m$ 时, 上述方括号中的算式才不为零, 由此考虑 $\sigma + r = 2m$, 而 r 不变, 重新对 r 和 m 求和, 其中 $r = 0, 1, \cdots, 2m; m = 0, 1, \cdots, n-1$。由此就有

$$g_n(\omega) = 2 \sum_{k=1}^{n} A_k \sum_{m=0}^{n-1} \sum_{r=0}^{2m} c_{2m-r} B_{rk} \omega^{2m} (-1)^r \tag{3.4.34}$$

其中, c_{2m-r} 和 B_{rk} 中出现 $c_i, i < 0, i > n$ 时均为零; B_{rk} 中出现 $i > n-1$ 时亦为零。

考虑

$$g_n(\omega) = b_{n-1} \omega^{2n-2} + b_{n-2} \omega^{2n-4} + \cdots + b_0 \tag{3.4.35}$$

令

$$\frac{1}{a_n} (-1)^{n-1} \sum_{k=1}^{n} A_k B_{rk} (-1)^r = E_r$$

特别有

$$E_{n-1} = \frac{1}{c_n} \sum_{k=1}^{n} A_k c_n = \sum_{k=1}^{n} A_k = I_0'$$

将此代入式 (3.4.34), 并与式 (3.4.35) 进行对比, 则有

$$\sum_{r=0}^{2m} c_{2m-r} E_r = \frac{(-1)^{n-1}}{2c_n} b_m, \quad m = 0, 1, \cdots, n-1$$

由此就有

$$c_0 E_0 = \frac{(-1)^{n-1}}{2c_n} b_0, \quad m = 0$$

$$c_2 E_0 + c_1 E_1 + c_0 E_2 = \frac{(-1)^{n-1}}{2c_n} b_1, \quad m = 1 \tag{3.4.36}$$

$$c_{2n-2} E_0 + c_{2n-3} E_1 + \cdots + c_n E_{n-2} + c_{n-1} E_{n-1} = \frac{(-1)^{n-1}}{2c_n} b_{n-1}, \quad m = n-1$$

由此可知

$$E_{n-1} = \frac{(-1)^{n-1}}{2c_n} \frac{N_n}{D_n} \tag{3.4.37}$$

其中

$$D_n = \det\left(d_{ij}\right), \quad d_{ij} = c_{2i-j-1} \tag{3.4.38}$$

这里 D_n 实际上是由 $c_0, c_1, \cdots, c_n$ 排成的赫尔维茨行列式，其中设

$$c_j = 0, \quad j < 0 \text{ 或 } j > n$$

N_n 是 D_n 中最后一列以 $b_0, b_1, \cdots, b_{n-1}$ 代替所得之行列式。由此我们有

$$I_0' = \frac{(-1)^{n-1}}{2c_n} \frac{N_n}{D_n}$$

其中

$$D_n = \begin{vmatrix} c_0 & 0 & 0 & 0 & \cdots & 0 & 0 & 0 \\ c_2 & c_1 & c_0 & 0 & \cdots & 0 & 0 & 0 \\ c_4 & c_3 & c_2 & c_1 & \cdots & 0 & 0 & 0 \\ \vdots & \vdots & \vdots & \vdots & & \vdots & \vdots & \vdots \\ 0 & 0 & 0 & 0 & \cdots & c_{n-1} & c_{n-2} & c_{n-3} \\ 0 & 0 & 0 & 0 & \cdots & 0 & c_n & c_{n-1} \end{vmatrix} \tag{3.4.39}$$

而

$$N_n = \begin{vmatrix} c_0 & 0 & 0 & 0 & \cdots & 0 & 0 & b_0 \\ c_2 & c_1 & c_0 & 0 & \cdots & 0 & 0 & b_1 \\ c_4 & c_3 & c_2 & 0 & \cdots & 0 & 0 & b_2 \\ \vdots & \vdots & \vdots & \vdots & & \vdots & \vdots & \vdots \\ 0 & 0 & 0 & 0 & \cdots & c_{n-1} & c_{n-2} & b_{n-2} \\ 0 & 0 & 0 & 0 & \cdots & 0 & c_n & b_{n-1} \end{vmatrix} \tag{3.4.40}$$

这样我们就原则上解决了式 (3.4.29) 的计算问题，由此可以求出 $I_0 = I_0'j$。

我们进一步把上述结果落实到 $X(s)$ 之系数上，令

$$X(s) = \frac{e_{n-1}s^{n-1} + \cdots + e_0}{a_n s^n + a_{n-1}s^{n-1} + \cdots + a_1 s + a_0}$$

由此有

$$g_n(\omega) = \left[e_{n-1}(\mathrm{j}\omega)^{n-1} + e_{n-2}(\mathrm{j}\omega)^{n-2} + \cdots + e_0 \right] \times \left[e_{n-1}(-\mathrm{j}\omega)^{n-1} + e_{n-2}(-\mathrm{j}\omega)^{n-2} + \cdots + e_0 \right]$$

$$= e_0^2 + \left(e_1^2 - 2e_0 e_2\right)\omega^2 + \left(e_2^2 - 2e_1 e_3 + 2e_0 e_k\right)\omega^4 + \left(e_{n-2}^2 - 2e_{n-1}e_{n-3}\right)\omega^{2n-4} + e_{n-1}^2 \omega^{2n-2}$$

而 $h_n(\omega) = a_n \mathrm{j}^n \omega^n + a_{n-1}\mathrm{j}^{n-1}\omega^{n-1} + \cdots + a_1 \mathrm{j}\omega + a_0$，因此有 $c_i = a_i(\mathrm{j})^i$。

于是对单输出系统在单位阶跃输入下之积分平方误差问题的研究计算有下述结论。

(1) 当闭环传递函数 $\dfrac{M(s)}{D(s)}$ 分子比分母次数小 k 次时，对应积分指标中出现

$\varepsilon^{(k-1)} = \dfrac{\mathrm{d}^k \varepsilon}{\mathrm{d}tk}$ 的项才合理。

(2)应首先用公式求出 $\varepsilon(t), \cdots, \varepsilon^{(k-1)}(t)$ 之象函数。

(3)求出 $E(s)$，$\mathscr{L}\left[\dot{\varepsilon}(t)\right], \cdots, \mathscr{L}\left[\varepsilon^{(k-1)}(t)\right]$ 对应的 $E(s)E(-s), \cdots$，然后令 $s = \mathrm{j}\omega$，将每一个都写成 $\dfrac{g_n(\omega)}{h_n(\omega)h_n(-\omega)}$ 之形式，其中 $h_n(\omega)$ 之零点均在上半平面。由于上述步骤对 $\varepsilon(t), \dot{\varepsilon}(t), \cdots$ 所作，它们的最后结果的不同点只是表现在分子上，因此可合并写为 $\dfrac{g_n(\omega)}{h_n(\omega)h_n(-\omega)}$ 之形式。

(4)求出 $b_0, \cdots, b_{n-1}, c_0, c_1, \cdots, c_n$，然后求出 D_n 与 N_n，最后求出 I'_0。

3.4.4　最优参数选择与例

在控制系统的结构与参数完全确定的情况下，无论是单输出系统在阶跃作用下的积分平方误差，还是方程组无输入在一定条件下的积分平方误差，从计算过程看，其结果将是完全确定的。如果在控制系统中有某些参数未定，例如 $p_1, p_2, \cdots, p_n$ 是未定的，则无论是哪一种提法下计算出的指标 I 都将是 $p_1, p_2, \cdots, p_n$ 的函数，合为

$$I = I(p_1, p_2, \cdots, p_n) \tag{3.4.41}$$

则 p^i 之原则是要求

$$I(p_1, p_2, \cdots, p_n) = \min \tag{3.4.42}$$

这一极小在 p_i 的可取值范围内，一般 p_i 的可取值并不受特殊限制，即可取任何数值。此时，我们有条件将式(3.4.42)转化为

$$\frac{\partial I}{\partial p_i} = 0, \quad i = 1, 2, \cdots, n \tag{3.4.43}$$

同时，将此方程之解 p_i^0 代入，则有

$$\sum_{j=1}^{n} \sum_{i=1}^{n} \frac{\partial^2 I}{\partial p_i \partial p_j} x_i x_j \geqslant 0 \tag{3.4.44}$$

此即表明在这一点确实是极小。

如果上述问题的解不唯一(上述方法只能求出局部较小)，则需要找出其中最小的。

在此过程中，应该舍弃一切不满足系统稳定性的解。为了达到这一目的，通常是先在系统的参数空间内建立稳定性区域，然后在稳定性区域进行讨论。但

是，由于稳定性区域的边界，通常对应的过程是无阻尼振动的过程或常数过程，在这种情况下对应的指标将发散，因此虽然问题是在 p_i 空间的闭域上进行，但式(3.4.43)与式(3.4.44)同样适用。

例3.3　设一系统如图 3.4.3 所示，其开环传递函数为

$$W(s) = \frac{k_1}{Ts^2 + s} \tag{3.4.45}$$

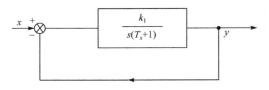

图 3.4.3　例 3.3 控制系统结构图

其中，T 是固定的。

设 k_1 可变，问 k_1 取何值可使系统在单位阶跃输入下有较好的过渡过程。

系统闭环传递函数是 $\dfrac{k_1}{Ts^2 + s + k_1}$。由闭环传递函数可知，系统的方程为

$$T\ddot{y} + \dot{y} + k_1 y = k_1 x, \quad \dot{y} = \frac{\mathrm{d}y}{\mathrm{d}t} \tag{3.4.46}$$

为计算简单，作时间变换 $t_1 = \dfrac{t}{T}$，则有

$$\ddot{y} + \dot{y} + ky = kx, \quad k = k_1 T \tag{3.4.47}$$

由此可知，在 $x = 1(t)$ 时，y 的定常值为 1，由此令 $\varepsilon = y - 1$，则 ε 满足方程

$$\dddot{\varepsilon} + \dot{\varepsilon} + k\varepsilon = 0 \tag{3.4.48}$$

或写成方程组

$$\begin{cases} \dot{\varepsilon}_0 = \varepsilon_1 \\ \dot{\varepsilon}_1 = -k\varepsilon_0 - \varepsilon_1 \end{cases} \tag{3.4.49}$$

令 $U = \varepsilon_0^2 + \tau^2 \varepsilon_1^2$，按求 V 函数之方法，令

$$V = B_{11}\varepsilon_0^2 + 2B_{12}\varepsilon_0\varepsilon_1 + B_{22}\varepsilon_1^2 \tag{3.4.50}$$

则 B_{ij} 满足

$$\begin{cases} -2kB_{12} = -1 \\ 2B_{12} - 2B_{22} = -\tau^2 \\ 2B_{11} - 2B_{12} - 2kB_{22} = 0 \end{cases} \tag{3.4.51}$$

由此有

$$B_{11} = \frac{1}{2k} + \frac{1}{2} + \frac{k\tau^2}{2}, \quad B_{12} = \frac{1}{2k}, \quad B_{22} = \frac{1}{2k} + \frac{\tau^2}{2}$$

对任何初始条件 ε_0^0 和 ε_1^0 有

$$V\left(\varepsilon_0^0, \ \varepsilon_1^0\right) = I\left(\varepsilon_0^0, \ \varepsilon_1^0\right) = \frac{1}{2}\left[\left(1 + \frac{1}{k} + k\tau^2\right)\varepsilon_0^{0^2} + \frac{2}{k}\varepsilon_0^0\varepsilon_1^0 + \left(\frac{1}{k} + \tau^2\right)\varepsilon_1^{0^2}\right] \quad (3.4.52)$$

不难看出，在系统受阶跃作用零初始条件下的问题，在 ε 的语言下是无外作用下初始条件是 $\varepsilon_0^0 = -1, \varepsilon_1^0 = 0$ 的问题，由此就有

$$I = \frac{1}{2}\left(1 + \frac{1}{k} + k\tau^2\right)$$

由 $\frac{\partial I}{\partial k} = 0$ 可知，$k = \frac{1}{\tau}$（对应 $k = -\frac{1}{\tau}$ 之系统不稳定，而且 $\left.\frac{\partial^2 I}{\partial k^2}\right|_{k=\frac{1}{\tau}} = \frac{2}{k^3} > 0$ 是真极小。

对应系统之积分平方误差为

$$I = \frac{1}{2}\left(1 + \tau + \tau\right) = \frac{1}{2} + \tau$$

现在以 $\tau = 1$ 建立不考虑系统方程约束的过渡过程曲线。在 $\varepsilon_0^0 = 1, \varepsilon_0(\infty) = 0$ 的初条件下使指标 $\int_0^{+\infty} \varepsilon_0^2 + \tau^2\varepsilon_1^2 \mathrm{d}t$ 取极小值的最优的过程为

$$\varepsilon_{\mathrm{opt}}\left(t\right) = -\mathrm{e}^{-t}, \quad I = \frac{1}{2}\left(1 + \tau^2\right) \quad (3.4.53)$$

现在选定的最优参数是 $k = \frac{1}{\tau} = 1$，其对应之最优指标是 $\frac{1}{2} + \tau = \frac{3}{2} > 1$，这表明如图 3.4.3 所示之系统不论如何选取参数 k 均无法实现式(3.4.53)的过程，当 $k = 1$ 时，ε 满足方程

$$\ddot{\varepsilon} + \dot{\varepsilon} + \varepsilon = 0$$

由此就有

$$\lambda_{1,2} = \frac{1}{2}\left(-1 \pm \sqrt{3}\mathrm{j}\right)$$

从而

$$\varepsilon = \mathrm{e}^{-\frac{1}{2}t}\left(A\cos\sqrt{3}t + B\sin\sqrt{3}t\right)$$

考虑初始条件 $A = -1, B = \frac{-\sqrt{3}}{6} = -0.29$，由此有

$$\varepsilon = -\mathrm{e}^{-\frac{1}{2}t}\left(\cos\sqrt{3}t - 0.29\sin\sqrt{3}t\right),\quad \sqrt{3}=1.73$$

对应的过渡过程如图 3.4.4 所示。

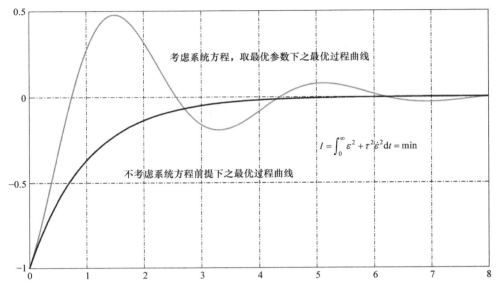

图 3.4.4　例 3.3 控制系统的过渡过程曲线

为了准确画出过渡过程曲线，我们将方程改写为

$$\varepsilon = -\mathrm{e}^{-\frac{1}{2}t}\left[1.08\sin\left(\sqrt{3}t+1.29\right)\right]$$

振动周期是 $\dfrac{2\pi}{\sqrt{3}}=3.64$、　$\dfrac{\pi}{\sqrt{3}}=1.82$、　$\dfrac{\pi}{2\sqrt{3}}=0.91$、　$\dfrac{\pi}{4\sqrt{3}}=0.46$。

过程的零点是 -0.745、1.08、2.90、4.72、6.54、8.36，算表如表 3.4.1 所示。

表 3.4.1　例 3.3 控制系统的计算表格

t	0	0.17	0.63	1.08	1.54	1.99	2.45	2.90	3.36
$\sqrt{3}t+1.29$	1.29	$\dfrac{\pi}{2}$	$\dfrac{3\pi}{4}$	π	$\dfrac{5\pi}{4}$	$\dfrac{3\pi}{2}$	$\dfrac{7\pi}{4}$	2π	$\dfrac{9\pi}{4}$
$\sin\left(\sqrt{3}t+1.29\right)$	0.93	1	0.71	0	-0.71	-1	-0.71	0	0.71
$\mathrm{e}^{-\frac{t}{2}}$	1	0.92	0.73	0.58	0.46	0.36	0.30	0.23	0.19
$1.08\mathrm{e}^{-\frac{t}{2}}\sin\left(\sqrt{3}t+1.29\right)$	1	1.00	0.55	0	-0.36	-0.39	-0.23	0	0.15
t	3.81	4.27	4.72	5.18	5.63	6.09	6.54	7.00	7.46

续表

t	0	0.17	0.63	1.08	1.54	1.99	2.45	2.90	3.36
$\sqrt{3}t+1.29$	$\dfrac{5\pi}{2}$	$\dfrac{11\pi}{4}$	3π	$\dfrac{13\pi}{4}$	$\dfrac{7\pi}{2}$	$\dfrac{15\pi}{4}$	4π	$\dfrac{17\pi}{4}$	$\dfrac{9\pi}{2}$
$\sin\left(\sqrt{3}t+1.29\right)$	1	0.71	0	−0.71	−1	−0.71	0	0.71	1
$\mathrm{e}^{-\frac{t}{2}}$	0.15	0.12	0.09	0.07	0.06	0.05	0.04	0.03	0.02
$1.08\mathrm{e}^{-\frac{t}{2}}\sin\left(\sqrt{3}t+1.29\right)$	0.16	0.09	0	−0.05	−0.065	−0.04	0	+0.02	+0.02

t	0	1	2	3	4	5	6	7
$-\mathrm{e}^{-t}$	−1	−0.37	−0.14	−0.05	−0.02	−0.01	0	0

3.5　思考题与习题

1. 线性系统在平衡位置的个数上有什么特征, 除了坐标原点以外还可能存在别的平衡位置吗? 若有会有什么特点呢?

2. 证明下述几种渐近稳定定义是完全等价的(只对常系数线性系统 $\dot{y}=Ay+bx$ 证明, 其中 A 是常数方阵, b 是 $n\times m$ 方阵。结论对变系数线性系统也成立)。

(1) A 的特征值均具有负实部。

(2) $\dot{y}=Ay$ 的任何解 $y(t)$, 都有 $y(t)\to 0$。

(3) 对任何有界输入 $x(t)$ 都有有界输出 $y(t)$。

3. 证明赫尔维茨判据可改为特征多项式 $f(\lambda)=\lambda^n+a_{n-1}\lambda^{n-1}+\cdots+a_1\lambda+a_0$ 的特征根均在根平面虚轴之左之充要条件如下。

(1) $a_i>0$, $i=0,1,\cdots,n-1$。

(2) $\Delta_n>0$, $\Delta_{n-2}>0$, $\Delta_{n-4}>0$, $\cdots$。

4. 如果 $f(\lambda)=a_n\lambda^n+a_{n-1}\lambda^{n-1}+\cdots+a_1\lambda+a_0$, 其中 $a_n<0$, 问对应的赫尔维茨判据是什么。

5. 应用根分布的方法讨论三阶系统根的分布, 即

$$f(\lambda)=a_3\lambda^3+a_2\lambda^2+a_1\lambda+a_0$$

(1) $a_3=0.02$、$a_2=0.4$、$a_1=1.3$、$a_0=25$。

(2) $a_3=0.02$、$a_2=0.4$、$a_1=1.3$、$a_0=30$。

(3) $a_3=0.01$、$a_2=0.2$、$a_1=1.5$、$a_0=60$。

6. 判别下述方程之根是否具有负实部，即

$$a_4\lambda^4 + a_3\lambda^3 + a_2\lambda^2 + a_1\lambda + a_0 = 0$$

（1）$a_4 = 0.001$、$a_3 = 0.05$、$a_2 = 1.4$、$a_1 = 1$、$a_0 = 20$。

（2）$a_4 = 0.001$、$a_3 = 0.05$、$a_2 = 0.4$、$a_1 = 1$、$a_0 = 100$。

7. 某电压调节器，其特征方程为

$$(T_0P+1)(T_1P+1)(T_2^2P^2+T_3P+1)+k$$

其中，$T_0 = 0.2$、$T_1 = 0.05$、$T_2^2 = 0.1$、$T_3 = 1$，试求 k 满足的范围以使系统渐近稳定。

8. 有一关联系统，其结构如图 3.5.1 所示，其中 $T_{11} = 0.01$、$T_{12} = 0.05$、$k_1 = k_{11}k_{12} = 100$、$k_2 = 20$、$a_{12} = 0.5$、$a_{21} = 0.4$，判断该系统之稳定性。

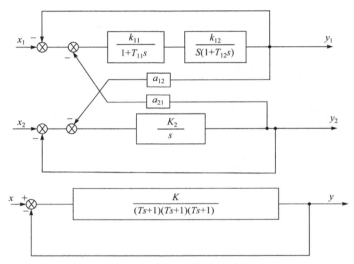

图 3.5.1　控制系统的结构图

9. 对三阶系统按 3.2.2 节作出稳定裕度满足一定要求的区域，证明在 AB 平面上，这种区域的边界一定是二次曲线或直线，证明对此种特殊的三阶系统稳定裕度不能提得太高，并求出稳定裕度之极限值（在此值下 AB 平面上仅一个点对应）。

10. 证明如果系统开环部分由三个相同的非周期环节串联而成，如图 3.5.2 所示，则系统的临界放大系数与非周期环节之时间常数 T 无关，并讨论若三个非周期环节中有一个环节的时间常数发生变化，临界放大系数将发生何种相应的变化。

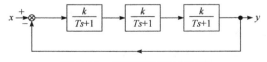

图 3.5.2　控制系统的结构图

11. 对参数 k_1 与 T_1 建立稳定性区域，特征方程为

$$(T_1 s + 1)(T_2 s + 1)(T_3 s + 1) + k_1 k_2 k_3 = 0$$

其中， $T_2 = 0; T_3 = 0.5; k_2 k_3 = 20$ 。

12. 已知某函数 $V = V(x_1, \cdots, x_n)$ 是正定的，若 $c_1 > c_2$ ，问是否一定有 $V = c_1$ 曲面包含 $V = c_2$ 曲面，什么样的函数一定会有上述性质，举例述之。

13. 证明变系数线性系统

$$\dot{x} = A(t)x, \quad A(t) \to A$$

其中， A 是渐近稳定矩阵。变系数系统一定渐近稳定(提示：用李雅普诺夫第二方法)

14. 建立下述系统之李雅普诺夫函数，并用它来判定系统的稳定性问题。

(1) $\dot{x} = -\alpha x + \beta y, \dot{y} = -\beta x - \alpha y$ 。

(2) $\ddot{x} + \gamma \dot{x} - \omega^2 x = 0$ 。

(3) $\ddot{x} + 3\dot{x} + 2x = 0$ 。

15. 求二阶系统 $\ddot{x} + \gamma \dot{x} + kx = 0$ 从初始态 $x = x^0$ ， $\dot{x} = 0$ 出发的过程，使系统总能量 $\int_0^\infty \dot{x}^2 + kx^2 = \min$ 之最优阻尼系数 r 。

16. 对渐近稳定之系统

$$\dot{x} = Px, \quad x(0) = x^0$$

如何求解

$$\int_0^{+\infty} xMx\mathrm{d}t = \min$$

$$\int_0^{+\infty} x'Nx\mathrm{d}t = k_1$$

写出其步骤，其中 M、N 均正定矩阵。

17. 系统 $\ddot{x} + r\dot{x} + 2x = 2u$ ， u 是单位阶跃，求使 $\int_0^{+\alpha} (x-1)^2 + 4(x-1)^2 \mathrm{d}t = \min$ 最优之阻尼系数 r。

第4章　常系数线性系统(二)——频率法、根轨迹法

在上一章，我们应用解析方法对常系数线性系统的问题进行了讨论。但是应该指出，在实际问题的讨论中，把一个工程上的系统用一个方程组来描述本身有一定的粗糙性，实际对象的方程建立往往具有很大的近似，同时由于对象本身复杂，要去从理论上进行简单的理想化也是一个巨大的困难，再加上一部分对象的特性往往带有不确定性，所有这些都表明，企图从系统方程出发彻底解决问题是一种"幼稚"的想法。对实际系统的研究，有时第一手资料并不是那些方程的系数，而是由实验得来的各种曲线，如脉冲特性、频率特性等。我们对系统的研究最好能直接利用系统频率特性曲线的形状对系统进行稳定性分析、品质分析与综合设计。从这方面看，频率法不但是一个数学方法的问题，而且比其他方法具有更丰富的物理内容。

考虑一个闭环系统，它的闭环频率特性是 $\phi(j\omega)$，输入输出之傅里叶变换分别是 $X(j\omega)$ 与 $Y(j\omega)$，由此我们有

$$Y(j\omega) = \phi(j\omega)X(j\omega)$$

由此可知，当输入为 $e^{j\omega t}$ 时对应的输出为

$$y(t) = \frac{1}{2\pi}\int_{-\infty}^{+\infty}\phi(\omega j)e^{j\omega t}d\omega$$

由傅里叶变换理论可知，$\phi(\lambda)$ 之极点均在开左半平面时，上述积分定义之函数 $y(t)$ 有 $\lim_{t\to\infty}y(t)=0$。由此可知，系统的稳定性可归结为闭环频率特性之极点分布，或引入变换 $s=j\omega$，归结为闭环传递函数 $\phi(s)$ 之极点分布。从上述输出与频率特性的关系不难看出，应用频率特性建立系统的过程是完全可能的。

以下我们就来从频率特性出发对系统稳定性、品质分析、过渡过程建立直到综合之问题进行讨论。

4.1　特征曲线、米哈伊洛夫判据与稳定性区域划分

4.1.1　特征曲线与米哈伊洛夫判据

由于方法上的相似与关联性，虽然本节的内容并不是针对频率特性曲线进行的，但考虑它从数学方法上与频率特性的联系，我们先介绍利用特征方程判别稳定性的另一方法。苏联的米哈伊洛夫(Михайлов)建立的特征曲线方法虽比美国、

德国的相应判定晚，但由于其在分析系统，特别是非线性系统时有一定意义而受到人们的重视。该方法之基本出发点仍然是系统的动力学方程。

设闭环系统的特征方程为

$$D(\lambda) = a_n\lambda^n + a_{n-1}\lambda^{n-1} + \cdots + a_1\lambda + a_0 = 0 \tag{4.1.1}$$

其中，a_i 是实数。

设其根是 $\lambda_1, \lambda_2, \cdots, \lambda_n$，则有

$$D(\lambda) = a_n(\lambda - \lambda_1)(\lambda - \lambda_2)\cdots(\lambda - \lambda_n) \tag{4.1.2}$$

其中，$\lambda_1, \lambda_2, \cdots, \lambda_n$ 在系统给定时完全确定。

设 $a_n > 0$，由此对任何点 λ 有

$$\begin{cases} |D(\lambda)| = a_n|\lambda - \lambda_1||\lambda - \lambda_2|\cdots|\lambda - \lambda_n| \\ \arg D(\lambda) = \displaystyle\sum_{i=1}^{n}\arg(\lambda - \lambda_i) \end{cases} \tag{4.1.3}$$

当 λ 以 $\mathrm{j}\omega$ 代入，我们有

$$D(\mathrm{j}\omega) = a_n\prod_{i=1}^{n}(\mathrm{j}\omega - \lambda_i)$$

此外，有

$$D(\mathrm{j}\omega) = a_n(\mathrm{j}\omega)^n + \cdots + a_1\mathrm{j}\omega + a_0 = U(\omega) + \mathrm{j}V(\omega) \tag{4.1.4}$$

其中，$U(\omega) = a_0 - a_2\omega^2 + a_4\omega^4 - a_6\omega^6 + \cdots$；$V(\omega) = \mathrm{j}\omega(a_1 - a_3\omega^2 + a_5\omega^4 - a_7\omega^6 + \cdots)$。

以后称 $D(\mathrm{j}\omega)$ 为系统之特征曲线，它以实变量 $\omega \in (-\infty, +\infty)$ 为自变量。我们试图从 $D(\mathrm{j}\omega)$ 之几何形状判别系统的渐近稳定性。

系统渐近稳定表明，系统的特征根全部都应在根平面之左半平面，即

$$\mathrm{Re}\,\lambda_i < 0, \quad i = 1, 2, \cdots, n \tag{4.1.5}$$

由此考虑 $D(\mathrm{j}\omega) = \displaystyle\prod_{i=1}^{n}(\mathrm{j}\omega - \lambda_i)$ 的每一个向量 $\mathrm{j}\omega - \lambda_i$。我们发现，它是起点在点 λ_i 而终点在虚轴上的点 $\mathrm{j}\omega$ 之向量。当 ω 由 $-\infty$ 变至 $+\infty$ 时，此向量扫过的角度应该是由 $-\dfrac{\pi}{2}$ 单调增加至 $+\dfrac{\pi}{2}$。如果系统的 n 个特征根均在左半平面，则我们应有

$$\mathop{\Delta}_{-\infty<\omega<+\infty}\arg D(\mathrm{j}\omega) = \sum_{i=1}^{n}\mathop{\Delta}_{-\infty<\omega<+\infty}\arg(\mathrm{j}\omega - \lambda_i) = n\pi \tag{4.1.6}$$

考虑系统特征方程是实系数代数方程，因此凡有复根，必须成对出现。基于此，则有

$$\mathop{\Delta}_{0\le\omega<+\infty}\arg D(\mathrm{j}\omega) = \frac{n}{2}\pi \tag{4.1.7}$$

这表明，当取正值的 ω 由零连续变到 $+\infty$ 时，对应的特征曲线 $D(\mathrm{j}\omega)$ 的辐角将单调地增加 $\dfrac{n}{2}\pi$，或者说此曲线将依次绕过 n 个象限。

反过来，如果系统中出现 k 个正实部根，则我们应有

$$\underset{0\leqslant\omega<\infty}{\Delta}\ \arg D(\mathrm{j}\omega)=\frac{n-2k}{2}\pi \tag{4.1.8}$$

在这种情况下，由于 $a_n>0$，当在 $\omega\to\infty$ 时，$D(\mathrm{j}\omega)$ 应以辐角为 $\dfrac{n}{2}\pi$ 之直线为渐近线，而另一方面，式 (4.1.8) 又成立，因此在这种情况下，$D(\mathrm{j}\omega)$ 就绝不可能依次绕过各象限，如由第 1 象限直接到第 4 象限等。

又如果系统具有零根或纯虚根的特征根，则不难看出特征曲线将经过坐标原点。

综上所述，我们有下述米哈伊洛夫判据。

判据 4.1　米哈伊洛夫判据　系统渐近稳定的充要条件是其特征曲线 $D(\mathrm{j}\omega)$ 在 ω 由零增至 $+\infty$ 的过程中依次绕过 n 个象限。

对应的判据及上述叙述之几何形象如图 4.1.1 所示。图 4.1.1(a) 和图 4.1.1(b) 是对应米哈伊洛夫判据证明过程中的向量图，图 4.1.1(c) 是渐近稳定系统之特征曲线图。特征曲线的图形在系统渐近稳定时比较规整。当系统不稳定时，系统的特征根相对于虚轴有各种分布而呈现十分多样的图形。

从直观上说，当特征曲线依次围绕原点绕过 n 个象限时，对应系统中的过程将是阻尼衰减过程，而特征曲线经过原点时，表明系统中可能存在无阻尼等幅振荡，这可以看成发散过程的边界情形。当特征曲线越过一些象限而不依次绕过时，对应系统的过程可以是发散的。

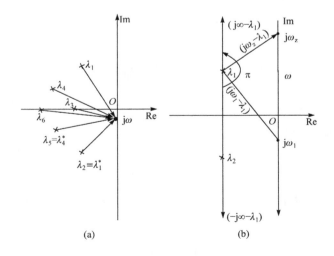

(a)　　　　　　　　　　　(b)

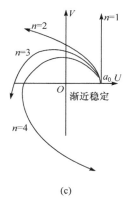

(c)

图 4.1.1　米哈伊洛夫判据示意图

4.1.2　单参数区域划分、临界放大系数

应用系统的特征曲线不但可以用来判别系统的稳定性，而且可以用来研究系统参数的稳定性区域划分问题。在这里，我们只考虑系统中有一个参数未定的情形。

设系统中待定参数为 μ，系统之特征方程为

$$D(\mu,\lambda)=Q(\lambda)+\mu R(\lambda)=0 \tag{4.1.9}$$

式(4.1.9)亦可理解为参数 μ 到根 λ 的一个变换，μ 的稳定区域边界应当包含在由下述方程确定之曲线中，即

$$\mu=-\frac{Q(\mathrm{j}\omega)}{R(\mathrm{j}\omega)},\quad -\infty<\omega<+\infty \tag{4.1.10}$$

式(4.1.10)表明，若在此曲线上取 μ 值，则系统中一定有一对纯虚根。式(4.1.10)本身是一个保角连续变换(以 λ 代替 $\mathrm{j}\omega$)，因此当根平面上有一对根或一个根由虚轴之右进入虚轴之左，则在复数 μ 平面上将对应从式(4.1.10)之右进入其左，而式(4.1.10)刚好对应把虚轴映射到复数 μ 平面之稳定性区域边界。由此，在 μ 平面上，我们对式(4.1.10)沿 ω 增加方向之左侧打上阴影，表明当 μ 由不打阴影之一侧移动到打阴影之一侧，对应地在根平面上将有一个根由虚轴之右进入左半平面，如图 4.1.2 所示。显然，若稳定性区域存在，就只能在打阴影区域的最内一个区域，因此我们要判别系统之稳定性区域的存在，只要在 μ 平面对应打阴影最内层区域上选取一点 μ_0，并以 μ_0 代入特征方程来检验一下赫尔维茨条件就可以了。

例 4.1　考虑特征方程

$$D(\mu,\lambda)=\lambda^3+\mu\lambda^2+\lambda+1=0 \tag{4.1.11}$$

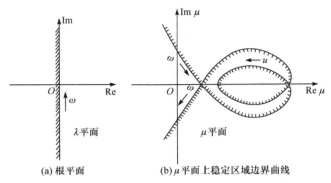

(a) 根平面　　　　　(b) μ 平面上稳定区域边界曲线

图 4.1.2　根平面虚轴到 μ 平面稳定区域边界的映射关系

则对应参数 μ，平面稳定区域之边界方程为

$$\mu = \frac{\left(-\omega^3 + \omega\right)\mathrm{j} + 1}{\omega^2}$$

若令 $\mu = x + \mathrm{j}y$，则有 $x = \dfrac{1}{\omega^2}$，$y = \dfrac{1-\omega^2}{\omega}$。若消去 ω，则有

$$y^2 = x\left(1 - \frac{1}{x}\right)^2 = x - 2 + \frac{1}{x}$$

其图如图 4.1.3 所示。

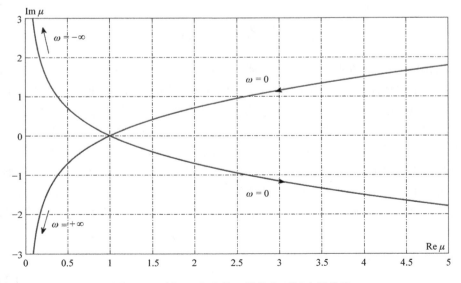

图 4.1.3　例 4.1 中参数 μ 的稳定区域边界曲线

对这个例子来说，我们应用赫尔维茨判据很容易判定稳定性条件是 $\mu > 1$。

例 4.2　进一步，我们考虑图 4.1.4 所示之单环系统。其开环传递函数为

$$W(s) = KW_0(s) = K\frac{M(s)}{N(s)} \tag{4.1.12}$$

其中，$W_0(0) = M(0) = N(0) = 1$。

这是一个有静差之调节系统，其误差 $\varepsilon = x - y$ 之拉普拉斯变换为

$$E(s) = \left(1 - \frac{KW_0}{1 + KW_0}\right)X(s) = \frac{1}{1 + KW_0}X(s)$$

由此可知

$$\lim_{t\to\infty}\varepsilon(t) = \lim_{s\to 0}sE(s) = \lim_{s\to 0}\frac{1}{1 + KW_0(0)}sZ(s) = \frac{1}{1 + K}x(\infty)$$

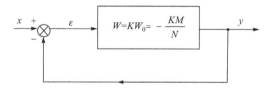

图 4.1.4　例 4.2 的控制系统结构图

当 K 充分大时，系统的定常误差很小，因此讨论单参数 K 的稳定区域划分有重要意义。

由上述分析，我们不难有，决定放大系数稳定性区域的方程为

$$K = -\frac{1}{W_0} = -\frac{N(\mathrm{j}\omega)}{M(\mathrm{j}\omega)} \tag{4.1.13}$$

下面研究一个理论问题，即系统在什么情况下，放大系数 K 可以无限制地增大。

显然，当 $M(\mathrm{j}\omega) = 1$ 时，我们有 $K = -N(\mathrm{j}\omega)$。为简单起见，设 $N(\mathrm{j}\omega)$ 本身由一些自身稳定的环节构成。若记 $N(s)$ 的次数为 n，则由图 4.1.5 不难看出，当 $n \leqslant 2$ 时，无限增大放大系数而不破坏稳定性是可以做到的；当 $n \geqslant 3$ 时，要求无限增大放大系数就一定不可能。

以下我们指出，上述看法在 M 不是 1 时，仍然正确，即我们得到的结论是当 N 之次数比 M 之次数大于或等于 3 时，系统的放大系数 K 一定不能无限增大。

这一结论告诉我们，如果系统开环传递函数分母与分子次数差大于 2，开环由一系列环节串联而成；如果不适合有微分信号的环节，则要求放大系数充分增大（即要求准确度充分高）的系统是不可能的。

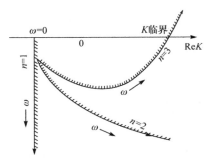

图 4.1.5　例 4.2 中放大参数 K 的稳定区域

若令 $m = \dfrac{1}{k}$，它是小参数且有 $\lim\limits_{k \to \infty} m = 0$。特征方程可以写为

$$M(s) + mN(s) = 0 \tag{4.1.14}$$

若令

$$\begin{cases} M(s) = B_{N_2} s^{N_2} + B_{N_2-1} s^{N_2-1} + \cdots + B_1 s + B_0 \\ N(s) = A_{N_1} s^{N_1} + A_{N_1-1} s^{N_1-1} + \cdots + A_1 s + A_0 \end{cases} \tag{4.1.15}$$

事实上，当 $N_1 \leqslant N_2$ 时，由于代数方程根对系数的连续依赖性，则在 m 充分小时只要 $M(s)$ 是赫尔维茨多项式问题即获解答。当 $N_1 < N_2$ 时，$W(s)$ 分子次数高于分母次数，而这在实际控制中是无意义的。因此，我们设

$$N_1 - N_2 = v \geqslant 0 \tag{4.1.16}$$

由于方程 (4.1.14) 是 N_1 次的，而当 $m = 0$ 时，它是 N_2 次的，因此在 $m \to 0$ 过程中将有 v 个根变为无穷大根。另外，N_2 个根仍然对系数 m 有连续依赖性，若要求 $m \to 0$ 时，系统之根均具负实部，则首先蜕化方程，即

$$M(s) = B_{N_2} s^{N_2} + B_{N_2-1} s^{N_2-1} + \cdots + B_1 s + B_0 = 0 \tag{4.1.17}$$

必须是赫尔维茨的。

问题在于留下的 $N_1 - N_2 = v$ 个根在趋向无穷远的过程中是否能保持负的实部。

为了讨论这一问题，我们必须突出这 v 个"怪根"，为此考虑变换

$$\lambda = s m^{\frac{1}{v}} \tag{4.1.18}$$

由此我们有

$$B_{N_2} \frac{\lambda^{N_2}}{m^{\frac{N_2}{v}}} + B_{N_2-1} \frac{\lambda^{N_2-1}}{m^{\frac{N_2-1}{v}}} + \cdots + B_1 \frac{\lambda}{m^{\frac{1}{v}}} + B_0 + A_{N_1} \frac{\lambda^{N_1}}{m^{\frac{N_2}{v}}} + A_{N_1-1} \frac{\lambda^{N_1-1}}{m^{\frac{N_2-1}{v}}} + \cdots + A_0 \frac{1}{m^{\frac{N_2-N_1}{v}}} = 0$$

如果令 $m \to 0$，并以 $m^{\frac{N_2}{v}}$ 乘之，则有

$$B_{N_2} + A_{N_1} \lambda^v = 0 \tag{4.1.19}$$

这是 v 个"怪根"趋向无穷应满足的近似方程。显然当 $v \geqslant 3$ 时，这些根中一定有一个是正实部趋于无穷的，因此我们得到的第一条件为

$$v \leqslant 2 \tag{4.1.20}$$

考虑 $v = 1$，则有辅助方程

$$B_{N_2} + A_{N_1} \lambda = 0$$

由此有条件

$$\frac{A_{N_1}}{B_{N_2}} > 0 \tag{4.1.21}$$

进一步考虑 $v = 2$，继续使用变换(4.1.18)，得到的辅助方程为

$$B_{N_2} + A_{N_1} \lambda^2 = 0 \tag{4.1.22}$$

在条件(4.1.21)满足时,它不能提供根的符号的信息,因为此时得到的只是纯虚根。为此，我们需要讨论保留 $m^{\frac{1}{2}}$ 的项的方程，即

$$B_{N_2} \lambda^{N^2} + B_{N_2-1} m^{\frac{1}{2}} \lambda^{N_2-1} + A_{N_1} \lambda^{N_1} + A_{N_1-1} m^{\frac{1}{2}} \lambda^{N_1-1} = 0$$

以 λ^{N_1-1} 除之，则有

$$B_{N_2} \lambda + B_{N_2-1} m^{\frac{1}{2}} + A_{N_1} \lambda^3 + A_{N_1-1} m^{\frac{1}{2}} \lambda^2 = 0 \tag{4.1.23}$$

对此，赫尔维茨条件为

$$B_{N_2-1} A_{N_1} m^{\frac{1}{2}} - B_{N_2} A_{N_1-1} m^{\frac{1}{2}} > 0$$

或者

$$B_{N_2-1} A_{N_1} - B_{N_2} A_{N_1-1} > 0 \tag{4.1.24}$$

在条件(4.1.24)得到满足的情况下，方程(4.1.23)的根均具有负实部。这表明，在无穷大根进入虚轴前，它具有负实部。

对于 $v=0$，$M(s)$ 与 $N(s)$ 同次数，则由式(4.1.14)，当 $m \to 0$ 时，式(4.1.14)的根由 $M(s)$ 决定，即要求 $M(s)$ 本身也是赫尔维茨多项式才有可能。

综上所述，我们有下述保证无穷增大放大系数不破坏稳定性的条件。

(1) $N(s)$ 之次数 N_1，$M(s)$ 之次数是 N_2，记 $N_1 - N_2 = v$，则 $0 \leqslant v \leqslant 2$。

(2) 当 $v=1$ 时，式(4.1.21)成立。

(3) 当 $v=2$ 时，式(4.1.21)与式(4.1.24)成立。

(4) $M(s)$ 应满足稳定性条件。

4.1.3　双参数区域的 *D*-域分划规则

考虑一系列，它的特征方程为

$$F(\mu, \delta, \lambda) = 0 \tag{4.1.25}$$

其中，μ 与 δ 是待定的参数；λ 是特征多项式的变量；F 是 λ 的实系数多项式，其系数是 μ 和 δ 的函数。

以 $\lambda = j\omega$ 代入式 (4.1.25)，我们有

$$\begin{aligned}
\mathrm{Re}\,F(\mu, \ \delta, \ j\omega) = 0 \\
\mathrm{Im}\,F(\mu, \ \delta, \ j\omega) = 0
\end{aligned} \tag{4.1.26}$$

它在 μ 和 δ 平面上给出以实变量 ω 为参数的一条曲线。对于方程 (4.1.25)，当 μ 和 δ 平面上给定一个点，则对应一种根的分布，不同的点可能对应不同根的分布，也可能对应相同根的分布。如果对应 μ_k 和 δ_k 的根的分布恰好是有 k 个负实部根与 $n-k$ 个正实部根，则在 μ_k 和 δ_k 邻近取值一定具有相同的根分布。把上述具有同样根分布的点 μ 和 δ 归入同一种集合，它们在 μ 和 δ 平面上的同一个区域，记为 $D(k)$。显然，$D(k)$ 由内点构成。在 $D(k)$ 与 $D(k+1)$ 之间的边界上的点应该是系数出现纯虚根或零根的点，即边界一定是式 (4.1.26) 所描述曲线的一个部分。由此可知，在 μ 和 δ 平面上按式 (4.1.26) 给出全部曲线就等于作出了不同根分布的区域。以后我们约定，凡在 $D(k)$ 与 $D(k+1)$ 的边界上面，对 $D(k+1)$ 的一侧我们都打上一次阴影，而在 $D(k)$ 与 $D(k+2)$ 的边界上面，对 $D(k+2)$ 的一侧我们都打上二次阴影。这样，若稳定性区域存在，它应该就是 $D(n)$，也就是阴影区域的最内层。

设特征方程线性依赖 μ 和 δ，即

$$\mu S(\lambda) + \delta Q(\lambda) + R(\lambda) = 0 \tag{4.1.27}$$

针对这一常用的特殊情形，我们指出通常打阴影的规则。

对应式 (4.1.27) 的 D 域边界方程为

$$\mu S(j\omega) + \delta Q(j\omega) + R(j\omega) = 0 \tag{4.1.28}$$

以后约定取 μ 为横轴，δ 为纵轴，考虑 $S(j\omega) = S_1(\omega) + jS_2(\omega)$，$Q(j\omega) = Q_1(\omega) + jQ_2(\omega)$，$R(j\omega) = R_1(\omega) + jR_2(\omega)$，由此有边界方程，即

$$\begin{cases}
\mu S_1(\omega) + \delta Q_1(\omega) + R_1(\omega) = 0 \\
\mu S_2(\omega) + \delta Q_2(\omega) + R_2(\omega) = 0
\end{cases} \tag{4.1.29}$$

显然容易解出边界方程，即

$$\mu = \frac{\Delta_1}{\Delta}, \quad \delta = \frac{\Delta_2}{\Delta} \tag{4.1.30}$$

其中

$$\Delta = \begin{vmatrix} S_1(\omega), Q_1(\omega) \\ S_2(\omega), Q_2(\omega) \end{vmatrix}, \quad \Delta_1 = \begin{vmatrix} -R_1(\omega), Q_1(\omega) \\ -R_2(\omega), Q_2(\omega) \end{vmatrix}, \quad \Delta_2 = \begin{vmatrix} S_1(\omega), -R_1(\omega) \\ S_2(\omega), -R_2(\omega) \end{vmatrix} \tag{4.1.31}$$

由式 (4.1.30) 可知，给一实 ω 即可得 μ 和 δ 平面的一个点。当 ω 由 $-\infty$ 变至 $+\infty$，则式 (4.1.30) 给出一曲线。此曲线给出全部 D-域分划之边界。由于 μ 和 δ 按右手系选择，而式 (4.1.29) 是实部方程在上，恰好对应右手系，因此 $\Delta > 0$ 将区域内部边界之左侧变换至边界之右侧。由此，我们可以建立下述打阴影之规则。

(1) 由式 (4.1.31) 可知，Δ、Δ_1、Δ_2 都是 ω 之奇函数，由此 $\dfrac{\Delta_1}{\Delta}$、$\dfrac{\Delta_2}{\Delta}$ 是 ω 之偶函数，即 ω 取 $\pm\omega_0$ 时，在 μ 和 δ 平面上只对应同一点，但由于 $\Delta(\omega_0)$ 与 $\Delta(-\omega_0)$ 恰好反号，因此对这样的点若打阴影，则应打两次。考虑虚轴实际上变换成 D-区域之边界，而左半平面在虚轴之左，因此在作曲线 (4.1.30) 时，当 ω 由 0 增至 $+\infty$ 时，对应 $\Delta > 0$ 的点应沿 ω 增加方向之左侧打上阴影，对应 $\Delta < 0$ 的点应沿 ω 增加方向之右侧打上阴影。由前述理由，这种阴影应打两次。

(2) 考虑 $\Delta = 0$ 的点，可知 $\omega = \omega_1$，对应这种情形有下述几种情况。

① $\Delta(\omega_1) = 0$ 而 $\Delta_1(\omega_1) \neq 0$，$\Delta_2(\omega_1) \neq 0$。这表明，$\omega \to \omega_1$ 时，曲线在 μ 和 δ 平面上趋于无穷远。

② $\omega_1 = 0$。此时，$\Delta = \Delta_1 = \Delta_2 = 0$，对应方程发生零根，方程 (4.1.29) 之第二式显然满足，对应之方程为

$$\mu S_1(0) + \delta Q_1(0) + R_1(0) = 0 \tag{4.1.32}$$

称为奇直线方程，它是由原特征方程之常数项为零得到的。凡 μ 和 δ 在式 (4.1.32) 上取值对应之特征方程将有一个零根出现。由于零根一般不是成对出现，因此在这种奇直线之一侧只打一次阴影。其打阴影法则应与 (1) 相同，如图 4.1.6 所示。

③ $\omega_1 = \infty$。此时，$\Delta = \Delta_1 = \Delta_2 = \infty$，相当于原特征方程之首项为零，即

$$a_n(\mu, \delta) = 0 \tag{4.1.33}$$

它在 μ 和 δ 平面也是一条直线，对应系统出现无穷大根。一般情况下，无穷大根以单根出现，因此一般打一次阴影，并且与 (1) 相同。

若特征方程之常数项及首项系数与 μ 和 δ 无关，则上述两奇直线并不存在。

④ $\omega_1 \neq 0$ 且 $\Delta(\omega_1) = \Delta_1(\omega_1) = \Delta_2(\omega_1) = 0$。方程 (4.1.29) 的两式实际上变成一个方程，即

$$S_1(\omega_1)\mu + Q_1(\omega_1)\delta + R_1(\omega_1) = 0 \tag{4.1.34}$$

这也是一条直线。以 $\omega = -\omega_1$ 代入有相仿结果，因此在此直线一侧应打两次阴影，并且与 (1) 相同。

以上②～④所定之直线一般称为奇直线。如果 $\Delta(\omega)$ 经过 $\omega = \omega_1$， $\Delta(\omega_1) = 0$，前后不变号，则对应奇直线可不打阴影。

上述规则可由图 4.1.6 表示。图 4.1.6(a) 表示对应有一条奇直线 $\omega = 0$ 的情形，此时奇直线与原曲线交点在无穷远点。图 4.1.6(b) 表示 $\omega = 0$ 奇直线与原曲线交在有限点的情形。图 4.1.6(c) 表示在 $\omega = \omega_1$ 出现奇直线且 $\Delta(\omega)$ 经过 $\omega = \omega_1$ 变号之情形。图 4.1.6(d) 表示在奇直线 $\omega = \omega_1$ 前后， $\Delta(\omega)$ 不变号之情形。

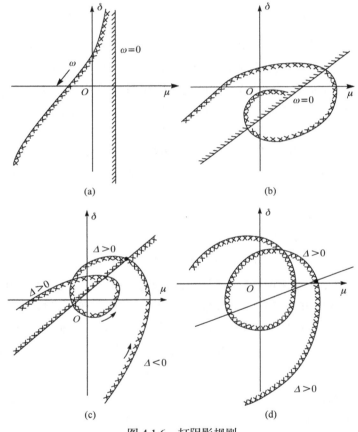

图 4.1.6 打阴影规则

一般来说，当系统阶数较低时，建立稳定性区域应用赫尔维茨条件比较方便；当阶数较高时，由于高阶行列式计算与作图的困难，应用 D-域划分方法比较规则比较方便。

例 4.3 考虑图 4.1.7 所示之系统，设法建立放大系数 k_2 与时间常数 T_2 平面上 D-域划分。

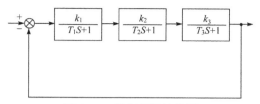

图 4.1.7　控制系统结构图

显见系统之特征方程为

$$T_2\left[T_1T_3S^3+(T_1+T_3)S^2+S\right]+k_1k_2k_3+\left[T_1T_2S^2+(T_1+T_2)S+1\right]=0$$

经计算有

$$\Delta=k_1k_3\omega\left(1-T_1T_3\omega^2\right)$$

$$\Delta_1=-(T_1+T_3)k_1k_3\omega$$

$$\Delta_2=T_1^2T_3^2\omega^5+\left(T_1^2+T_3^2\right)\omega^3+\omega$$

若 $T_1=0.1$ 、 $T_3=1$ 、 $k_1k_3=10$ ，则有 $T_2=\dfrac{11}{\omega^2-10}$ 、 $k_2=\dfrac{0.01\omega^4+1.01\omega^2+1}{\omega^2-10}$ 。

此外，奇直线方程为

$$T_2=0,\quad k_2=0.1$$

由此可知，系统之 D-域划分如图 4.1.8 所示。其中用到特征方程常数项为正，因此系数在 T_2k_2 下至少有一根具有负实部。由此可知，对应打阴影之最内层区域是稳定区域，即 $D(3)$ 。

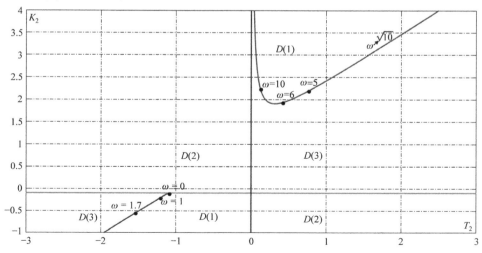

图 4.1.8　系统 D-域划分图

4.2　反馈系统及其镇定

4.2.1　柯西辐角原理与奈奎斯特(Nyquist)判据

在实际问题中，大部分随动系统与调节系统具有如图 4.2.1 所示之结构，或者经过一定的结构变换可以化为图 4.2.1 所示之结构。在这种系统中，我们对于系统开环传递函数之极点分布是比较清楚的。例如，使用的元件本身稳定时，我们显然可知，开环传递函数极点均在左半平面。此外，从实验来看，我们测得的首先是各元件的频率特性，因此利用实验结果求开环频率特性并不是特别困难的。无论是从开环传递函数零极点之分布去确定闭环传递函数极点之分布，还是通过开环频率特性去求闭环之脉冲特性，工作量都是相当大的。从稳定性要求看，我们希望能寻求一种办法，可以直接从开环频率特性曲线来判断闭环系统稳定性。特别是，由于开环部分传递函数往往是串联环节传递函数之积，因此将稳定性问题的这种判定建立在对数特性的语言上将更加方便。下面来解决这个问题。

如图 4.2.1 所示，闭环传递函数为

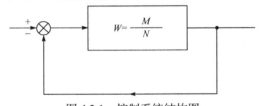

$$W = \frac{M}{N}$$

图 4.2.1　控制系统结构图

$$\phi = \frac{W}{1+W} = \frac{N(s)}{N(s)+M(s)} \tag{4.2.1}$$

由此可知，闭环传递函数之零点即开环传递函数之极点。我们可以认为这是已知的，闭环传递函数之极点即系统特征方程之根，是待求的。因此，问题归结为研究函数的零极点分布，可以利用复变函数论中零点极点个数的柯西(Cauchy)辐角原理解决。

辐角原理　一复变函数 $W = \varphi(z)$，它在某区域 G 内除孤立点外解析。其奇点是有限个孤立极点，在 G 之边界 Γ 上连续且不为零，则 $\varphi(z)$ 在 G 内之零点总数 N 与极点总数 P 之差，相当于 z 沿 Γ 之正向运动时 $W = f(z)$ 在 W 平面绕过原点之总转数，可用分析式写为

$$N - P = \frac{1}{2\pi} \Delta_\Gamma \arg \phi(z) = \frac{1}{2\pi\mathrm{j}} \oint_\Gamma \frac{\varphi'(z)\mathrm{d}z}{\varphi(z)} \tag{4.2.2}$$

对此，我们不去从数学上证明，而是直接应用它讨论稳定性问题。
辐角原理之几何图像如图 4.2.2 所示。

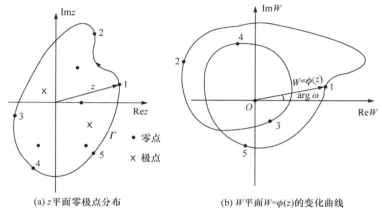

(a) z 平面零极点分布　　　　(b) W 平面 $W=\phi(z)$ 的变化曲线

图 4.2.2　辐角原理的几何解释

对如图 4.2.1 所示之系统，设 $W(s)$ 在 $s=0$ 有 ν 阶极点，在右半平面有 Υ 个极点，考虑函数

$$\Psi(s)=1+W(s)=\frac{N(s)+M(s)}{N(s)} \tag{4.2.3}$$

由此可知，$\Psi(s)$ 之零点，即闭环传递函数 $\phi=\dfrac{W}{1+W}$ 之极点是未知的，而 $\Psi(s)$ 之极点恰好是 W 之极点，这实际上是已知的。我们设法对 $\Psi(s)$ 应用辐角原理，利用 $\Psi(j\omega)$ 之图形或直接利用 $W(j\omega)$ 之图形（如图 4.2.3 所示）按零极点分布判别稳定性。

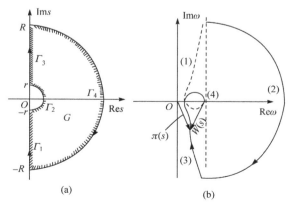

(a)　　　　　　　(b)

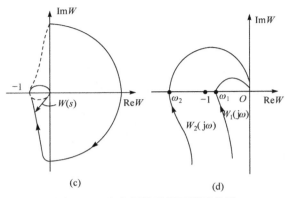

(c)　　　　　　　　　　　(d)

图 4.2.3　奈奎斯特判据证明示意图

设 $W(s)$ 在 $s=0$ 有 ν 阶极点，因此考虑图 4.2.3(a) 所示之区域，其中 Γ 之方向是负方向，其前进之右侧是几乎右半平面。区域 G 之边界由虚轴，充分小半径之半圆周 Γ_2 与充分大半径之半圆周 Γ_1 构成。设 $\Psi(s)$ 在 G 内之零点与极点数是 N 与 P，则有

$$P - N = \frac{1}{2\pi} \Delta_\Gamma \arg \Psi(s) \tag{4.2.4}$$

显然，$P = \Upsilon$；$\Gamma = \Gamma_1 + \Gamma_2 + \Gamma_3 + \Gamma_4$。

由于 $W(s)$ 之分母次数比分子次数高，当 Γ_4 之半径充分大时，有

$$\Psi(s) = 1, \quad s \in \Gamma_4$$

由此就有

$$\Delta_{\Gamma 4} \angle \Psi(s) = 0 \tag{4.2.5}$$

又由于在原点附近，因此有

$$\Psi(s) = 1 + W(s) = 1 + \frac{W_0(0)}{s^\nu} = \frac{W_0(0)}{s^\nu}, \quad s \in \Gamma_2$$

由此可知

$$\Delta_{\Gamma 2} \angle \Psi(s) = -\nu\pi \tag{4.2.6}$$

如上所述，式 (4.2.4) 可改写为

$$\Delta_{\Gamma 1} \angle \Psi(s) + \Delta_{\Gamma 3} \angle \Psi(s) = (P - N)2\pi + \nu\pi$$

由于 $\Psi(s)$ 是 s 的实系数有理函数，因此有

$$\Psi(-\mathrm{j}\omega) = \Psi^*(\mathrm{j}\omega)$$

由此就有

$$\Delta_{\Gamma 1} \angle \Psi(s) + \Delta_{\Gamma 3} \angle \Psi(s) = 2\Delta_{\Gamma 1} \angle \Psi(s) \tag{4.2.7}$$

现令 $r \to 0$, $R \to \infty$ ，则有

$$\mathop{\Delta}_{0<\omega<+\infty} \arg \Psi(\mathrm{j}\omega) = (P-N)\pi + \frac{v}{2}\pi$$

或者写为

$$\frac{1}{2\pi}\mathop{\Delta}_{0<\omega<\infty} \arg\left[1+W(\mathrm{j}\omega)\right] = \frac{P-N}{2} + \frac{v}{4} \tag{4.2.8}$$

由于闭环系统渐近稳定之充要条件是 $N=0$ ，同时向量 $1+W(\mathrm{j}\omega)$ 绕过原点之圈数是 $W(\mathrm{j}\omega)$ 绕过 $(-1,0)$ 之圈数，因此我们有下述利用开环频率特性判定闭环系统稳定性的奈氏判据。

判据 4.2 奈奎斯特判据 若已知系统开环部分有 P 个极点在右半平面，在原点有 v 阶极点，则闭环系统渐近稳定之充要条件是：当 ω 由 0 连续增至 $+\infty$ 的过程中， $W(\mathrm{j}\omega)$ 向量共绕过 $(-1,0)$ $\dfrac{P}{2}+\dfrac{v}{4}$ 次，或者转过角度 $P\pi+\dfrac{v}{2}\pi$ 。

特别是在 $P=0$ 、 $v=0$ 或 $v=1$ 时，奈奎斯特判据有明显的物理解释。考虑图 4.2.3(d)，其中 W_1 对应的系统是渐近稳定的， W_2 对应的系统是不稳定的。事实上，对曲线 W_2 ，若考虑在系统上加 $\omega=\omega_2$ 之谐振输入，则谐波经过开环部分得到放大，并且反向。由于系统是负反馈的，因此输出反向在回输至输入时就刚好加强了输入，以致开环输入的偏差信号产生发散，而这种情形在对应 W_1 的系统中是不存在的。

应用奈奎斯特判据只要求对系统开环部分的频率特性有所了解。这时理论计算或实验都是比较方便的，因此奈奎斯特判据实际上已经成为研究反馈系统的基础。

例 4.4 设图 4.2.1 所示系统之开环特性为

$$W(\mathrm{j}\omega) = \frac{k}{\mathrm{j}\omega(T_1\mathrm{j}\omega+1)(T_2\mathrm{j}\omega+1)}$$

为绘制特性，我们求出 $W(\mathrm{j}\omega)$ 的实部与虚部分别是为

$$U(\omega) = \frac{-k(T_1+T_2)}{(1+T_1^2\omega^2)(1+T_2^2\omega^2)} = \mathrm{Re}W(\mathrm{j}\omega)$$

$$V(\omega) = \frac{k(T_1T_2\omega^2-1)}{\omega(1+T_1^2\omega^2)(1+T_2^2\omega^2)} = \mathrm{Im}W(\mathrm{j}\omega)$$

若 $k=10$ 、 $T_1=0.25$ 、 $T_2=0.0625$ ，其对应曲线如图 4.2.4(a)所示。由 $v=1$ 可知，系统渐近稳定。

若 $k=100$ 、 $T_1=0.25$ 、 $T_2=0.0625$ ，则对应曲线如图 4.2.4(b)所示。由 $v=1$ 可知，对应系统不稳定。

这再次说明系统的放大系数越大，则对应系统可能越不稳定。

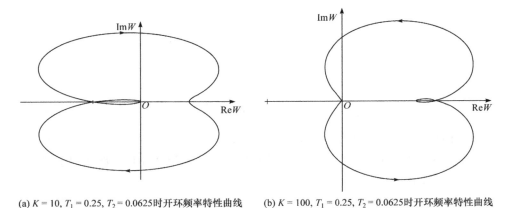

(a) $K = 10$, $T_1 = 0.25$, $T_2 = 0.0625$时开环频率特性曲线　　　(b) $K = 100$, $T_1 = 0.25$, $T_2 = 0.0625$时开环频率特性曲线

图 4.2.4　例 4.4 系统在 K、T_1、T_2 不同值时开环频率特性曲线

4.2.2　对数特性下的判据

　　利用开环频率特性判别闭环系统稳定性的办法，在原则上已经得到解决，但从计算的观点上看，要建立一个阶数较高的频率特性曲线，工作量往往是比较大的。在第 2 章，我们曾经叙述过使用对数特性是比较方便的，因此下面对奈奎斯特判据用对数特性加以表述，这可以归结为伯德(Bode)判据。

　　为简单，我们只考虑 $v=1$ 的情形，并且假定开环特性之零极点均具有负实部。这种情形是控制系统中常见的，通常称为最小位相系统。

　　我们规定，沿 ω 增加方向，频率特性曲线由实轴之下穿过 $(-\infty, -1)$ 至上半平面，称为正穿越，反之称为负穿越，如图 4.2.5 所示。在引入此概念后，奈奎斯特判据可改为，闭环系统渐近稳定之充要条件是开环频率特性曲线穿越 $(-\infty, -1)$ 区间的正负次数之和为零。

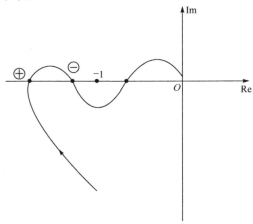

图 4.2.5　系统的开环频率特性曲线

开环特性经过 $(-\infty,-1)$ 时，刚好是对应 $\varphi(\omega)=\pi$ 和 $L_m A(\omega)>0$ 的点，由此有下述伯德判据。

判据 4.3　伯德判据　闭环系统渐近稳定之充要条件是：在开环对数幅频特性取正值的那些频带内，开环相频特性关于 $\theta=\pi$ 之正负穿越次数之和为零。

相频特性关于 $\varphi=\pi$ 之正穿越，系数 $\varphi(\omega)$ 与 $\varphi=\pi$ 相交时是 ω 之减函数，反之有负穿越之概念。

例 4.5　图 4.2.6 所示是应用伯德判据判定系统渐近稳定之例。其开环传递函数的频率特性是 $\dfrac{200(1+j0.4\omega)^2}{j\omega(1+j1.789\omega)^2(1+j0.025\omega)}$，由图可知闭环系统是渐近稳定的。

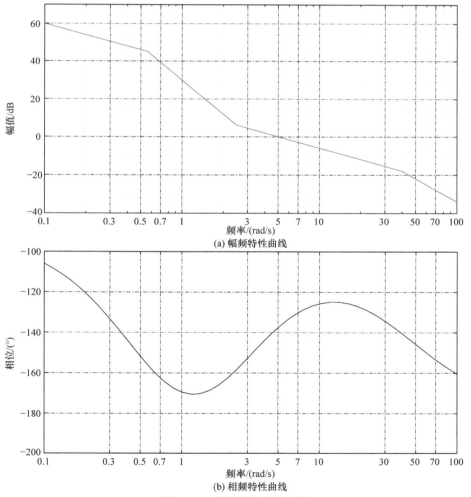

(a) 幅频特性曲线

(b) 相频特性曲线

图 4.2.6　开环频率特性曲线

　　如果引入相位盈余特性

$$\gamma = \pi + \varphi(\omega) \qquad\qquad (4.2.9)$$

我们把幅相特性曲线与单位圆交点之相位盈余值称为系统稳定的相位裕度。对随动系统来说，相位裕度越大越好。

比较粗糙的说法是，相位稳定裕度为正时，系统是渐近稳定的，反之系统是不稳定的，如图 4.2.7 所示。图中传递函数分别是 $W_1 = \dfrac{100}{j\omega(1+j0.25\omega)(1+j0.0625\omega)}$，$W_2 =$

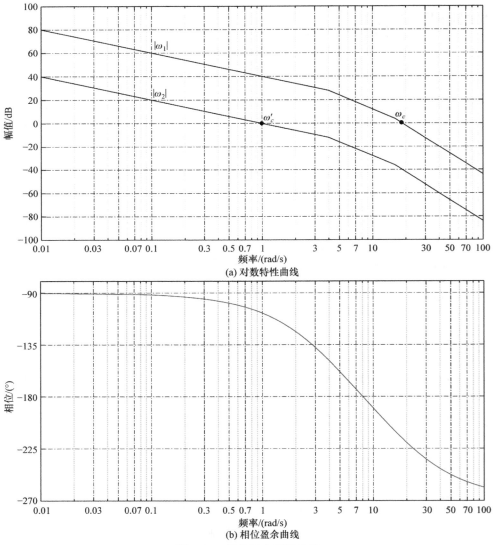

(a) 对数特性曲线

(b) 相位盈余曲线

图 4.2.7　相位盈余特性曲线

$\dfrac{1}{j\omega(1+j0.25\omega)(1+j0.0625\omega)}$。它们具有相同之相位特性。显然，对 W_1 来说，相位裕度是负的（$\omega=\omega_c$ 处之相位裕度），对 W_2 来说，相位裕度是正的（$\omega=\omega'_c$ 处之相位裕度），因此对应 W_1 之系统不稳定，对应 W_2 之系统渐近稳定。

4.2.3　随动系统之串联镇定

在这一节，我们以一型随动系统为例，应用对数特性阐述对随动系统进行镇定的方法。

例 4.6　图 4.2.8 所示系一待镇定之随动系统之结构图。未镇定前的开环频率特性是 $W_1=\dfrac{k}{j\omega\left(1+j\omega T_f\right)\left(1+j\omega T_m\right)}$。其对数特性及相位盈余曲线如图 4.2.9 所示，其中 $k_1=2$。$T_f=0.25$，$T_m=0.0625$。其对应系统是渐近稳定的。如果希望系统精度提高而将放大系数选为 $k_2=40$，则由图 4.2.9 可知，对应之系统是不稳定的。可以看出在放大系数增大以后，系统的相位裕度是负的，因此不稳定。解决的办法如下。

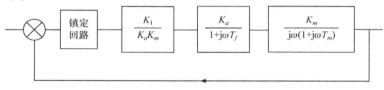

图 4.2.8　随动系统结构图

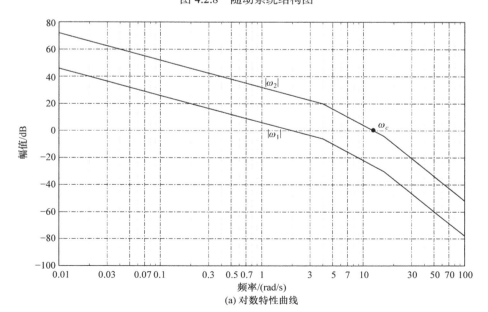

(a) 对数特性曲线

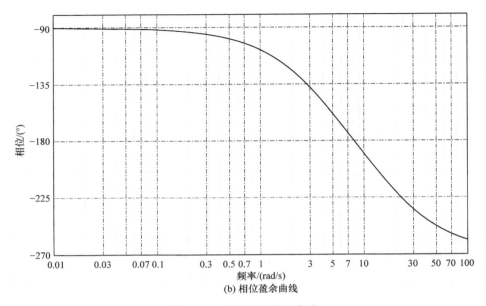

(b) 相位盈余曲线

图 4.2.9　开环频率特性曲线

我们用相位落后回路。它在低频时等价于一个放大倍数为 1 的放大环节，而在中频与高频时，在相位落后的同时可以压低开环幅频特性，将截止频率 ω_c 左移，可以在不损害系统开环放大系数之前提下将 ω_c 左移至具有正相位裕度之范围内，从而保证稳定性。

例如，相位落后回路之特性为

$$W_s = (1 + j\omega T_2)/(1 + j\omega T_1)$$

若令 $T_2 = 1$，我们有其对数特性，如图 4.2.10 所示，其中 $T_1 = 10T_2$。由此可知，相位落后回路之相位落后（相位盈余减少）主要集中在频带 $\left(\dfrac{1}{T_1}, \dfrac{1}{T_2} \right)$ 内，因此当 $\dfrac{1}{T_1}$ 比 $\dfrac{1}{T_2}$ 选得小时，可以使这种相位落后的效果在原特性有较大相位盈余。然后，利用相位落后回路在高频对幅值能较大实现截止频率左移，从而达到稳定的结果。为此，选取串联镇定回路之频率特性 $\dfrac{1 + j4\omega}{1 + j80\omega}$，经串联镇定后，系统之开环特性为

$$W(j\omega) = \frac{40(1 + j4\omega)}{j\omega(1 + j80\omega)(1 + j0.25\omega)(1 + j0.0625\omega)}$$

其对应幅频曲线与相位盈余曲线如图 4.2.11 所示。由此可见，系统镇定后虽然放大系数取到 40 仍能保持稳定，但是相位稳定裕度也有近 40°。

在对系统镇定之过程中，直觉上容易想到的是相位超前回路，因为这种回路是把开环相频率特性之数值提高,所以可能把原有系统的负值稳定裕度变为正值,从而使系统达到渐近稳定。

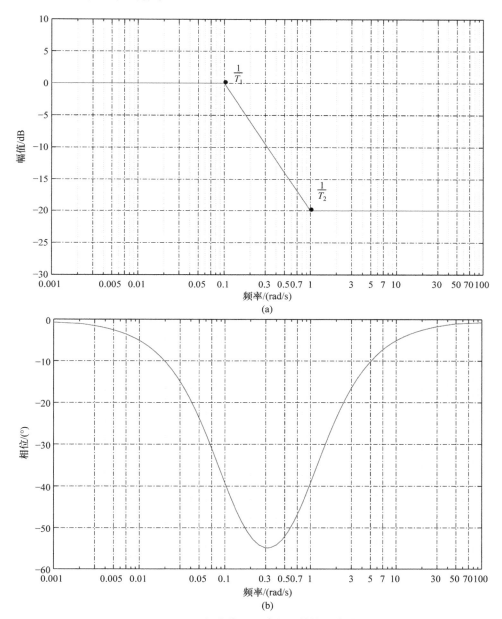

图 4.2.10　相位落后回路的对数特性曲线

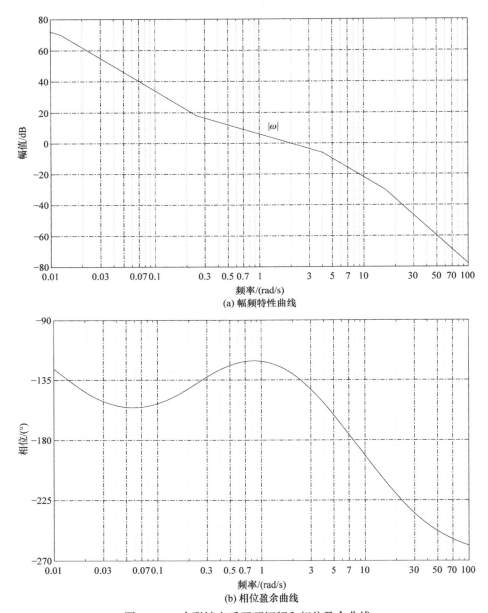

(a) 幅频特性曲线

(b) 相位盈余曲线

图 4.2.11　串联镇定后开环幅频和相位盈余曲线

图 4.2.12 所示为一相位提前回路。其频率特性为

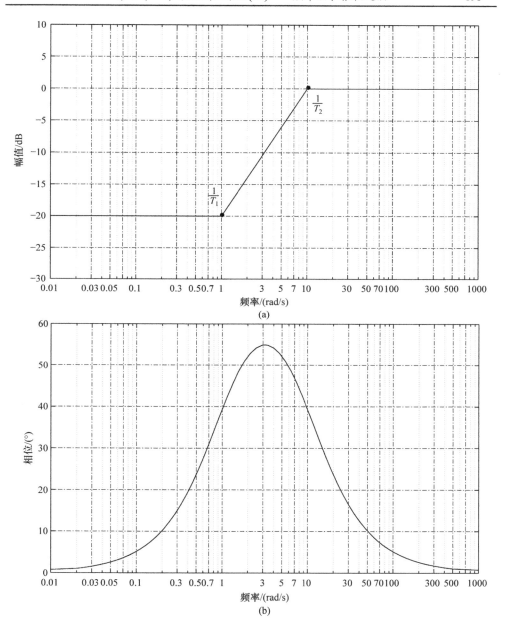

图 4.2.12　相位提前回路的频率特性曲线

$$W_3 = \frac{T_2\left(1 + T_1 \mathrm{j}\omega\right)}{T_1\left(1 + T_2 \mathrm{j}\omega\right)}$$

图 4.2.12 是 $T_1 = 10T_2$ 和 $T_2 = 0.1$ 时对应的曲线。在频带 $\left(\dfrac{1}{T_1} \cdot \dfrac{1}{T_2} \right)$ 内引进此回路可使系统之相位得到较大提前。

仍考虑上例，我们选择镇定回路之频率特性 $W_5 = \dfrac{1 + j0.25\omega}{1 + j0.0125\omega} \dfrac{1}{20}$。为使系统在低频时不损失开环放大系数，我们在采用相位提前回路之同时，还必须串联放大系数是 $\dfrac{T_1}{T_2}$ 的放大器，这里取 20。

这样，我们在开环部分实际上串联了一个频率特性是 $\dfrac{1 + j0.25\omega}{1 + j0.0125\omega}$ 的环节，并由一个放大器与一个相位超前回路串联而成。

系统经镇定后，其开环频率特性为

$$W(j\omega) = \frac{40}{j\omega(1 - j0.0625\omega)(1 + j0.0125\omega)}$$

幅频特性与相位盈余曲线如图 4.2.13 所示。由此可看出，相位稳定裕度接近 20°，这比较低，但也适用了。

一般来说，使用相位提前回路必须串接辅助放大器。

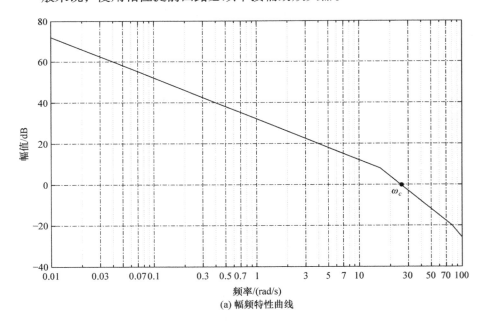

(a) 幅频特性曲线

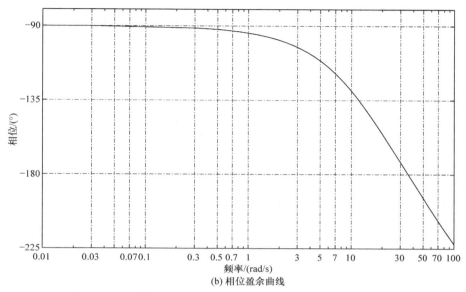

(b) 相位盈余曲线

图 4.2.13　相位提前回路系统经镇定后幅频曲线和相位盈余曲线

4.3　调节系统的过渡过程及其品质指标

4.3.1　调节系统的品质指标

工程上用得较多的，也是发展得比较完善的是调节系统。其结构图如图 4.3.1 所示，其中 $KW(s)$ 是系统开环传递函数，$\Phi(s)$ 是系统闭环传递函数。对这类系统的要求是，在输入(控制作用或给定作用)为常值之情况下，输出亦应为常值，输入的改变被理想化为阶跃作用，由于系统的动力学模型是线性的，因此不妨设输入就是单位阶跃函数。输出由原来的数值经过一段时间改变为新的定常值，如图 4.3.2 所示。系统稳定性的问题是在输入不变下，系统保持这个定常值的能力。从实际

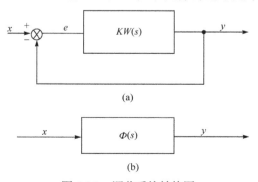

图 4.3.1　调节系统结构图

问题看，仅回答系统是否稳定乃至渐近稳定是远远不够的，还要求研究输出进入定常值以前的过程。我们通常把这一过程称为过渡过程，表示系统的被调量（输出）由一种数值至另一数值过渡的特性。通过对过渡过程的分析，我们可以对不同系统的性能进行比较。例如，同样是两个渐近稳定的系统，其中一个过渡过程结束得快一些，另一个慢一些；一个比较平滑，另一个剧烈振动；一个在达到定常值之前不发生超过定常值的情况，另一个却发生输出超过定常值的情况。图 4.3.3 所示的就是具有同样定常值且渐近稳定的不同系统的不同过渡过程。

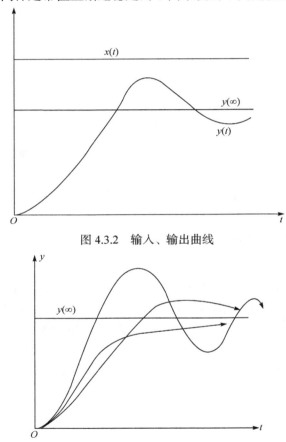

图 4.3.2　输入、输出曲线

图 4.3.3　不同系统的不同过渡过程

调节系统最重要的品质指标包括静态偏差与放大系数、无差阶数与误差系数、过渡过程时间、过调量，如图 4.3.4 所示。

以下来逐一加以阐述。

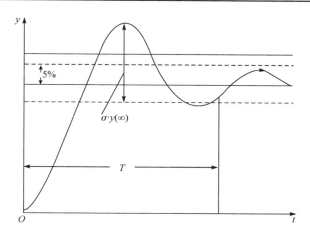

图 4.3.4　调节系统过渡过程中的指标

静态偏差指 $\varDelta = \dfrac{y(\infty) - x(\infty)}{x(\infty)} = \dfrac{y(\infty)}{x(\infty)} - 1$，如果系统是无差系统，则 $\varDelta = 0$。若

系统开环传递函数是 $kW(s)$，而 $W(0) = 1$，则有 $\varDelta = \dfrac{-1}{1+k}$。由此可知，若要求静态偏差能充分小实际上是要求放大系数取充分大的数值。

对于误差系数 $c_0, c_1, c_2, \cdots$，设系统输入是 $x(t)$，输出是 $y(t)$，脉冲响应是 $k(t)$，则误差为

$$
\begin{aligned}
\varepsilon(t) &= x(t) - \int_0^t k(t-\tau)x(\tau)\mathrm{d}\tau \\
&= x(t) - \int_0^\infty x(t-\tau)k(\tau)\mathrm{d}\tau
\end{aligned}
\tag{4.3.1}
$$

若将 $x(t-\tau)$ 展开，则有

$$
\begin{aligned}
x(t-\tau) &= x(t) - \tau x'(t) + \frac{\tau^2}{2}x''(t) - \cdots \\
&\quad + (-1)^n \frac{\tau^n}{n!}x^{(n)}(t) - \cdots
\end{aligned}
$$

由此就有

$$
\begin{aligned}
\varepsilon(t) &= \left[1 - \int_0^\infty k(\tau)\mathrm{d}\tau \right]x(t) - x'(t)\int_0^\infty k(\tau)\tau\mathrm{d}t \\
&\quad + x''(t)\int_0^\infty k(\tau)\tau^2\mathrm{d}\tau + \cdots
\end{aligned}
$$

令

$$c_0 = 1 - \int_0^\infty k(\tau)\mathrm{d}\tau$$

$$c_1 = -\int_0^\infty \tau k(\tau)\mathrm{d}\tau \tag{4.3.2}$$

$$\vdots$$

$$c_n = (-1)^n \int_0^{+\infty} \tau^n k(\tau)\mathrm{d}\tau$$

由此就有

$$\varepsilon(t) = \sum_{n=0}^\infty c_n x^{(n)}(t) \tag{4.3.3}$$

设闭环传递函数为

$$\phi(s) = \int_0^\infty k(\tau)\mathrm{e}^{-s\tau}\mathrm{d}\tau \tag{4.3.4}$$

两边对 s 求导数，则有

$$(-1)^i \int_0^\infty \tau^i k(\tau)\mathrm{e}^{-s\tau}\mathrm{d}\tau = \left[\frac{\mathrm{d}^i\phi}{\mathrm{d}s^i}\right]_{s=0} \tag{4.3.5}$$

由此可知，若引入对误差的传递函数

$$\phi_\varepsilon(s) = 1 - \phi(s)$$

则有

$$c_i = \left[\frac{\mathrm{d}^i\phi_\varepsilon(s)}{\mathrm{d}s^i}\right]_{s=0} \tag{4.3.6}$$

我们一般对误差系数的前几个特别感兴趣。例如，设系统开环传递函数为

$$W(s) = \frac{k}{s^v} \frac{1 + b_1 s + b_2 s^2 + \cdots + b_m s^m}{1 + a_1 s + a_2 s^2 + \cdots + a_n s^n}$$

则有

$$v = 0, c_0 = \frac{1}{1+k}, c_1 = \frac{(a_1 - b_1)k}{(1+k)^2}, \cdots \quad \text{有差}$$

$$v = 1, c_0 = 0, c_1 = \frac{1}{k}, c_2 = \frac{2(a_1 - b_1)}{k} - \frac{2}{k^2}, \cdots \quad \text{一阶无差}$$

$$v = 2, c_0 = 0, c_1 = 0, c_2 = \frac{2}{k}, \cdots \quad \text{二阶无差}$$

由此可知，误差系数主要取决于无差度数 v 与放大系数 k。

对于调节系统的过渡过程时间 T，从理论上讲，常系数线性系统之输出在任何有限时间内均不可能终结在新的定常值，只在 $t \to \infty$ 时以此定常值为极限。工程上，我们并不要求输出真的终结在定常值，而是希望达到它的某个允许的范围，

因此工程中指的过渡过程时间 T 是指当 $t>T$ 后，总有

$$\frac{\left|y(t)-y(\infty)\right|}{\left|y(\infty)\right|}<\lambda$$

其中，λ 视具体问题而定，一般取 3%～5%。

过调量 σ 一般指在调节过程中超过定常值的量与定常值之比，即

$$\sigma=\frac{y_{\max}-y(\infty)}{y(\infty)}\times100\%$$

调节系统主要的品质指标是过调量与过渡过程时间。有时也考虑其他指标，例如在过渡过程时间内发生相对于定常值振动之次数等。至于开环放大系数 K 与无差度数 v 一般也是要求的。

4.3.2 频率特性与过渡过程之关系

设调节系统的闭环传递函数是 $\phi(s)$。其输出 $y(t)$ 之傅里叶变换 $Y(j\omega)$ 与输入 $x(t)$ 之傅里叶变换 $X(j\omega)$ 之间有如下关系，即

$$Y(j\omega)=\phi(j\omega)X(j\omega) \tag{4.3.7}$$

由于输入是单位阶跃，因此 $X(j\omega)=\dfrac{1}{j\omega}$，进而有

$$Y(j\omega)=\frac{1}{j\omega}\phi(j\omega)=\frac{Q(\omega)}{\omega}+\frac{P(\omega)}{j\omega} \tag{4.3.8}$$

其中，$\phi(j\omega)=P(\omega)+jQ(\omega)$。

$Y(j\omega)$ 在 $\omega=0$ 有一个一阶极点，因此我们有

$$\begin{aligned}Y(j\omega)&=\frac{\phi(0)}{j\omega}+\frac{\phi(j\omega)-\phi(0)}{j\omega}\\[2mm]&=\frac{P(0)}{j\omega}+\frac{Q(\omega)}{\omega}+\frac{P(\omega)-P(0)}{j\omega}\end{aligned} \tag{4.3.9}$$

等号右边除第一项外，其余项在原点无极点。由此，对式(4.3.9)两边作反傅里叶变换，则有

$$\begin{aligned}y(t)&=P(0)1(t)+\frac{1}{2\pi}\int_{-\infty}^{+\infty}\frac{P(\omega)-P(0)+jQ(\omega)}{j\omega}e^{j\omega}\mathrm{d}\omega\\[2mm]&=P(0)1(t)+\frac{1}{2\pi}\int_{-\infty}^{+\infty}\frac{Q(\omega)\cos(\omega t)+\left[P(\omega)-P(0)\right]\sin(\omega t)}{\omega}=\mathrm{d}\omega\end{aligned}$$

又由于 $y(t)=0$，$t<0$，由此就有

$$\frac{-1}{2\pi}\int_{-\infty}^{+\infty}\frac{Q(\omega)\cos(\omega t)}{\omega}\mathrm{d}\omega=\frac{1}{2\pi}\int_{-\infty}^{+\infty}\frac{P(\omega)-P(0)}{\omega}\sin(\omega t)\mathrm{d}\omega,\quad t<0$$

由此就有

$$y(t) = \frac{1}{\pi} \int_{-\infty}^{+\infty} \frac{P(\omega)\sin(\omega t)}{\omega} \mathrm{d}\omega = \frac{1}{\pi} \int_{-\infty}^{+\infty} \frac{Q(\omega)\cos(\omega t)}{\omega} \mathrm{d}\omega + P(0)1(t)$$

又由于 $P(\omega)$ 和 $\cos(\omega t)$ 均为 ω 之偶函数，而 $Q(\omega)$ 与 $\sin(\omega t)$ 是 ω 之奇函数，则我们有

$$y(t) = \frac{2}{\pi} \int_{-\infty}^{+\infty} \frac{P(\omega)\sin(\omega t)}{\omega} \mathrm{d}\omega$$

$$= P(0)1(t) + \frac{2}{\pi} \int_{0}^{+\infty} \frac{Q(\omega)\cos(\omega t)}{\omega} \mathrm{d}\omega$$

这说明，对于调节系统来说，如果已知闭环系统之实频特性或虚频特性，则应用上式可以求出系统之过渡过程曲线。由此可知，为了求得系统之过渡过程曲线，首先应求出闭环部分之实频特性，而我们一般首先得到的是开环频率特性。它既可以是分析表达式，也可以是实验曲线，因此问题在于要求我们按开环频率特性曲线来确定闭环实频特性。

对图 4.3.1 所示之系统，显然我们有闭环频率特性 ϕ 与开环频率特性之间关系，即

$$\phi = \frac{W}{1+W} \tag{4.3.10}$$

若 $\phi(\mathrm{j}\omega) = P(\omega) + \mathrm{j}Q(\omega), W(\mathrm{j}\omega) = U(\omega) + \mathrm{j}V(\omega)$，则有

$$P(\omega) + \mathrm{j}Q(\omega) = \frac{U(\omega) + \mathrm{j}V(\omega)}{1 + U(\omega) + \mathrm{j}V(\omega)}$$

由此就有

$$P(\omega) = \frac{[1+U(\omega)]U(\omega) + V^2(\omega)}{[1+U(\omega)]^2 + V^2(\omega)}$$

$$Q(\omega) = \frac{V(\omega)}{[1+U(\omega)]^2 + V^2(\omega)} \tag{4.3.11}$$

如果把 P 看作参数，令 $P = P_c$，则式 (4.3.11) 变为

$$\left[U + \frac{(2P_c - 1)}{2(P_c - 1)} \right]^2 + V^2 = \left[\frac{1}{2(P_c - 1)} \right]^2 \tag{4.3.12}$$

它是以 P_c 为参数之一族圆，其半径是 $\dfrac{1}{2(P_c - 1)}$，圆心在实轴，横坐标为 $-\dfrac{2P_c - 1}{2(P_c - 1)}$。

这一族圆如图 4.3.5 所示。可以看到，以 $U = -1, V = 0$ 代入式 (4.3.12)，$(-1, 0)$ 是这族圆之公共点。由于各圆圆心均在实轴上，因此该点实际上是各圆之公共切点。

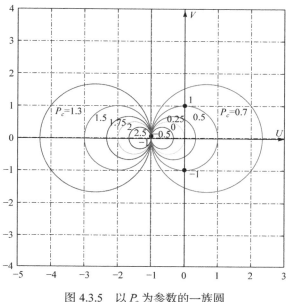

图 4.3.5　以 P_c 为参数的一族圆

考虑几种特殊情形：当 $P_c=0$ 时，圆的方程为 $\left(U+\dfrac{1}{2}\right)^2+v^2=\dfrac{1}{4}$，这是直径取在区间[-1，0]上的一个圆；当 $P_c=1$ 时，圆半径为 ∞，因此蜕化成直线（$U=-1$），即圆之公切线；若 $P_c=1$，圆蜕化成点 $(-1，0)$；当 $P_c<0$ 时，圆心之横坐标 U_0 满足 $-1<U_0<-\dfrac{1}{2}$，同时半径 $<\dfrac{1}{2}$，因此对 $P_c<0$ 之一切圆均在 $P_c=0$ 对应之圆内，并随 $|p_c|$ 之增大收缩至 $(-1，0)$；当 $0<P_c<1$ 时，圆心之横坐标 $>-\dfrac{1}{2}$，且当 $P_c\to 1$ 时，圆之横坐标 $\to+\infty$，由此对应 $0<P_c<1$ 之圆介于 $P_c=0$ 之圆与直线 $U=-1$ 之间；当 $P_c>1$ 时，圆心之横坐标 <-1，因此圆均在 $U=-1$ 之左侧，并随 P_c 之增大而收缩至 $(-1，0)$，如图 4.3.5 所示。

相应地，我们可以求出以虚频特性数值 $Q(\omega)=Q_c$ 为参数的一族曲线，即

$$Q_c=\frac{V(\omega)}{\left[1+U(\omega)\right]^2+V^2(\omega)} \tag{4.3.13}$$

也可以写为

$$\left[1+U(\omega)\right]^2+\left(V-\frac{1}{2Q_c}\right)^2=\frac{1}{4Q_c^2} \tag{4.3.14}$$

显然，这也是一族圆，它们都经过 $(-1,\ 0)$，圆心在 $\left(-1,\dfrac{1}{2Q_c}\right)$，半径是 $\dfrac{1}{2Q_c}$。这一族圆之公切线是实轴，如 4.3.6 所示。

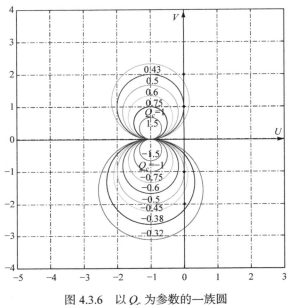

图 4.3.6　以 Q_c 为参数的一族圆

如果我们有开环频率特性 $W(\mathrm{j}\omega)$，显然它在 U、V 平面以 ω 为参数之曲线。每给一 ω 值在平面上就能确定一个点，过此点必有 P_c 族一个圆过此点。当 ω 取不同数值时，我们就有 $P(\omega)$ 曲线上不同的点，从而近似作出 $P(\omega)$ 曲线。相应地办法，我们可以求出 $Q(\omega)$ 曲线。

从实际工作来看，我们对开环频率特性更希望采用对数特性工具，因此我们希望能把 T_c 曲线移植到对数坐标上来，把开环特性在辐相平面上表示。此时，平面之纵坐标以辐频特性之分贝数为单位，横坐标以相位特性之角度为单位。

考虑开环频率特性为

$$W(\mathrm{j}\omega)=A(\omega)\mathrm{e}^{l\phi(\omega)}$$

可知闭环频率特性为

$$
\begin{aligned}
\phi(\mathrm{j}\omega)&=\frac{W(\mathrm{j}\omega)}{1+W(\mathrm{j}\omega)}\\
&=\frac{A(\omega)\cos\varphi(\omega)+\mathrm{j}A(\omega)\sin\varphi(\omega)}{1+A(\omega)\cos\varphi(\omega)+\mathrm{j}A(\omega)\sin\varphi(\omega)}
\end{aligned}
\tag{4.3.15}
$$

考虑其闭环实频特性为取常值的曲线，即

$$P_c = \frac{A^2(\omega) + A(\omega)\cos\varphi}{A^2(\omega) + 2A(\omega)\cos\varphi + 1} \qquad (4.3.16)$$

纵坐标是 $L(\omega) = 20\lg A$，因此在 φ、L 平面上，式(4.3.16)变为

$$P_c = \frac{10^{\frac{L(\omega)}{10}} + 10^{\frac{L(\omega)}{20}}\cos\varphi}{1 + 2\cos\varphi 10^{\frac{L(\omega)}{20}} + 10^{\frac{L(\omega)}{10}}} \qquad (4.3.17)$$

式(4.3.17)是 $\cos\varphi$ 的函数，因此它关于 $\varphi = \pi$ 对称分布，并以 $0 \leqslant \varphi \leqslant 2\pi$ 为周期分布开来。我们作曲线时只要作出 $(0, \pi)$ 这一段就可以了。由此可知，对应 $L=0$ 的直线恰好对应 $P_c = \frac{1}{2}$。对于 $P_c = 0$，曲线方程为

$$A(\omega) = 0, \quad A(\omega) + \cos\varphi = 0$$

在 L、φ 语言下有

$$10^{\frac{L}{20}} + \cos\varphi = 0$$

显然，当 $\varphi = \frac{\pi}{2}$ 和 $\frac{3}{2}\pi$ 时，总有 $L \to -\infty$，它是一条奇直线；当 $P_c < 0$ 时，曲线是闭曲线，当 $0 < P_c < \frac{1}{2}$ 时，曲线在横轴与 $P_c = 0$ 之间。同样，令 $P_c = 1$，则有

$$A(\omega)\cos\varphi(\omega) + 1 = 0$$

由此就有

$$10^{-\left(\frac{L}{20}\right)} + \varphi = 0$$

显然，当 $\varphi \to \pm\frac{\pi}{2}$ 时，有 $L \to +\infty$。由此又得两条奇直线，它在 L、φ 平面上与 $P_c = 0$ 之曲线恰好关于横轴对称。当 $\frac{1}{2} < P_c < 1$ 时，对应曲线在横轴与 $P_c = 1$ 之奇曲线之间；当 $P_c > 1$ 时，我们得到一族闭曲线。

图 4.3.7 所示的是上述在 φ、L 平面上实频特性 $P(\omega)$ 取常数之曲线图。

相应地办法也可以求出在 φ、L 平面上等 Q 曲线来。

4.3.3 梯形法建立过渡过程曲线与品质之近似判定

利用前节方法求出闭坏系统之实频特性 $P(\omega)$ 后，我们可以由下式，即

$$y(t) = \frac{2}{\pi}\int_0^{+\infty} \frac{P(\omega)\sin\omega t}{\omega}d\omega \qquad (4.3.18)$$

计算系统的过渡过程。一般来说，寻求过渡过程的分析表达式是不现实的，由于

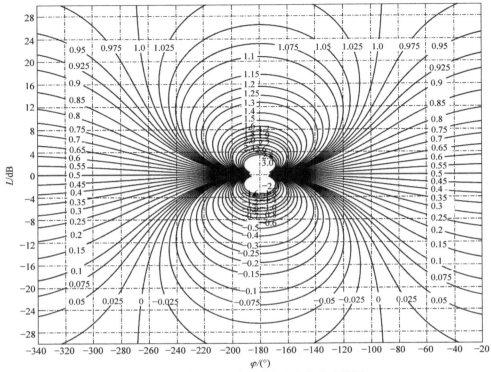

图 4.3.7　在 φ、L 平面 $P(\omega)$ 取常数的曲线图

$P(\omega)$ 往往是以图形方式近似给出，因此实际上重要的是在已知 $P(\omega)$ 图形之基础上给出近似积分式 (4.3.18) 的办法。我们设法以一些梯形代替 $P(\omega)$，对于 $P(\omega)$ 是梯形的情形，我们作出有关的函数表，就从原则上解决近似积分的问题了。

例如，图 4.3.8(a) 所示为某系统之实频特性 $P(\omega)$，可以将其展成 n 个梯形之和，即

$$P(\omega) = \sum_i r_i(\omega)$$

其中，$r_i(\omega)$ 是 ω 之梯形函数。

对应图 4.3.8(a) 所示之实频特性可展开成三个梯形曲线之代数和，如图 4.3.8(b) 所示，其中每个梯形 $r_i(\omega)$ 均具有图 4.3.8(c) 之形式。它依赖梯形高度 r_{oi}、上边宽 ω_{di}、下边宽 ω_{ni}。我们将 $r_i(\omega)$ 写出来为

$$r_i(\omega) = \begin{cases} r_{oi}, & \omega \leqslant \omega_{di} \\ r_{oi}\, \dfrac{\omega - \omega_{ni}}{\omega_{di} - \omega_{ni}}, & \omega_{di} \leqslant \omega \leqslant \omega_{ni} \\ 0, & \omega_{ni} \leqslant \omega \end{cases} \qquad (4.3.19)$$

由此就有

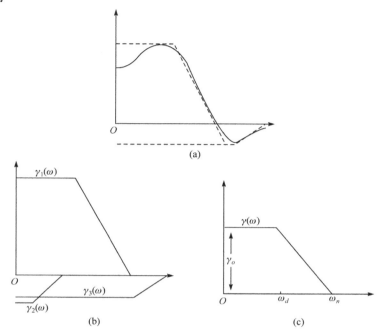

图 4.3.8　系统实频特性 $P(\omega)$ (a) 及其分解图(b)和(c)

$$y(t) = \sum_i \frac{2}{\pi} \int_0^{+\infty} \frac{r_i(\omega)}{\omega} \sin \omega t \mathrm{d}\omega \tag{4.3.20}$$

对 $\int_0^{+\infty} \frac{2}{\pi} \frac{r(\omega)}{\omega} \sin \omega t \mathrm{d}\omega$ ，令其为 $h(t)$ ，则有

$$
\begin{aligned}
h(t) &= \frac{2}{\pi} \int_0^{+\infty} \frac{r(\omega)}{\omega} \sin \omega t \mathrm{d}\omega \\
&= \frac{2r_o}{\pi} \left[\int_0^{\omega_d} \frac{\sin \omega t}{\omega} \mathrm{d}\omega + \int_{\omega_d}^{\omega_n} \frac{(\omega_n - \omega)\sin \omega t}{(\omega_n - \omega_d)\omega} \mathrm{d}\omega \right] \\
&= \frac{2r_o}{\pi} \left\{ Si(\omega_d t) + \frac{\omega_n}{\omega_n - \omega_d} \left[Si(\omega_n t) - Si(\omega_d t) \right] \right. \\
&\quad \left. + \frac{\cos \omega_n t - \cos \omega_d t}{(\omega_n - \omega_d)t} \right\}
\end{aligned} \tag{4.3.21}
$$

其中，$S_i(\omega_o t)$ 定义为

$$Si(\omega_o t) = \int_0^{\omega_o} \frac{\sin \omega t}{\omega} \mathrm{d}\omega \tag{4.3.22}$$

对于这种函数一般有表可查，由此利用上述方法可以建立 $h(t)$ 之图形，若对

应 $r_i(\omega)$ 的积分值是 $h(t)$，则由

$$y(t) = \sum_i h_i(t) \qquad (4.3.23)$$

可以求出过渡过程 $y(t)$。

考虑标准梯形 $P_x(\omega)$，如图 4.3.9 所示。其上边长为 x，下底长为 1，高度为 1，令

$$h_x(t) = \frac{2}{\pi} \int_0^1 \frac{P_x(\omega)\sin\omega t}{\omega}\mathrm{d}\omega \qquad (4.3.24)$$

显然

$$h_x(t) = \frac{2}{\pi}\left[S_i(t) - S_i(xt) + \frac{\cos t - \cos xt}{t} \right]\frac{1}{1-x} + \frac{2}{\pi}S_i(xt) \qquad (4.3.25)$$

它可以通过对不同的 x 列出表来，见表 4.3.1(a) 与 4.3.1(b)，其中第一行为 x 的取值，第一列为 t_i 的取值，在标定的位置上即为 $h_x(t)$ 值。

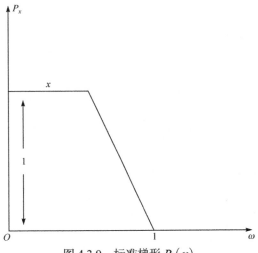

图 4.3.9　标准梯形 $P_x(\omega)$

表 4.3.1(a)　$h_x(t)$ 函数表 ($0 \leqslant x \leqslant 0.45$)

t ＼ x	0.00	0.05	0.10	0.15	0.20	0.25	0.30	0.35	0.40	0.45
0.0	0.000	0.000	0.000	0.000	0.000	0.000	0.000	0.000	0.000	0.000
0.5	0.136	0.165	0.176	0.184	0.192	0.199	0.207	0.215	0.223	0.231
1.0	0.310	0.326	0.340	0.356	0.371	0.386	0.401	0.417	0.432	0.447
1.5	0.449	0.469	0.494	0.516	0.538	0.560	0.594	0.603	0.617	0.646
2.0	0.572	0.597	0.628	0.655	0.663	0.709	0.681	0.761	0.786	0.810
2.5	0.674	0.707	0.739	0.771	0.802	0.833	0.862	0.891	0.917	0.943

x\t	0.00	0.05	0.10	0.15	0.20	0.25	0.30	0.35	0.40	0.45
3.0	0.755	0.790	0.828	0.863	0.896	0.928	0.958	0.987	1.013	1.038
3.5	0.783	0.855	0.892	0.928	0.963	0.994	1.024	1.050	1.074	1.095
4.0	0.857	0.896	0.936	0.974	1.008	1.039	1.060	1.090	1.107	1.124
4.5	0.883	0.923	0.960	0.997	1.029	1.057	1.060	1.100	1.115	1.129
5.0	0.896	0.936	0.978	1.012	1.042	1.067	1.087	1.103	1.118	1.117
5.5	0.900	0.940	0.986	1.019	1.046	1.067	1.083	1.093	1.095	1.097
6.0	0.904	0.942	0.982	1.013	1.037	1.054	1.005	1.070	1.068	1.002
6.5	0.904	0.943	0.980	1.009	1.030	1.043	1.050	1.049	1.043	1.003
7.0	0.004	0.944	0.979	1.006	1.084	1.035	1.037	1.033	1.023	1.009
7.5	0.907	0.945	0.980	1.006	1.019	1.025	1.025	1.017	1.006	0.989
8.0	0.910	0.951	0.985	1.008	1.020	1.084	1.021	1.012	0.995	0.081
8.5	0.918	0.956	0.969	1.010	1.021	1.022	1.018	1.007	0.998	0.977
9.0	0.924	0.965	0.997	1.016	1.025	1.025	1.018	1.006	0.998	0.978
9.5	0.032	0.972	1.004	1.082	1.029	1.027	1.019	1.006	0.993	0.982
10.0	0.939	0.978	1.009	1.025	1.031	1.027	1.019	1.006	0.992	0.967
10.5	0.946	0.985	1.013	1.028	1.033	1.028	1.017	1.005	0.993	0.991
11.0	0.974	0.988	1.015	1.029	1.031	1.025	1.014	1.002	0.995	0.991
11.5	0.949	0.988	1.016	1.027	1.028	1.021	1.010	0.999	0.991	0.989
12.0	0.950	0.988	1.015	1.025	1.324	1.015	1.004	0.994	0.988	0.987
12.5	0.950	0.989	1.013	1.022	1.019	1.010	0.999	0.990	0.086	0.986
13.0	0.950	0.989	1.012	1.019	1.015	1.005	0.994	0.986	0.935	0.987
13.5	0.956	0.990	1.11	1.017	1.011	1.000	0.990	0.983	0.981	0.083
14.0	0.952	0.980	1.011	1.016	1.009	0.997	0.988	0.983	0.085	0.091
14.5	0.954	0.990	1.012	1.015	1.008	0.996	0.987	0.905	0.086	0.996
15.0	0.056	0.993	1.012	1.014	1.007	0.995	0.988	0.987	0.991	1.000
15.5	0.959	0.955	1.014	1.014	1.006	0.005	0.009	0.036	0.996	1.004
16.0	0.961	0.997	1.015	1.014	1.006	0.995	0.991	0.992	0.998	1.007
16.5	0.964	0.999	1.016	1.014	1.005	0.995	0.893	0.995	1.002	1.009
17.0	0.965	1.001	1.016	1.013	1.005	0.905	0.994	0.997	1.005	1.010
17.5	0.968	1.002	1.015	1.012	1.003	0.905	0.994	0.998	1.006	1.010
18.0	0.966	1.002	1.035	1.011	1.002	0.995	0.995	1.001	1.008	1.010
18.5	0.960	1.001	1.015	1.009	1.001	0.994	0.995	1.001	1.007	1.009
19.0	0.067	1.000	1.015	1.008	0.998	0.992	0.995	1.001	1.006	1.000
19.5	0.967	1.000	1.014	1.006	0.996	0.991	0.995	1.001	1.005	1.004
20.0	0.967	1.000	1.013	1.005	0.995	0.991	0.095	1.001	1.005	1.002
20.5	0.968	1.002	1.012	1.004	0.994	0.991	0.996	1.002	1.004	1.001
21.0	0.986	1.002	1.011	1.003	0.904	0.992	0.997	1.003	1.004	1.001

x〳t	0.00	0.05	0.10	0.15	0.20	0.25	0.30	0.35	0.40	0.45
21.5	0.969	1.002	1.011	1.003	0.995	0.092	0.999	1.004	1.004	1.000
22.0	0.971	1.002	1.011	1.002	0.995	0.993	1.000	1.005	1.004	0.999
22.5	0.973	1.002	1.0111	1.002	0.996	0.095	1.002	1.006	1.004	0.999
23.0	0.074	1.006	1.0111	1.002	0:996	0.996	1.004	1.007	1.003	0.998
23.5	0.975	1.006	1.010	1.002	0.996	0.996	1.004	1.006	1.003	0.998
24.0	0.975	1.005	1.010	1.001	0.996	0.999	1.005	1.007	1.002	0.997
24.5	0.975	1.005	1.009	1.000	0.996	0.999	1.005	1.000	1.001	0.997
25.0	0.975	1.005	1.008	1.000	0.995	0.999	1.000	1.004	1.000	0.990

表 4.3.1(b)　　$h_x(t)$ 函数表 $(0.5 \leqslant x \leqslant 1)$

x〳t	0.50	0.55	0.60	0.65	0.70	0.75	0.80	0.85	0.90	0.95	1.00
0.0	0.000	0.000	0.000	0.000	0.000	0.000	0.000	0.000	0.000	0.000	0.000
0.5	0.240	0.248	0.255	0.259	0.267	0.275	0.282	0.290	0.297	0.304	0.314
1.0	0.461	0.476	0.490.	0.505	0.519	0.534	0.547	0.562	0.575	0.593	0.603
1.5	0.665	0.685	0.706	0.722	0.740	0.758	0.776	0.794	0.813	0.832	0.844
2.0	0.833	0.858	0.878	0.899	0.919	0.938	0.056	0.974	0.986	1.003	1.020
2.5	0.967	0.985	1.010	1.030	1.050	1.057	1.084	1.090	1.105	1.120	1.133
3.0	1.061	1.082	1.100	1.117	1.130	1.142	1.154	1.164	1.172	1.176	1.178
3.5	1.115	1.132	1.145	1.158	1.161	1.166	1.171	1.174	1.175	1.175	1.175
4.0	1.142	1.152	1.158	1.159	1.160	1.161	1.156	1.149	1.141	1.131	1.116
4.5	1.134	1.138	1.138	1.134	1.132	1.187	1.111	1.099	1.085	1.071	1.053
5.0	1.11	1.115	1.107	1.098	1.084	1.069	1.053	1.037	1.019	1.001	0.980
5.5	1.092	1.083	1.070	1.050	1.032	1.016	0.994	0.979	0.962	0.951	0.932
6.0	1.051	1.037	1.021	1.003	0.984	0.096	0.949	0.934	0.922	0.920	0.906
6.5	1.018	1.001	0.982	0.946	0.048	0.936	0.920	0.910	0.903	0.903	0.905
7.0	0.993	0.975	0.957	0.941	0.927	0.917	0.911	0.908	0.909	0.915	0.925
7.5	0.966	0.951	0.941	0.935	0.932	0.936	0.944	0.955	0.970	0.986	1.004
8.0	0.900	0.949	0.944	0.946	0.951	0.958	0.974	0.990	1.006	1.023	1.041
8.5	0.970	0.960	0.961	0.966	0.976	0.990	1.006	1.023	1.039	1.055	1.061
9.0	0.975	0.972	0.980	0.987	1.000	1.015	1.033	1.048	1.059	1.066	1.066
9.5	0.982	0.905	0.993	1.006	1.020	1.036	1.049	1.059	1.062	1.062	1.056
10.0	0.087	0.990	1.007	1.017	1.023	1.046	1.054	1.058	1.055	1.048	1.033
10.5	0.993	1.002	1.014	1.027	1.039	1.047	1.048	1.044	1.034	1.021	1.005
11.0	0.997	1.006	1.017	1.029	1.037	1.043	1.034	1.024	1.010	0.994	0.977

t \ x	0.50	0.55	0.60	0.65	0.70	0.75	0.80	0.85	0.90	0.95	1.00
11.5	0.997	1.000	1.010	1.026	1.027	1.025	1.015	1.000	0.984	0.969	0.958
12.0	0.997	1.006	1.018	1.019	1.017	1.010	0.995	0.979	0.965	0.954	0.949
12.5	0.997	1.006	1.014	1.012	1.005	0.093	0.980	0.964	0.955	0.950	0.955
13.0	0.898	1.006	1.010	1.005	0.995	0.982	0.958	0.958	0.954	0.958	0.970
13.5	1.000	1.006	1.008	0.999	0.987	0.974	0.961	0.961	0.966	0.976	0.010
14.0	1.002	1.006	1.005	0.994	0.985	0.970	0.971	0.971	0.981	0.997	1.010
14.5	1.005	1.007	1.002	0.993	0.982	0.976	0.987	0.987	1.001	1.017	1.030
15.0	1.008	1.007	1.001	0.993	0.985	0.984	1.003	1.003	1.010	1.052	1.040
15.5	1.011	1.008	1.000	0.994	0.090	0.993	1.018	1.018	1.031	1.039	1.039
16.0	1.011	1.008	1.001	0.996	0.995	1.001	1.027	1.027	1.036	1.038	1.026
16.5	1.012	1.007	0.999	0.997	0.999	1.008	1.030	1.030	1.032	1.027	1.012
17.0	1.009	1.005	0.997	0.998	1.002	1.012	1.027	1.027	1.023	1.013	0.988
17.5	1.008	1.002	0.997	0.998	1.004	1.014	1.018	1.018	1.008	0.993	0.079
18.0	1.000	0.990	0.905	0.998	1.003	1.012	1.007	1.027	0.033	0.978	0.969
18.5	1.001	0.095	0.993	0.977	1.004	1.009	1.007	1.007	0.981	0.969	0.956
19.0	0.996	0.992	0.992	0.996	1.003	1.005	0.985	0.985	0.973	0.967	0.973
19.5	0.996	0.901	0.992	0.095	1.003	1.001	0.979	0.970	0.972	0.974	0.985
20.0	0.965	0.991	0.994	0.996	1.001	0.096	0.976	0.976	0.974	0.990	1.001
20.5	0.995	0.993	0.997	0.996	0.999	0.993	0.975	0.975	0.981	1.002	1.016
21.0	0.995	0.995	1.000	0.995	0.998	0.992	0.988	0.986	0.997	1.013	1.024
21.5	0.996	0.996	1.000	0.997	0.997	0.991	0.997	0.997	1.012	1.024	1.029
22.0	0.997	1.000	1.004	1.000	0.996	0.992	1.008	1.008	1.022	1.028	1.026
22.5	0.998	1.001	1.006	1.001	0.997	0.994	1.015	1.015	1.025	1.027	1.016
23.0	0.999	1.002	1.007	1.002	0.998	0.907	1.017	1.017	1.023	1.023	1.002
23.5	1.000	1.002	1.008	1.003	0.999	1.000	1.017	1.017	1.015	1.018	0.986
24.0	1.000	1.002	1.006	1.002	1.000	1.002	1.014	1.014	1.005	0.905	0.979
24.5	1.000	1.002	1.004	1.003	1.001	1.003	1.008	1.008	0.991	0.985	0.975
25.0	1.000	1.002	1.002	1.003	1.002	1.004	1.001	1.001	0.986	0.978	0.977

对于

$$h(t)=\frac{2}{\pi}\int_0^{\omega_n}\frac{r(\omega)\sin\omega t}{\omega}\mathrm{d}\omega \tag{4.3.26}$$

其中，$r(\omega)$ 之上边为 ω_d，下边为 ω_n，高为 r_o。

我们引入变换，即

$$\omega=\omega_n\lambda，\quad x=\omega_d/\omega_n \tag{4.3.27}$$

则有

$$h(t) = \frac{2}{\pi} \int_0^1 \frac{r_o P_x(\lambda) \sin a\omega_n t}{\lambda} \mathrm{d}\lambda = h_x(\omega_n t) r_o \qquad (4.3.28)$$

由此，我们对形如式 (4.3.18) 之积分可以按下述步骤进行计算。

(1) 将实频特性 $P(\omega)$ 按一定近似展成一系列梯形 $r_i(\omega)$ 之和。

(2) 计算每个 $r_i(\omega)$ 对应的 r_{oi}、ω_{ni}、$x_i = \omega_{di}/\omega_{ni}$。

(3) 对过渡过程时间作一估计，然后在整个准备作过渡过程曲线的时间区间取合适多的点。一般开始取点可较密，而在过程后半段取点可较疏，令取点是 $t_1, t_2, \cdots, t_N$。

(4) 查表 $h_{xi}(t)$，其中 τ 取值 $\omega_{ni} t_1, \cdots, \omega_{ni} t_N$，将对应的值记下，作 $h_i(t) = h_{xi}(\omega_{ni} t)$ 曲线。凡表上可查到的是在表的有效范围内可用的插值法，不在表中的则以 1 代替。

(5) 作出 $y(t) = \sum_i h_i(t)$，可得过渡过程曲线。

在这一节的最后，我们简单介绍如何根据实频特性曲线的形状比较粗糙地估计过渡过程的品质。

考虑调节系统之输出为

$$y(t) = \frac{2}{\pi} \int_0^\infty \frac{P(\omega)}{\omega} \sin \omega t \mathrm{d}\omega$$

若

$$P_1(n\omega) = P_2(\omega)$$

则对应有 $y_1(t) = y_2(nt)$。由此可知，实频特性的频带越宽，则过渡过程之波形越窄，因此过渡过程时间就快一些。其示意图如图 4.3.10 所示。

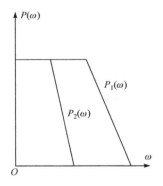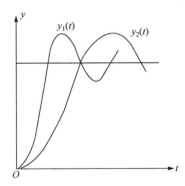

图 4.3.10　实频特性与过渡过程波形对照图

由于 $\lim\limits_{t \to \infty} y(t) = \lim\limits_{s \to 0} sY(s) = P(0)$，因此由实频特性在零点之值，可知系统在单位阶跃下输出之定常值。特别是，当 $P(0) = 1$ 时就说明系统是无差的。

进一步，我们考虑从 $P(\omega)$ 估计系统之过调量。设 $P(\omega) \geqslant 0, \dfrac{\mathrm{d}P}{\mathrm{d}\omega} \leqslant 0$ 的条件得到满足，则在单位阶跃输入下系统之过调量不超过 18%。

事实上，由于

$$y(t) = \frac{2}{\pi} \int_0^{+\infty} \frac{P(\omega)}{\omega} \sin \omega t \mathrm{d}\omega = \frac{2}{\pi} \sum_{n=0}^{\infty} \int_{\frac{n\pi}{t}}^{\frac{(n+1)\pi}{t}} \frac{P(\omega)}{\omega} \sin \omega t \mathrm{d}\omega \tag{4.3.29}$$

显然等号右侧是一交错级数，其项之绝对值单调下降，即

$$\begin{aligned}
y(t) &\leqslant \frac{2}{\pi} \int_0^{\frac{\pi}{t}} \frac{P(\omega)}{\omega} \sin \omega t \mathrm{d}\omega \\
&\leqslant \frac{2}{\pi} P(0) \int_0^{\frac{\pi}{t}} \frac{\sin \omega t}{\omega} \mathrm{d}\omega \\
&= \frac{2}{\pi} P(0) \int_0^{\pi} \frac{\sin \lambda}{\lambda} \mathrm{d}\lambda \\
&= 1.18 P(0) \\
&= 1.18 y(\infty)
\end{aligned}$$

由此有 $\sigma \leqslant 18\%$。

如果时频特性具有一个峰值 $P_{\max}$，则我们可将时频特性展成两部分，如图 4.3.11 所示。

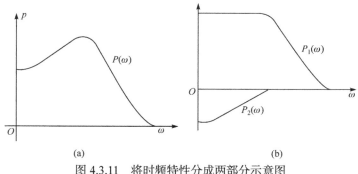

(a)　　　　　　　　　　　　　　　(b)

图 4.3.11　将时频特性分成两部分示意图

$$P(\omega) = P_1(\omega) - P_2(\omega)$$

由此就有

$$\begin{aligned}
y(t) &= \frac{2}{\pi} \int_0^{\infty} \frac{P_1(\omega)}{\omega} \sin \omega t \mathrm{d}\omega - \frac{2}{\pi} \int_0^{\infty} \frac{P_2(\omega)}{\omega} \sin \omega t \mathrm{d}\omega \\
&\leqslant \frac{2}{\pi} \int_0^{\infty} \frac{P_1(\omega)}{\omega} \sin \omega t \mathrm{d}\omega \\
&\leqslant 1.18 P_{\max}
\end{aligned}$$

相对过调量为

$$\sigma < \frac{1.18 P_{\max} - P(0)}{P(0)}$$

例如，当 $P_{\max} \leqslant \dfrac{5}{4} P(0)$ 时，则有

$$\sigma \leqslant \frac{5.9 - 4}{4} = 48\%$$

　　在工程中，我们常习惯用一些典型曲线代替实际系统的实频特性曲线，对于一般不增的正值实频特性，可以在一定近似程度上以梯形实频特性代替。对于在高频部分出现负值的实频特性来说，这种代替也是可以的。然后，对梯形特性进行计算，考虑不同的 x 利用 h 函数表列成曲线，如图 4.3.12 所示。上边长为 ω_d，下边长为 ω_n 之标准梯形，$x = \omega_d / \omega_n$。因此，可以作出 $\sigma(x)$、$\omega_n T(x)$ 曲线，如图 4.3.13 所示。

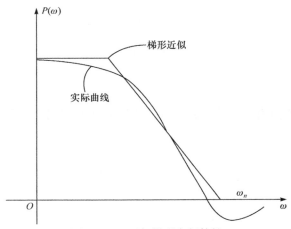

图 4.3.12　近似梯形实频特性

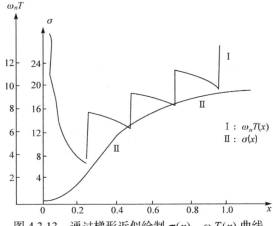

图 4.3.13　通过梯形近似绘制 $\sigma(x)$、$\omega_n T(x)$ 曲线

工程上，有时还可作出其他曲线及近似判据，这里不一一枚举①。

4.3.4　计算过渡过程之例

例 4.7　考虑一闭环系统，已知其开环特性是 $W(j\omega)$，若 $W(j\omega)=U(\omega)+jV(\omega)$，根据表 4.3.2 所示，求闭环系统在单位阶跃作用下之过渡过程？

表 4.3.2　不同 ω 值下 $U(\omega)$、$V(\omega)$ 的值

W	0	0.5	2	4	5	7	8	10	13	15
$U(\omega)$	100	7.5	−1.5	−1.43	−1.1	−0.74	−0.6	−0.45	−0.24	−0.06
$V(\omega)$	0	−34	−9.5	−1.74	−1.02	−0.33	−0.29	−0.21	−0.06	−0.01

应用公式

$$P=\frac{(1+U)U+V^2}{(1+U)^2+V^2}$$

可以求得 $P(\omega)$ 之数据，见表 4.3.3。

表 4.3.3　不同 ω 值下 $P(\omega)$ 的值

W	0	0.5	2	4	5	7	8	10	13	15
$P(\omega)$	0.99	0.98	1	1.135	1.1	0.13	−0.5	−0.76	−0.32	−0.06

其曲线如图 4.3.14 所示。可以看出，用三个梯形可以大致逼近这一特性，其中第一个梯形是 $r_{01}=188,\omega_{d1}=4.8,\omega_{n1}=8.6,x=0.56$；第二个梯形是 $r_{02}=0.14,\omega_{d2}=2,\omega_{n2}=3.6,x=0.56$；第三个梯形是 $r_{03}=0.75,\omega_{d3}=11.4,\omega_{n3}=14,x=0.815$。若此三个梯形对应的过程是 y_1,y_2,y_3，则过渡过程为

$$y(t)=y_1(t)-y_2(t)-y_3(t)$$

由于三个典型梯形之下底相差不大，因此我们取相同的时间，如表 4.3.4 所示。对应的过渡过程曲线如图 4.3.15 所示。

表 4.3.4　过渡过程数据的计算表格

	t	0.05	0.1	0.2	0.3	0.4	0.5	0.6	0.8	1.0	1.2	1.4	1.6	2.0	2.5	2.8	3.2	3.6	4.0
x 0.56	8.6t	0.43	0.26	1.72	2.58	3.44	4.3	5.16	6.88	8.6	10.3	12.0	13.8	17.2	21.5	24.1	27.6	31.0	34.4
	y_1	0.37	0.73	1.41	1.88	2.10	2.14	2.06	1.84	1.79	1.87	1.88	1.88	1.88	1.88	1.88	1.88	1.88	1.88
x 0.56	3.6t	0.18	0.36	0.72	1.08	1.44	1.8	2.16	2.98	3.6	4.32	5.04	5.76	7.2	9.0	10.1	11.5	13.0	14.4
	y_2	0.013	0.027	0.043	0.071	0.95	0.109	0.12	0.15	0.16	0.16	0.15	0.15	0.14	0.13	0.14	0.14	0.14	0.14

---

① 工程上根据经验利用简单的实频特性，依据公式计算出的 σ 与 $\omega_n T$ 本身具经验近似特征。这些特征并不能从数字上严格证明或推演，有时甚至无法加以解释。今天应用计算机计算时的一些列表均放在对应的数据库中。

续表

t		0.05	0.1	0.2	0.3	0.4	0.5	0.6	0.8	1.0	1.2	1.4	1.6	2.0	2.5	2.8	3.2	3.6	4.0
x 0.82	$14t$	0.7	1.4	2.3	4.2	5.6	7	8.4	11.2	14	16.8	19.6	22.4	28	35	39.2	44.8	50.4	56
	y_3	0.33	0.54	0.85	0.86	0.73	0.68	0.72	0.78	0.72	0.76	0.75	0.75	0.75	0.75	0.75	0.75	0.75	0.75
	y	0.03	0.12	0.51	0.95	1.27	1.35	1.22	0.91	0.91	0.95	0.98	0.98	0.99	1.00	0.99	0.99	0.99	0.99

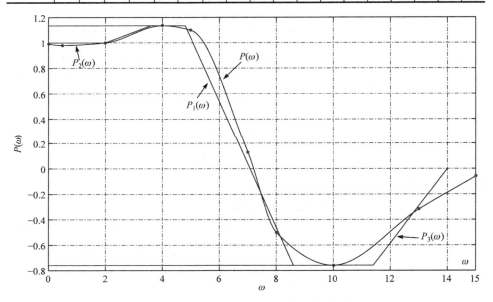

图 4.3.14　系统实频特性 $P(\omega)$ 及近似梯形图

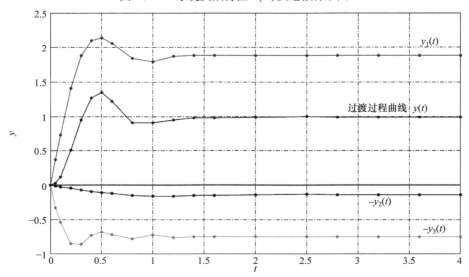

图 4.3.15　系统过渡过程曲线

由此可知，过渡过程时间 $T = 1s$，过调量 $\sigma < 36\%$。

4.4　调节系统的校正综合

4.4.1　综合的基本思想

在 4.2 节，我们讨论过利用串联镇定的方法使系统在具有一定放大系数前提下具有较好的稳定性。这种比较积极的思想也可以用来研究具有一定品质要求的问题。已知系统的过程与闭环实频特性有关，而闭环实频特性又由开环频率特性确定，因此我们应设法设计开环频率特性以达一定的品质要求。这种工作通常称为对系统进行综合。

在设计一个自动控制系统的过程中，通常需要完成以下任务。

(1)明确系统的任务，并提出符合此任务的品质指标及要求。

(2)在现有技术条件下，考虑系统中的物理特征选择合适的元件(测量元件、执行机构、中间放大等)确定其结构与参数(可以用理论分析，也可以用实验方法)。

(3)确定上述部件之传递函数或频率特性曲线。

(4)选择合适的传递函数或频率特性，使整个系统的过渡过程满足品质指标；系统的传递函数分子分母之阶次应尽量低，或者其频率特性曲线充分接近一些简单元件之特性。

(5)确定系统中的校正元件，以近似实现上述校正机构之传递函数与频率特性。

(6)确定整个系统频率特性(理论、实验或二者结合)，对系统之过渡过程进行分析，验证系统是否满足品质要求。有时我们也可以建立上述系统之近似模拟系统，然后在模拟计算机上进行计算，观察过渡过程或分析当下照片。此时，模拟校正元件部分的参数应选择是可变的，利用它可以找到比较好的参数。

从控制系统动力学理论的角度出发，我们的任务可归结如下。

(1)按系统的品质要求建立符合品质要求的总开环频率特性曲线,称为建立预期特性的工作。

(2)按照预期特性和系统中已给部分的频率特性确定系统中校正元件的频率特性曲线。这种校正元件可以是串联的、反馈式的，也可以二者都有。

(3)对设计好的系统进行理论分析，建立其过渡过程曲线，以验证系统的品质。

利用系统的对数频率特性研究问题有很大的方便，以后我们将以此为工具。

　　一个设计好的控制系统的模型如图 4.4.1 所示，其中 W_Ω 是控制对象的传递函数，通常它是不充许改变的；W_s 是系统中其他不可改变的部分；W_d 是串联校正装置的传递函数；H 是反馈校正装置之传递函数。这两部分是控制工程师可以变动的部分，我们的任务就是按系统的品质指标与不可变部分之特性 W_Ω 与 W_s 确定校正回路之特性 W_d 与 H。

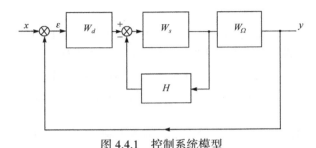

图 4.4.1　控制系统模型

　　一般，我们对调节系统所提的指标如下。

（1）无差阶数 v 与开环总放大系数 K。

（2）过渡过程时间 T。

（3）过调量 σ。

（4）系统被调量之变化加速度具有的限制，即 $|\ddot{y}| < a_{\max}$。

（5）高频段的抗干扰要求，即要求开环辐频特性在高频时具有充分小的分贝。

4.4.2　最佳过渡过程及对应传递函数与频率特性

　　实际的控制系统对控制对象的输出，即被控制量的二次导数有一定限制，例如，在飞行器的飞行中，加速度过大会出现过载。过载的发生对人与仪器都会产生严重的影响。在另一些控制对象中，由于功率的限制，被控制量改变加速度也不得不具有一定的限制。此类限制通常归结为要求输出 $y(t)$ 满足不等式，即

$$|\ddot{y}| < a_{\max} \tag{4.4.1}$$

　　我们将研究在式（4.4.1）之限制下，输出 y 由 $y(0) = 0$ 出发进入 $y(t) = y(\infty)$ 的最佳过程。这一过程最好没有过调，并且过渡过程时间最小。确定最佳过程以后，我们要确定实现这个过程的传递函数与频率特性，并称这样的传递函数与频率特性是最佳的传递函数与最佳特性。

　　不难看出，此过程开始时应以最大加速度 $a_{\max}$ 从原有状态起动，显然有

$$x(t) = \frac{1}{2} a_{\max} t^2, \quad a \leqslant t \leqslant t_1 \tag{4.4.2}$$

令此段过程继续至 $t = t_1$，此时 $x(t_1) = \dfrac{1}{2} a_{\max} t^2$。考虑式(4.4.1)之对称性，若设系统在 $t = t_{\min}$ 时达到 $y = y(\infty), \dot{y} = 0$，则此过程之最后一段应以最大减速度 $-a_{\max}$ 进行制动。由此可知，最后一段方程应为

$$y(t) = y(\infty) - \frac{1}{2} a_{\max} \left(t - t_{\min} \right)^2 \tag{4.4.3}$$

设 $t_{\min} = 2t$，我们证明，由上述冲刺一半，制动一半的过程是最速的。由于初始条件是 $y(0) = \dot{y}(0) = 0$，则对应最优过程(图 4.4.2)为

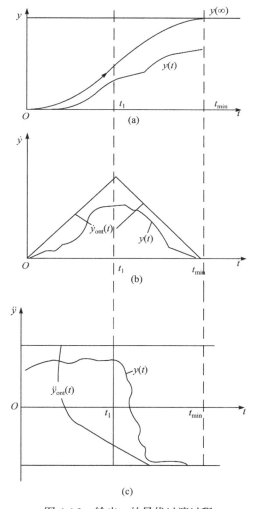

图 4.4.2　输出 y 的最优过渡过程

$$y_{\text{opt}}(t) = \frac{1}{2} a_{\max} t^2, \quad 0 \leqslant t \leqslant \frac{1}{2} t_{\min} \tag{4.4.4}$$

$$y_{\text{opt}}(t) = y(\infty) - \frac{1}{2} a_{\max} (t - t_{\min})^2, \quad \frac{1}{2} t_{\min} \leqslant t \leqslant t_{\min} \tag{4.4.5}$$

现设任意过程 $y(t)$ 有 $y(0) = 0, y(t_{\min}) = y(\infty), \dot{y}(0) = 0, \dot{y}(t_{\min}) = 0$，则 y 亦应具有限制 (4.4.1)，$\dot{y}(t)$ 曲线一定在 $\dot{y}_{\text{ont}}(t)$ 之下。因此，$\dot{y}(t)$ 在 $[0, t_{\min}]$ 之积分一定小于 $y(\infty)$，任何满足式 (4.4.1) 的过程若在 $t_{\min}$ 时有 $\dot{y}(t_{\min}) = 0$，则有

$$y(t_{\min}) \leqslant y(\infty)$$

由此可知，$y_{\text{opt}}(t)$ 是最佳的。

由此可知，最佳过程的表达式为

$$\begin{aligned}
y_{\text{opt}}(t) = &\frac{1}{2} a_{\max} t^2 I(t) - a_{\max}(t - t_1)^2 I(t - t_1) \\
&+ \frac{1}{2} a_{\max}(t - 2t_1)^2 I(t - 2t_1)
\end{aligned} \tag{4.4.6}$$

其中，$I(t)$、$I(t - t_1)$ 与 $I(t - 2t_1)$ 均发生在 0、t_1 与 $2t_1$ 的单位阶跃函数。

对应式 (4.4.6) 之拉普拉斯变换为

$$\begin{aligned}
Y_{\text{opt}}(s) &= \int_0^{t_1} \frac{1}{2} a_{\max} t^2 \mathrm{e}^{-st} \mathrm{d}t \\
&\quad + \int_{t_1}^{2t_1} \left[y(\infty) - \frac{1}{2} a_{\max}(t - 2t_1)^2 \right] \cdot \mathrm{e}^{-st} \mathrm{d}t \\
&\quad + \int_{2t_1}^{+\infty} y(\infty) \mathrm{e}^{-st} \mathrm{d}t \\
&= \frac{a_{\max} - 2 a_{\max} \mathrm{e}^{-t_1 s} + a_{\max} \mathrm{e}^{-2t_1 s}}{s^3}
\end{aligned} \tag{4.4.7}$$

考虑 $y(\infty) = a_{\max} t_1^2$ 由此可知，闭环传递函数为

$$\Phi_{\text{opt}}(s) = \frac{a_{\max}}{y(\infty)} \frac{1 - 2\mathrm{e}^{-t_1 s} + \mathrm{e}^{-2t_1 s}}{s^2}$$

其对应之开环传递函数为

$$W_{\text{opt}}(s) = \frac{\Phi_{\text{ont}}}{1 - \Phi_{\text{ont}}}$$

$$= \frac{a_{\max} \left(1 - 2e^{-t_1 s} + e^{-2t_1 s}\right)}{y(\infty)\left[s^2 - \dfrac{a_{\max}}{y(\infty)}\left(1 - 2e^{-t_1 s} + e^{-2t_1 s}\right)\right]} \tag{4.4.8}$$

由式(4.4.8)可以看出，开环传递函数是一个超越函数，因此企图以常系数线性系统实现这个系统是完全不可能的。近代最优控制理论说明，这种系统的实现在一般情况下必须应用非线性反馈，因此实现这种系统已经远远超出我们课程的范围。确切地说，对此类系统应用传递函数与频率特性的工具，已经不能在我们前面提供的理论框架内进行讨论，但在工程上为了作为某些最佳系统的参考，我们仍以式(4.4.8)定义的传递函数来研究线性系统，并把这种传递函数作为一种最佳的传递函数来对待。

如果以 $s = j\omega$ 代入式(4.4.8)，则有最优频率特性，即

$$\begin{aligned} W_{\mathrm{opt}}(j\omega) &= \frac{1 - 2e^{-t_1 \omega j} + e^{-2t_1 \omega j}}{t_1^2\left[-\omega^2 - \dfrac{1}{t_1^2}\left(1 - 2e^{-t_1 \omega j} + e^{2t_1 \omega j}\right)\right]} \\ &= \frac{\left(1 - e^{-\lambda j}\right)^2}{-\lambda^2 - \left(1 - e^{-\lambda j}\right)^2}, \quad \lambda = t_1 \omega \end{aligned} \tag{4.4.9}$$

由此就有

$$\begin{cases} P_{\mathrm{opt}}(\lambda) = \dfrac{1 - 2\cos\lambda + \cos 2\lambda}{-\lambda^2} \\ Q_{\mathrm{opt}}(\lambda) = \dfrac{2\sin\lambda - \sin 2\lambda}{-\lambda^2} \end{cases} \tag{4.4.10}$$

对于 $L_m \left|W_{\mathrm{opt}}(j\omega)\right| = 0$ 的点，相当于对应 $P(\omega) = \dfrac{1}{2}$ 点，因此讨论式(4.4.9)之对数辐频特性 $L_m \left|W_{\mathrm{opt}}(j\omega)\right|$ 时，可知其截止频率满足下式，即

$$1 + \frac{1}{2}\lambda^2 - 2\cos\lambda + \cos 2\lambda = 0$$

该超越方程有一近似解是 $\lambda = 1$，这是由于 $\cos 1 = 0.5398, \cos 2 = -0.4173$，由此

$$1 + \frac{1}{2}\lambda^2 - 2\cos\lambda + \cos 2\lambda = 1.5 - \left[0.4173 + 1.0796\right]$$

$$= 0.003 \approx 0$$

由此可知，对最佳频率特性来说

$$\left(\omega_c\right)_{\text{opt}} = \frac{1}{t_1} = 2/t\min \tag{4.4.11}$$

对应最优特性之图如图 4.4.3 所示。可以看出，对应截止频率附近对数幅频特性之下降率是 –20dB/10 倍频。

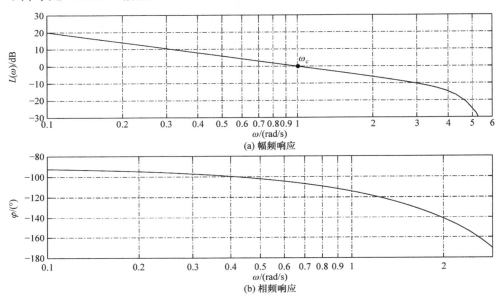
(a) 幅频响应

(b) 相频响应

图 4.4.3　最优幅频和相频特性曲线

　　上述最佳系统的讨论虽然不能用常系数线性系统直接实现，但它对设计常系数线性系统有如下指导意义。

　　(1) 在常系数线性系统设计时，截止频率处对数特性斜率应与最佳特性相近。

　　(2) 在加速度被式 (4.4.1) 限制下，系统之最速时间应为

$$t_{\min} = 2\sqrt{\frac{y(\infty)}{a_{\max}}} \tag{4.4.12}$$

截止频率应为

$$\left(\omega_c\right)_{\text{opt}} = \sqrt{\frac{a_{\max}}{y(\infty)}} \tag{4.4.13}$$

可取在有式 (4.4.1) 限制时线性系统的设计，即取为截止频率的上界。

　　如果在设计系统时，我们没有式 (4.4.1) 的限制，则对应截止频率的选取可以不考虑

$$\omega_c \leqslant \left(\omega_c\right)_{\text{opt}} \tag{4.4.14}$$

4.4.3　预期频率特性的建立

在设计控制系统时，我们总是先设计这样一种频率特性，使对应频率特性的系统具有事前要求的品质，我们称这一频率特性为预期频率特性。求出预期频率特性后，我们根据系统不变部分的特性就可以求出系统校正部分的频率特性了。

在控制系统中，品质要求之间有时会出现一种相互矛盾的情形，因此预期特性应是一种相互折中的方案。在建立预期特性的工作中，我们应该抱着解决问题的态度而不能追求数学形式上的严整。应用预期特性综合系统的方法本质上是一种工程上的计算方法，它在数学上是不严格的，但由于十分方便而为控制工程师乐于使用。在使用这种方法时工程师需要考虑各种近似做法与经验。

一般绘制预期特性时，我们把整个频带分成高频区、中频区与低频区三个频带，在这三个频带先把预期特性作出来，然后再将其连接起来。无论是设计各频带上的特性，还是连接各频带的特性，我们都必须使校正机构之传递函数之分子分母具有较低的阶次，即使校正装置有简单的形式。

建立预期特性的步骤如下。

(1) 预期特性的低频部分主要按照系统的无差阶数 v 与开环总放大系数 k 建立，实际上低频段预期特性的近似直线应该是 $L_m \left| \dfrac{k}{(\mathrm{j}\omega)^v} \right|$，即它或它的延长线与 $\omega = 1$ 交点处之分贝数是 $20 \lg k$，而斜率是 $-20v$ dB/10 倍频的直线。

(2) 预期特性的高频部分，通常选为原系统不可变部分频率特性之高频部。这样做主要有以下几点根据。

① 可以使校正机构比较简单。

② 高频段一般对系统的品质影响较小，在设计这一部分时可以不必太考究。

有时为了压低系统中可能出现的高频扰动，希望对高频部分有一定要求。例如，要求频率在 $\omega = \omega^*$ 以上，系统开环部分压低干扰至 $\dfrac{1}{M}$，则我们有

$$\left| W_*(\mathrm{j}\omega) \right| < \frac{1}{M}, \quad \omega \geqslant \omega^*$$

或两边取对数有

$$L_m \left| W_*(\mathrm{j}\omega) \right| < -20 \lg M, \quad \omega \geqslant \omega^* \tag{4.4.15}$$

即在高频段的 $\omega \geqslant \omega^*$ 范围内，应将预期特性压低到 $-20 \lg M$ 分贝以下。

通常设计调节系统时，高频部分一般是不太关心的，并且由于系统的不变部分通常总具有较好的抗干扰性质(低通滤波性质)，因此上述抗干扰要求一般也不提出。

(3) 预期特性的中频段主要反映系统的稳定性与品质,例如过渡过程时间与过

调量，这可归结如下。

① 根据系统对加速度的限制，求其最快的过渡过程时间 t_{min}，然后利用 t_{min}，求出最佳辐频特性的截止频率 $(\omega_c)_{opt}$，并以此作为预期特性截止频率之上界。

② 将图 4.4.4 所示的梯形特性作为一种典型的实频特性曲线，对不同的 $\lambda = \dfrac{\omega_b}{\omega_n}, x_a = \dfrac{\omega_a}{\omega_b}, x = \dfrac{\omega_d}{\omega_n}, P_{max}$ 作出对应过渡过程曲线，从而确定过调量 σ 与过渡过程时间 T，如果让 P_{max} 固定，则 σ 与 T 是 λ, x_a, x 的函数。对应 $\sigma, T\omega_c$ 之最大值是 P_{max} 的函数，我们把这样的函数用图表作出来，如图 4.4.5 所示。图 4.4.5 的子图都有两条曲线，一条曲线是 $\sigma_{max} = f(P_{max})$，表示在实频特性具最大值 P_{max} 下对一切 λ, x_a, x 出现过调的最大值；另一条曲线是 $(\omega_c T)_{max} = f(P_{max})$，表示在同样 P_{max}，可能出现的最大的 $(\omega_c T)_{max}$。这两条曲线已经由前人像建立函数表一样准确地作了出来，我们直接查用就可以。如果系统的过调量与过渡过程时间已知，则我们按过调量要求找出对应的 P_{max} 数值，可求得对应的 $\omega_c T$，然后按过渡过程时间 T 即可确定 ω_c 作为预期特性截止频率的下界，即

$$(\omega_c)_{T\,max} \leqslant \omega_c \leqslant (\omega_c)_{opt} \tag{4.4.16}$$

区间之左端保证过渡过程时间可以满足要求，区间之右端保证加速度限制得到满足。如果出现 $(\omega_c)_{T\,max} > (\omega_c)_{opt}$ 的情形，则要求选择 $\omega_c < (\omega_c)_{opt}$。

中频区截止频率 ω_c 附近对数特性斜率按最佳特性和稳定裕度要求，斜率选成是 $-20\text{dB}/10$ 倍频程。

图 4.4.5 是按如图 4.4.4 所示的典型梯形作出的。当然，一般设计的系统的实频特性不可能具有图 4.4.4 的形式。由于我们是在对系统进行设计，因此以上述这种方法作为一种选取截止频率的参考仍然是可以的。

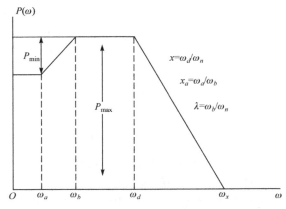

图 4.4.4　典型梯形特性曲线

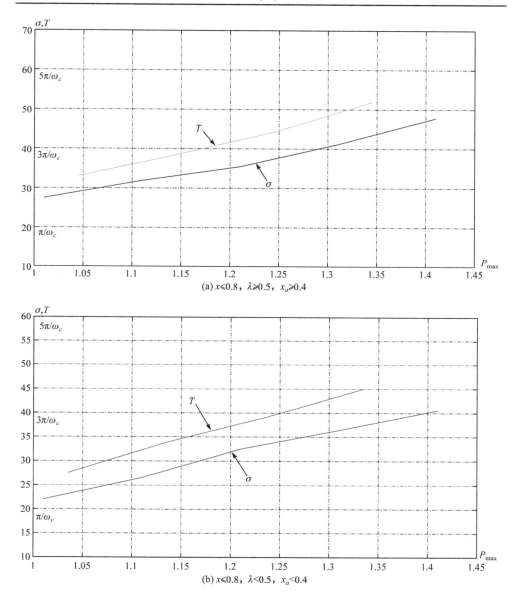

(a) $x \leqslant 0.8$，$\lambda \geqslant 0.5$，$x_a \geqslant 0.4$

(b) $x \leqslant 0.8$，$\lambda < 0.5$，$x_a < 0.4$

图 4.4.5　过调量 σ 与过渡时间 T 的曲线

(4) 在将预期特性之低频、中频与高频避以直线作出以后，我们用尽量简单的方法将其连接起来。在连接的过程中，我们需要验证 P_{max} 是否超出了原定的数值，即按给定的 σ_{max} ，求出对应的 P_{max} ，然后利用近似关系，即

$$P_{min} = 1 - P_{max} \tag{4.4.17}$$

求出 P_{max}。由对数坐标下的实频等值曲线(图 4.4.6)可知，$P \leqslant P_{min}, P \geqslant P_{max}$ 的曲线一定落在图中小方块之内，设小方块由

$$L_1 \geqslant L_m(\omega) \geqslant -L_1, \quad |\gamma| \leqslant r_0 \tag{4.4.18}$$

构成，因此作预期特性时，凡对应 $|L_m(\omega)| \geqslant L_1$ 之频带，$P(\omega)$ 一定不会发生

$$P(\omega) > P_{max} \text{ 或 } P(\omega) < P_{min} \tag{4.4.19}$$

的情形，而对应 $|L_m(\omega)| < L_1$ 之频带，我们需要验证位相盈余 $\gamma(\omega)$ 是否满足

$$|\gamma(\omega)| \leqslant \gamma_0 \tag{4.4.20}$$

若满足，则式(4.4.19)不会发生，否则有可能发生，从而可能危及过渡过程的品质。一般在满足 $0 \geqslant L_m(\omega) \geqslant -L_1$ 的频带内，进行位相盈余估计的工作可以发现，在相当多的情况下，不能满足式(4.4.20)的要求。在不影响系统其他品质的前提下，可以进行校正，但是若这样的校正可能会影响到系统其他品质，一般就不去管它。

实际上，在这一段频带内，由于 $A(\omega)$ 之分贝数是负的，因此总发生在 $P(\omega) < \frac{1}{2}$ 的情形，而这样的情况往往对应 $P(\omega)$ 发生 $P(\omega) < 0$ 的情形。在这种情形下，按 $P_{min} = 1 - P_{max}$ 进行估计本身也只是一种缺少严格根据的看法，考虑有时需要估计相位盈余的频带是在较高频范围，因此这种估计有时也可以不作。

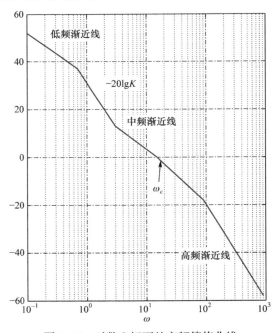

图 4.4.6 对数坐标下的实频等值曲线

对于在满足 $L_1 \geqslant L_m(\omega) > 0$ 的频带内，验证相位盈余的工作必须进行。此时，可以利用近似公式，即

$$\gamma(\omega) = \pi + \varphi(\omega)$$

$$= \pi - \frac{v\pi}{2} - \left(\frac{k\pi}{2} - \sum_{i=1}^{k} \frac{\omega_i}{\omega}\right)_{\omega \geqslant \omega_i} + \left(\frac{l\pi}{2} + \sum_{j=1}^{l} \frac{\omega_j}{\omega}\right)_{\omega \geqslant \omega_j} \qquad (4.4.21)$$

进行估值,其中 v 是无差阶数, k 与 l 是在估计点 ω 左方对数特性增大或减少–20dB/10 倍频之连接频率数。

对于 $v = 0$ 之系统，中频渐近之斜率是–20dB/10 倍频，如果直接以中频渐近线与低频渐近线相交，设连接频率是 ω_1，则有

$$\gamma(\omega) = \pi - \frac{\pi}{2} + \frac{\omega_1}{\omega} = \frac{\pi}{2} + \frac{\omega_1}{\omega}$$

由 $\frac{\omega_1}{\omega} > 0$ 可知， $\gamma(\omega) > \frac{\pi}{2}$ 一般是符合要求的，因此对 $v=0$ 之系统，这种验证会自动满足。

对于 $v=1$ 之系统，通常连接低频与中频渐近线的方法有两种：一种是以斜率为–40dB/10 倍频的直线连接，另一种是以斜率为–60dB/10 倍频的直线连接。设连接频率为 $\omega_2 > \omega_1$，则我们有在前一种情况下有

$$\gamma(\omega) = \frac{\pi}{2} + \frac{\omega_1 - \omega_2}{\omega}$$

在后一种情形下有

$$\gamma(\omega) = \frac{\pi}{2} + \frac{2(\omega_1 - \omega_2)}{\omega}$$

一般来说，在系统放大系数较大的情况下， ω_1 与 ω_2 之差较大，此时可能出现 $\gamma(\omega)$ 不合要求的情形[①]。

4.4.4 串联校正综合

上一节，我们完成了绘制预期特性的工作。在建立预期特性之后，我们的任务就是在原有系统上设计校正机构以便实现预期特性。校正综合不是为了达到一定的要求随意地改变系统，应该根据系统中的实际情况进行综合。在综合时，校正机构的选择从技术工具上看，既可以用无源网络，也可以用有源回路。从综合的方法看，既可以用串联方法，又可以用反馈综合。这一节我们主要讲述串联校

---

① 根据对系统提出的超调和过渡过程时间等品质要求建立预期频率特性是一项工程性质很强的工作。其中决定如何做主要基于实际要求和经验，而不是严格的数学理论。现代设计控制器的工作主要依据现成的软件。这里实际上提供一种建立这些软件的工程近似分析的依据。

正的方法。

研究图 4.4.7 所示的简单结构，其中 $K_\Omega W_\Omega$ 是不变部分的传递函数，是已经确定不再改变的，$k_d W_d$ 是准备用来作串联校正之传递函数。在此情况下，开环总传递函数是

$$KW(j\omega) = k_d k_m W_d(j\omega) W_\Omega(j\omega) \tag{4.4.22}$$

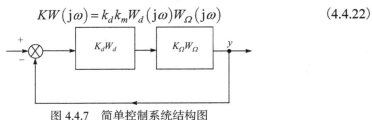

图 4.4.7　简单控制系统结构图

设

$$K_a W_d(j\omega) = K_d A_d(\omega) e^{j\theta_d(\omega)}$$

$$K_\Omega W_\Omega(j\omega) = K_\Omega A_\Omega(\omega) e^{j\theta_\Omega(\omega)}$$

由此就有

$$\begin{cases} L_m|KW| = L_m|k_d W_d| + L_m|k_\Omega W_\Omega| \\ \theta(\omega) = \theta_d(\omega) + \theta_\Omega(\omega) \end{cases} \tag{4.4.23}$$

由此可知，整个系统的开环相频及对数辐频特性分别是串联校正装置与系统不变部分的相频特性与对数辐频特性之和。基于此，可将设置串联校正装置之步骤如下。

(1) 绘制系统不变部分之对数幅频特准 $L_m|k_\Omega W_\Omega|$。

(2) 绘制预期对数幅频特性 $L_m|KW|$。

(3) 取串联校正机构之特性为

$$L_m K_d W_d = L_m KW - L_m K_\Omega W_\Omega \tag{4.4.24}$$

(4) 对应于 $L_m K_d W_d$，按已知方法用传递函数是有理函数来代替，并使分子分母次数越低越好。

(5) 作出校正系统之开环对数幅频特性与相频特性曲线，建立闭环实频特性并作出过渡过程曲线，或者进行模拟实验。

(6) 按校正装置之传递函数选定具体元件。这种元件的选取有表可查。

例 4.8　讨论一个电压调节系纯之串联校正问题。

设一电压调节器之开环传递函数为

$$W_\Omega(s) = \frac{k_1 k_2 k_3 k_4}{(T_1 s + 1)(T_2 s + 1)(T_3 s + 1)(T_4 s + 1)}$$

其中，$k_1 = 1$；$k_2 = 8$；$k_3 = 5$；$k_4 = 4$；$T_1 = 1\text{s}$；$T_2 = 0.05\text{s}$；$T_3 = 0.1\text{s}$；$T_4 = 0.002\text{s}$。

对系统所提之指标为过调量 $\sigma \leqslant 25\%$，过渡过程时间 $\tau \leqslant 1.0\text{s}$，加速度限制

$|a| \leqslant 200 \,/\mathrm{s}^2$，我们来设计此系统。

首先，由加速度限制，不难有

$$\left(\omega_c\right)_{\mathrm{opt}} = \sqrt{\dfrac{a}{y(\infty)}} = \sqrt{200} - 141/\mathrm{s}$$

然后，由图 4.4.8 可以看出，$P_{\max} = 1.2$，由此 $P_{\min} = -0.2$，并且

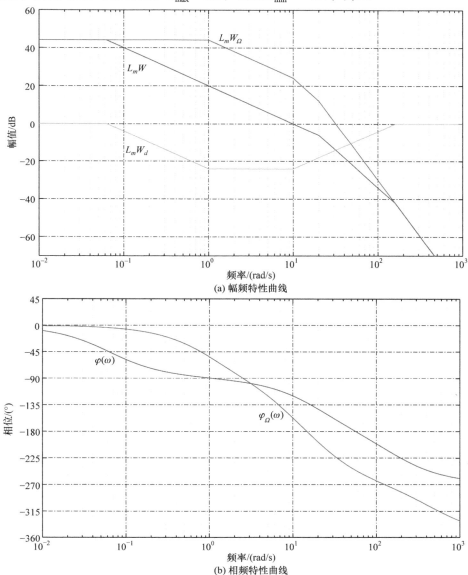

(a) 幅频特性曲线

(b) 相频特性曲线

图 4.4.8　例 4.8 的对数幅频特性和相频特性曲线

$$\omega_c = \frac{3\pi}{T} = 9.4 \approx 10$$

由此可知，选择截止频率 $\omega_c = 10\mathrm{s}^{-1}$。

由图 4.4.8 可知，对应开环特性 W_Ω 之系统是不稳定的。

为了使系统的放大系数保持不变，我们作预期特性时，低频渐近线应保持不变。它是纵坐标为 $20\lg 160 = 44.8\mathrm{dB}$ 之水平直线。预期特性之中频渐近线是经过截止频率 $\omega_c = 10$ 之直线。它与低频渐近线相交处之频率为 $\omega_2^2 = 0.063$。由于系统是有差系统，我们一般不去检验相位盈余。延长中频渐近线后，从系统原有不变部分可知，若要求校正机构尽量简单，则在 $\omega_3 = 20$ 时应使预期特性发生斜率由 $-20\mathrm{dB}/10$ 倍频向 $-40\mathrm{dB}/10$ 倍频转变。继续延长斜率为 $-40\mathrm{dB}/10$ 倍频之直线与 $L_m W_\Omega$ 相交。相交处频率为 160。在经过这一频率后，预期特性应与 $L_m W_\Omega$ 完全一致。由此，设计的系统开环传递函数变为

$$W(s) = \frac{160}{(16s+1)(0.05s+1)(0.0063s+1)}$$

对应之对数幅频特性与相频特性如图 4.4.8 所示。由此就有校正机构之传递函数，即

$$W_d(s) = \frac{(0.1s+1)(s+1)}{(16s+1)(0.0063s+1)}$$

现来检验校正后系统之过渡过程品质。首先，我们求闭环系统之实频特性。闭环系统频率特性为

$$\phi(\mathrm{j}\omega) = \frac{160}{(16\mathrm{j}\omega+1)(0.05\mathrm{j}\omega+1)(0.0063\mathrm{j}\omega+1)+160}$$

$$= \frac{160}{0.005(\mathrm{j}\omega)^3 + 0.9(\mathrm{j}\omega)^2 + 16.1(\mathrm{j}\omega) + 161}$$

对应实频特性为

$$p(\omega) = \frac{160(161 - 0.9\omega^2)}{(161 - 0.9\omega^2) + \omega^2(16.1 - 0.005\omega^2)^2}$$

其具体数据如表 4.4.1 所示。

表 4.4.1　不同 ω 值下 $P(\omega)$ 的计算结果

ω	0	1	2	3	5	7	10	13.3	15	20	20	50
$P(\omega)$	0.99	0.99	0.96	0.95	0.86	0.71	0.40	0	−0.13	−0.27	−0.19	−0.075

对应曲线如图 4.4.9 所示。我们可将其分解成两个近似梯形，即

$$P(\omega) = P_1(\omega) - P_2(\omega)$$

其中，对 $P_1(\omega)$ 有，$r_{10} = 1.26, x_1 = 0.25, \omega_{n1} = 16$；对 $P_2(\omega)$ 有，$r_{20} = 0.27, x_2 = 0.40$，$\omega_{n2} = 50$。

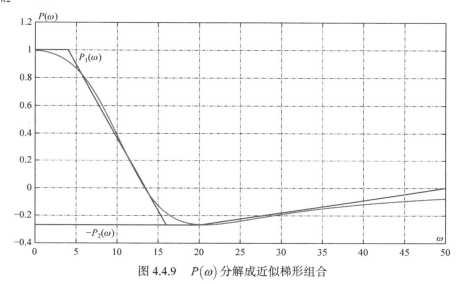

图 4.4.9　$P(\omega)$ 分解成近似梯形组合

若对应记

$$y_1 = \int_0^{\omega_{n1}} p_1(\omega) \frac{\sin \omega t}{\omega} \mathrm{d}\omega$$

$$y_2 = \int_0^{\omega_{n2}} p_2(\omega) \frac{\sin \omega t}{\omega} \mathrm{d}\omega$$

则对应之过程为 $y = y_1 - y_2$，可以应用梯形法求出之 y_1, y_2, y，如图 4.4.10 所示。其具体算表如表 4.4.2 所示。

表 4.4.2　不同 t 值下的计算结果

t	0.05	0.1	0.15	0.2	0.3	0.4	0.5	0.6	0.7	0.8	1.0	1.5
$\omega_{n1}t$	0.8	1.6	2.4	3.2	4.8	6.4	8.0	9.6	11.2	12.8	16.0	24
h_{x1}	0.312	0.591	0.810	0.958	1.066	1.046	1.024	1.026	1.022	1.006	0.995	0.998
y_1	0.39	0.75	1.02	1.21	1.34	1.32	1.29	1.29	1.29	1.27	1.25	1.26
$\omega_{n2}t$	2.5	5.0	7.5	10	15	20	25	30	35	40	50	75
h_{x2}	0.894	1.110	1.008	0.994	0.991	1.004	0.999	0.999	1.002	0.999	1.001	1.000
y_2	0.24	0.30	0.27	0.27	0.27	0.27	0.27	0.27	0.27	0.27	0.27	0.27
y	0.15	0.45	0.75	0.94	1.07	1.05	1.02	1.02	1.02	1.00	0.98	0.99

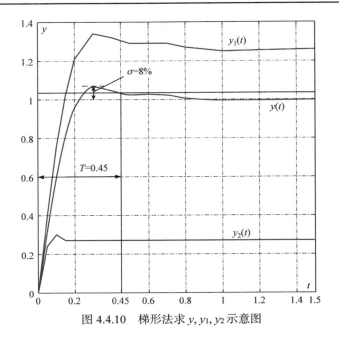

图 4.4.10　梯形法求 y, y_1, y_2 示意图

其中用到 $y_i = r_{i0} h_{xi}(t)$，于是 $y_1 = 1.26 h_{x1}$，$y_2 = 0.27 h_{x2}$

由图 4.4.10 的 $y(t)$ 可以看出，过渡过程时间 $T = 0.45\mathrm{s}$，过调量 $\sigma = 8\%$ 均合乎要求。

4.4.5　反馈校正

考虑反馈校正装置是跨接在整个开环部分上的情形，设开环原有部分之频率特性是 $K_s W_s(\mathrm{j}\omega)$，反馈校正回路的频率特性是 $K_z Z(\mathrm{j}\omega)$，如图 4.4.11 所示。

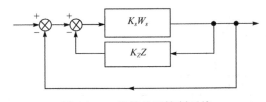

图 4.4.11　反馈校正控制系统

首选讨论跨接反馈校正以后对系统无差阶数与开环放大倍数的影响。设

$$W_s(\mathrm{j}\omega) = W_{0s}(\mathrm{j}\omega)\big/(\mathrm{j}\omega)^{v_1}$$
$$Z(\mathrm{j}\omega) = Z_0(\mathrm{j}\omega)\big/(\mathrm{j}\omega)^{v_2} \tag{4.4.25}$$

其中，$W_{0s}(0) = Z_0(0) = 1$。

显然，按传递函数运算法则，可知系统的开环传递函数为

$$KW(j\omega) = \frac{1}{1+(j\omega)^{\nu_2-\nu_1} k_z k_s Z_0 W_{0s}} \times \frac{k_s W_{0s}(j\omega)}{(j\omega)^{\nu_1}} \qquad (4.4.26)$$

由此可知，有下述几种情形。

(1) $-\nu_2 - \nu_1 > 0$ 系统 ν_1 阶无差；$K = K_s$。

(2) $-\nu_2 - \nu_1 = 0$ 系统 ν_1 阶无差；$K = \dfrac{K_s}{1+K_z K_s}$。

(3) $-\nu_2 - \nu_1 = 0$ 系统无差度低于 ν_1 阶。

由上可知，若系统无差度不降低且放大系数不损失，则应有 $\nu_2 + \nu_1 < 0$。特别是，当 $\nu_1 = 0$ 时，有 $\nu_2 \leqslant -1$，表示反馈应至少引用微商信号；当 $\nu_1 = 1$ 时，有 $\nu_2 \leqslant -2$，这表明二阶微商信号成为必须。

考虑跨接反馈后之开环频率特性，即

$$KW(j\omega) = \frac{K_s W_s}{1+k_s k_z W_s Z} \qquad (4.4.27)$$

考虑在满足不等式，即

$$\left| K_s K_z W_s(j\omega) Z(j\omega) \right| \gg 1 \qquad (4.4.28)$$

的频带 $(\omega_a, \omega_\sigma)$ 内，则我们有

$$KW(j\omega) = \frac{1}{K_z Z(j\omega)} \qquad (4.4.29)$$

取两边对数就有

$$L_m \left| KW(j\omega) \right| = -L_m \left| K_z Z(j\omega) \right| \qquad (4.4.30)$$

由此可知，在频带 $(\omega_a, \omega_\sigma)$ 内，开环对数幅频特性就是反馈对数幅频特性之负。式 (4.4.29) 表明，此频带内系统的动力学性质主要由反馈部分确定。这一特点本身就表明应用反馈校正的优点。

以下稍许定量进行讨论。

首先引进幅频圆的概念，令某开环系统的频率特性为

$$\tilde{W}(j\omega) = U + jV$$

如图 4.4.11 所示，对应闭环系统之传递函数为

$$\phi = \frac{\tilde{W}(j\omega)}{1+\tilde{W}(j\omega)}$$

若令 $|\phi| = M$，则在 U、V 平面之等 M 曲线可由方程 $V^2 + \left[U + \dfrac{M^2}{M^2-1} \right]^2 = \left[\dfrac{M}{M^2-1} \right]^2$ 表示，它是一组以 M 为参数的圆，通常称为幅频圆，如图 4.4.12 所示。

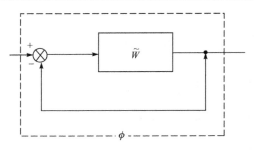

图 4.4.11

如果考虑 $\alpha = \arctan\phi$ 为参数，则有

$$\alpha = \arctan\frac{V}{U} - \arctan\frac{V}{1+U}$$

或者写为

$$\tan\alpha = \mu = \frac{\dfrac{V}{U} - \dfrac{V}{1+U}}{1 + \dfrac{V^2}{U(1+U)}} = \frac{V}{U^2 + V^2 + U}$$

由此不难看出，等 α 曲线在 U、V 平面仍是一组圆，如图 4.4.13 所示。

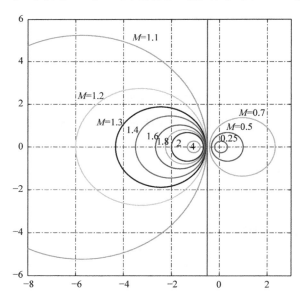

图 4.4.12 等 M 曲线

如果 $\widetilde{W}$ 以 $L_m|\widetilde{W}|$ 与 $\varphi = \arg\widetilde{W}$ 给出，则经计算在 $L_m|\widetilde{W}|$, φ 平面上等 M 与等 α 曲线如图 4.4.14 所示。

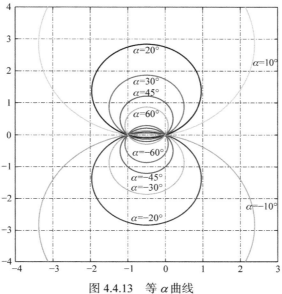

图 4.4.13　等 α 曲线

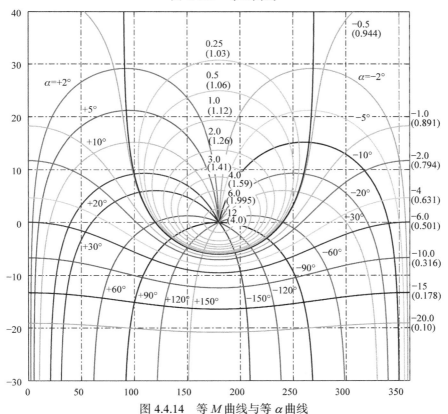

图 4.4.14　等 M 曲线与等 α 曲线

以下应用等幅值曲线讨论用反馈特性代替开环特性之误差估计问题。设 $L_m|KW|$ 与 $-L_m|K_zZ|$ 在频带 (ω_a,ω_b) 内相差不超过 $\pm\Delta L$，若记 $m=10^{\frac{\Delta L}{20}}$，则在 (ω_a,ω_b) 频带内应有

$$\frac{1}{m|K_zZ|}\leqslant\frac{|K_sW_s|}{1+K_sW_sK_zZ}\leqslant\frac{m}{|K_zZ|} \tag{4.4.31}$$

或有

$$\frac{1}{m}\leqslant\frac{|K_zK_sW_sZ|}{|1+K_sW_sK_zZ|}\leqslant m$$

若令

$$W^*=K_sK_zW_sZ, \quad \Phi^*=\frac{W^*}{1+W^*} \tag{4.4.32}$$

则式 (4.4.31) 变为

$$\frac{1}{m}\leqslant|\Phi^*|=\left|\frac{W^*}{1+W^*}\right|\leqslant m \tag{4.4.33}$$

这恰好表示若将 W^* 看作某系统之开环特性，则上述要求变为在给定 ΔL 下，求出对应之 m 值,而后要求 W^* 在 (ω_a,ω_b) 之频带内不进入辐值小于 $1/m$ 或大于 m 的辐频圆内。

对应的，我们可以在开环对数幅频与相频平面上去做。

上述这种分析主要为选取反馈装置时尽可能简单。

设系统中没有串联校正装置，待设计之系统具如图 4.4.15 所示之结构，则决定反馈校正装置传递函数之步骤如下。

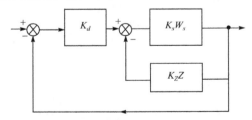

图 4.4.15　没有串联校正装置的控制系统

(1)画出系统不变部分之频率特性 $L_m|K_sW_s|$。

(2)根据规定的品质条件作出系统的预期特性 $L_m|W_*|$。在作预期特性时，高频部分可以不必准确作出。

(3)在中频区间 (ω_a,ω_b) (包括截止频率前之连接频率在内),选取反馈部分之频率特性,即

$$L_m|Z| \doteq -L_m|W_*| \qquad (4.4.34)$$

(4)验证 (ω_a,ω_b) 内是否有

$$|K_sW_sZ| \gg 1 \qquad (4.4.35)$$

成立。若不满足,则在反馈部分增加放大系数 K_z ,以便式 $(4.4.35)$ 成立。

(5)选择辅加放大 K_d ,使开环放大系数 K 达到要求。

(6)作出系统准确的频率特性,并作出闭环系统实频特性曲线,最后作出系统的过渡过程曲线。

(7)按反馈校正装置的特性,给出元件及其参数选择。我们也可以根据下式,即

$$W_* = \frac{K_sW_{s0}}{1+K_sk_zW_{0s}Z_0}$$

利用

$$W_* = \frac{\dfrac{1}{K_zZ_0}}{1+\dfrac{1}{K_zZ_0K_sW_{0s}}}$$

先作出 W_*/K_sW_s 的对数特性与相特性,然后利用等幅值与等相值曲线求出 $\dfrac{1}{K_zK_sW_{0s}Z_0}$,最后利用 $\dfrac{1}{K_zK_sZ_0W_{0s}}$ 之图形作出 K_zZ_0 之特性。

如果我们讨论的系统是既有串联,又有反馈校正装置(图 4.4.16),开环之传递函数为

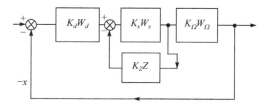

图 4.4.16 含有串联和反馈校正装置的控制系统

$$KW(\mathrm{j}\omega) = \frac{K_sW_s}{1+K_zZK_sW_s}K_dW_dK_\Omega W_\Omega$$

其对数特性为

$$L_m|KW| = L_m|K_dW_d| + Lm|K_\Omega W_\Omega|$$
$$+ L_m\left|\frac{K_sW_s}{1+K_sK_zW_sZ}\right| \tag{4.4.36}$$

系统综合的过程可归结如下。

(1) 根据给定之品质条件和系统不变部分的频率特性选择预期特性。

(2) 令

$$L_m|K_{d'}W_{d'}| = L_m|K_dW_d| + L_m\left|\frac{K_sW_s}{1+K_zZK_sW_s}\right| \tag{4.4.37}$$

此时有

$$L_m|KW| = L_m|K_{d'}W_{d'}| + L_m|K_\Omega W_\Omega| \tag{4.4.38}$$

由此 $K_{d'}W_{d'}$ 可按通常串联校正的办法求得。

(3) 用反馈校正方法确定 K_zZ ，近似实现 $K_{d'}W_{d'}$ 之中频部分，利用 K_dW_d 进行适当调整，以使 $K_{d'}W_{d'}$ 得到较好的实现。

(4) 对整个系统作出实频特性曲线与过渡过程曲线，校验其品质。

最后我们指出，在校正系统的过程中，通常串联校正机构比较简单，但由于扰动的影响，在对象特性发生变化的情况下，校正的效果不够理想，而用反馈校正由于系统动力学特性主要由反馈部分决定，因此对象的特性发生变化时，系统的动态特性不会发生太大变化，但是使用反馈校正通常总要使用比较复杂的设备而不能简单实现。

4.4.6　反馈校正之例

例 4.9　考虑一调节系统，结构图如图 4.4.17 所示。其各部分传递函数为

$$W_1 = \frac{k_1}{T_1S+1}, \quad W_2(s) = \frac{k_2}{T_2s+1}, \quad W_3 = \frac{k_3}{T_3s+1}, \quad W_4(s) = \frac{k_4}{T_4s+1}$$

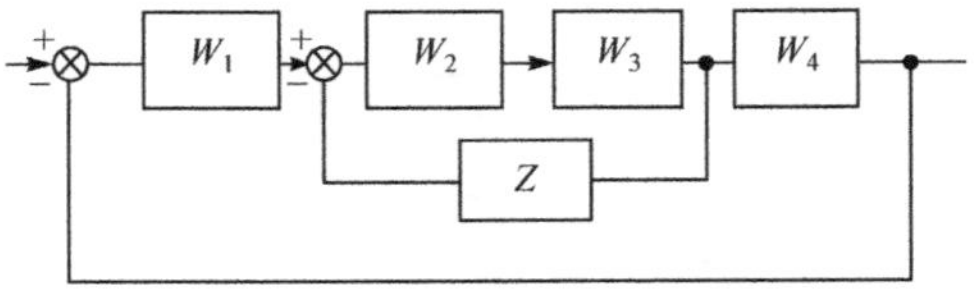

图 4.4.17　例 4.9 调节系统结构图

反馈跨接部分传递函数为

$$W_0 = \frac{k_2k_3}{(T_2s+1)(T_3s+1)}$$

系统参数是 $T_1 = 0.015\mathrm{s}$，$T_2 = 0.003\mathrm{s}$，$T_3 = 0.1\mathrm{s}$，$T_4 = 0.5\mathrm{s}$。

$$k_1 = 3, \quad k_2 = 20, \quad k_3 = 8, \quad k_4 = 1,$$

设计反馈校正 $Z(s)$，以使系统品质满足 $\sigma \leqslant 25\%$，$T \leqslant 0.7\mathrm{s}$。

设 $W(\mathrm{j}\omega)$ 表无反馈系统之开环频率特性，$W_c(\mathrm{j}\omega)$ 是校正后系统之频率特性，Z 是反馈装置之频率特性，$W_{no}(\mathrm{j}\omega)$ 是不接反馈部分之频率特性。

在满足不等式 $|W_0(\mathrm{j}\omega)Z(\mathrm{j}\omega)| \gg 1$ 的频带内，我们有

$$W_c(\mathrm{j}\omega) = \frac{W(\mathrm{j}\omega)}{W_0(\mathrm{j}\omega)Z(\mathrm{j}\omega)} = \frac{W_{no}(\mathrm{j}\omega)}{Z(\mathrm{j}\omega)}$$

或者写成对数形式，即

$$L_m W_c = L_m W - L_m W_0 - L_m Z = L_m W_{no} - L_m Z$$

计算按下述步骤进行。

(1) 建立系统预期特性之中频段。由 $\sigma \leqslant 25\%$，可知 $P_{\max} = 1.18$，对应的有 $T = \dfrac{2.8\pi}{\omega_c}$，由此截止频率 $\omega_c = \dfrac{2.8\pi}{0.7} = 12.5\mathrm{s}^{-1}$。

在建立这一段之后，预期特性之低频与高频部分，留待建立其他特性以后再考虑。

(2) 作出 $L_m W(\mathrm{j}\omega)$。其低频渐近线斜率是–20dB/10 倍频，在 $\omega = 1$ 处截距是 59.6dB，其连接频率为 $\omega_1 = 66.6$，$\omega_2 = 33.3$，$\omega_3 = 10$。

(3) 作出 $L_m|W_0|$。其低频渐近线是纵坐标为 44dB 之水平直线，其连接频率为 10 与 33.3。

(4) 作出 $L_m|W_{no}|$。其低频渐近线是斜率–20dB/倍频，在 $\omega = 1$ 处截距是 9.6dB 之直线，连接频率 66.6。

(5) 预期特性之高频部分。为结构简单取连接频率为 66.6，低频部分取连接频率为 2，然后向低频方向以–40dB/10 倍频直线向上。此时频率较低，因此可以不必具体给出。

(6) 由 $L_m|Z| = L_m|W_{no}| - L_m|W_c|$，有 $L_m|m|$ 之图形。

(7) 频带 (0.5，40) 段内 $L_m|W_0| + L_m|Z| > 20\mathrm{dB}$，满足 $|W_0 \cdot Z| > 10 \gg 1$，而此段频带恰好包含系统确定品质的主要频带，因此上述反馈装置是合理的。我们选

$$Z(s) = \frac{0.125s}{0.5s + 1}$$

其中，0.125 由 $L_m|Z|$ 在 $\omega = 1$ 处之截距算得。

全部计算如图 4.4.18 所示。

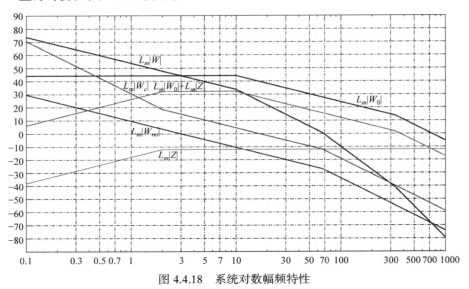

图 4.4.18　系统对数幅频特性

最后，我们确定系统之开环总传递函数，即

$$W_c(s) = \cfrac{\cfrac{480}{0.5s(0.015s+1)(0.003s+1)(0.1s+1)}}{1+\cfrac{0.125s}{0.5s+1} \cdot \cfrac{160}{(0.003s+1)(0.1s+1)}}$$

$$= \frac{960(0.5+1)}{\left[(0.5s+1)(0.003s+1)(0.1s+1)+20s\right]s(0.015s+1)}$$

闭环特性为

$$\phi_c(s) = \frac{480s+960}{s(0.015s+1)\left[20s+(0.5s+1)(0.003s+1)(0.1s+1)\right]480s+960}$$

$$= \frac{1+0.5s}{1+0.5s+0.0214s^2+0.00038s^3+1.01\times10^{-6}s^4+2.34\times10^{-9}s^5}$$

令 $s=10\lambda$ ，则有

$$\phi_c(\lambda) = \frac{1+5\lambda}{1+5\lambda+2.14\lambda^2+0.38\lambda^3+0.0101\lambda^4+2.34\times10^{-4}\lambda^5}$$

我们按 $\lambda = \mathrm{j}\tilde{\omega}$ 代入计算，其值再还原至 $s=\mathrm{j}\omega$ ，有

$$\phi_c\left(\mathrm{j}\widetilde{\omega}\right)=\frac{1+5\mathrm{j}\widetilde{\omega}}{\left(1-2.14\widetilde{\omega}^2+0.0101\widetilde{\omega}^2\right)+\mathrm{j}\widetilde{\omega}\left(5-0.38\widetilde{\omega}^2+2.34\times10^{-4}\widetilde{\omega}^4\right)}$$

由此就有

$$P_c\left(\widetilde{\omega}\right)=\frac{\left(1-2.14\widetilde{\omega}^2+0.0101\widetilde{\omega}^4\right)+5\widetilde{\omega}^2\left(5-0.38\widetilde{\omega}^2+2.34\times10^{-4}\widetilde{\omega}^4\right)}{\left(1-2.14\widetilde{\omega}^2+0.0101\widetilde{\omega}^4\right)^2+\widetilde{\omega}^2\left(5-0.38\widetilde{\omega}^2+2.34\times10^{-4}\widetilde{\omega}^4\right)^4}$$

具体数据如表 4.4.3 所示。

表 4.4.3　$P(\omega)$ 的计算结果

$\widetilde{\omega}$	0.1	0.3	0.5	0.7	1.0	1.5	2.0	2.5	3
ω	1	3	5	7	10	15	20	25	30
$P(\omega)$	1.01	1.06	1.06	1.04	0.97	0.8	0.6	0.39	0.17
$\widetilde{\omega}$	4	5	6	8	10	15			
ω	40	50	60	80	100	150			
$P(\omega)$	−0.12	−0.23	−0.24	−0.19	−0.15	−0.07			

其具体图形如图 4.4.19 所示。可以看出，它可以用三个近似梯形逼近，即
$$P(\omega)=P_1(\omega)-P_2(\omega)-P_3(\omega)$$
其中，对于 $P_1(\omega)$，$r_{10}=1.3$，$\omega_{n1}=45$，$x_1\doteq0.15$；对于 $P_2(\omega)$，$r_{20}=0.06$，$\omega_{n2}=5$，$x_2=0.2$；对于 $p_3(\omega)$，$r_{30}=0.24$，$\omega_{n3}=160$，$x_3\doteq0.45$。

设其对应的过程为 $P_1(\omega)\to y_1(t)$，$P_2(\omega)\to y_2(t)$，$P_3(\omega)\to y_3(t)$，则系统之过渡过程为
$$y(t)=y_1(t)-y_2(t)-y_3(t)$$
其具体数据如表 4.4.4 所示。其图形如图 4.4.20 所示。

表 4.4.4　系统近似梯形法的计算表格

t	0.05	0.10	0.15	0.2	0.25	0.3	0.35	0.4	0.5	0.6	0.8	1.0	1.2	1.4	1.6
$\omega_{n1}t$	2.25	4.5	6.75	9	11.25	13.5	15.75	18	22.5	27	36	45	54	63	72
h_{x1}	0.70	1.00	1.01	1.02	1.03	1.02	1.01	1.01	1.00	1.00	1.00	1.00	1.00	1.00	1.00
y_1	0.91	1.30	1.31	1.33	1.34	1.33	1.31	1.31	1.30	1.30	1.30	1.30	1.30	1.30	1.30
$\omega_{n2}t$	0.25	0.5	0.75	1.0	1.25	1.5	1.75	2.0	2.5	3.0	4.0	5.0	6.0	7.0	8.0
h_{x2}	0.09	0.19	0.28	0.36	0.45	0.55	0.62	0.68	0.80	0.89	1.01	1.04	1.04	1.02	1.02
y_2	0.00	0.01	0.02	0.02	0.03	0.03	0.4	0.04	0.05	0.05	0.06	0.06	0.06	0.06	0.06
$\omega_{n3}t$	8.0	16.0	24	32	40	48	56	64	80	96	128	160	192	224	256
h_{x_3}	0.98	1.01	100	1.00	1.00	1.00	1.00	1.00	1.00	1.00	1.00	1.00	1.00	1.00	1.00

t	0.05	0.10	0.15	0.2	0.25	0.3	0.35	0.4	0.5	0.6	0.8	1.0	1.2	1.4	1.6
y_3	0.23	0.24	0.24	0.24	0.24	0.24	0.24	0.24	0.24	0.24	0.24	0.24	0.24	0.24	0.24
y	0.68	1.05	1.05	1.07	1.07	1.06	1.03	1.03	1.01	1.01	1.00	1.00	1.00	1.00	1.00

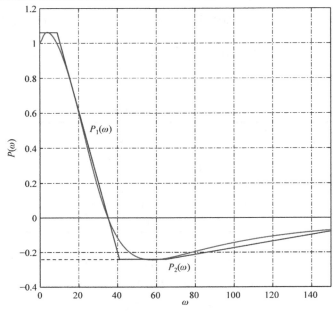

图 4.4.19 系统分解成近似梯形

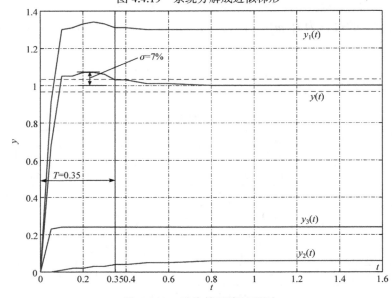

图 4.4.20 系统的过渡过程图

由此可知，过调量实际上是 $\sigma = 7\%$ ，过渡过程时间 $T \leqslant 0.35\text{s}$ 。

4.5　根轨迹法的建立与应用

近 20 年来，人们对计算与设计反馈自动控制系统研究提出很多方法。除频率法与解析方法之外，一个重要的方法是根轨迹法。根轨迹法在一定程度上可以显示出系统性能与某些参数，特别是关键性参数间的关系，但是根轨迹法却不如频率法有明确的物理意义。根轨迹法的基本思想是利用已知开环传递函数之零极点分布讨论闭环系统极点分布，从而达到研究系统稳定性及其他品质的目的。

4.5.1　根轨迹与根轨迹法的建立

根轨迹法之基础是对图 4.5.1 所示之反馈系统，在已知开环部分零极点分布的前提下，设想放大系数 K 发生变化，此时闭环系统之零点与极点均应发生变化，根轨迹法就是找到闭环极点随此放大系数变化的规律。对图 4.5.1 所示之系统，我们有

$$\phi(s) = \frac{W(s)}{1 + W(s)} \tag{4.5.1}$$

其中，ϕ 是闭环传递函数。

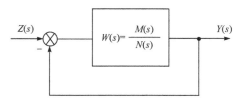

图 4.5.1　反馈系统的控制框图

如果令

$$W(s) = \frac{M(s)}{N(s)} \tag{4.5.2}$$

则有

$$\phi(s) = \frac{M(s)}{M(s) + N(s)} \tag{4.5.3}$$

由此可知，闭环系统传递函数之零点与开环系统完全相同，而其极点则不同。根轨迹法就是在已知 $M(s)$ 和 $N(s)$ 根的前提下，寻求 $M(s) + N(s)$ 之根的一种图解法。此时变化的因素一般是系统的总放大系数 K 。

例 4.10　考虑 $W(s) = \dfrac{K}{s(s+1)}$，则我们有

$$\phi(s) = \frac{K}{s^2 + s + K}$$

它的根是

$$s = -\frac{1}{2} \pm \sqrt{\frac{1}{4} - K}$$

对应之根轨迹如图 4.5.2 所示。由此可知，建立根轨迹一般应有以下三个步骤。

(1)在极点复数平面用×表示开环系统之极点，●表示开环系统之零点。

(2)根轨迹满足的方程是 $W(s) = -1$，我们把 K 看作参量，得到的曲线以 K 为参变量。

(3)沿曲线应标定 K 之数值。

由极点零点图 4.5.2 还可看到以下几点。

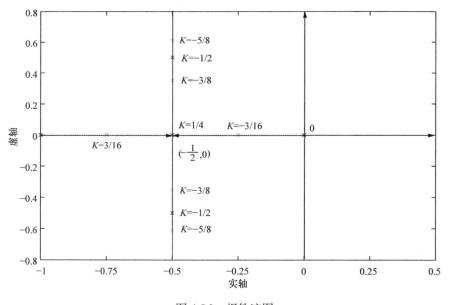

图 4.5.2　根轨迹图

(1)当 K 取正值时，系统总是渐近稳定的。

(2)在 K 增大过程中，闭环系统之相对阻尼系数 ζ 在减小，并且可按任意给定之 ζ 确定 K。

(3)在 $K > \dfrac{1}{4}$ 的情况下，系统的基本衰减情况与 K 无关。

对系统建立根轨迹图有时可以给我们不少有益的知识，但一般准确建立根轨

迹图无疑相当于在 K 变化的前提下逐个解代数方程之根。这是十分困难的任务，因此我们首先要讲述一些建立根轨迹图的近似方法。

对于一般情形，K 由 0 变至 $+\infty$ 的过程中，我们无法保证闭环系统的渐近稳定性。如果建立了 K 变化下的根轨迹图，则当根轨迹图与虚轴相交时就能得到 K 的上确界。

如果考虑图 4.5.1 所示之系统，则 $W(s) = -1$ 根轨迹方程一定满足下式，即

$$\arg W(s) = 180° + n \cdot 360° \tag{4.5.4}$$

其中，n 是非负整数。

出现 n 的原因是在复平面上 $\arg(-1) = \pi + 2n\pi$。

方程 (4.5.4) 是建立根轨迹图的一个基本方程，而 $\arg W(s)$ 对任何点 s 来说都可以比较容易地计算出来。

例如

$$W(s) = \frac{K(s + z_1)(s + z_2)}{s(s + n_2)(s + n_3)(s + n_4)}$$

则对任何一点 s_1，我们有

$$W(s_1) = \frac{k(s_1 + z_1)(s_1 + z_2)}{s_1(s_1 + n_2)(s_1 + n_3)(s_1 + n_4)}$$

考虑到图 4.5.3，我们用向量符号，则有

$$W(s_1) = K\frac{\overline{AB}}{\overline{CDEF}}$$

而

$$\arg W(s_1) = \arg \overline{A} + \arg \overline{B} - \arg \overline{C} - \arg \overline{D} - \arg \overline{E} - -\arg \overline{F}$$

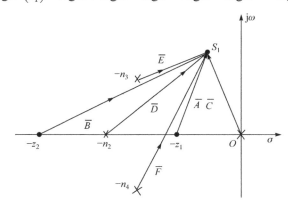

图 4.5.3　根轨迹起点和终点表示图

由此可知，根轨迹建立可以遵循下述基本方程。设 s_j 是根轨迹上之点，则有

$$\sum\Big[\arg(\text{由开环零点出发至}s_j\text{之向量})\Big]-\sum\Big[(\arg\text{由开环极点出发至}s_j\text{之向量})\Big]$$
$$=180°+n\cdot360°$$

(4.5.5)

由于根轨迹实际上是复平面上的连续曲线，因此我们显然设有必要逐点进行验证。下面基于式(4.5.5)建立作根轨迹线的重要规则。

规则 4.1 设 $W(s)=KW_0(s)$，则当 $K\to0$ 时，方程蜕化为 $W_0(s)=\infty$，由此当 $K\to0$ 时，闭环系统之极点应重合于开环系统之极点。系统之根轨迹应由开环传递函数之极点出发(当 K 由 0 增加时)。

规则 4.2 当 $K\to\infty$ 时，闭环极点满足方程

$$W_0(s)=0$$

(4.5.6)

由此可知，根轨迹在 $K\to\infty$ 时，必有一部分以开环传递函数之零点为终结点。

规则 4.3 由于 $N(s)$ 是 n 次实系数多项式，$M(s)$ 一般低于 n 次，因此系统之根迹一般有 n 条，并且关于实轴对称。

规则 4.4 如果 $M(s)$ 和 $N(s)$ 之次数分别是 m 与 n 次，$n>m$，则在 s 平面无穷远处，我们有

$$W(s)=\frac{L}{s^{n-m}}$$

(4.5.7)

由此，式(4.5.5)就可写为

$$-(n-m)\arg s=180°+l\times360°$$

(4.5.8)

或者写为

$$\arg s=\frac{180°}{n-m}-\frac{l\times360°}{n-m}$$

(4.5.9)

其中，l 是非负整数。

由式(4.5.9)可知，在 s 平面无穷远处，根轨迹线是有渐近方向的，并且由式(4.5.9)确定。当 K 取有限值时，根轨迹只在 S 平面之有限处，因此由式(4.5.9)确定的 $n-m$ 个渐近方向实际上是 $K\to+\infty$ 时根轨迹的 $n-m$ 个渐近方向(另有 m 个以系统开环传递函数之 m 个零点为终结点)。

如果 $n-m=3$，则渐近方向应为 60°、180°、300°。

如果令

$$\frac{M(s)}{N(s)}=K\frac{1+a_1s+\cdots+a_{2n}s^{2n}}{1+b_1s+\cdots+b_ns^n}$$

应用除法，可以有确定根轨迹之方程，即

$$-K = \frac{b_n s^n + b_{n-1} s^{n-1} + \cdots + b_1 s + 1}{a_m s^m + a_{m-1} s^{m-1} + \cdots + a_1 s + 1}$$

$$= \frac{b_n}{a_m} s^{n-m} + \frac{1}{a_m} \left(b_{n-1} - b_n \frac{a_{m-1}}{a_m} \right) s^{n-m-1} + \cdots \tag{4.5.10}$$

如果 s 充分大，则式(4.5.10)之右端就是具有零点和是 $-\frac{1}{b_n} \left(b_{n-1} - b_n \frac{a_{m-1}}{a_m} \right)$ 之 $n-m$ 次方程，由此渐近线应交于下点，即

$$s_1 = \frac{-\left(\frac{b_{n-1}}{bn} - \frac{a_{m-1}}{a_n} \right)}{n-m} \tag{4.5.11}$$

或者写为

$$s_1 = \frac{\sum 极点和 - \sum 零点和}{极点数 - 零点数} \tag{4.5.12}$$

上式极点，零点均对开环传递函数而言。

规则 4.5 根轨迹在实轴和虚轴上的情形。

实轴上一段根轨迹可由(4.5.5)确定，此时我们有 $s = \sigma$，那么任何一对共轭零点或共轭极点，可能构成之向量 $\sigma + z_i, \sigma + p_j$ 之辐角和应为零。由此 $\arg W(\sigma)$ 只可能由位于实轴上 $W(s)$ 之零点和极点形成。考虑任何实轴上的点 σ，则一切位于其左方之零点和极点构成向量之辐角为零，其右方之零点和极点构成向量之辐角应为 π。由此可知，根迹实轴上应是这样的一些区间，其左右端点是开环系统之零点和极点，但其右端点必是由右向左数，开环系统的第奇数个零点和极点。

根轨迹一般不会占虚轴上的一段区间，但根轨迹与虚轴之交点可以通过

$$W_0(j\omega) = \frac{1}{k}$$

求得，此既可以通过作 D 域划分曲线得到，也可以通过赫尔维茨判据中最大行列式 $\Delta_n = 0$ 得到。

规则 4.6 进入角与出发角。

以前我们已知根轨迹，由开环传递函数极点出发，并以其零点为终结点。我们指出，利用式(4.5.5)不难算出在从这些点出发或进入这些点之辐角。例如，按图 4.5.4 所示之分布，我们希望确定点 $-1+j$ 处之出发角，$-1+j$ 之处出发角是 θ_1，接近 $-1+j$ 之点为 s，则有

$$\arg(s+2) - \arg(s+3) - \theta_1 - \arg(s+1+j) - \arg s = 180° + n \cdot 360°$$

由于 $\arg(s+2) \doteq 45°$，$\arg(s+1+j) \doteq 90°$，$\arg(s+3) = \arctan \frac{1}{2} = 26°36'$, $\arg s \doteq$

135°，因此有

$$\theta_1 = 45° - 26°36' - 135° - 90° - 180° - n360° = -26°36'$$

相应地我们可求根轨迹之进入角，如图 4.5.5 所示。

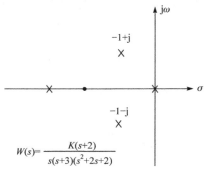

$$W(s) = \frac{K(s+2)}{s(s+3)(s^2+2s+2)}$$

图 4.5.4　控制系统的根轨迹图

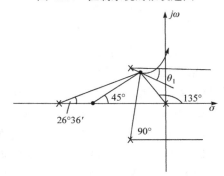

图 4.5.5　根轨迹的进入角与出发角

规则 4.7　根轨迹与实轴之交点。

如图 4.5.6 所示，开环之极点 0，-1，-2 在实轴上一段根迹应是连接 0 与-1 两点的线段。如图 4.5.7 所示设在 $-\alpha$ 这一点由实轴向两边展开，考虑由 $-\alpha$ 根轨迹向上一小段的点 s_1 与实轴距离为 ε ，可知 $\theta_1 + \theta_2 - \theta_3 = 0$ 。由此就有

$$\frac{\varepsilon}{2-\alpha} + \frac{\varepsilon}{1-\alpha} - \frac{\varepsilon}{\alpha} = 0$$

或者写为

$$\frac{1}{2-\alpha} + \frac{1}{1-\alpha} - \frac{1}{\alpha} = 0$$

由 α 满足 $\alpha^2 - 2\alpha + \frac{2}{3} = 0$ ，则可知 $\alpha = 0.423$ 。

如果开环传递函数有复极点，则计算就比较复杂。可以看出，以图 4.5.8 所示之标记由 $-\alpha$ 运动至 s_1 ，复极点 $-\alpha' + \mathrm{j}\beta$ 引起的角度增量是 $\frac{2\varepsilon p}{\alpha \beta^2} + p^2$ ，其中 $p = \alpha - \alpha'$ 。

应用这个量代入前述估计方法，仍可求出 α。

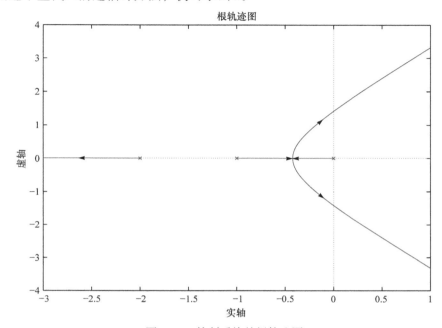

图 4.5.6　控制系统的根轨迹图

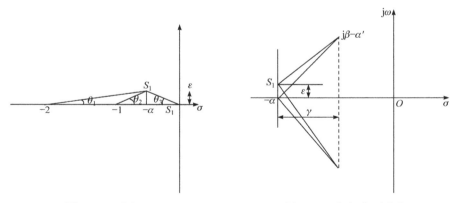

图 4.5.7　确定 α　　　　　　　　图 4.5.8　复极点下确定 α

规则 4.8　根迹与虚轴相交。

讨论 K 增大对稳定性的影响，这表明在 $K>0$ 但较小时对应系统是稳定的，这样首先实现根迹与虚轴相交的 K 即临界放大系数，代数理论中知道系统由稳定而进入临界情况，则最大的赫尔维茨行列式应为零，于是可利用此确定临界的 K。

规则 4.9　根迹之和与积。

根迹是多项式 $M(s)+N(s)$ 零点之几何位置，如果 $M(s)+N(s)$ 次数为 n，且

s^n 之系数为 1，则 s^{n-1} 之系数与多项式零点之和反号；如果 $-\dfrac{M(s)}{N(s)}$ 至少有两重零点在无穷远点，则 s^{n-1} 之系数与 K 无关。由此可知，对同样的 K，$M(s)+N(s)$ 零点之和将为常数。

由于根轨迹位置是 $M(s)+N(s)=0$ 之根，因此根之积总应是 $M(s)+N(s)$ 之常数项，若 $N(s)$ 有零点，则 $-M(s)+N(s)$ 之常数项与 K 成正比。由此可得，根轨迹之积与 K 成正比。

4.5.2　建立根轨迹图之例

应用前述规则，下面研究两个例子

例 4.11　考虑开环传递函数 $W(s)=\dfrac{K}{s(s+1)(s+2)}$ 之系统的根轨迹图。显然，根轨迹图满足 $s^3+3s^2+2s+K=0$

我们可按下述步骤作其根轨迹图

（1）根轨迹由 0，-1，-2 三点出发。

（2）所有根轨迹均以无穷远为终结。三个渐近方向是 60°，$-60°$，180° 之射线方向，渐近线交点是 -1。

（3）应有三条根轨迹。

（4）对任何 K 在实轴上必有一个根点，其余两点均为实数或成对复共轭。

（5）根轨迹在实轴上由 $(0,-1)$，$(-2,-\infty)$ 构成、它们由 0，-1，-2 出发，箭头方向表示 K 增大方向。

（6）根轨迹与虚轴交点应满足 $K=6$，此时我们有 $s^3+2s^2+2s+6=0$，对应 $(s+3)(s^2+2)=0$，由此交点在 $\pm\sqrt{2}j$。

（7）因开环无复零点与复极点，因此可不讨论关于进入角与出发角的问题。由前已知在 $(0,-1)$ 之根轨迹在 $-\alpha=-0.423$ 处离开实轴。

（8）由于从 -2 出发之根轨迹图应沿 K 之增加而单调运动至 $-\infty$，根轨迹由 -0.423 离开后应只向右转而不允许发生左拐运动。由根轨迹之和为 -3，可知在一个根轨迹上找到一点，即能找出在同样 K 下，另外根轨迹之对应点。例如，两个根轨迹交虚轴时，另一根点在 -3 点；又如，两个根轨迹由 -0.423 离开实轴时，另一根点应在 -2.154，如此等等。

（9）由于三根之积应为 $-K$，因此可求出沿根轨迹之 K 值。

上述例子说明，应用前述规则可以大体上基本解决问题，在系统更复杂情况下会遇到更多困难，对应此例之根轨迹图如图 4.5.9 所示。

根轨迹图

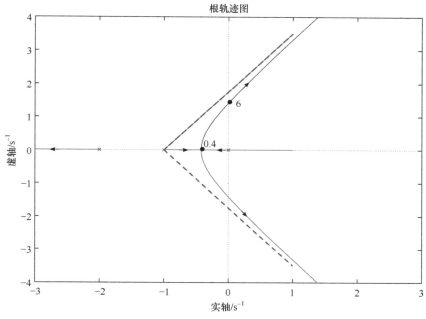

图 4.5.9　例 4.11 系统的根轨迹图

例 4.12　设开环传递函数为

$$W(s) = \frac{K(s+2)}{s(s+3)(s^2+2s+2)}$$

为求其闭环之根轨迹。我们可按下述步骤作图。

(1)开环传递函数之极点是 0，−3，−1±j，应作为根轨迹之起点。开环传递函数之零点是−2，应作为根迹之终点。

(2)根轨迹应有四个。一个在−2 终结，另外三个应随 K 之增大而达无穷远点，渐近方向是 60°、−60°、180°。三条渐近线交于点 s_1，则

$$s_1 = \frac{0+(-1+j)+(-1-j)+(-3)-(-2)}{4-1} = -1$$

(3)根轨迹在实轴上由 (0，−2) 和 (−3，−∞) 构成，这是两条根轨迹。另外两条应分别从 −1±j 出发，以±60°直线为渐近线，它们与虚轴相交应使最大赫尔维茨行列式为零，即满足 $50K = (6+K)(34-K)$。解之 $K=7.03$，为了求得对应临界值 K 的 ω 值，我们将 $j\omega$ 代入特征方程，然后只需令其虚部（或实部）为零，则可求得对应的临界频率 $\omega = \pm\sqrt{\dfrac{6+K}{5}} = \pm1.614$。

(4)由 −1±j 出发，根轨迹之出发角应分别是 ±26°36′，并且不难看出这两个根轨迹不会与实轴相交。

(5)系统各根轨迹之和应保持为–5，并且由于实轴上两条根轨迹均由右而左运动，因此其余两条彼此共轭对称的根轨迹只能由左而右运动。

(6)由于闭环多项式常数项为 $2K$，于是闭环 4 个特征根之积应为 $2K$，考虑 $K=7.03$ 临界情况时的 4 个根。由于此时一对纯虚根之和应为零。这样另 2 根就有

$$(-p_1)+(-p_2)=-5$$
$$(-p_1)(-p_2)=5.40$$

由此可求出 $p_1=-1.58, p_2=-3.42$。

图 4.5.10 是上述系统的根轨迹图。

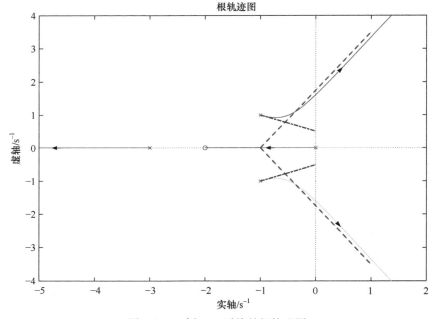

图 4.5.10　例 4.12 系统的根轨迹图

4.5.3　借助于根轨迹图进行计算 I

在这一节，我们借助根轨迹图讨论随动系统的设计问题。我们首先针对一些实际问题中常碰到的或常作为标准的二阶与三阶系统，得到一些品质与闭环系统零极点分布间的知识，然后利用根轨迹图法对其讨论。讨论随动系统的技术要求，以及在低阶系统下这些要求与闭环零点极点分布间的关系。

简单闭环传递函数在品质上具有如下的特征。

(1)闭环传递函数具有双极点而无零点，即

$$\phi(s) = \frac{\omega_n^2}{s^2 + 2\zeta\omega_n s + \omega_n^2}$$

对应之极点分布如图 4.5.11 所示。在极点是复数的情况下，ω_n 表示极点至原点之距离，而 ζ 恰好表示极点辐角之方向余弦。当 ζ 增大至 1 时，两个极点合并；当 $\zeta > 1$ 继续增大时，两个极点均保持实值，一个趋向于零，另一个趋向于 ∞。

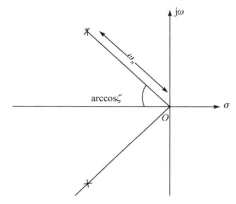

图 4.5.11　具有双极点无零点闭环传递函数的极点分布

通过对这样的系统进行计算，可以得到在不同 ζ 值下，过调量 σ 与 ζ 之间关系，如图 4.5.12 所示。

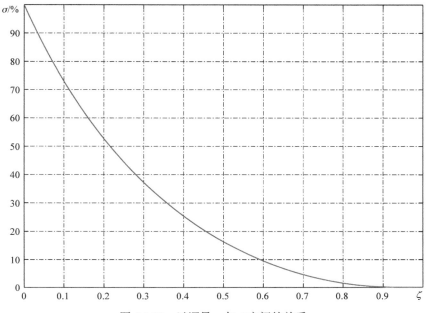

图 4.5.12　过调量 σ 与 ζ 之间的关系

（2）双极点与单零点的情形。

图 4.5.13 所示的传递函数为

$$\phi(s) = \frac{\omega_n^2(s+z_1)}{z_1(s^2+2\zeta\omega_n s+\omega_n^2)}$$

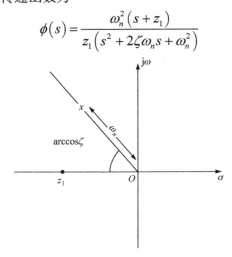

图 4.5.13　双极点和单零点传递函数系统的零极点分布

之零极点分布。系统实际计算得到的过调量 σ 与 z_1 之间的关系如图 4.5.14 所示。从图上得到的一个直观的看法是，在较大的情况下，过调量将较小，这表明微分作用的引出有时会增加过调量。

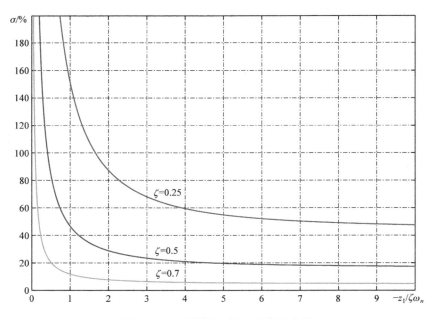

图 4.5.14　过调量 σ 与 z_1 的关系曲线

(3)三个极点的情形。

我们考虑除两个极点以外，还有一个辅助极点的情形。设传递函数为

$$\phi(s) = \frac{4p_3}{(s^2 + 2s + 4)(s + p_3)}, \quad p_3 = [0.7, 1, 1.5, 2, 100]$$

闭环传递函数增加一个实极点一般总能对过渡过程起到镇定作用，但是过渡过程时间往往会增大，一般在此情况下过调量将比较小。图 4.5.15 所示的是不同 p_3 下之阶跃响应。

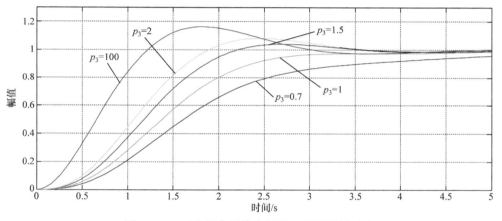

图 4.5.15　三个极点系统在不同 p_3 下的阶跃响应

(4)辅助极点对过渡过程的影响问题。例如，两个闭环传递函数分别为

$$W_1(s) = \frac{4}{s^2 + 2s + 4}$$

$$W_2(s) = \frac{4p_3}{(s^2 + 2s + 4)(s + p_3)}$$

它们在单位阶跃作用下的 ξ 响应为

$$f_1(t) = 1 + A_3 e^{-t} \sin\left(\sqrt{3}t + \theta_3\right)$$

$$f_2(t) = 1 + A_4 e^{-t} \sin\left(\sqrt{3}t + \theta_4\right) + B_4 e^{-p_3 t}$$

对 f_1 与 f_2 进行比较有以下结论。

① 由于 p_3 的作用，过渡过程中引起的是 $B_4 e^{-p_3 t}$ 这样的项，在 p_3 比较大的情况下，这一项将很快比较小。

② 如果辅助极点距离虚轴比原有极点距虚轴之距离大 6 倍左右时，其对过

渡过程的影响就可以完全忽略了。

在一般随动系统中，我们总是用上述二阶系统或三阶系统作为模型，在计算过程中可以忽略那些影响较小的极点，然后利用根轨迹图显示的特性对系统进行计算。

在随动系统中，我们有时亦用下述误差系数作为衡量系统性能的指标。设系统开环传递函数是 $W(s)$，令

$$K_p = \lim_{s \to 0} W(s), \quad \text{位置误差系数}$$

$$K_v = \lim_{s \to 0} s W(s), \quad \text{速度误差系数}$$

$$K_a = \lim_{s \to 0} s^2 W(s), \quad \text{加速度误差系数}$$

其物理意义如下，若 $E(s)$、$x(s)$ 与 $y(s)$ 分别为系统之误差、输入与输出的拉普拉斯变换，则误差传递函数为

$$\phi_\varepsilon(s) = \frac{E(s)}{x(s)} = \frac{1}{1 + W(s)}$$

如果 $x(s)$ 是单位阶跃下之拉普拉斯变换，则

$$\lim_{t \to \infty} \varepsilon(t) = \lim_{s \to 0} \frac{1}{1 + W(0)} = \frac{1}{1 + K_v}$$

当输入 $x(t) = t$ 时，有

$$\lim_{t \to \infty} \varepsilon(t) = \lim_{s \to 0} \frac{1}{s[1 + W(s)]} = \frac{1}{K_v}$$

当输入 $x(t) = \frac{1}{2} t^2$ 时，有

$$\lim_{t \to \infty} \varepsilon(t) = \lim_{s \to 0} \frac{1}{s^2 W(s)} = \frac{1}{K_a}$$

由此可知，K_r、K_v 与 K_a 实际描述系统在单位阶跃，单位等速与单位等加速输入下之定常误差。

如果系统是有差的，则 $K_p = W(0)$。

如果系统是一阶无差的，则 $K_p = \infty$。令 $W(s) = \dfrac{W_0(s)}{S}$，$W_0(0) = K$，则有 $K_v = K$。

如果系统是二阶无差的，则 $K_p = \infty, K_v = \infty$。令 $W(s) = \dfrac{W_0(s)}{s^2}$，且 $W_0(0) = K$，则有 $K_a = K$。

从直观上说，位置误差系数 K_p、速度误差系数 K_v 与加速度误差系数 K_a 越大越好。

4.5.4　利用根轨迹图法进行计算 II

在这一节，我们通过例子简单地讨论如何利用根轨迹对系统进行串联校正。

例 4.13　被校正系统的结构图如图 4.5.16 所示。其中，W_2 是原系统开环传递函数，W_1 是校正机构之传递函数。

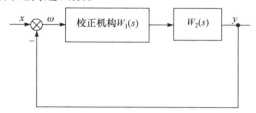

图 4.5.16　被校正系统的结构图

我们令

$$W_2(s) = \frac{1}{s(s^2 + 2s + 2)}$$

要求设计合适的校正部分使系统满足下述条件。

(1) $K_p = \infty$, $K_v \geqslant 10$。

(2) 过调量 $\sigma \leqslant 30\%$。

我们分步讨论此问题。

(1) 简单放大。

如果考虑 $W_1(s) = k_1$，则对应的开环总传递函数为

$$W_2(s) = \frac{1}{s(s^2 + 2s + 2)}$$

其根轨迹图如图 4.5.17 所示。利用赫尔维茨判据，可知当 $K_1 \geqslant 4(K_v > 2)$ 以后，系统变得不稳定。如果我们选 $K_1 = 1$, $(K_v = 0.5)$，则对应之根是 -1 与 $s^2 + s + 1$ 之零点。在这种情况下，过调量不超过 2%。如果让闭环一个实极点取为 -1.5，则另两个极点是多项式 $s^2 + 0.5s + 1.25$ 之零点，此时 $\omega_n = 1.12$，$\zeta = 0.22$。此时虽有 $K_1 = 1.88$，但 σ 可能达到 37%，因此我们从直观上粗估计 $K_1 = 1.6$ 可以使过调量 σ 在 30%左右。由于我们的知识仅仅依赖 $W_1 = K_1$，这种办法是无法实现校正目的的，应该在不增加过调的情况下，设计校正使 K_v 增加 13 倍。

(2) 积分补偿。

积分、微分与保持补偿回路是常用的三种补偿回路，我们在镇定时看到，

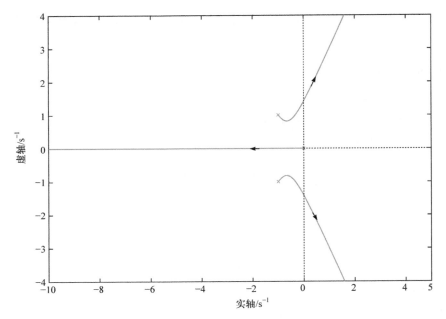

图 4.5.17　例 4.13 系统的根轨迹图

利用积分回路可以使系统在保持放大系数下，具有一定的稳定性。现设

$$W_1(s) = K_1 \frac{s + k_\alpha}{s + \alpha}$$

其中，$\dfrac{1}{\alpha}$ 是较大的时间常数；k 是两时间长数之比。

由此

$$W(s) = K_1 \frac{s + k_\alpha}{s(s + \alpha)(s^2 + 2s + 2)}$$

于是开环极点为 0、$-\alpha$、$-1 \pm j$ 共四个。其零点为 $-k_\alpha$，对应

$$K_v = K_1 \frac{k}{2}$$

它与 α 选取无关，闭环多项式为

$$s^4 + (2 + \alpha)s^3 + (2\alpha + 2)s^2 + (2\alpha + K_1)s + K_1 k\alpha$$

由此可以看出，选 α 较小来保证超调与稳定性，k 保证 K_v 比较大。例如，选 $\alpha = 0.01$，$k = 15$，其对应的根轨迹图如图 4.5.18，可确定 $K_1 = 1.6$。

（3）提前补偿。

利用无源的相位提前网络也能作为校正装置，它的传递函数为

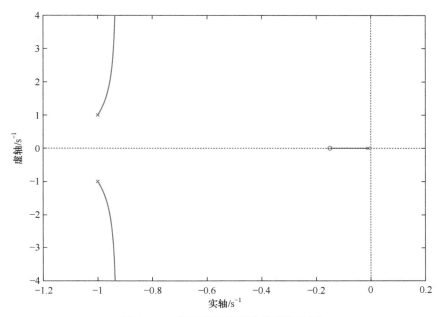

图 4.5.18　具积分补偿回路的根轨迹图

$$W_2(s) = K_1 \frac{s+\beta}{s+n\beta}, \quad n>1$$

它是起提前相位作用并且可以降低系统截止频率的幅频特性斜率。在以前对系统进行的镇定工作中，利用这种回路确实可以在提高系统放大系数的同时保持较好的稳定性。

图 4.5.19(a) 所示是系统无补偿时的根轨迹图，4.5.19(b) 所示是一个极限情形。此时 n 充分大，结果系统开环之传递函数变为

$$W(s) = \frac{K_1(s+\beta)}{s+n\beta(s^2+2s+2)s}$$

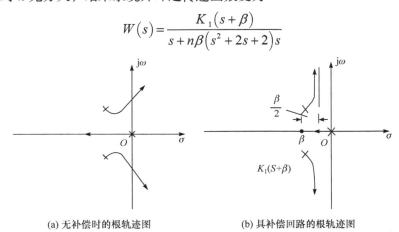

(a) 无补偿时的根轨迹图　　　　　(b) 具补偿回路的根轨迹图

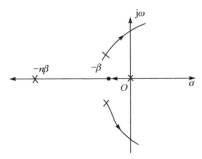

(c) 具无源提前回路作用的根轨迹图

图 4.5.19　例 4.13 系统不同情形下的根轨迹图

此时开环传递函数增加了一个零点，根轨迹图之渐近方向便分为两个，根轨迹图如图 4.5.19(b) 所示。可以看出，在这种极限情况下，放大系数增大不会影响系统之稳定性。在使用非理想提前回路时，其根轨迹图如 4.5.19(c) 所示。

由传递函数为

$$W(s)=\frac{K_1(s+\beta)}{(s+\beta n)(s^2+2s+2)s}$$

可知，$K_v=\dfrac{K_1}{2n}$，因此便有如何选择 n 的问题。我们可以通过赫尔维茨判据来解决，系统之特征多项式为

$$s^4+(2+\beta n)s^3+(2\beta n+2)s^2+(2\beta n+K_1)s+K_1\beta$$

由此稳定性条件归结为

$$4\beta^3 n^3+\beta^2 n^2(2K_1+8-K_1\beta)+\beta n(8+2K_1-4K_1\beta)-K_1^2+4K_1\beta>0$$

现在我们满足稳定性条件的同时还应有 $K_v\geqslant 10$，即 $K_1\geqslant 20n$。不妨选 $K_1=25n$，将其代入稳定性条件。不难看出，在 n 充分大时总可以有 $K_1\geqslant 20n$，同时稳定性得到满足的参数。当 n 充分大时，可以从直观上看到闭环系统零点和极点变化不大，因此可以满足提出的指标。

如果系统原极点是三个极点，应用上述方法亦有效。其对应的根轨迹图如图 4.5.20 所示，其中图 4.5.20(a) 表示无补偿系统的根轨迹图，图 4.5.20(b) 表示理想情况下，即补偿回路传递函数是 $K_1(s+\beta)$ 之根轨迹图，图 4.5.20(c) 表示通常提前补偿回路下校正后系统之根轨迹图。

(4) "提前—落后回路" 补偿。

有时应用简单的提前回路还不足以实现补偿，我们还可以使用 "提前-落后" 回路，这种回路是双零点双极点的。这种回路对原系统有一对相对阻尼较小的复极点特别有效。在前述例中，我们甚至可以设计这种补偿回路消去原有系统之复

极点用新的复极点来代替。

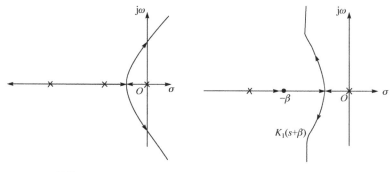

(a) 无补偿系统的根轨迹图　　　　　　　　(b) 具补偿回路的根轨迹图

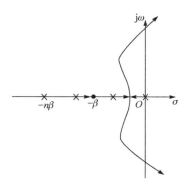

(c) 无源提前回路作用下的根轨迹图

图 4.5.20　具三个极点系统的根轨迹图

设校正回路之传递函数为

$$W_1(s) = K \frac{s^2 + 2s + 2}{s^2 + as + b}$$

则对应总开环传递函数为

$$W(s) = \frac{K}{s(s^2 + as + b)}$$

我们只要设计合适的 a 与 b 满足必须的特性就可以了，通常可以按下述办法去做。

① 如果仅要求系统在校正后之根轨迹图能从虚轴向左移动,则在闭环系统极点对阻尼 ζ 给定时,速度误差系数增大 12 倍,比较简单的办法是令 $a = 2 \times 12 = 24$ ，$b = 2 \times 12^2 = 288$ 。

② 如果希望 $W_1(s)$ 能用简单 RC 回路实现,则应使 $s^2 + as + b$ 之零点均具负实部。

③ 如果希望闭环极点能水平向左移，我们可选 $W_1(s) = \dfrac{K_1\left(s^2 + 2s + 2\right)}{s^2 + 40s + 401}$。其对应之根轨迹图如图 4.5.21 所示。此时，K_1 可取充分大的值，从而保证 K_v 达到应有的数值。为了实现这种回路，可以选取图 4.5.22 之线路，如果在其前面加上放大器，则能构成校正回路。

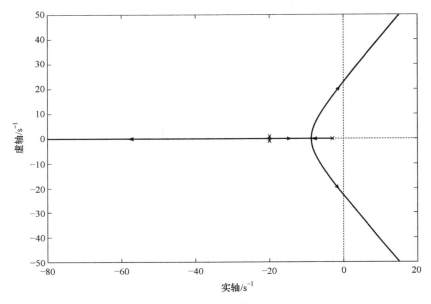

图 4.5.21　情形③的根轨迹图

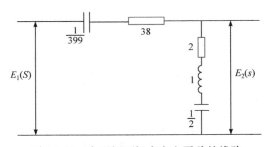

图 4.5.22　实现闭环极点向左平移的线路

除了应用上述补偿回路以外，系统还可以使用其他更为一般的补偿回路。在使用这些回路时，关键在于把握其根轨迹图发生的变化。

4.5.5　最后的算例

最后以一算例叙述出现二次零点时，前述根轨迹图法之应用。

例 4.14　考虑待校正系统之传递函数为

$$W_2(s) = \frac{K}{s\left(s^2 + 3.2s + 3.56\right)}$$

考虑补偿回路传递函数为

$$W_1(s) = \frac{(s+1)^2}{(s+8)(s+20)}$$

图 4.5.23 所示为对应系统之根轨迹图。图 4.5.23(a) 所示为开环系统零极点分布，其中零点是二重的 $z = -1$，极点是 $s = 0, -1.6 \pm j, -8, -20$，其根轨迹图如图 4.5.23(b) 所示。这是比较粗略作出的，以后我们将作出进一步精确的图来。K 取接近临界值时，闭环系统之零极点分布，如图 4.5.23(c) 所示。

我们从系统的根轨迹图讨论系统过渡过程的某些时征。

(1) 由于闭环系统在 $(0, -1)$ 之间有极点，因此系统之过渡过程含有慢变分量。这个分量之幅值依赖过渡过程之象函数之留数计算，也依赖此极点与二重零点 -1 间之距离。由于通过向量计算其对应之函数是负的，这一分量可以减少系统中之过调，并有使系统镇定之作用。

(2) 由于闭环系统在 $(-1, -8)$ 有极点，则过渡过程有另一个实指数分量。由于对应函数是正的，因此这一分量之作用恰好与前一过程之作用相反。

(3) 闭环过渡过程有一时间常数小于 $\frac{1}{20}$ s 的分量，一般在计算过程中，这一分

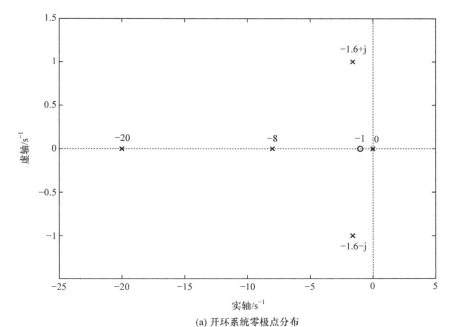

(a) 开环系统零极点分布

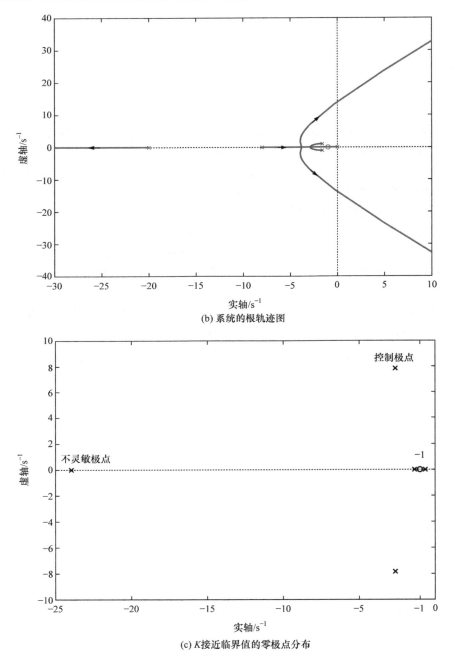

(b) 系统的根轨迹图

(c) K 接近临界值的零极点分布

图 4.5.23　例 4.14 系统的根轨迹图

量可以略去不计。

(4)如果系统放大充分大，则闭环系统有两个实极点充分接近−1，而前述两极点之作用互相抵消，因此系统之过渡过程主要由一对复极点确定，一般称这一对复极点为控制极点。由于实极点的镇定作用，系统的过调量一般低于控制极点确定的二阶系统对应ζ下之过调量。

上面的分析比较直观、粗略，现在的问题在于如何确定放大K以便系统的性能(如过调量)能满足要求，我们可以通过以下计算实现。

一般过调量的减少可以通过系统具有长周期之分量来实现。我们考虑复极点对应$\zeta = 0.32$(对应极点均在角度是 arctan 之扇形内，图对应之过调是 36%)，由于系统中还有实极点，因此可以想见过调量将减少，有时可以减至 25%以下。我们的办法是让根轨迹图与上述扇形之边界线相交，并确定对应的K值。一般来说，对这一过程中进行精确计算并不必要，我们要求的是交点之坐际，可以通过将射线上的点与各开环零极点之间连接的向量之辐角代数和为 180°近似计算。设求出之复极点是$−2.61 \pm j7.82$，通过图计算这些向量之长度有

$$K = \frac{8.25 \times 6.90 \times 8.89 \times 9.51 \times 19.07}{7.99^2} \approx 1438$$

为了计算过渡过程，我们要求按此K标出闭环系统的另一些极点。对于$(0，−1)$之间的极点也可以通过近似方法标出，例如这可以通过根轨迹图之积来做到。设此极点是$−0.7$，则有

$$K = \frac{0.7 \times 7.3 \times 19.3 \times \sqrt{1.81} \times \sqrt{1.81}}{0.3^2} \approx 1983$$

这一数值显然超过 1438。为了取得比较精确的数值，我们考虑设这一极点是x,可以近似确定x之方程。

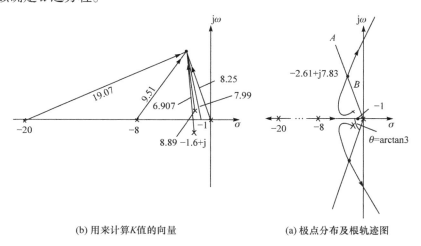

(b) 用来计算K值的向量　　　(a) 极点分布及根轨迹图

图 4.5.24　计算K值的向量及根轨迹图

$$\frac{(1+x)^2}{0.3^2}=\frac{1983}{1438}$$

由此,我们有 $x=-0.65$。同样的办法,我们可以求出 $(-1,-8)$ 间之极点 -1.35,至于在 -20 左边的极点,由于它的影响很小,可将其略去。这样,我们就有闭环传递函数,即

$$\phi(s)=\frac{59.7(s+1)^2}{(s+0.65)(s+1.35)(s^2+5.22s+68.1)}$$

其中,因子 59.7 是由 $\phi(0)=1$ 确定的。

最后计算如图 4.5.25 所示分布之过渡过程,我们不直接计算反拉普拉斯变换,而是直接讨论过渡过程之特点。

(1) 过渡过程基本部分时间常数是 $\dfrac{1}{2.61}=0.38\mathrm{s}$。

(2) 过渡过程达到第一个极大的时间是 $\dfrac{\pi}{7.83}=0.4\mathrm{s}$。

(3) 如果系统闭环传递函数仅有两个复极点,则过调量有可能达到 36%。由于系统中存在其他零点与极点,因此其过调量一般会减少。这一点可以通过 $\dfrac{1}{s}\phi(s)$ 在点 $-2.61+\mathrm{j}7.83$ 之留数来计算,设 $k_{-2.61+\mathrm{j}7.83}$ 是 $\dfrac{1}{s}\phi(s)$ 在该极点之留数,而 $k^1_{-2.61+\mathrm{j}7.83}$

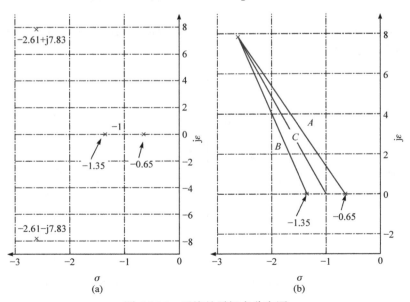

图 4.5.25　系统的零极点分布图

表示 $\dfrac{1}{s}\dfrac{68.1}{s^2+5.22s+68.1}$ 在该极点之函数。

由图 4.5.25 可知

$$\frac{k_{-2.61+\mathrm{j}7.83}}{k^1_{-2.61+\mathrm{j}7.83}}=0.65\times(1.35)\frac{\overline{C}}{\overline{A}\,\overline{B}}$$

其中，由 $\overline{A},\overline{B},\overline{C}$ 之长度可求出此因子 $\dfrac{k}{k^1}=0.85$。

由此可知，过调量将只有 1%。

(4)另外两个指数分量之时间常数是 $\dfrac{1}{0.65}\mathrm{s}=1.54\mathrm{s}$ 与 $\dfrac{1}{1.35}\mathrm{s}=0.74\mathrm{s}$。

(5)为计算–0.65 对应之留数，我们可以用近似向量计算方法。不难算出

$$k_{-0.65}=\frac{59.7\times0.352^2}{0.642\times0.70\times(8.07\cos75.9)^2}=0.25$$

而另一个对应–1.35 之留数应为

$$k_{-1.35}=0.12$$

(6)由上面的计算可知，系统之阶跃响应可以通过每一分量之图形作出，如图 4.5.26 所示。由于(5)大致可见，过调量应减至

$$0.31-0.25+0.12=0.18$$

$$\phi(s)=\frac{59.7(s+1)^2}{(s+0.65)(s+1.25)(s^2+5.22s+8.1s)}$$

$$\phi(t)=\mathscr{L}^{-1}\left[\phi(s)\right]$$

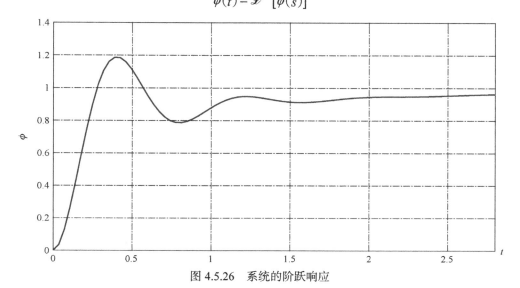

图 4.5.26　系统的阶跃响应

4.6　思考题与习题

1. 证明开环部分由三个时间常数相同的非周期环节串联而成的系统，其临界放大系数与环节之时间常数无关，讨论其中一个非周期环节之时间常数发生变化对临界放大系数之影响。

2. 下列方程之根是否具有负实部（用米哈伊洛夫判据）。

(1) $0.015\lambda^3 + 0.4\lambda^2 + 1.2\lambda + 20 = 0$ 。

(2) $0.015\lambda^3 + 0.4\lambda^2 + 1.2\lambda + 100 = 0$ 。

(3) $0.001\lambda^4 + 0.05\lambda^3 + 0.4\lambda^2 + \lambda + 100 \ 0.001$ 。

3. 对系统参数 k 作 D 分画曲线，方程为

$$(T_1 s + 1)(T_3 s + 1)(T_3 s + 1) + k = 0$$

其中，$T_1 = 0.1$ ；$T_2 = 0.2$ ；$T_3 = 1$ 。

4. 对 k_1 与 T_1 建立稳定区域，方程是

$$(T_1 s + 1)(T_2 s + 1)(T_3 s + 1) + k_1 k_2 k_3 = 0$$

其中，$T_2 = 0.1$ ；$T_3 = 0.5$ ；$k_2 k_3 = 20$ 。问 $\operatorname{Re} s_i \leqslant -\delta$ 之区域为何，其中 δ 分别为 0.1、0.5、1。

5. 利用米哈伊洛夫判据推导奈奎斯特判据，并反过来进行逆推。

6. 一个系统其开环部分有一阶零极点，一对一阶纯虚极点，且有两个极点在右半平面。问相仿于奈奎斯特判据如何建立其闭环系统渐近稳定之充要案件。证明建立的判据。

7. 设系统之开环特性如下。

(1) $W(s) = \dfrac{60(4s + 1)}{s(16s + 1)(s + 16)}$ 。

(2) $W(s) = \dfrac{0.3(0.25s + 1)}{s^2(4s + 1)}$ 。

作出 $W(\mathrm{j}\omega)$ 之图形，并判断其闭环稳定性。

8. 求图 4.6.1 系统满足取无界增大放大系数不破坏稳定性的结构条件，其中 $K_1 = nK_2$ ，n 是常量，K_2 可无界增大。设 D_1 、D_2 、D_3 之次数为 v_1 、v_2 、v_3 、F_{n1} 、F_{n_2} 、F_m 、F_{m_2} 之次数为 n_1 、n_2 、m_1 、m_2 ，建立结构条件、蜕化方程与辅助方程。

9. 可取无界增大放大系数不破坏稳定性的结构是否对任何放大系数代进去

一定都渐近稳定。如何理解可取无界增大放大系数的结构的问题是一个渐近性质的问题。用一个例子来论述此观点。

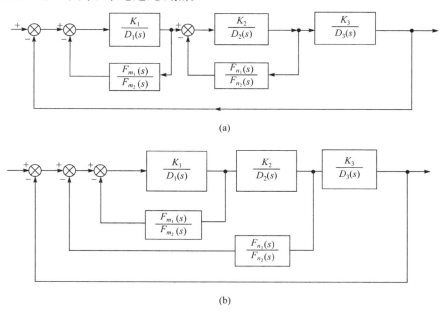

(a)

(b)

图 4.6.1 控制系统框图

10. 判别下述系统之稳定性，对不稳定系统进行串联镇定，对应之系统开环频率特性如下。

(1) $\dfrac{6.0}{j\omega(1+0.05j\omega)(1+j0.02\omega)}$。

(2) $\dfrac{100(1+j0.4\omega)}{j\omega(1+j0.1\omega)(1+j0.3\omega)}$。

(3) $\dfrac{50(1+j0.1\omega)}{(\alpha\omega)^2+j0.2\omega j(1+\alpha0.3\omega)}$。

11. 如果已经用实验求得系统之脉冲特性，问可否用梯形法求其频率特性曲线，试建立对应之公式。

12. 图 4.3.13 中 $T(x)$ 曲线为什么出现不连续跳跃?

13. 求 $\left|T_1^2\ddot{y}+2\zeta T_1\dot{y}+y\right|<M,\zeta>1$ 限制下，由 $y(0)=\dot{y}(0)=0$ 至 $y(T)=a$，$\dot{y}(T)=0$，并使 $T=\min$ 之最优过程，并证明它是最优的。

14. 求 $-N_1\leqslant\ddot{y}\leqslant N_2$ 限制下，由 $y(0)=\dot{y}(0)=0$ 至 $y(T)=a$，$\dot{y}(T)=0$，并使 $T=\min$ 之最优过程，并证明之。

15. 求误差系数 C_0、C_1、C_2 与 K_p、K_v、K_a 之间之关系。

16. 图 4.6.2 所示是一电压调节器，其参数结定如下。$R_1 = 80\Omega$, $R_2 = 5\Omega$, $L_1 = 16\text{H}$, $L_2 = 5\text{H}$, $K_1 = 320v/a$, $K_2 = 25v/a$。现要求将系统之放大系数由 1:1 增至 1:20，问要求是否合适？如果还要求过调量 $\sigma \leqslant 30\%$，问如何校正，给出校正回路。

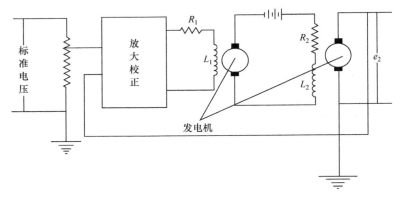

图 4.6.2　电压调节器工作示意图

17. 利用对数特性确定闭环系统之渐近稳定性，设开环系统为

$$W(s) = \frac{k}{(T_1 s + 1)(T_2 s + 1)(T_3 s + 1)(T_4 s + 1)}$$

其中，$T_1 = 1\text{s}$；$T_2 = 0.05\text{s}$；$T_3 = 0.1\text{s}$；$T_4 = 0.002\text{s}$，$k = 1$。若要求 $k = 160$，则显然系统失去稳定性，试镇定系统使其稳定。

18. 作以下系统之根轨迹图。

(1) $W(s) = \dfrac{K}{(s+3)(s+4)}$。

(2) $W(s) = \dfrac{K}{s(s^2 + 4s + 5)}$。

(3) $W(s) = \dfrac{K(s+1)(s+2)}{(s+2)(s+6)(s^2 + 6s + 10)}$。

19. 计算下述系统之误差系数 C_0、C_1、C_2 与 K_p、K_v、K_a。

(1) $W(s) = \dfrac{1.05}{(T_1 s + 1)(T_2 s + 1)(T_3 s + 1)}$。

(2) $W(s) = \dfrac{(T_3 s + 1)K}{S(T_1 s + 1)(T_2 s + 1)}$。

20. 按表 4.6.1 和表 4.6.2 数据作出开环幅相特性曲线，然后求出闭环实频特性曲线，最后求出过渡过程曲线，设 $W(\mathrm{j}\omega)=U(\omega)+\mathrm{j}V(\omega)$。

表 4.6.1　数据列表

ω	0	10	20	35	43	62	70	80	90
U	100	0	−2	−1.5	−1	−0.45	−0.3	−0.18	0
V	0	−7	−3	−1.5	−0.9	−0.3	−0.15	−0.02	0.05

表 4.6.2　数据列表

ω	0	0.5	2	4	5	7	8	10	13	15
U	100	7.5	−1.5	−1.43	−1.1	−0.74	−0.6	−0.45	−0.24	−0.06
V	0	−34	−9.5	−1.74	−1.02	−0.33	−0.31	−0.21	−0.06	−0.09

21. 已知开环传递函数为

$$W(s)=\frac{K}{(T_1 s+1)(T_2 s+1)(T_3 s+1)}$$

其中，$K=25$；$T_1=0.5$；$T_2=0.05$；$T_3=0.02$。求闭环系统过渡过程曲线。

22. 按表 4.6.3 所示之闭环实频特征数值，作出其曲线，然后求出过程 $x(t)$ 在 t 取 $0.5,1,2,3,4,6,8,10$ 之数值，并作出过渡过程曲线。

表 4.6.3　闭环实频特征数值

ω	0	0.2	0.5	1	2	3	4.5	6	8
$p(\omega)$	0.96	0.94	0.806	0.64	0.25	0.06	−0.03	−0.05	−0.001

23. 设系统在未校正前之开环传递函数为

$$W(s)=\frac{k_1 k_2 k_3}{(T_1 s+1)(T_2 s+1)(T_3 s+1)}$$

其中，$T_1=0.05\mathrm{s}$；$T_2=0.1\mathrm{s}$；$T_3=0.2\mathrm{s}$；$k_2 k_3=9.6$。设法串联一校正装置，以便系统满足 $\sigma\leqslant 30\%$，$T\leqslant 0.6\mathrm{s}$，$\Delta=\dfrac{y-y(\infty)}{y(\infty)}\leqslant 3\%$。

24. 对 1.，设各非周期环节之时间常数均是 1s。令放大系数 $K=8$，问如何校正以使系统满足 $\sigma\leqslant 30\%$，$T\leqslant 1.2\mathrm{s}$。

25. 设系统原有开环传递函数为

$$W(s)=\frac{K}{s^2(1+T_1 s)(1+T_2 s)(1+T_3 s)}$$

其中，$T_1 = 0.04\text{s}$；$T_2 = 0.01\text{s}$；$T_3 = 0.003\text{s}$。校正系统，使其满足 $K = 100$，二阶无差，$\sigma \leqslant 30\%$，过渡过程时间 $T \leqslant 0.3\text{s}$。

26. 原有系统之开环部分由传递函数 W_1、W_2、W_3、W_4 四个环节串联构成，技术上允许在 W_1、W_2、W_3 上跨接反馈。已知 $W_i(s) = \dfrac{1}{T_i S + 1}, i = 1, 2, 3, 4$，又 $k_1 = 15, k_2 = 8, k_3 = 1, k_4 = 1.5$，$T_1 = 0.09\text{s}$，$T_2 = 0.3\text{s}$，$T_3 = 0.0015\text{s}$，$T_4 = 4.5\text{s}$，请设计反馈校正，使 $\sigma \leqslant 18\%, T \leqslant 1\text{s}$。

27. 设系统开环传递函数为

$$W(s) = \frac{1}{s(s^2 + 2s + 20)}$$

用根轨迹法确定串联校正，使 $K_v \geqslant 8, \sigma \leqslant 30\%$，并利用极点分布近似估计过渡过程之品质。

第 5 章　非线性控制系统分析

5.1　非线性系统通论

5.1.1　非线性系统的一般特征

在研究各种控制系统动力学时，人们常对其进行理想化，抓住一些最本质的因素，忽略非本质的因素，然后根据一定的物理或化学定律，用微分方程的形式描述系统中各参量随时间变化应遵循的规律。

在动力学问题的研究中，动力学模型的建立是一项十分重要的任务。在建立实际系统的动力学模型时，通常需要考虑如下因素。

(1)确能反映实际系统的主要特征。

(2)在能反映实际系统特征的前提下，应尽可能使选取的模型简单，以便利用已有的数学工具与实验方法进行分析，并使分析工具简单易行。

(3)对同一系统，针对对其所提的不同问题，以及在研究过程中一定精密度的要求，建立符合这种要求的动力学模型。

在使用这种理想化后，描述系统动力学特性的方程可以用下述非线性微分方程组，即

$$\dot{x}_s = X_s\left(x_1, \cdots, x_n\right), \quad s = 1, 2, \cdots, n \tag{5.1.1}$$

也可以用一组线性微分方程组，即

$$\dot{x}_s = p_{s1}x_1 + \cdots + p_{sn}x_n, \quad s = 1, 2, \cdots, n \tag{5.1.2}$$

来描述。对于后者，我们已经作了比较详细的讨论，研究前者则是本章的任务。

依赖对系统所作的不同理想化，描述同一系统的方程可能并不相同。这种理想化依据系统的实际背景，同时也取决于研究的问题与所要求的精度。用一个微分方程组描述系统运动的规律，总带有一定的近似性，依赖此种近似进行的研究若与实情相符，则此种近似就是合理的。若事与愿违，结果与实情差别甚大，则当研究方法是严格的时候，这种近似模型本身一定存在缺陷，需取另一种来代替。

无论线性还是非线性系统都是真实系统在一定假定下的近似。线性系统在实际系统工作点的附近有时能反映实际系统的很多本质特征，特别是在该系统是渐

近稳定的情况下，无论是关于稳定性的讨论或其他动力学特征的研究都能较成功地反映实际系统的情况。由于线性系统的理论模型相对简单，因此对它的研究已经比较完美，并且由于线性系统研究的合理性，为我们乐于使用。

线性系统最本质的特征是满足迭加原则，也就是对于系统(5.1.2)，若 x_x^1 与 x_x^2 ($s = 1,2,\cdots,n$)是它的两个解，则它们的任何线性组合也是解。这一迭加原则在非线性系统中根本不存在，因此脉冲特性、频率特性对非线性系统来说是否能用是一个需要研究的问题。

线性系统只在一定近似意义下可以作为实际系统的模型。在实际系统中，观察到的很多现象有时与线性系统研究得到的结论有很大的差别。这些差别说明系统不满足迭加原则，因此利用线性模型研究这种现象是徒劳的，通常这种现象只有利用非线性模型才能得到。

(1)对于线性系统

$$\dot{x} = Px \tag{5.1.3}$$

其平衡位置 x^0 满足

$$Px^0 = 0 \tag{5.1.4}$$

当 $|P| \neq 0$ 时，将是唯一的 $x^0 = 0$，当 $|P| = 0$ 时，平衡位置是满足 $Px = 0$ 的全部点之集合，它是一个线性子空间(如过原点的直线、平面等)。由此，线性系统的平衡位置若不是孤立的，就构成低维子空间的全部。但很多实际情况并非如此，考虑一软弹簧振子，其方程为

$$\dot{x} + x\left(1 - x^2\right) = 0 \tag{5.1.5}$$

若引入 $\dot{x} = y$，则 $\dot{y} = -x\left(1 - x^2\right)$。由此，平衡位置应该是(−1, 0)、(0, 0)与(1, 0)，显然它们不是唯一的，也不是某个低维子空间之全部。

若考虑一具有间隙的线性弹簧的简单振子，即

$$\ddot{x} + f\left(x\right) = 0 \tag{5.1.6}$$

其中

$$f\left(x\right) = \begin{cases} a\left(x - x^*\right), & x > x^* \\ 0, & |x| \leqslant x^* \\ a\left(x + x^*\right), & x \leqslant -x^* \end{cases} \tag{5.1.7}$$

它的图形如图 5.1.1 所示，若引入 $\dot{x} = y$，则有 $\dot{x} = y, \dot{y} + f\left(x\right) = 0$。由此可知，系统的平衡位置是线段 $y = 0$, $|x| \leqslant x^*$。显然，它并不是一个点，也不是线性子空间。这也是线性系统观察不到的。

（2）对于线性系统的分析，若其平衡位置是渐近稳定的，则不论初值取何点，由其确定的运动总会随着时间的增加趋于零。这说明线性系统的渐近稳定性对空间中的初始点具有同等性质。这种同等性质在实际系统中并不总能满足，由于实际系统平衡位置的多样性，实际系统的相空间可能存在各种区域的划分。初始点落在不同区域中确定的运动可能具有完全不同的性质，一些运动以这个平衡位置为其结束，另一些运动以其他的平衡态为其结束，甚至还有一些运动的结束是一个非阻尼的振动过程，以及至今我们还无法理解的一些复杂现象。

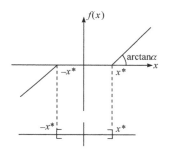

图 5.1.1　函数 $f(x)$ 的图像

（3）在线性系统中，若发生周期过程，则必须对应系统的特征方程，即

$$\det|P - \lambda I| = 0 \tag{5.1.8}$$

具有纯虚根。这相当于系统发生在临界情形，系统中微小的不精确性可能破坏这一条件。在线性系统中，周期过程实际上依赖初始条件，不同初值下可能具有不同振幅，但频率相同，周期解之全部构成一个二维超平面。这种结论在实际系统中是罕见的，通常见到的周期过程往往具如下特点。

① 周期过程的发生并不代表系统处于某种临界状况。系统结构的微小改变不能影响周期过程的发生。

② 周期过程有时是孤立的，它的振幅并不由初始条件确定，而是由系统唯一确定，且根本不能在连续统内取值，实现周期振动在一定意义下与初条件无关。选取不同初条件在时间充分长后将接近一共同的周期过程。

③ 振动的振型不像线性系统中出现的谐振那样，而是十分复杂的振型，有时也可能出现松弛振动的情形。

（4）在非线性系统中，也可能出现滑移、抖振等用线性模型无法解释的现象。

在控制系统中，很多元件的特征从本质上是无法线性化的，如各种继电器、继电式伺服机。它们的切换点特性是不连续的，而系统的正常工作又往往在切换点附近。在系统的元件中，有时又由于干摩擦或间隙，使这些元件的特性更加复杂，有时甚至出现回线与死区的情形。这种情况用线性元件来简单代替也是不合适的。

近代各种最优控制问题的研究表明，在控制受限制的情况下，实现最优控制往往需要用到各种非线性继电器。在这种情形下，系统绝对不能当作线性系统来处理。

对于系统中的非线性，一般既可以从分析的角度讨论非线性对系统的影响，也可以研究如何利用非线性改善系统的品质。

5.1.2　控制系统中原件的非线性特性

在控制系统中，经常存在一些元件，即使在它的工作点附近，一般也无法进行线性化。这种非线性常称为本质非线性。以下通过两例加以说明。

例 5.1　继电器特性。

图 5.1.2 所示为一继电器的示意图，其输入-输出如图 5.1.3 所示。它的输入是转角 x，输出是电压 y，设在输入转角之传递过程中，存在间隙角 α，而继电器指针 4 与滑环 6 间又存在死区 β。

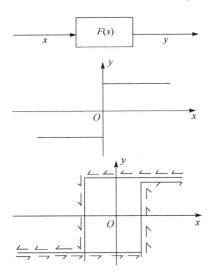

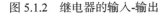

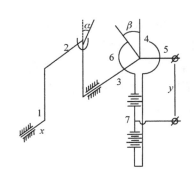

图 5.1.2　继电器的输入-输出　　　　　图 5.1.3　继电器的示意图

现在分析其非线性特性。设轴 1 没有转动时，指针 4 处于滑环 5 与 6 之中央，此时没有输出电压。现设发生一输入转角 $x<\alpha$，此时由于间隙轴 3 并未转动，只在 x 增长到 $x>\alpha$ 以后，轴 3 开始转动，此时由于存在死区，输出电压继续为零，一直到 $x>\alpha+\beta$ 时，输出电压一跃变为 $c>0$，当 X 继续增加时，输出电压保持 $c>0$ 不变。设 x 增加至 $\alpha+\beta+\gamma$ 后反转，显然在 x 没有达到 $\beta+\gamma-\alpha$ 时，轴 1 之转动不可能带动轴 3 之转动，当 $\dot{x}<0, x<\beta+\gamma-\alpha$ 时，轴 1 同轴 3 将同时转动，

直到 $x=\beta-\alpha$ 时指针与滑环 5 离开，继电器输出由 c 变成零，如果 x 继续减少，当 $x=-\beta-\alpha$ 时，指针 4 又与滑环 6 接触，输出电压由零变至 $-c$。以上的讨论完全可以对称地进行。综上所述，可得继电器特性如下，即

$$y = f(x,\dot{x}) = \begin{cases} c, & x>\alpha+\beta, \dot{x}<0, x>\beta-\alpha \\ 0, & \dot{x}>0,(\alpha+\beta)>x>\beta-\alpha;\dot{x}<0,-(\alpha+\beta)<x<\alpha-\beta \\ -c, & x<-\alpha-\beta;\dot{x}>0,x<\alpha-\beta \end{cases}$$

对于不同的 α 与 β，其图形如图 5.1.4 所示。由此可知，间隙角往往带来回线，β 角则带来死区。

上述继电器特性是变量 x 与 $\dot{x}$ 的二元分段常量函数，如果将 $f(x,\dot{x})$ 在平面 $(x,\dot{x})$ 上标出来，如图 5.1.4 所示，其中图 5.1.4(a) 表示 $\alpha>\beta>0$ 之情形，图 5.1.4(b) 表示 $\beta>\alpha>0$ 之情形。

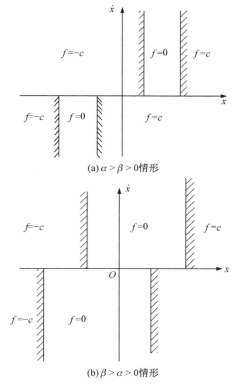

(a) $\alpha>\beta>0$ 情形

(b) $\beta>\alpha>0$ 情形

图 5.1.4　$f(x,\dot{x})$ 在平面 $(x,\dot{x})$ 的分块情况

如果只考虑该继电器输入 x 与输出 y 之间的关系，则它们如图 5.1.5 所示。此时 $\dot{x}$ 的符号以 x 前进方向标出，由于该元件的作用依据 $\dot{x}$ 只与其取正负号有关，因此这一表示已很充分。

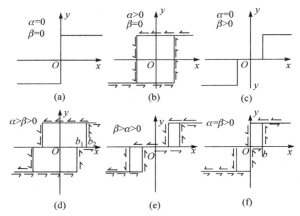

图 5.1.5　继电器输入 x 与输出 y 之间的关系图

例 5.2　液压伺服机。

图 5.1.6 所示为一液压伺服机之示意图。它由差压膜盒 1，分配活门 2 与伺服机 3 构成，在薄膜 b 与小平板之间考虑有间隙 α，分配活门小活塞 4 之厚度 h 比 A、B 小孔之最大高度 b 多出 2β，其中 β 是非灵敏区。

以下均设 A、B 是矩形小孔。

考虑在膜盒 1 中发生之气压差与薄膜 b 之位移成正比，又由于活塞 4 移动使 A 或 B 孔打开之面积为 y，因此伺服机之输出 z 将满足下式，即

$$M\dot{z} = vy \tag{5.1.9}$$

其中，v 是高压油之速度；M 是活塞 5 之面积。

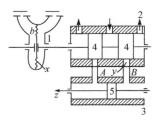

图 5.1.6　液压伺服机的示意图

要建立伺服机之方程必须建立由小平板运动打开之油管面积 y 与气压差 x 之间之关系。

显然，当 $\dot{x}>0, x<\alpha+\beta$ 时，小孔 A、B 仍处闭态；当 $x>\alpha+\beta$ 时，小孔 B 被打开，高压油由此压入，由于小孔是矩形的，刚打开面积 y 应是 x 之一次函数。如果 x 继续增加达到 $b+\alpha+\beta$ 时，小孔 B 全部被打开，y 达到常量 ab，而 x 继续再增，则 y 不变。若考虑由于某种原因，x 开始反向运动，当 x 达到 $b+\beta-\alpha$ 时，B 孔又开始被关闭，直到 x 达到 $\beta-\alpha$ 时，小孔 B 全被关闭。考虑 x 继续减少达到

$-(\alpha+\beta)$ 时，小孔 A 被打开，高压油由 A 孔压入，此时打开之面积 $y<0$ ，以下推演全部可以对称地进行。其分析式为

$$
y = f(x,\dot{x}) = \begin{cases}
c = ab, & \dot{x}<0, x\geq b+\beta-\alpha \text{ 或 } x\geq b+\beta+\alpha \\
a\big[x-(\alpha+\beta)\big], & \dot{x}>0, \alpha+\beta\leq x\leq \alpha+\beta+b \\
a\big[x-(\alpha-\beta)\big], & \dot{x}>0, -b-\beta+\alpha\leq x\leq \alpha-\beta \\
0, & \dot{x}>0, x-\beta\leq x\leq \alpha+\beta \text{ 或 } -(\alpha+\beta)\leq x\leq \beta-\alpha, \dot{x}<0 \\
a\big[x-(\alpha-\beta)\big], & \dot{x}<0, b+\beta-\alpha\geq x\geq \beta-\alpha \\
a\big[x+(\alpha+\beta)\big], & \dot{x}<0, -\beta-\alpha\geq x\geq -\beta-\alpha-b \\
-c = -ab, & \dot{x}>0, x\leq -b-\beta+\alpha, x\leq -b-\beta-\alpha
\end{cases} \tag{5.1.10}
$$

其图形如图 5.1.7 所示

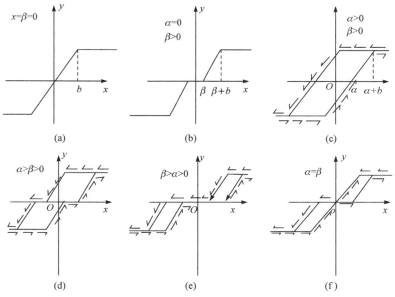

图 5.1.7 液压伺服机输入 x 与输出 y 之间的关系图

以上这种线性特性在控制系统中是常见的，在例 5.1 中，若在滑环上线性地分布电阻，也会得到上述分段线性的非线性特性。

对应上述 $y=f(x,\dot{x})$ ，平面 $(x,\dot{x})$ 上分块的情形如图 5.1.8 所示，其中图 5.1.8(a) 表示 $\alpha>\beta>0$ 之情形，图 5.1.8(b) 表示 $\beta>\alpha>0$ 之情形。

同样有间隙影响回线，β 影响死区。

在控制系统中，我们也可能遇到如下非线性特性，如图 5.1.9 所示，分别表示分段直线的(a)、有预应力的(b)、不等弹性的(c)、有预应力且饱和的(d)、不对

称继电器(e)、不对称有线性段的继电特性(f)、多值特性(g, h)、有跳跃的(i)。

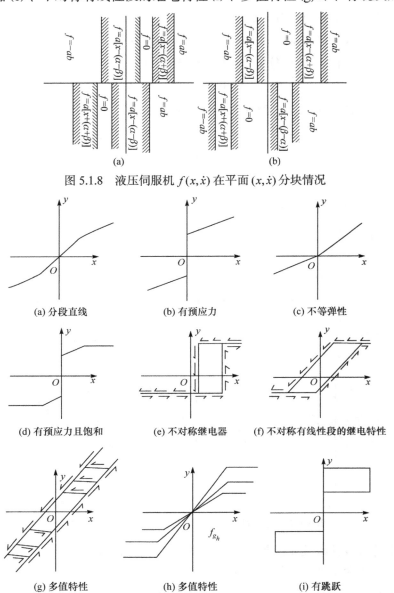

图 5.1.8　液压伺服机 $f(x,\dot{x})$ 在平面 $(x,\dot{x})$ 分块情况

(a) 分段直线　　(b) 有预应力　　(c) 不等弹性

(d) 有预应力且饱和　　(e) 不对称继电器　　(f) 不对称有线性段的继电特性

(g) 多值特性　　(h) 多值特性　　(i) 有跳跃

图 5.1.9　常见的非线性特性

5.2　研究非线性系统的相空间方法

对于阶数较低的非线性系统，为了得到系统中运动比较完全的知识，利用相

空间，特别是相平面方法是比较有效的。

考虑非线性系统，即

$$\dot{x}_s = X_s(x_1, x_2, \cdots, x_n), \quad s = 1, 2, \cdots, n \tag{5.2.1}$$

其中，x_s 是描述系统状态的坐标，例如它可以是机械量或者是电量。

研究清楚这些量随时间变化的规律就研究清楚了该系统的动力学过程。一般可以取这些量为坐标构成一 n 维欧几里得空间，显然系统的每一状态将与此空间中的一个点建立一一对应，一般称此空间为该系统之相空间，而系统中的动力学过程将与相空间中用来描述系统状态的像点的运动建立对应。n 阶系统的相空间是 n 维的，而二阶系统的相空间就是相平面，讨论清楚了像点在相空间中的运动，事实上就研究了系统中的动力学过程。目前对高阶相空间的讨论是很少的，比较完全的是研究相平面上的问题。相平面的讨论可以比较全面地回答二阶系统的问题，并可作为进一步研究高阶系统的基础。

5.2.1 相平面上的奇点

考虑二阶动力学系统，即

$$\dot{x} = P(x, y), \quad \dot{y} = Q(x, y) \tag{5.2.2}$$

其中，x 和 y 是描述系统状态的坐标，可以用平面上的一个点表示。我们称这样的平面为相平面，系统中发生的过程可以用平面上以 t 为参数的曲线表示。显然，系统运动在相平面上的轨迹将满足下式，即

$$\frac{\mathrm{d}y}{\mathrm{d}x} = \frac{Q(x, y)}{P(x, y)} \tag{5.2.3}$$

对此方程积分就能求得积分曲线。一个积分曲线并不能确定一个运动，考虑时间推移运动的轨迹相同，则同一轨迹将对应无穷多运动，但这些运动之间没有任何本质区别。

在相平面上，平衡位置满足下式，即

$$P(x, y) = 0, \quad Q(x, y) = 0 \tag{5.2.4}$$

周期运动对应闭曲线，一般满足方程 (5.2.4) 的点并不满足微分方程解的存在唯一性条件，即经过这样的点的积分曲线并不唯一，这样的点常称为奇点。不失一般性，以后考虑原点是奇点的情形，对奇点进行分类，并利用此种分类对系统在奇点附近的相图进行讨论是有意义的。

考虑系统 (5.2.2)，将其右端在原点附近展开成幂级数，则有

$$\dot{x} = cx + dy + P_2(x, y), \quad \dot{y} = ax + by + Q_2(x, y) \tag{5.2.5}$$

其中，P_2 和 Q_2 是不含有 x 和 y 的低于二次的项。

　　由定性理论可知，在非临界情形时，系统(5.2.5)与系统

$$\dot{x} = cx + dy, \quad \dot{y} = ax + by \tag{5.2.6}$$

在奇点的附近具有相同的拓扑结构，因此研究系统(5.2.6)奇点之类型是十分重要的。

　　考虑系统(5.2.6)之特征方程，即

$$\lambda^2 - (b+c)\lambda + (cb - ad) = 0 \tag{5.2.7}$$

若令 $2\eta = -(b+c), q = bc - da$，则有

$$\lambda^2 + 2p\lambda + q = 0 \tag{5.2.8}$$

以下讨论对应不同 η 与 q 选取的相图的不同特征。

　　当 $p>0, q>0$ 得到满足时，系统是渐近稳定的，而在 $p<0$ 与 $q<0$ 有一个成立时，则不稳定。

　　当 $p^2 - q>0$ 时，式(5.2.8)有一对实根；当 $p^2 - q<0$ 时，式(5.2.8)将出现一对复根，此时反映出系统中将发生振动。

　　当 $p^2 - q>0$ 时，考虑

$$\left(-p + \sqrt{p^2 - q}\right)\left(-p - \sqrt{p^2 - q}\right) = q$$

当 $q>0$ 时，两根之符号相同；当 $q<0$ 时，两根之符号相异。

　　由此可知，我们可作如下之分类。

　　(1) $q<0$，方程有符号相异之实根，奇点称为鞍点，如图5.2.1(a)所示。

　　(2) $q>0, p>0, p^2 - q<0$，方程有一对具有实部之共轭实根。奇点为稳定焦点，如图5.2.1(b)所示。

　　(3) $q>0, p>0, p^2 - q \geqslant 0$，方程有一对真实根奇点，为稳定之结点，如图5.2.1(c)与图5.2.1(d)所示。

　　(4) $q>0, k=0$，方程有一对纯虚根，奇点是中心，如图5.2.1(e)所示。

　　(5) $q>0, p<0, p^2 - q>0$ 方程有一对具正实部之复根，奇点是不稳定焦点，如图5.2.1(f)所示。

　　(6) $q>0, p<0, p^2 - q>0$ 方程有一对正实根，奇点是不稳定结点，如图5.2.1(g)所示。

　　对于 p 和 q 不同之情形，可在 p 和 q 平面上按上述分类进行区域划分，如图5.2.1(h)所示。

　　例5.3　研究图5.2.2所示之二阶控制系统，其直接通道部分之传递函数为

$$W(s) = \frac{K}{s^2 + 2\zeta s + \omega_0^2}$$

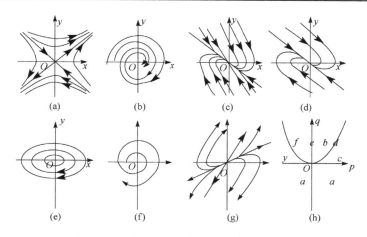

图 5.2.1　不同 p,q 取值下系统的相平面图

考虑一硬反馈，则系统之特征方程为

$$s^2 + 2\zeta s + \left(\omega_0^2 + K\right) = 0 \tag{5.2.9}$$

应用上述奇点分类，考虑 $p=\zeta,q=\omega_0^2+K$ ，则有如下结论。

（1） $K<-\omega_0^2$ ，这相当于系统放大系数较大，使用正反馈时出现鞍点，对应之系统不稳定。

（2） $-\omega_0^2<K<\zeta h^2-\omega_0^2$ ，此时系统是稳定的，但可以出现振动。奇点是稳定焦点。

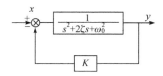

图 5.2.2　二阶控制系统框图

（3） $K\geqslant\zeta-\omega_0^2$ ，此时系统是稳定的，并且不会发生振动。奇点是稳定结点。

由此可知，系统应用较强之负反馈时，将能显著改善系统之性能。

相平面上除奇点以外，另一个重要的积分曲线是极限环。它具有如下特征。

（1）它本身是一个孤立的闭轨。

（2）在它附近的运动以 $t\to+\infty$ 或 $t\to-\infty$ 无限接近于它。

一般极限环分为稳定的、不稳定的与半稳定的，如图 5.2.3 所示。在实际系统中，研究极限环之存在，并判断其稳定性有重要意义。这是由于稳定的极限环线将代表实际存在的自振，而不稳定或半稳定的极限环实际上起着在相平面划分不同运动区之作用。

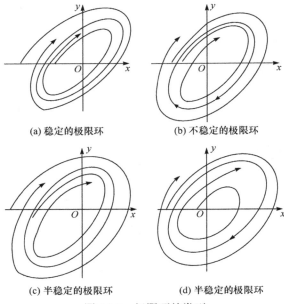

(a) 稳定的极限环　　　　　　　　　(b) 不稳定的极限环

(c) 半稳定的极限环　　　　　　　　(d) 半稳定的极限环

图 5.2.3　极限环的类型

　　还有一种比较重要的积分曲线是分离线，它既非极限环也非平衡位置，而是一种特殊的积分曲线。它经过奇点并在相平面上担当区域划分的作用，一般它所经过的奇点是鞍点，因此有时称它是鞍沿线，如图 5.2.4 所示。

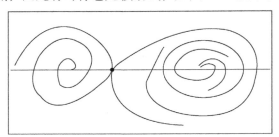

图 5.2.4　鞍沿线

　　利用相平面方法讨论一个自由度的系统的振动问题在非线性振动理论中具有重要意义。由于控制系统中非线性特性往往是分块直线的，它们在总体上可能比较复杂，但分块后可能反而简单，因此应用相平面方法讨论非线性系统，常按非线性特性对相平面进行划分，然后对其各部分研究清楚再缝合起来进行讨论。

5.2.2　有死区与间隙的继电伺服系统

　　考虑二阶伺服系统，即

$$\ddot{x}+\alpha\dot{x}=-\phi(\sigma),\quad \sigma=x+\beta\dot{x} \qquad (5.2.10)$$

其中，σ 是控制作用；α 和 β 是正数；$\phi(\sigma)$ 是非线性特性，即

$$\phi(\sigma)=\begin{cases}1,&\sigma\geq\varepsilon-\dfrac{\Delta}{2},\phi(\sigma_0)=1\\[2mm]0,&|\sigma|\leq\varepsilon+\dfrac{\Delta}{2},\phi(\sigma_0)=0\\[2mm]-1,&\sigma\leq-\left[\varepsilon-\dfrac{\Delta}{2}\right],\phi(\sigma_0)=-1\end{cases} \qquad (5.2.11)$$

式中，系数 ε、Δ 是正数；ε 是死区范围；Δ 描述间隙；σ_0 是运动到达 σ 前充分接近 σ 的点。

其非线性特性如图 5.2.5 所示。

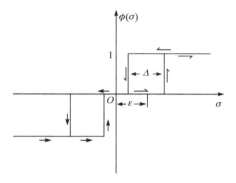

图 5.2.5　二阶伺服系统的非线性特性

对此非线性特性，显然可将对应的相平面分为三块，如图 5.2.6 所示。其中对应平面 I 之运动方程是 $\ddot{x}+\alpha\dot{x}=0$，对应平面 II 之运动方程是 $\ddot{x}+\alpha\dot{x}=1$，对应平面 III 之运动方程是 $\ddot{x}+\alpha\dot{x}=-1$。

无论是平面 I、II 或 III，对应的运动方程却是比较简单的。在这些平面块上，若引入相坐标 $y=\dot{x}$，将分别满足下式，即

$$\begin{aligned}\frac{\mathrm{d}y}{\mathrm{d}x}&=-\alpha,&(x,y)\in \mathrm{I}\\[2mm]\frac{\mathrm{d}y}{\mathrm{d}x}&=\frac{-\alpha y-1}{y},&(x,y)\in \mathrm{II}\\[2mm]\frac{\mathrm{d}y}{\mathrm{d}x}&=-\frac{-\alpha y+1}{y},&(x,y)\in \mathrm{III}\end{aligned} \qquad (5.2.12)$$

对应分割平面的直线为

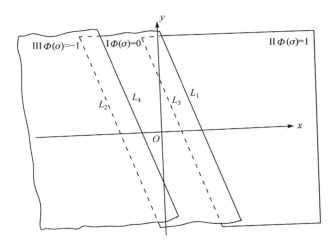

图 5.2.6　二阶伺服系统相平面分块图

$$y = -\frac{1}{\beta}x + \frac{1}{\beta}\left(\varepsilon + \frac{\Delta}{2}\right), \quad L_1$$

$$y = -\frac{1}{\beta}x - \frac{1}{\beta}\left(\varepsilon + \frac{\Delta}{2}\right), \quad L_2$$

$$y = -\frac{1}{\beta}x + \frac{1}{\beta}\left(\varepsilon - \frac{\Delta}{2}\right), \quad L_3 \qquad (5.2.13)$$

$$y = -\frac{1}{\beta}x - \frac{1}{\beta}\left(\varepsilon - \frac{\Delta}{2}\right), \quad L_4$$

考虑积分曲线在经过这些直线时应具有连续条件，因此在分别求出 I 、II 、III 上的运动以后，拼合起来就能得到系统之全部运动。

首先讨论 $\alpha = 0$ 之情形，显然此时各平面块之积分曲线为

$$y = C_1, \quad \text{I}$$
$$y^2 = -x + C_2, \quad \text{II} \qquad (5.2.14)$$
$$y^2 = -x + C_3, \quad \text{III}$$

其图形如图 5.2.7 所示，其中 C_1、C_2、C_3 由进入该相平面的初始条件决定，且积分曲线均关于 x 轴对称。

若将此三张平面上的运动按前述办法重新缝合在一起，注意由于 $\beta \neq 0$，则缝合线的斜率为 $-\dfrac{1}{\beta}$。系统之全部运动如图 5.2.8 所示，下面分析其运动。

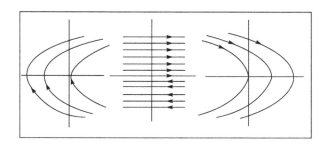

图 5.2.7 $\alpha = 0$ 时二阶伺服系统的积分曲线

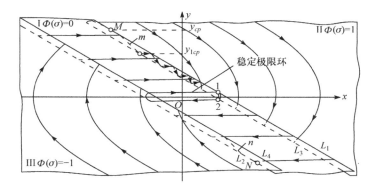

图 5.2.8 $\alpha = 0$ 时系统的全部运动

不妨设一开始像点落在 I 平面上，此时 $\phi = 0$。显然，当 $y > 0$ 时，则在 L_1 直线处进入 II；当 $y < 0$ 时，则在 L_2 直线处进入 III。由 II 进入 I 之运动总在 L_3 实现过渡，而由 III 进入 I 之运动则在 L_4 进行过渡。

考虑在 L_1 上寻求这样的点 1，使过其平行于 y 轴之直线与 L_3 之交点为 2，由 1 与 2 之联线段被 x 轴平分，显然此种点总存在。不难证明，经过 1 之运动将对应一个周期解，并且它是稳定的，即自振。

我们在 II 平面上求这样的抛物线，它与 L_1 直线切于 M 点，则不难证明，经过 M 点的运动将实现某种脉动运动，即它沿着 L_1、L_2 两直线间抖动下降，直至极限环。

相应地抖动也能在 III 上作抛物线与 L_4 相切之点 N 出发得到。

进一步，考虑 $\alpha \neq 0$ 之情形，此时方程为

$$\dot{x} = y, \dot{y} = -\alpha y - \phi(\sigma) \tag{5.2.15}$$

若消去 t，则积分曲线满足下式，即

$$-(\alpha y + \phi(\sigma)) \mathrm{d}x = y \mathrm{d}y \tag{5.2.16}$$

于是积分曲线方程为

$$x = \frac{\phi(\sigma)}{\alpha^2}\ln\left|\frac{\phi(\sigma)+\alpha y}{\phi(\sigma)+\alpha y_0}\right| - \frac{1}{\alpha}(y-y_0)+x_0 \qquad (5.2.17)$$

其中，x_0 和 y_0 表示初始点。

特别当 $\phi = 0, \pm 1$ 时，有

$$x = -\frac{1}{\alpha}(y-y_0)+x_0, \quad (x,y)\in \mathrm{I}$$

$$-x = \frac{1}{\alpha^2}\ln\left|\frac{1+\alpha y}{1+\alpha y_0}\right| - \frac{1}{\alpha}(y-y_0)+x_0, \quad (x,y)\in \mathrm{II} \qquad (5.2.18)$$

$$x = \frac{1}{\alpha^2}\ln\left|\frac{1-\alpha y_0}{1-\alpha y}\right| - \frac{1}{\alpha}(y-y_0)+x_0, \quad (x,y)\in \mathrm{III}$$

这表明，平面 I 上之积分曲线虽是直线，但发生了倾斜，而在平面 II 与 III 上，式(5.2.18)两个方程不再是关于 x 轴对称的抛物线，且有

$$\lim_{y\to -\frac{1}{\alpha}} x = -\infty, \quad (x,y)\in \mathrm{II}$$

$$\lim_{y\to \frac{1}{\alpha}} x = +\infty, \quad (x,y)\in \mathrm{III} \qquad (5.2.19)$$

这表明，在平面 II 上的积分曲线以直线 $y = -\frac{1}{\alpha}$ 为渐近线，在平面 III 上的积分曲线则以 $y = \frac{1}{\alpha}$ 为渐近线。

将各平面上的积分曲线缝合起来，就得到系统的全部运动的图像，如图 5.2.9 所示。

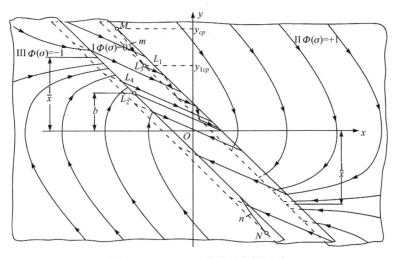

图 5.2.9　$\alpha \neq 0$ 时系统的全部运动

　　经过分析可以指出，如果 $\alpha < \beta$ ，则像点的脉动工作状态将在上半平面的 L_1 与 L_3 两线间发生，而下半平面，则在 L_2 与 L_4 两线间发生。这种脉动状态在上半平面当 $y < y_{Cp1} = y_M$ 时将会发生，其中 y_{Cp1} 是平面 II 上积分曲线与 L_1 相切点之纵坐标，同样在下半平面亦有相应之结论。这种脉动情况同 $\alpha = 0$ 时基本上一致。

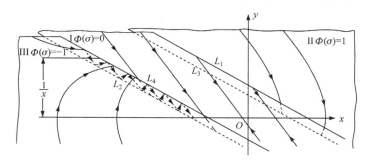

图 5.2.10　　$\alpha > \beta > 0$ 时的相图

　　但是如果考虑 $\alpha > \beta > 0$ ，则不难从对应的相图（图 5.2.10）上看出，脉动运动在上半平面将在 L_2 和 L_4 两线间发生，并且此种脉动现象在像点达到 L_4 直线时就一定要发生。类似讨论在下半平面的讨论完全对称地进行。

5.2.3　自振与点变换方法

　　在实际问题中，我们感兴趣的是讨论此种系统中的周期运动。在研究具有分段线性特性的二阶非线性系统的自振问题比较有效的方法是安德罗诺夫（Andronov）等根据法国数学家庞加莱（Poincare）在 19 世纪建立的点变换方法。点变换方法不但可以用来研究周期过程，而且可以用来讨论系统中的其他运动。

　　我们先以具有间隙的继电器系统来叙述这一方法的基本点。继电器特性如图 5.2.11 所示，由此相平面将由两块构成，如图 5.2.12 所示，它们分别对应 $\phi = 1$ 与 $\phi = -1$ ，切换线由 $\sigma = \dfrac{\Delta}{2}$ 与 $\sigma = \dfrac{-\Delta}{2}$ 构成（即 L_1 与 L_2 ）。点变换的思想是把描写运动的微分方程理解为一种变换方程，寻求一半直线（一般取切换线）至其自身的映射，利用周期解必须对应闭轨这一事实，研究这种变换的不动点可求出对应的周期运动。这种对半直线上的点进行变换以研究系统运动的办法称为点变换方法。应用点变换方法同样可以讨论周期解的稳定性。

　　对应上述继电特性与相平面分块，我们在半直线 L_1 上取一点为初始点，令其坐标为 (x_0, y_0) ，由此点出发之运动在经过一段时间后达到另一切换线 L_2 ，令其坐标为 (x_1, y_1) ，我们把 L_1 至 L_2 之变换记为 S^+ 。显然，此变换将在平面 I 上进行。同样，我们从 L_2 上之点 (x_1, y_1) 出发考虑运动在经过一段时间后将落在 L_1 上，令其坐

标为 (x_2, y_2) , 并记此变换为 S^- , 它是在平面 II 上发生的。考虑连作变换之积, 即

$$T = S^- S^+ \qquad\qquad (5.2.20)$$

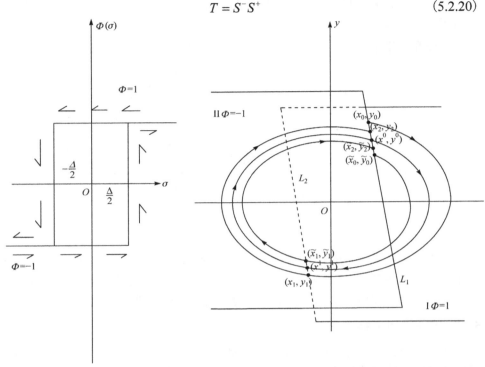

图 5.2.11　具有间隙的继电器特性　　图 5.2.12　具有间隙的继电器非线性系统相平面图

则它是由直线 L_1 至其自身的点变换。

　　如果将这种点变换连续地作下去, 我们由 y_0 出发将能得到一个点列 $y_0, y_2, y_4, \cdots, y_{2n}, \cdots$, 利用这些点列的性质, 就能讨论系统中的运动。例如, 当 $y_{2n} \to y^* \neq 0$ 时, 由 $y = y^*$ 出发的解将是周期解, 并且是稳定的, 即自振。

　　一般情况下, 也可以把点变换写为

$$S^+ : v = v(u), \quad S^- : u_1 = u(v), \quad T = S^- S^+ : u_1 = u_1(v(u)) = u_2(u) \qquad (5.2.21)$$

其中, u 是 L_1 直线上的起始点之纵坐标; v 是上述点出发, 运动落在 L_2 上之纵坐标绝对值; u_1 是重新落在 L_1 上之点之纵坐标。

　　为研究系统中的周期运动, 我们常考虑另一直线 $u_1 = u$, 讨论它与曲线 $u_1 = u_2(u)$ 之交点, 从而确定系统之周期解和稳定性。一般来说, 上述交点对应系统的周期解。从直线与曲线之间的相对位置可以判断其稳定性。图 5.2.13 就表示这些可能出现的情形, 其中图 5.2.13 (a) 表示出现稳定的周期解; 图 5.2.13 (b) 表示不存在周期解; 图 5.2.13 (c) 表示系统中的过程不断发散; 图 5.2.13 (d) 表示系统中

存在三个周期解，y_{a_2} 对应稳定极限环，而 y_{a_1} 与 y_{a_3} 对应不稳定极限环；图 5.2.13(e)
和图 5.2.13(f)表示存在一半稳定的极限环。

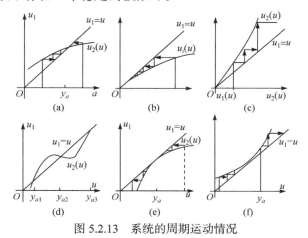

图 5.2.13　系统的周期运动情况

　　在系统之非线性特性是对称的情形下，我们可以用由 L_1 至 L_2 进行的点变换代
替 L_1 至自身的点变换。

　　一般求点变换的方法有三种，我们从图 5.2.12 出发阐述点变换公式的求法。
考虑从半直线 L_1 至 L_2 之点变换，设在平面 I 之相轨迹方程为

$$y = \varphi(x, x_0, y_0) \tag{5.2.22}$$

其中，(x_0, y_0) 是在 L_1 上之起始点。考虑描述 L_1 与 L_2 之方程为

$$x = \psi_1(y), \quad x_1 = \psi_2(y_1) \tag{5.2.23}$$

　　由此可知，落在 L_2 上之坐标 (x_1, y_1) 应为

$$\begin{cases} y_1 = \varphi(x_1, x_0, y_0) \\ x_1 = \psi_2(y_1), \quad x_0 = \psi_1(y_0) \end{cases} \tag{5.2.24}$$

消去变量 x_0 和 x，则有

$$y_1 = \varphi\big(\psi_2(y_1), \psi_1(y_0), y_0\big)$$

或解出来，有

$$y_1 = f_1(y_0) \tag{5.2.25}$$

它是一个点变换公式。

　　有时候也可以把点变换写成参数形式，即在 I 平面上运动之轨迹方程为

$$x = \varphi_1(x_0, y_0, t), \quad y = \varphi_2(x_0, y_0, t) \tag{5.2.26}$$

其中，(x_0, y_0) 是在 L_1 上之初始点位置；t 是参变量。

　　考虑 $x_0 = \psi_1(y_0)$，由此就有

$$\begin{cases} x = \varphi_1\big(\psi_1(y_0), y_0, t\big) = \varphi_3(y_0, t) \\ y = \varphi_2\big(\psi_1(y_0), y_0, t\big) = \varphi_4(y_0, t) \end{cases} \tag{5.2.27}$$

考虑落在 L_2 上之坐标是 (x_1, y_1)，则有

$$x = \varphi_3(y_0, t_1) = \psi_2(y_1), \quad y_1 = \varphi_4(y_0, t) \tag{5.2.28}$$

消去 x_1 解出 y_0, y_1 为 t 之函数，即

$$y_0 = f_1(t), \quad y_1 = f_2(t) \tag{5.2.29}$$

这是点变换公式的参数形式。

有时点变换公式也可以采取其他参数形式，例如考虑由点 (x_0, y_0) 出发之运动与实轴相交的点是 $(\xi, 0)$，则有

$$0 = \varphi(\xi, x_0, y_0) = \varphi\big(\xi, \psi_1(y_0), y_0\big) = \Phi(\xi, y_0) \tag{5.2.30}$$

由此有

$$y_0 = x_1(\xi)$$

另一方面，从 $(\xi, 0)$ 出发之运动在达到 L_2 直线上之点 (x_1, y_1) 时，我们有

$$y_1 = \psi(x_1, \xi, 0) = \psi\big(\psi_2(y_1), \xi, 0\big) \tag{5.2.31}$$

显见，也可解出

$$y_1 = x_2(\xi) \tag{5.2.32}$$

由此可得参数形式的点变换公式。

此情形下亦有相应的图，判断周期解及其稳定性，为此令

$$u_1 = y_0, \quad u_2 = y_1 \tag{5.2.33}$$

则有点变换公式

$$u_1 = \Omega_1(\xi), \quad u_2 = \Omega_2(\xi) \tag{5.2.34}$$

在 ξ, u 平面上，这两曲线之交点即对应周期解。交点横坐标即对应周期解之振幅 ξ^*，可以判断系统周期解之稳定性。例如，图 5.2.14（a）表示稳定周期解，图 5.2.14（b）表示不稳定周期解。

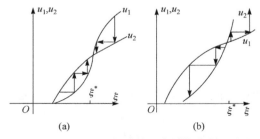

图 5.2.14　利用点变换曲线判断周期解的稳定性

在比较复杂的系统中，例如当伺服机中除伺服机非线性特性以外，又存在干

摩擦，则此时相平面的分割有更复杂的情形，点变换常采用 $u_1 = \Omega_1(\xi)$ 和 $u_2 = \Omega_2(\xi)$ 这种形式。

5.2.4　点变换之例

例 5.4　考虑式 (5.2.10) 与式 (5.2.11) 之例，研究其周期解，由 L_4 至 L_3 之点变换，设它是 $T_1 = S^* E^+$，其中 E^+ 是 L_4 至 L_1 之点变换，而 S^+ 是 L_1 至 L_3 之点变换。显然，L_4 至其自身的点变换可以写为 $T = S^- E^- S^+ E^+$，其中 E^- 是 L_3 至 L_2 之点变换，S^- 是 L_2 至 L_4 之点变换。

首先考虑 $\alpha = 0$ 的情形，对应之相平面如图 5.2.7 与图 5.2.8 所示。

设运动在平面 I 上从点 (x_0, y_0) 出发，(x_0, y_0) 满足 L_1 之方程，运动交 L_1 于点 (x_1, y_1)，对应的点变换可确定 y_0 与 y_1 之关系。设这一关系为 E^+，从点 (x_1, y_1) 出发之运动至 L_3 上点 (x_2, y_2) 之点变换关系为 S^+，考虑到 $\alpha = 0$，则有

$$E^+: \quad y_0 = y_1,$$

II 上之运动方程为

$$x_2 = -\frac{1}{2} y_2^2 + \frac{1}{2} y_1^2 - \beta y_1 + \varepsilon + \frac{\Delta}{2} \tag{5.2.35}$$

考虑 L_3 之方程是 (5.2.13)，则有

$$S^+: \quad y_2 = \beta - \sqrt{y_1^2 - 2\beta y_1 + \beta^2 + 2\Delta}, \quad y_1 = y_0, \tag{5.2.36}$$

由此若令

$$v = -y_2, \quad u = y_0$$

则从 L_4 至 L_3 之点变换应为

$$v = -\beta + \sqrt{u^2 - 2\beta u + 2\Delta + \beta^2}, \quad v = v(u) \tag{5.2.37}$$

现在来讨论 (5.2.37)，显然有

$$v(0) = -\beta + \sqrt{2\Delta + \beta^2} > 0, \quad v(\infty) = \infty \tag{5.2.38}$$

而 v 之极小值发生在

$$u = \beta, \quad v = -\beta + \sqrt{2\Delta} \tag{5.2.39}$$

时，由于 $\lim\limits_{u \to \infty} \dfrac{\mathrm{d}v}{\mathrm{d}u} = 1$，则 $v = u$ 是点变换曲线之渐进线，整个点变换曲线定义在 $u \in [0, +\infty]$ 上。

下面再分两类来讨论。

首先考虑 $-\beta + \sqrt{2\Delta} < 0$，这表明，在 $u = \beta$ 这一点出发之运动对应 $v < 0$，即落点应仍在上半平面，因此系统中可能发生脉动现象；反之，若 $-\beta + \sqrt{2\Delta} > 0$，则此

时由任何正值的 u 出发的运动总有 $v>0$，即落点应在下半平面，这表明，系统中不可能发生脉动。对应这两种情形之点变换曲线如图 5.2.15 所示。

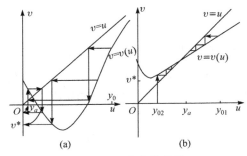

图 5.2.15　点变换曲线

在图 5.2.15(a) 中，当 v 发生负值时，点变换过程应由 $u=v$ 开始转变为由 $u=-v$ 开始。对于现在的情况，不论 $-\beta+\sqrt{2\Delta}$ 之符号如何，系统中总存在稳定的周期解，不同的是一个发生脉动，而另一个不发生脉动。

当 $\alpha\beta\geqslant 1$ 时，发生在平面 I 上的轨线将不可能实现至 L_1 进行切换，而平面 I 之下半平面 L_1 向上有分量，于是归宿为平衡点。

进一步，考虑 $\alpha\neq 0,\alpha\beta<1$ 之情形。

首先，研究发生在 L_4 之点 (x_0,y_0) 在平面 I 之运动，设落在 L_1 上之点坐标为 (x_1,y_1)，考虑 L_4 之方程，消去 x_0，则有

$$x_1=-\frac{1}{\alpha}(y-y_0)-\beta y_0-\varepsilon+\frac{\Delta}{2} \tag{5.2.40}$$

再考虑 L_1 之方程，则有

$$x_1=-\beta y_1+\varepsilon+\frac{\Delta}{2} \tag{5.2.41}$$

由此，变换 E^+ 为

$$y_1=y_0-\frac{2\alpha\varepsilon}{1-\alpha\beta} \tag{5.2.42}$$

考虑平面 II 上之运动及式 (5.2.41)，则有

$$x=\frac{1}{\alpha^2}\ln\frac{1+\alpha y_2}{1+\alpha y_1}-\frac{1}{\alpha}(y_2-y_1)-\beta y_1+\varepsilon+\frac{\Delta}{2} \tag{5.2.43}$$

若再考虑 L_3 之方程及落点之纵坐标 y_2，则有

$$x_2=-\beta y_2+\varepsilon-\frac{\Delta}{2}$$

由此就有

$$\frac{1}{\alpha^2}\ln\frac{1+\alpha y_2}{1+\alpha y_1}-\frac{1}{\alpha}(y_2-y_1)-\beta y_1+\varepsilon+\frac{\Delta}{2}=-\beta y_2+\varepsilon-\frac{\Delta}{2}$$

令 $v=-y_2,u=y_0$，则有

$$\frac{1}{\alpha^2}\ln(1-\alpha v)+\left(\frac{1}{\alpha}-\beta\right)u=\frac{1}{\alpha^2}\ln\left[1+\alpha u-\frac{2\alpha^2\varepsilon}{1-\alpha\beta}\right]-\left(\frac{1}{\alpha}-\beta\right)u+2\varepsilon-\Delta \tag{5.2.44}$$

若引进

$$a=\alpha(1-\alpha\beta),\quad b=\frac{2\alpha\varepsilon}{1-\alpha\beta},\quad c=\alpha^2(2\varepsilon-\Delta) \tag{5.2.45}$$

则式 (5.2.44) 可写为

$$(1-\alpha v)\mathrm{e}^{av}=\left[1+\alpha(u-b)\right]\mathrm{e}^{-au+c} \tag{5.2.46}$$

引入下式可方便作图，即

$$\begin{cases}F_1(v)=(1-\alpha v)\mathrm{e}^{av}\\F_2(u)=\left[1+\alpha(u-b)\right]\mathrm{e}^{-au+c}\end{cases} \tag{5.2.47}$$

当 $u<b$ 时，我们有

$$y_1=y_0-\frac{2\alpha\varepsilon}{1+\alpha\beta}=u-\frac{2\alpha\varepsilon}{1-\alpha\beta} \tag{5.2.48}$$

这表明，$y_1<0$，但考虑平面 I 的下半平面积分曲线的方向应往上，因此式 (5.2.47) 将以平衡位置为归宿。因此，实际上，u 的定义范围是 $(b,+\infty)$，v 由 $v^*=-y_{1cp}$ 变至 1，其中 v^* 对应 $u=b$，$v=1$ 对应 $u=+\infty$。这一结论可以从式 (5.2.42) 与式 (5.2.45) 寻出，其中 y_{1cp} 如图 5.2.9 所示。

由相平面可以看出，当 $v^*<0\left(y_{1cp}>0\right)$ 时，变换 $T_1\left[L_4\to L_3\right]$ 可以由变换 $L_4\to L_1$ 与 $L_1\to L_3$ 构成。

为了确定 $F_1(v)$ 与 $F_2(u)$ 之间相互分布的形式，可以对它们求导，即

$$\begin{aligned}\frac{\mathrm{d}F_1}{\mathrm{d}v}&=F_1'(v)=\left[-\alpha+a(1-\alpha v)\right]\mathrm{e}^{av}\\\frac{\mathrm{d}F_2}{\mathrm{d}u}&=F_2'(v)=\left[\alpha-a+a\alpha(b-u)\right]\mathrm{e}^{c-au}\\\frac{\mathrm{d}^2F_1}{\mathrm{d}v^2}&=F_1''(v)=a\left[-2\alpha+a(1-\alpha v)\right]\mathrm{e}^{av}\\\frac{\mathrm{d}^2F_2}{\mathrm{d}u^2}&=F_2''(u)=-a\left[2\alpha-a+a\alpha(b-u)\right]\mathrm{e}^{c-au}\end{aligned} \tag{5.2.49}$$

曲线 $F_1(v)$ 与 $v=0$ 相交于点 1，并且在 $v=\dfrac{1}{\alpha}-\dfrac{1}{a}$ 处达到极值。由于对应该点的 $F_1''(v)<0$，因此曲线是上凸的，即 F_1 在该点达到极大。最后有 $\lim\limits_{v\to\infty}F_1(v)=-\infty$。

曲线 $F_2(u)$ 之定义范围应在 $(b,+\infty)$ ，它在 $u = b - \left(\dfrac{1}{\alpha} - \dfrac{1}{a} \right)$ 达到极大，同时也有 $\lim\limits_{u \to \infty} F_2(u) = 0$ 。

令 $F_{1\max} = \max F_1(v), F_{2\max} = F_2(u)$ ，它们对应上述曲线的极值，即

$$F_{1\max} = \frac{\alpha}{a} \mathrm{e}^{\frac{a}{\alpha}-1}, \quad F_{2\max} = \frac{\alpha}{a} \mathrm{e}^{\frac{a}{\alpha}-1+c-ab}$$

由此就有

$$F_{2\max} = F_{1\max} \mathrm{e}^{c-ab} = F_{1\max} \mathrm{e}^{-\alpha^2 \Delta}$$

因此有 $F_{1\max} > F_{2\max}$ 。

对于 $\alpha\beta < 1$ ，$F_1(v)$ 取极值的点 v^* 将是负的，因此 $F_1(v)$ 之极值只在负半平面发生。$F_1(v)$ 与 $F_2(u)$ 之间的分布形式可以图 5.2.16 所示之情形。图 5.2.16(a) 所示存在一个交点，而 $F_2(u)$ 之极值在交点之左之情形。为确定点变换的不动点，可以用任何 y_0 作初值，因此可求出 $F_2(y_0)$ ，再利用 $F_2(y_0) = F_1(v_2)$ 进一步找到 $y_2 = -v_2$ ，而用 $-y_2$ 取作新的 y_0 ，这样依次下去即可求点变换之不动点，并判定其稳定性。例如，图 5.2.16(a) 是存在稳定极限环之情形；图 5.2.16(b) 是在脉动下存在稳定极限环之情形，此时初值落在 (y_1, y_2) 区间的运动可实现自振而进入死区；图 5.2.16(c) 表示系统是稳定的。

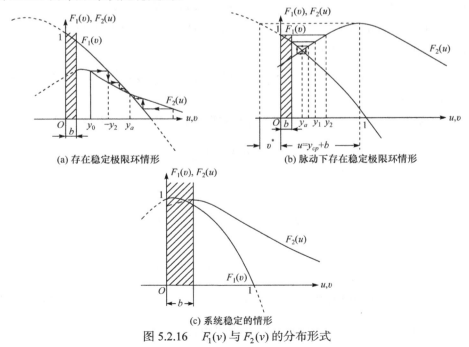

(a) 存在稳定极限环情形　　　　　　　　(b) 脉动下存在稳定极限环情形

(c) 系统稳定的情形

图 5.2.16　$F_1(v)$ 与 $F_2(v)$ 的分布形式

5.3　谐波平衡法与求自振

从这一节开始，我们讨论一般控制系统的周期解问题。由于对非线性微分方程求解方法的研究还极其缺乏，因此使用准确解的方法除在少数特殊系统中可行外，一般是一种不切实际的想法。加之在抽象化系统的过程中已经大大略去了一些一时并不认识其重要性的因素，这样在实际系统中去追求准确解就是一种必要性不大的事情，而且准确解通常总是不利于对系统进行综合的，因此在各种非线性振动问题研究的基础上，结合各种控制系统的特点，发展出各种近似方法具有重要意义。

在使用各种近似方法时，我们必须关注这些方法的适用条件。这些条件目前很少能从数学理论上严格论证，但考虑实际系统物理上的特点，这些方法之适用条件并不勉强。

5.3.1　谐波平衡法基础[①]

谐波平衡法的基本思想是对于一个非线性元件，在谐波输入的情况下，在一定程度上可以将其看成线性元件，将非线性系统作为线性系统来处理。为了叙述这一方法的基本思想，我们利用原非线性力学中关于小参数系统的方法。考虑一个二阶的系统，即

$$\ddot{x} + F(x, \dot{x}) = \ddot{x} + \omega_0^2 x + \varepsilon f(x, \dot{x}) = 0 \tag{5.3.1}$$

设系统存在一个频率近似 ω_0 的谐振过程 $x = a\sin(\omega_0 t + \varphi)$，我们把 a 与 φ 看成时间 t 的函数，并设解为

$$x = a\sin(\omega_0 t + \varphi), \quad \dot{x} = \omega_0 a\cos(\omega_0 t + \varphi) \tag{5.3.2}$$

显然式 (5.3.2) 可以看成是一个变换。它把未知函数 x 与 $\dot{x}$ 变成了新变量 a 与 φ。下面利用式 (5.3.1) 与式 (5.3.2) 求 a 与 φ 满足的方程。由

$$\dot{x} = \frac{\mathrm{d}a}{\mathrm{d}t}\sin(\omega_0 t + \varphi) + \omega_0 a\cos(\omega_0 t + \varphi) + \frac{\mathrm{d}\varphi}{\mathrm{d}t}a\cos(\omega_0 t + \varphi) \tag{5.3.3}$$

利用式 (5.3.2)，则有

$$\frac{\mathrm{d}a}{\mathrm{d}t}\sin(\omega_0 t + \varphi) + \frac{\mathrm{d}\varphi}{\mathrm{d}t}a\cos(\omega_0 t + \varphi) = 0 \tag{5.3.4}$$

对式 (5.3.2) 进行二次微分，则有

[①] 由于谐波平衡法在物理上合理，在应用上也很有效，一段时间引起数学家试图从理论上严格证明其合理性。英国人米斯(Mees)在 20 世纪 70 年代证明了当非线性特性是充分光滑时结论是合理的，但对于这里的解释非线性结论的数学严格证明依然缺乏，关肇直和陈文德在 1981 年《科学通报》上给出与米斯同样的结论，但方法相对简单。

$$\ddot{x} = \frac{\mathrm{d}a}{\mathrm{d}t}\omega_0\cos\left(\omega_0 t + \varphi\right) - a\omega_0\left(\omega_0 + \dot\varphi\right)\sin\left(\omega_0 t + \varphi\right)$$

$$= -\omega_0^2 a\sin\left(\omega_0 t + \varphi\right) - \varepsilon f\left(a\sin u, \omega_0 a\cos u\right) \tag{5.3.5}$$

其中，$u = \omega_0 t + \varphi$。

由此有

$$\frac{\mathrm{d}a}{\mathrm{d}t}\omega_0\cos\left(\omega_0 t + \varphi\right) - \frac{\mathrm{d}\varphi}{\mathrm{d}t}a\omega_0\sin\left(\omega_0 t + \varphi\right) = -\varepsilon f\left(a\sin u, \omega_0 a\cos u\right) \tag{5.3.6}$$

由式(5.3.4)与式(5.3.6)不难解出

$$\frac{\mathrm{d}a}{\mathrm{d}t} = -\frac{1}{\omega_0}\varepsilon f\left(a\sin u, a\omega_0\cos u\right)\cos u$$

$$\frac{\mathrm{d}\varphi}{\mathrm{d}t} = \frac{1}{a\omega_0}\varepsilon f\left(a\sin u, a\omega_0\cos u\right)\sin u \tag{5.3.7}$$

其中，$u = \omega_0 t + \varphi$。直到式(5.3.7)，我们并未作任何近似。式(5.3.1)被式(5.3.7)代替了，而后者仍是一个非线性方程。若ε充分小，则a与φ之变化率也很小，因此将式(5.3.1)看成是一个谐振子是十分合理的。由于a与φ在一周期内变动不大，因此可以下式，即

$$\frac{\mathrm{d}a}{\mathrm{d}t} = -\frac{1}{2\pi\omega_0}\int_0^{2\pi}\varepsilon f\left(a\sin u, \omega_0 a\cos u\right)\cos u\,\mathrm{d}u$$

$$\frac{\mathrm{d}\varphi}{\mathrm{d}t} = \frac{1}{2\pi a\omega_0}\int_0^{2\pi}\varepsilon f\left(a\sin u, \omega_0 a\cos u\right)\sin u\,\mathrm{d}u \tag{5.3.8}$$

代替式(5.3.7)，即用一种平均化的方程来代替原方程。这个方程通常比较容易解出。

显然，如果

$$\varepsilon f\left(x, \dot{x}\right) = F\left(x, \dot{x}\right) - \omega_0^2 x$$

我们就有

$$\frac{\mathrm{d}a}{\mathrm{d}t} = -\frac{1}{2\pi\omega_0}\int_0^{2\pi}F\left(a\sin u, \omega_0 a\cos u\right)\cos u\,\mathrm{d}u$$

$$\frac{\mathrm{d}\varphi}{\mathrm{d}t} = -\frac{1}{2\pi\omega_0 a}\int_0^{2\pi}F\left(a\sin u, a\omega_0\cos u\right)\sin u\,\mathrm{d}u - \frac{1}{2}\omega_0 \tag{5.3.9}$$

考虑$\dfrac{\mathrm{d}\varphi}{\mathrm{d}t}$是一阶小量，若引入$\omega = \omega_0 + \dot\varphi$，则可以认为系统(5.3.1)中有一自振过程。其振幅$a(t)$是时间t的函数，有式(5.3.9)之形式。其频率是ω，考虑ε之一阶小量，忽略ε一阶小量，可将式(5.3.9)第二式写为

$$\omega^2 = \left(\omega_0 + \dot\varphi\right)^2 = \frac{1}{\pi a}\int_0^{2\pi}F\left(a\sin u, \omega a\cos u\right)\sin u\,\mathrm{d}u + o\left(\varepsilon\right) \tag{5.3.10}$$

利用式(5.3.9)可以求出周期解的频率ω。

如果我们引入系数

$$q(a,\omega) = \frac{1}{\pi a}\int_0^{2\pi} F(a\sin u, a\omega\cos u)\sin u\,du$$

$$q_1(a,\omega) = \frac{1}{\pi a}\int_0^{2\pi} F(a\sin u, a\omega\cos u)\cos u\,du$$

(5.3.11)

则有

$$\frac{\mathrm{d}a}{\mathrm{d}t} = -\frac{a}{2\omega_0}q_1(a,\omega_0), \quad \omega^2 = q(a,\omega_0)$$

(5.3.12)

如果系统中的过程充分近似于谐振，我们可以认为 a 与 ω 充分接近常量，因此在不考虑 ε 同阶小的情况下，a 与 ω_0 可以通过下式决定，即

$$q_1(a,\omega_0) = 0, \quad \omega_0^2 = q(a,\omega_0)$$

(5.3.13)

考虑

$$\ddot{x} + F(\dot{x}, x) = 0$$

在具有近似谐振的自振 $x = a\sin(\omega t)$ 时，我们就用下式代替，即

$$\ddot{x} + q(a,\omega)x = 0$$

(5.3.14)

在这种情况下，系统可以看成是一个线性系统。其振动频率与振幅要满足式 (5.3.12)。

研究式 (5.3.13) 之第二式，可以解出 ω_0 为 a 之函数。若再代入第一式，则有

$$\frac{\mathrm{d}a}{\mathrm{d}t} = G(a)$$

(5.3.15)

而自振的振幅将满足 $G(a)=0$。若其有解，令为 a_π，则有

$$\frac{\mathrm{d}a}{\mathrm{d}t} = G(a), \quad G(a_\pi) = 0, \quad a_\pi > 0$$

(5.3.16)

若又知当 $a > a_\pi$ 时有 $G(a) < 0$，当 $a < a_\pi$ 时有 $G(a) > 0$，可知对应的周期解是稳定的，反过来若有

$$G(a) > 0, \quad a > a_\pi$$
$$G(a) < 0, \quad a < a_\pi$$

(5.3.17)

则对应的周期解将是不稳定的。图 5.3.1 所示为这两种情形，图中 a_m 对应稳定的周期解，a_n 对应不稳定的周期解。

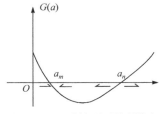

图 5.3.1　两种情形下的周期解

5.3.2　谐波线性化与等效放大系数

上一节使用的方法本质在于，当研究系统中的周期过程时，我们使用平均化的方法把非线性部分等价地利用一种特殊的线性部分来代替。这一节的谐波线性化思想就在于此。

考虑一个非线性控制系统，结构图如图 5.3.2 所示，其中 y 是非线性部分之输出，x 为其输入，而 y 又是线性部分之输入，显然系统是闭合的。描述系统的方程为

$$D(s)x = -M(s)y, \quad s = \frac{\mathrm{d}}{\mathrm{d}t}, \quad y = F(x,\dot{x}) \tag{5.3.18}$$

这是一个典型的非线性控制系统。

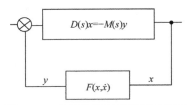

图 5.3.2　非线性控制系统的结构图

谐波线性化的思想是在一定条件下，非线性元件有谐波输入时把非线性元件等效地看成是一个线性元件，然后把对自振问题的讨论归结为对等价线性系统周期解的研究。

考虑系统非线性元件输入处有一谐振，即

$$x = a\sin\omega t \tag{5.3.19}$$

经过非线性元件后 y 一般不再是谐波，如果允许忽略其高次谐波，则有

$$y = \frac{1}{2\pi}\int_0^{2\pi} F(a\sin u, a\omega\cos u)\mathrm{d}u + q(a,\omega)a\sin\omega t + q_1(a,\omega)a\cos\omega t + 高阶项 \tag{5.3.20}$$

其中，第一项是平均值，又称直流部分；后两项为主谐波部分。显然，如果非线性特性关于原点对称，则

$$F(a\sin u, a\omega\cos u)\mathrm{d}u = 0 \tag{5.3.21}$$

由此，我们可以近似地将式 (5.3.20) 写为

$$y = q(a,\omega)x + \frac{q_1(a,x)}{\omega}\dot{x} \tag{5.3.22}$$

以后均设式 (5.3.21) 得到满足，或者 F 关于原点为对称。

式 (5.3.22) 可以看成是一个线性元件，它的系数一般依赖 a 与 ω，即等价的线性元件将与输入的振幅与频率有关。这里进行的线性化并不是通常的线性化，而

是一种特殊的线性化，仅在考虑非线性元件有一谐波输入，并能忽略其输出的高次谐波的影响这一假定下才是合适的。这种谐波线性化只被用来研究近于谐振的周期过程。

由于式(5.3.22)近似代替了非线性特性，即

$$y = F(x, \dot{x}) \qquad (5.3.23)$$

由此，我们若引入

$$w_H(a, \omega) = q(a, \omega) + \mathrm{j}q_1(a, \omega), \quad j = \sqrt{-1} \qquad (5.3.24)$$

则在谐波输入下有

$$y = w_H(a, \omega)x \qquad (5.3.25)$$

以后称复值函数 $w_H(a, \omega)$ 是非线性元件(5.2.23)的等效放大系数。它依赖输入谐波的振幅与频率，特别在极大多数情况下依赖振幅。

引入式(5.3.24)以后，再研究以 ω 为频率的自振时，系统 $D(s)x = -M(s)y$，$s = \dfrac{\mathrm{d}}{\mathrm{d}t}, y = F(x, \dot{x})$ 将以

$$x = -\frac{M(\mathrm{j}\omega)}{D(\mathrm{j}\omega)}y, \quad y = w_H(a, \omega)x \qquad (5.3.26)$$

代替，显然式(5.3.26)完全是一个线性系统。但它与 a 和 ω 有关。

下面具体计算非线性元件的等效放大系数。在此之前，先来讨论几个一般性的结论。

在一般控制系统中，元件的非线性特性是各种有回线或无回线的特性。对于前者，其输出不仅依赖输入在同一瞬时之数值，而且依赖输入速度的符号；对于后者，其输入只依赖输入在同一瞬时之数值。

首先考虑非线性特性中不具有回线的情形。此时，非线性特性，即

$$y = F(x) \qquad (5.3.27)$$

只是输入 x 的单值函数，且设它关于原点 $x=0$ 对称。由此有

$$q_1(a, \omega) = \frac{1}{\pi a}\int_0^{2\pi} F(a\sin u)\cos u\,\mathrm{d}u = 0$$

$$q(a, \omega) = \frac{1}{\pi a}\int_0^{2\pi} F(a\sin u)\sin u\,\mathrm{d}u = \frac{2}{\pi a}\int_0^{\pi} F(a\sin u)\sin u\,\mathrm{d}u \qquad (5.3.28)$$

$F(x)$ 是 x 的奇函数的要求，对于控制系统通常是具备的。

下面我们来计算几个例子。

如图 5.3.3(a)所示，我们描述了无回线继电特性最一般的情形，考虑有一谐振，即

$$x = a\sin \omega t$$

试求其等效线性环节之系数。

显然由非线性特性关于原点对称，则

$$q_1(a, \omega) = 0 \qquad\qquad (5.3.29)$$

根据式(5.3.28)，q 只是 a 的函数，而与 ω 无关。以后可以看到，这是大量非线性的通性。

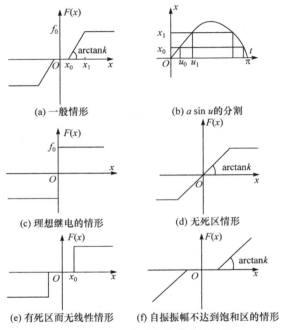

(a) 一般情形　　　　　　　(b) $a \sin u$ 的分割

(c) 理想继电的情形　　　　(d) 无死区情形

(e) 有死区而无线性情形　　(f) 自振振幅不达到饱和区的情形

图 5.3.3　无回线继电器非线性特性

首先考虑 $a > x_1$ 之情形，图 5.3.3(b)是对各式情形下 $a \sin u$ 的分割。此时有

$$
\begin{aligned}
q(a) &= \frac{2}{\pi a} \int_0^\pi F(a \sin u) \sin u\, du \\
&= \frac{2}{\pi a} \left(\int_{u_0}^{u_1} ak \sin^2 u\, du - \int_{u_0}^{u_1} kx_0 \sin u\, du + \int_{u_1}^{\pi - u_1} f_0 \sin u\, du \right. \\
&\quad \left. + \int_{\pi - u_1}^{\pi - u_0} ak \sin^2 u\, du - \int_{\pi - u_1}^{\pi - u_0} kx_0 \sin^2 u\, du \right) \\
&= \frac{4}{\pi a} \left(\int_{u_0}^{u_1} ak \sin^2 u\, du - \int_{u_0}^{u_1} kx_0 \sin u\, du + \int_{u_1}^{\frac{\pi}{2}} f_0 \sin u\, du \right)
\end{aligned}
$$

由于

$$\int_{u_0}^{u_1} \sin^2 u\, du = \frac{1}{2} \left[u_1 - u_0 - \frac{1}{2} (\sin 2u_1 - \sin 2u_0) \right]$$

$$\int_{u_1}^{\frac{\pi}{2}} \sin u \, du = \cos u_1, \quad f_0 = k(x_1 - x_0)$$

由此可知

$$q(a) = \frac{2}{\pi a}\left\{ ak\left[u_1 - u_0 - \frac{1}{2}(\sin 2u_1 - \sin 2u_0)\right] + 2k(x_1 - x_0)\cos u_1 - 2kx_0(\cos u_0 - \cos u_1)\right\}$$

考虑

$$x_0 = a \sin u_0, \quad x_1 = a \sin u_1, \quad a \cos u_0 = \sqrt{a^2 - x_0^2}, \quad a \cos u_1 = \sqrt{a^2 - x_1^2}$$

则有

$$q(a) = \frac{2k}{\pi}(u_1 - u_0) + \frac{1}{2}\sin 2u_1 - \frac{1}{2}\sin 2u_0$$

$$= \frac{2k}{\pi}[\arcsin\frac{x_1}{a} - \arcsin\frac{x_0}{a} + \frac{x_1}{a}\sqrt{1 - \frac{x_1^2}{a^2}} - \frac{x_0}{a}\sqrt{1 - \frac{x_0^2}{a^2}} \tag{5.3.30}$$

下面我们再分几种特殊情形。

(1) $a > x_1, x_0 = x_1 = 0$，即理想继电器之情形，此时有

$$q(a) = \frac{2}{\pi a}\int_0^\pi f_0 \sin u \, du = \frac{4f_0}{\pi} \tag{5.3.31}$$

(2) $a > x_1, x_0 = 0$，即无死区之情形，此时有

$$q(a) = \frac{2k}{\pi}\left(\arcsin\frac{x_1}{a} - \frac{x_1}{a}\sqrt{1 - \frac{x_1^2}{a^2}}\right) + \frac{4f_0}{\pi a}\sqrt{1 - \frac{x_1^2}{a^2}} \tag{5.3.32}$$

(3) $x_0 = x_1, a > x_1$，即有死区而无线性段之情形

$$q(a) = \frac{4f_0}{\pi a} = \sqrt{1 - \frac{x_0^2}{a^2}} \tag{5.3.33}$$

(4) 考虑 $x_1 > a$，此时我们有 $u_1 = \frac{\pi}{2}$，即自振振幅不达到饱和区的情形，此时有

$$q(a) = \frac{2}{\pi a}\left[ak\left(\frac{\pi}{2} - u_0 + \sin u_0 \cos u_0\right)\right]$$

$$= \frac{2k}{\pi}\left(\frac{\pi}{2} - \arcsin\frac{x_0}{a} + \frac{x_0}{a}\sqrt{1 - \frac{x_0^2}{a^2}}\right) \tag{5.3.34}$$

作为其特例可知，当 $u_0 = 0$ 时，即 $x_0 = 0$ 时，我们有 $q(a) = k$。显然这回到了线性的情形。

上述情形对应之非线性特性如图 5.3.3(c)～图 5.3.3(f)所示。

进一步讨论有回线的情形。为简单起见，考虑分段常量的继电器特性，如图 5.3.4(a)所示。图 5.3.3(b)是对应此情形下 $a \sin u$ 的分割。在此情形下，我们有

：304： 控制系统动力学讲义

$$\begin{cases} q(a) = \dfrac{2}{\pi a}\left(\displaystyle\int_0^{u_1} o\,du + \int_{u_1}^{u_2} f_0 \sin u\,du + \int_{u_2}^{\pi} o\,du \right) = \dfrac{2f_0}{\pi a}\left(\sqrt{1-\dfrac{x_1^2}{a^2}} + \sqrt{1-\dfrac{m^2 x_1^2}{a^2}} \right), \quad a>x_1 \\ q_1(a) = \dfrac{2f_0}{\pi a}\displaystyle\int_{u_1}^{u_2} \cos u\,du = -\dfrac{2f_0 x}{\pi}(1-m) \end{cases}$$

$$(5.3.35)$$

图 5.3.4(c) 对应之情形有

$$\begin{cases} q(a) = \dfrac{2f_0}{\pi a}\left(\sqrt{1-\dfrac{x_1^2}{a^2}} + \sqrt{1-\dfrac{m^2 x_1^2}{a^2}} \right) \\ q_1(a) = -\dfrac{2f_0 x_1}{\pi a^2}(1+m) \end{cases}$$

$$(5.3.36)$$

而对于图 5.3.4(d) 之情形，有

$$\begin{cases} q(a) = \dfrac{4f_0}{\pi a}\sqrt{1-\left(\dfrac{x_1}{a}\right)^2} \\ q_1(a) = -\dfrac{4f_0 x_1}{\pi a} \end{cases}$$

$$(5.3.37)$$

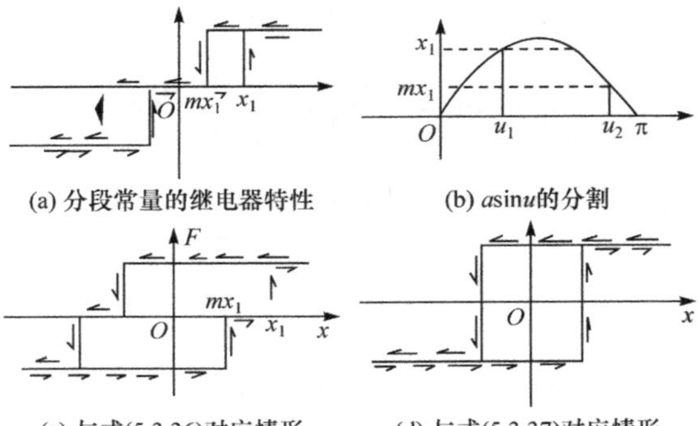

(a) 分段常量的继电器特性   (b) $a\sin u$ 的分割

(c) 与式(5.3.36)对应情形   (d) 与式(5.3.37)对应情形

图 5.3.4　有回线情形的继电器特性

考虑有线性段的情形，如图 5.3.5(a) 所示。设非线性特性仍有饱和，则经过计算将有

$$\begin{cases} q(a) = \dfrac{k}{\pi a}\left(u_2 + u_1 + \dfrac{1}{2}\sin 2u_2 + \dfrac{1}{2}\sin 2u_1 \right) \\ q_1(a) = -\dfrac{k}{\pi}\left(\sin^2 u_2 - \sin^2 u_1 \right), \quad a>x_1 \end{cases}$$

$$(5.3.38)$$

其中，$u_2 = \arcsin\dfrac{x_2}{a} = \arcsin\dfrac{f_0+x_0 k}{ak}; u_1 = \arcsin\dfrac{x_1}{a} = \arcsin\dfrac{f_0-x_0 k}{ak}$。

对于图 5.3.5(b)之情形，有

$$
\begin{cases}
q(a) = \dfrac{k}{\pi a}\left(\dfrac{\pi}{2} + u_1 + \dfrac{1}{2}\sin 2u_1 \right) \\
q_1(a) = -\dfrac{k}{\pi}\cos^2 u_1 = -\dfrac{4kx_0}{\pi a}\left(1 - \dfrac{x_0}{a} \right)
\end{cases}
\tag{5.3.39}
$$

由此可见，对于控制系统中常遇到的非线性特性来说，等效放大系数只是输入振幅 a 的复值函数。

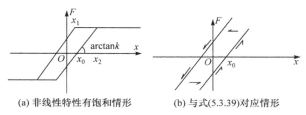

(a) 非线性特性有饱和情形　　　　　　(b) 与式(5.3.39)对应情形

图 5.3.5　有线性段的继电器特性

5.3.3　应用米哈伊洛夫曲线及代数判据确定非线性系统中的自振

考虑图 5.3.6 所示之闭环非线性系统，其方程为

$$
D(s)x = -M(s)y, \quad y = F(x,\dot{x})
\tag{5.3.40}
$$

由于系统具有非线性元件，闭合以后系统往往发生不衰减的自振。我们将用谐波线性化的方法将非线性元件用等效的线性环节加以代替，然后将系统看作是线性的，并讨论其周期解。

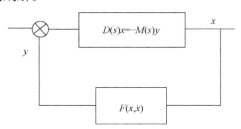

图 5.3.6　闭环非线性系统框图

在应用谐振线性化工具以后，我们可以将式(5.3.40)简化为如下线性形式，即

$$
D(s)x = -M(s)y, \quad G(s)y = N(s)x
\tag{5.3.41}
$$

其中，$\omega_H(s) = \dfrac{N(s)}{G(s)}$，是非线性元件。

在用谐波线性化方法处理以后，得到的等效线性环节的传递函数为

$$
N(s) = q(a,\omega) + \dfrac{q(a,\omega)}{\omega}s, \quad G(s) = 1
\tag{5.3.42}
$$

该指等效线性环节传递函数的系数将是自振振幅 a 与频率 ω 之函数。

使用谐波线性化以后，研究线性系统(5.3.41)，其特征方程为

$$D(s)G(s)+M(s)N(s)=0 \tag{5.3.43}$$

它的系数也是待求自振振幅 a 与频率 ω 的函数。

对一个线性系统，若其具有周期解，则对应的特征方程必有成对之纯虚根出现，由此应有

$$L(\mathrm{j}\tilde{\omega})=D(\mathrm{j}\tilde{\omega})G(\mathrm{j}\tilde{\omega})+M(\mathrm{j}\tilde{\omega})N(\mathrm{j}\tilde{\omega})=0 \tag{5.3.44}$$

其中，$\tilde{\omega}$ 是对应自振的频率。

考虑式(5.3.42)，则有

$$L(\mathrm{j}\tilde{\omega})=D(\mathrm{j}\tilde{\omega})G(\mathrm{j}\tilde{\omega})+M(\mathrm{j}\tilde{\omega})\left(q(a,\omega)+\frac{q_1(a,\omega)}{\omega}\mathrm{j}\tilde{\omega}\right)=0 \tag{5.3.45}$$

由于我们要解决的问题是自振问题，对非线性元件所作的谐波线性化，可以用 $\tilde{\omega}$ 代替 ω，由此有

$$L(\mathrm{j}\tilde{\omega})=D(\mathrm{j}\tilde{\omega})G(\mathrm{j}\tilde{\omega})+M(\mathrm{j}\tilde{\omega})\big(q(\mathrm{j}\tilde{\omega})+\mathrm{j}q_1(\mathrm{j}\tilde{\omega})\big)=0 \tag{5.3.46}$$

以下称由式(5.3.46)描述的以 $\tilde{\omega}$ 为变量的曲线为对应的米哈伊洛夫曲线。显然，它是依赖参数 a 的一个曲线族。

如果将米哈伊洛夫曲线之实部与虚部分开，则有

$$L(\mathrm{j}\tilde{\omega})=X(\tilde{\omega})+\mathrm{j}Y(\tilde{\omega}) \tag{5.3.47}$$

显见，当系统中出现周期解时，应有自振振幅 a_π 与 ω_π 满足下述方程，即

$$X(a_\pi,\omega_\pi)=0, \quad Y(a_\pi,\omega_\pi)=0 \tag{5.3.48}$$

这相当于对应的米哈伊洛夫曲线经过原点，如图 5.3.7 所示。对应 $a=a_\pi$ 之曲线经过原点，则可知对应之周期解具有振幅 a_π 与频率 ω_π。一般来说，当只有 a 在 a_π 附近发生变化时，米哈伊洛夫曲线将不再经过原点。这一种周期解实际上将是孤立的。

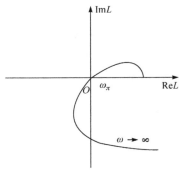

图 5.3.7　闭环非线性系统的米哈伊洛夫曲线

应用方程 (5.3.48)，我们不但可以寻求周期解，而且可以讨论系统中参数对周期解参量 (振幅与频率) 的影响。

例如，系统某个参数 k_1 未定，下面研究该参数 k_1 的变化对于周期解振幅与频率的影响。显然，k_1 未定时，方程 (5.3.48) 具有如下形式，即

$$X(\omega_\pi, a_\pi, k) = 0, \quad Y(\omega_\pi, a_\pi, k) = 0 \tag{5.3.49}$$

由此可以解出 ω_π 和 a_π，即

$$a_\pi = a_\pi(k_1), \quad \omega_\pi = \omega_\pi(k_1) \tag{5.3.50}$$

如图 5.3.8 所示，显然这种表示是回答在 k_1 的变化过程中，自振振幅与 a_π 和频率 ω_π 将怎样变化。

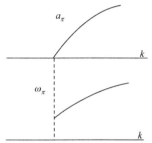

图 5.3.8　K 变化下系统的自振振幅 a_π 和频率 ω_π 的变化图

这一思想可以推广到有两个参数不定的情形 (推广到多参数情形时会变得很复杂)。如果系统中有两个不定参数 k_1 与 k_2，则方程 (5.3.48) 可以写为

$$\begin{cases} X(a_\pi, \omega_\pi, k_1, k_2) = 0 \\ Y(a_\pi, \omega_\pi, k_1, k_2) = 0 \end{cases} \tag{5.3.51}$$

对于此组方程，一般解为

$$\begin{cases} k_1 = k_1(a_\pi, \omega_\pi) \\ k_2 = k_2(a_\pi, \omega_\pi) \end{cases} \tag{5.3.52}$$

由此可知，若对此组方程固定 a_π，则在 k_1、k_2 平面上给出一条以 ω_π 为参量之曲线，即

$$k_1 = k_1(\omega_\pi), \quad k_2 = k_2(\omega_\pi) \tag{5.3.53}$$

设 ω_π 在 k_1, k_2 平面上给出一个点，当 ω_π 由零连续变至 $+\infty$，则在该平面得到一根曲线。如果变动 a_π，则上述曲线变成以 a_π 为参量的曲线族，如图 5.3.9 所示。

对方程 (5.3.51)，如果我们固定 ω_π，则可以解出 $k_1 k_2$ 平面上的另一个曲线，即

$$k_1 = k_1(a_\pi), \quad k_2 = k_2(a_\pi) \tag{5.3.54}$$

对每一确定之 a_π 可以在该平面得到一个点，当 a_π 连续变化时，式 (5.3.54) 描述一条以 a_π 为参数的曲线。

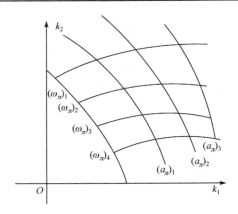

图 5.3.9　以 a_π 为参考量的曲线族

得到上述两曲线族以后，我们有如下结论。

(1) 在 $k_1 k_2$ 平面上给出一点，如果对应该点确有上述两族曲线之各一条通过，则对应的 a_π 与 ω_π 就是可能出现的周期解的振幅与频率。

(2) 全部符合要求 (1) 的点 (k_1, k_2) 在 $k_1 k_2$ 平面上构成之集合称为存在周期解之区域，即若系统在此域内选定参数，则系统可能存在周期解

(3) 不存在周期解的区域，将没有上述曲线族经过。这种区域可以针对平衡位置是渐近稳定区域，还是不稳定区域。对应 $a_\pi = \infty$ 的区域是不稳定区域。

在确定系统周期解的问题上，米哈伊洛夫曲线的思想可以直接应用到赫尔维茨判据上。下面以三阶系统为例，对此进行论述，考虑特征方程 (5.3.43)，即

$$a_0 z^3 + a_1 z^2 + a_2 z + a_3 = 0 \tag{5.3.55}$$

其中，a_π 是特定振幅 a_π 与频率 ω_π 之函数。

按要求式 (5.3.55) 有纯虚根，应有下式，即

$$a_0 a_3 - a_1 a_2 = 0, \quad a_3 \neq 0 \tag{5.3.56}$$

式 (5.3.56) 给出确定振幅 a_π 与频率 ω_π 的一个条件。为了寻求第二个条件，考虑系统中存在的纯虚根恰好是 $\pm j\omega_\pi$，由此我们还有

$$\omega_\pi^2 a_0 = a_2, \quad \omega_\pi^2 a_1 = a_3 \tag{5.3.57}$$

上述条件与式 (5.3.56) 刚好重复，因此式 (5.3.56) 和式 (5.3.57) 实际上给出了求解 a_π、ω_π 之方程。

相应的思想在 $n = 4$ 时或更高时亦适用。

5.3.4　周期解之稳定性与自振

从物理实际来说，任何真正能存在的周期解总应该在一定意义下是渐近稳定

的，通常只对渐近稳定的周期解才称为自振。

　　对一般非线性系统周期解的稳定性，并不存在通用的严格而又有效的方法。因此，这里只能从实际观点着眼给出一些近似方法。这些方法通过大量实例说明是有效的，但缺少严格的数学根据。

　　前面研究周期解时，我们用到米哈伊洛夫曲线族，即

$$L(\mathrm{j}\omega) = X(a,\omega) + \mathrm{j}Y(a,\omega) \tag{5.3.58}$$

考虑其经过原点，对应的 $a = a_\pi$ 与 $\omega = \omega_\pi$ 就是特定周期解之振幅与频率。

　　由一般线性系统的稳定性知识可知，当米哈伊洛夫曲线经过原点时，系统有零根或一对纯虚根。当对应曲线依次经过 1、2、3、4 象限时，对应的系统是渐近稳定的，或对应系统中的过程是逐渐衰减的；当曲线不绕过原点而进入第 3、4 象限时，系统是不稳定的，对应系统中的过程是发散的或增长的。由此，我们研究系统周期解的稳定性，借用这种做法实际上是合理的，也是可行的。

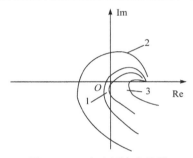

图 5.3.10　米哈伊洛夫曲线

　　首先对 $a = a_\pi$ 之米哈伊洛夫曲线作一扰动。考虑 $a = a_\pi + \Delta a$ 之米哈伊洛夫曲线，如果这一曲线刚好依次绕过 1、2、3、4 象限，则系统对应的过程是阻尼过程，如图 5.3.11 (a) 中曲线 1 所示；反过来，若对应的米哈伊洛夫曲线是曲线 2 的情形，则对应的过程是发散的。由此可知，若对应 $\Delta a > 0$ 之米哈伊洛夫曲线呈曲线 1 之形式，而当 $\Delta a < 0$ 时，呈曲线 2 之形式，则对应的周期过程 $a_\pi \sin\omega_\pi t$ 将是稳定的；反过来，若对应 $\Delta a > 0$ 之米哈伊洛夫曲线呈曲线 2 之形式，而当 $\Delta a < 0$ 时，呈曲线 1 之形式，则对应的周期解是不稳定的[①]。

　　显然，这种叙述可以用图 5.3.11 (b) ～图 5.3.11 (d) 加以叙述。当 $\Delta a > 0$，米哈伊洛夫曲线上 $\omega = \omega_\pi$ 之点落在 OA_1、OA_2、OA_3 上时，当 $\Delta a < 0$，对应 $\omega = \omega_\pi^-$ 之点又落在 OA_4、OA_5 上时，则对应系统中的周期解 $a_\pi \sin\omega_\pi t$ 是渐近稳定的。其他的情

---

① 对于非线性系统中自振的稳定性研究，从数学严格证明的角度应该将周期解代入方程并建立摄动方程。此时摄动方程将是时变系统归为周期系数的系统零解稳定性的讨论。这类系统至今仍缺少合适可行的方法。这里的方法虽不是数学严格的，但却是在物理实际上合理的。

形都对应周期解不稳定的情形。由此若以 MN 表示米哈伊洛夫曲线在原点之切

线，它所指的方向与 ω 之增加方向重合。显然，MN 之切线方向是 $\left(\dfrac{\partial X}{\partial\omega},\dfrac{\partial Y}{\partial\omega}\right)$，而

OA_i 之方向是 $\left(\dfrac{\partial X}{\partial a},\dfrac{\partial Y}{\partial a}\right)\Delta a$。

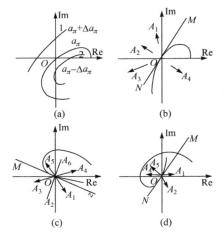

图 5.3.11　不同情形下的米哈伊洛夫曲线

不难看出，对应条件即

$$\left(\frac{\partial\overline{X}}{\partial a}-\frac{\partial Y}{\partial\omega}-\frac{\partial X}{\partial\omega},\frac{\partial Y}{\partial a}\right)_0>0 \tag{5.3.59}$$

得到满足时，系统的周期解应是渐近稳定的；反之，当式(5.3.59)不满足时，系统
的周期解应是不稳定的。

在判定周期解稳定性后，我们可以对待定参数平面上存在周期解的区域进一
步划分，即将其划分成自振区域与不稳定周期解区域。通常系统的不稳定周期解
在相空间起着初始条件区域划分作用。

最后，我们还必须考查上述方法应用的条件。此前，我们一直要求非线性元
件的输入 x 是一个近似谐振的过程，即

$$x=a_\pi\sin\omega_\pi t \tag{5.3.60}$$

显然，对应的 $y=F(x,\dot{x})$ 不一定是单频的振动，一般总含有高次谐波项。如果这
种高频分量经过系统的线性部分时，没有得到充分的压抑，则式(5.3.61)不可能保
持。由此我们假定下式得到满足，即

$$\left|\frac{M(jk\omega)}{D(jk\omega)}\right|\ll\left|\frac{M(j\omega)}{D(j\omega)}\right|,\quad \omega=\omega_\pi,k\geqslant3 \tag{5.3.61}$$

这一条件表明，$y = F(x, \dot{x})$ 之一切高频分量在经过线性部分时被压抑，因此式 (5.3.60) 这一假定是合理的。一般将具条件 (5.3.61) 称为具低通滤波特点。

5.3.5　利用等效放大系数曲线确定自振及判断其稳定性的频率方法

应用谐波线性化方法研究系统之自振或其他周期过程，也可以不借助米哈伊洛夫曲线，而通过由系统线性部分的频率特性曲线与对应非线性环节的等效放大系数曲线之间的关系得到。这一方法有一定之方便性，可以将线性系统矫正的方法用于改善系统。

考虑图 5.3.12 所示之闭环非线性系统，其线性部分之频率特性为 $w_\Lambda(j\omega)$，非线性部分之等效放大系数为 $w_H(a)$。当非线性特性不具回线时，$w_H(a)$ 是实值实数；反之，$w_H(a)$ 是复值函数，即

$$w_H(a) = q(a) + jq_1(a) \tag{5.3.62}$$

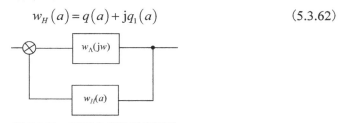

图 5.3.12　闭环非线性系统框图

为方便，引进逆等效放大系数，即

$$M_H(a) = \frac{1}{w_H(a)} = X_H(a) + jY_H(a) \tag{5.3.63}$$

若将非线性特性等效地看成是线性环节，则总开环频率特性为

$$w(a, \omega) = w_H(a)w_\Lambda(j\omega) \tag{5.3.64}$$

显然它是 a 与 ω 之函数，但具可分离之形式。对应确定之 a 来说，$w(a, \omega)$ 是一个以 ω 为变量的频率特性曲线。显然，利用在线性系统中有周期解之条件，开环辐相特性曲线应该与 $(-1, 0)$ 相交。由此，确定周期解之条件应为

$$w(a, \omega) = w_H(a)w_\Lambda(j\omega) = -1 \tag{5.3.65}$$

或者等价地写为

$$w_\Lambda(j\omega) = -M_H(a) = -\frac{1}{q(a) + q_1(a)j} \tag{5.3.66}$$

由于 $w_\Lambda(j\omega)$ 是线性部分的频率特性，它可以在复数平面上以 ω 作参变量的一个曲线表示，而 $-M_H(a)$ 是非线性元件的逆等效放大系数之负号。它在复数平面上用一条 a 为参量的曲线表示。方程 (5.3.66) 恰好是求此两曲线之交点，交点对应的 a 与 ω 就是待求周期解之振幅与频率。在非线性特性具回线时，等效放大系

数是一个复值函数，它以平面上曲线的方式给出，而非线性特性表示无回线时，对应的曲线实际上只给出实轴的一段。图 5.3.13 表示上述情况，其中图 5.3.13(a) 对应非线性特性有回线的情形，图 5.3.13(b) 对应无回线的情形。

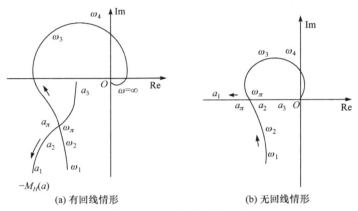

(a) 有回线情形   (b) 无回线情形

图 5.3.13 系统非线性特性

应用此图解法，我们也可以近似地判别周期解的稳定性。这种判别同以前一样仅具有物理上的直观意义，缺少数学上的严格论证。

根据线性系统稳定性研究的奈奎斯特判据，当开环没有极点在右半平面时，若开环频率特性不绕过 $(-1,0)$ 这一点，则对应的过程应是阻尼的；反之，对应的过程将是发散的。

在这里，开环频率特性曲线是 $w_H(a)w_\Lambda(\mathrm{j}\omega)$，由此它是否绕过 $(-1,0)$ 将完全等价于 $w_\Lambda(\mathrm{j}\omega)$ 是否对应地绕过 $\dfrac{1}{w_H(a)}$。考虑 $M_H(a)=\dfrac{1}{w_H(a)}$，我们有下述近似周期解的稳定性判据。

当系统周期解之振幅 a 发生 $-M_H(a)$ 曲线之移动，当 $\Delta a>0$ 时对应的点被 $w_\Lambda(\mathrm{j}\omega)$ 包含，当 $\Delta a<0$ 时对应的点不被 $w_\Lambda(\mathrm{j}\omega)$ 曲线包含，则对应系统的周期解是稳定的，反过来，则周期解为不稳定。

考虑图 5.3.14 所示之三种情形，其中箭头方向表示对应 a 或 ω 增加的方向。对图 5.3.14(a) 所示的交点 A，按上述判定可知对应周期解是稳定的。对图 5.3.14(b) 所示的交点 A，对应渐近稳定的周期解，B 点对应不稳定周期解。图 5.3.14(c) 与图 5.3.14(b) 相仿。

上述近似方法的适用条件同之前一样，要求检验式 (5.3.61)。这种检验可以化成一种物理上的看法。

一般来说，我们对非线性部分所作的等效放大系数与通过谐振的频率无关，只与振幅有关，因此任何频率的谐波通过非线性部件将得到同样的放大。由此可

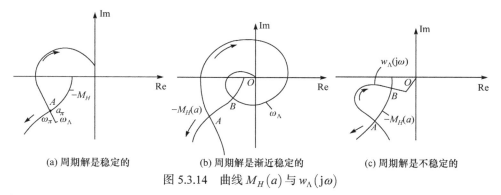

(a) 周期解是稳定的　　　(b) 周期解是渐近稳定的　　　(c) 周期解是不稳定的

图 5.3.14　曲线 $M_H(a)$ 与 $w_\Lambda(j\omega)$

知，上述分析必须基于一个前提，即非线性元件输入端恰为一单频谐振输入，但即使单频谐振输入时，非线性元件的输出中仍可能出现高频分量，因此我们就希望这些高频项在通过系统的线性部分时受到大的压抑，近于消失，一般这可归结如下。

(1) 线性部分是低通滤波的，并且周期解频带之边缘，即一般 $2\omega_\pi$ 将远远超出低通滤波的频带，如图 5.3.15 所示。

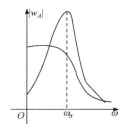

图 5.3.15　线性部分为低通滤波且周期解频带的边缘情形

(2) 具有共振频率特性，即幅频特性具有峰值，而待求周期解之频率大致与共振频率相重合。由此非线性元件输出基频之振动与高频之振动比起来可以得到显著的放大。

通常仅在上述两条件满足时，用谐波线性化的方法研究周期解才是合理的[①]。

5.4　非线性特性对随动系统的影响

5.4.1　随动系统方程

在这一节，我们使用谐波线性化技术详细地讨论一个随动系统。这个系统中

---

① 对于非线性控制系统，研究自振采用等效放大系数的方法适用于如图 5.3.12 所示的结构。这种结构的特征是可以将非线性部件与系统的线性部分能够分离。对于一般非线性系统自振的研究可以采用例如渐近方法。无论是哪类方法，其物理的考虑与近似方法却比数学严格证明更为重要。

存在各种非线性，我们研究这些非线性对系统性能的影响。系统及其等效结构如图 5.4.1 所示。

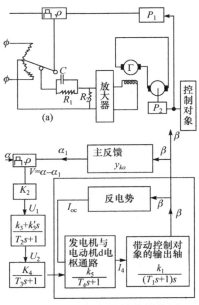

图 5.4.1　随动系统等效结构图

现来列写其全部运动方程。首先分析其工作机理，系统的输入是以 $\alpha(t)$ 作为一个转动信号送入，我们要求系统输出 β 以 $k_0\alpha(t)$ 复现上述运动，作为信号比较的装置是一个差动齿轮。它把角差信号给电位计，电位计输出电压 U_1 将正比于上述角差信号 γ，电压信号 U_1 经过 $R-C$ 校正网络变换成新的信号 U_2，然后将 U_2 经过直流放大器放大并作为发电机的励磁，在发电机后串接一个直流电动机，它的轴与控制对象的轴固联。

现在我们列写其方程。

首先控制对象与电动机轴之转角 β 满足下式，即

$$J\ddot{\beta} = M_1 - M_2 - M_3 \tag{5.4.1}$$

其中，J 是整个转动部分折合到轴上之转动惯量；M_1 是转动力矩；M_2 是阻尼力矩；M_3 是外负载或干扰力矩。

一般电动机转动力矩为

$$M_1' = C\frac{N\phi}{2\pi}I_4$$

其中，C 与电机极子个数及电枢绕组的结构有关；N 是电枢转速；ϕ 是励磁之磁通；I_4 是电枢中电流。

减速器 P_1 之特性为

$$\dot{\beta} = k_\eta \omega$$

其中，k_η 是传动比。一般 $k_\eta < 1$，由此我们有

$$M_1 = \frac{1}{K_\eta} M_1' = C_1 I_4$$

其中，$C_1 = C \dfrac{N\phi}{K_\eta 2\pi}$。

大家熟知的摩擦力矩为

$$M_2 = C_2 \dot{\beta}$$

干扰力矩是时间的函数 $M_3(t)$。

引入替换，即

$$T_1 = \frac{J}{C_2}, \quad k_1 = \frac{C_1}{C_2}, \quad f(t) = \frac{M_3(t)}{C_2}$$

则有

$$(T_1 s + 1) s\beta = k_1 I_4 - f(t) \tag{5.4.2}$$

此时，M_1 是 I_4 之非线性函数 $F(I_4)$。例如饱和等，此时有

$$(T_1 s + 1) s\beta = C' F(I_4) \tag{5.4.3}$$

反馈方程由减速器 P_2 决定，即

$$\alpha_1 = \frac{1}{k_0} \beta \tag{5.4.4}$$

差动齿轮方程为

$$\gamma = \alpha - \alpha_1 \tag{5.4.5}$$

电位计方程为

$$U_1 = k_2 \gamma$$

用来校正的微分回路方程为

$$(T_2 s + 1) U_2 = [k_3 + k_3' s] U_1 \tag{5.4.6}$$

其中，$T_2 = k_3' = \dfrac{CR_1 R_2}{R_1 + R_2}; k_3 = \dfrac{R_2}{R_1 + R_2}$。

放大器与发电机励磁回路之方程为

$$L_3 \frac{\mathrm{d}I_3}{\mathrm{d}t} + (R_i + R_3) I_3 = q U_2$$

其中，L_3 与 R_3 是励磁回路之电感与电阻；R_i 是放大器内阻；q 是放大系数。

若引入替换，即

$$T_3 = \frac{L_3}{R_3 + R_i}, \quad k_4 = \frac{q}{R_3 + R_i}$$

则方程可以写为

$$(T_3 s + 1) I_3 = k_4 U_2 \tag{5.4.7}$$

最后建立电动机电枢回路方程，显然电枢电流 I_4 应有

$$L_4 \frac{\mathrm{d}I_4}{\mathrm{d}t} + R_4 I_4 = E_g - E_\alpha$$

其中，E_g 是发电机电势，$E_g = k_g I_3$；E_α 是电动机反电势，$E_\alpha = k_\alpha \omega = \frac{K_\alpha}{K_\eta} \dot\beta$。

如果引入替换，即

$$T_4 = \frac{L_4}{R_4}, \quad k_5 = \frac{k_g}{R_4}, \quad k_6 = \frac{k_\alpha}{k_\eta R_4}$$

则有

$$(T_4 s + 1) I_4 = k_5 I_3 - k_6 s \beta \tag{5.4.8}$$

消去中间变量后，有系统在线性范围内工作之方程，即

$$L(s)\beta = N(s)\alpha - S(s)f(t) \tag{5.4.9}$$

其中

$$L(s) = \left[(T_1 s + 1)(T_4 s + 1) + k_1 k_6\right] s (T_2 s + 1)(T_3 s + 1) + k_1 (k + k's)$$
$$N(s) = k_0 k_1 (k + k's), \quad S(s) = (T_2 s + 1)(T_3 s + 1)(T_4 s + 1) \tag{5.4.10}$$

式中，$k = \frac{k_2 k_3 k_4 k_5}{k_0}$；$k' = \frac{k_2 k_3' k_4 k_5}{k_0}$。

一般来说，k 与 k' 是反映输入式的作用至输出的总放大倍数。讨论它们的变化对系统中发生自振的影响有重要意义。下面我们针对这一系统中出现的各种非线性特性，利用谐波线性化方法对其动态过程特别是自振及其稳定性进行讨论。

5.4.2 电动机输出力矩有饱和之问题

考虑电动机输出力矩有饱和的情形，其非线性特性如图 5.4.2 所示，即此时电动机转动方程在不考虑负载力矩时为

$$(T_1 s + 1) s \beta = C' F(I_4)$$

利用谐波线性化技术可将此方程写为

$$(T_1 s + 1) s \beta = q(a) I_4 \tag{5.4.11}$$

其中

$$q(a) = \begin{cases} C'k_c = k_1, & a \le b \\ \dfrac{2}{\pi}k_1\left(\sin^{-1}\dfrac{b}{a} + \dfrac{b}{a}\sqrt{1 - \dfrac{b^2}{a^2}}\right), & a > b \end{cases} \qquad (5.4.12)$$

它的图表示在图 5.4.3 上，a 表示 I_4 作谐振之振幅

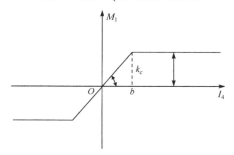

图 5.4.2 输出力矩有饱和的电动机非线性特性

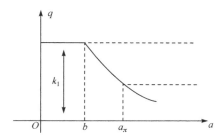

图 5.4.3 由式 (5.4.12) 确定的曲线 $q(a)$

对随动系统其他部分之方程，设系统中没有 R-C 校正，同时忽略电机电枢回路之电感，则有 $T_4 = 0, U_2 = U_1$。由此就有

$$(T_3s + 1)I_4 = -\left[k + (T_3s + 1)k_6s\right]\beta \qquad (5.4.13)$$

其中，$k = \dfrac{k_2k_4k_5}{k_0}$。

合并式 (5.4.11) 与式 (5.4.13)，则我们有

$$(T_1z + 1)(T_3z + 1)z + q(a)\left[k + (T_3z + 1)k_6z\right] = 0 \qquad (5.4.14)$$

若令 $z = \mathrm{j}\omega$，$L(\mathrm{j}\omega) = X(\omega) + \mathrm{j}Y(\omega)$，则对应有

$$\begin{aligned} X(\omega) &= kq(a) - \left(T_1 + T_3 + T_3k_6q(a)\right)\omega^2 \\ Y(\omega) &= \left(1 + k_6q(a)\right)\omega - T_1T_3\omega^3 \end{aligned} \qquad (5.4.15)$$

现在讨论 k 对子真的影响，显然若令

$$X(\omega) = 0, Y(\omega) = 0$$

则由式(5.4.15)之第二个方程可知

$$q(a_\pi) = \frac{T_1 T_3 \omega_\pi^2 - 1}{k_6} \qquad (5.4.16)$$

而从其第一个方程有

$$k = \left(\frac{T_1 + T_3}{q(a_\pi)} + T_3 k_6 \right) \omega_\pi^2 \qquad (5.4.17)$$

方程(5.4.16)表示在图 5.4.4 中，其中

$$\omega_{\min} = \frac{1}{\sqrt{T_1 T_3}}, \quad \omega_B = \sqrt{\frac{1 + k_1 k_6}{T_1 T_3}} \qquad (5.4.18)$$

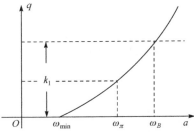

图 5.4.4　方程(5.4.16)确定的曲线 $q(a)$

　　显然图 5.4.3 与图 5.4.4 表示出周期解振幅与频率之联系。现在进一步寻求 a_π、ω_π 与 k 之关系，给定一个 ω_π，则由图可知对应之 $q(a_\pi)$ 或给出不同之 a_π，同时根据此 a_π 与 ω_π 又可由式(5.4.17)算出 k，这样就可在 a_π、k 平面上给出一条以 ω_π 为参数之曲线。它们分别表示在图 5.4.5(a)与图 5.4.5(b)上。为了讨论什么情况下才可能出现这种情况，微分式(5.4.17)并考虑式(5.4.16)来寻求 $k_{\min}$。其对应的 $\omega_{\min}$ 为

$$\omega_M^2 = \frac{1}{T_1 T_3} \left(1 + \sqrt{1 + \frac{T_1}{T_3}} \right) \qquad (5.4.19)$$

　　显然，如果 $\omega_M > \omega_B$，则 $k_{\min}$ 不存在，出现图 5.4.5(a)之情形；如果 $\omega_M < \omega_B$，则出现图 5.4.5(b)之情形。将式(5.4.19)与式(5.4.18)进行比较，则当满足下式，即

$$k_1 k_6 \leqslant \sqrt{1 + \frac{T_1}{T_3}} \qquad (5.4.20)$$

出现在图 5.4.5(a)上。

　　当满足下式，即

$$k_1 k_6 > \sqrt{1 + \frac{T_1}{T_3}}$$

(5.4.21)

出现在图 5.4.5(b) 上。

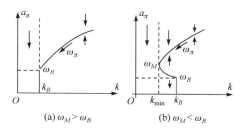

(a) $\omega_M > \omega_B$ 　　　　　　　(b) $\omega_M < \omega_B$

图 5.4.5　在 a_π、k 平面上的以 ω_π 为参数的曲线

最后讨论对应周期解之稳定性。现在有

$$\begin{cases} \left(\dfrac{\partial X}{\partial \omega}\right)_\pi = 1 + k_6 q(a_\pi) - 3T_1 T_3 \omega_\pi^2 = -2T_1 T_3 \omega_\pi^2 < 0 \\[2mm] \left(\dfrac{\partial Y}{\partial \omega}\right)_\pi = -2\left(T_1 + T_3 + T_3 k_6 q(a_\pi)\right)\omega_\pi = -2T_1 \omega_\pi \left(1 + T_3^2 \omega_\pi^2\right) < 0 \\[2mm] \left(\dfrac{\partial X}{\partial a}\right)_\pi = \left(k - T_3 k_6 \omega_\pi^2\right) q'(a)\big|_\pi = \dfrac{(T_1 + T_3)}{q(a_\pi)} \omega_\pi^2 \left(\dfrac{\mathrm{d}q}{\mathrm{d}a}\right)_\pi < 0 \\[2mm] \left(\dfrac{\partial Y}{\partial a}\right)_\pi = k_6 \omega_\pi \left(\dfrac{\mathrm{d}q}{\mathrm{d}a}\right)_\pi < 0 \end{cases}$$

(5.4.22)

其中我们用到 $\left(\dfrac{\mathrm{d}q}{\mathrm{d}a}\right)_\pi \leqslant 0$。

由此容易验证，$\omega < \omega_M$ 时稳定性判据将能满足，$\omega > \omega_M$ 时稳定性判据不能满足。不难看出，在图 5.4.5(a) 中，周期解将是稳定的，而在图 5.4.5(b) 上，周期解的稳定性则由图上的箭头标明。

前述 a_π 是 I_4 之振幅，为了得到 β 之振幅，考虑 a_β，则有

$$a_\beta = \frac{q(a_\pi) a_\pi}{\omega_\pi \sqrt{1 + T_1 \omega_\pi^2}} = \frac{T_1 T_3 \omega_\pi^2 - 1}{k_6 \omega_\pi \sqrt{1 + T_1^2 \omega_\pi^2}} a_\pi$$

(5.4.23)

对图 5.4.3，考虑 $q(a) = k_1$，此时有 $a = b$，设法找到对应的 ω_B 与 k_B，由图 5.4.5 以及式 (5.4.18) 可知

$$k_B = \left(\frac{T_1 + T_2}{k_1} + T_3 k_6\right) \frac{1 + k_1 k_6}{T_1 T_3}$$

我们指出，这个 k 值恰好是用 k_1 代替 $q(a)$ 得到的线性系统稳定性之边界值。

由此可知，对图 5.4.5(a)，线性系统与非线性系统有相同的稳定性区域，而非线性系统之不稳定以出现自振为前提，因此在 $k < k_3$ 时，系统可以利用线性模型进行讨论。对于图 5.4.5(b)，则自振可能在 $k < k_B$ 时出现，即只要 $k > k_M$ 就会出现自振，但此时对应非线性系统的平衡位置仍然是渐近稳定的。在 $k_M < k < k_B$ 时，系统中出现两个极限环，其中一个是自振，另一个仅起到分划初始条件的作用。在 $k_B < k < \infty$ 时，则只有一个稳定的极限环，它对应自振。图 5.4.5(b)出现的情况称为硬激励。

图 5.4.6 所示为对应 ω_π 与 k 之间之关系。

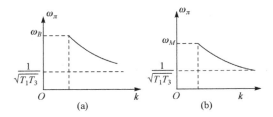

图 5.4.6 ω_π 与 k 的关系曲线

5.4.3 电动机输出力矩有死区有饱和的情形

仍然讨论上述随动系统，但设电动机输出力矩中有死区与饱和。其特性如图 5.4.7 所示。其对应控制对象转动方程变为

$$(T_1 s + 1)s\beta = q(a)I_4 \tag{5.4.24}$$

其中

$$q(a) = \begin{cases} k_1\left[1 - \dfrac{2}{\pi}\left(\arcsin\dfrac{b_1}{a} + 2\dfrac{b_1}{a}\sqrt{1 - \dfrac{b_1^2}{a^2}}\right)\right], & b_1 \leqslant a \leqslant b_2 \\ 0, & b_1 > a \\ \dfrac{2}{\pi}k_1\left(u_2 - u_1 + \sin 2u_2 - \sin 2u_1\right), & b_2 \leqslant a \end{cases} \tag{5.4.25}$$

其中，$u_1 = \arcsin\dfrac{b_1}{a}$；$u_2 = \arcsin\dfrac{b_2}{a}$。

对应式(5.4.25)之图如图 5.4.8 所示。

系统的特征方程仍然是式(5.4.14)与式(5.4.15)。由此可以导出式(5.4.16)与式(5.4.17)，即

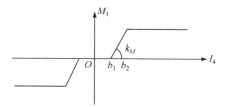

图 5.4.7 输出力矩有死区与饱和的电动机特性图

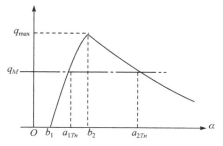

图 5.4.8 由式(5.4.25)确定的曲线 $q(a)$

$$\begin{cases} q\left(a_\pi\right) = \dfrac{T_1 T_3 \omega_\pi^2 - 1}{k_6} & (5.4.26) \\[3mm] k = \dfrac{T_1 + T_1 T_3^2 \omega_\pi^2}{T_1 T_3^2 \omega_\pi^2 - 1} k_6 \omega_\pi^2 & (5.4.27) \end{cases}$$

考虑给定各种值 ω_π，则由式(5.4.26)与图 5.4.8 可以得到，在同一 ω_π 下将有两个 a_π 与之对应，其一对应 $b_1 < a_\pi < b_2$，另一对应 $a_\pi > b_2$。同时，由于 $0 \leqslant q \leqslant q_{max}$，则由式(5.4.26)对应有

$$\left(\omega_\pi\right)_{min} \leqslant \omega \leqslant \left(\omega_\pi\right)_{max} \tag{5.4.28}$$

其中

$$\left(\omega_\pi\right)_{min}^2 = \frac{1}{T_1 T_3}, \quad \left(\omega_\pi\right)_{max}^2 = \frac{1 + k_6 q_{max}}{T_1 T_3} \tag{5.4.29}$$

式中，q_{max} 恰好是 $a_\pi = b_2$ 时之数值。

由式(5.4.25)可得

$$q_{max} - k_1 \left[1 - \frac{2}{\pi} \left(\arcsin \frac{b_1}{b_2} + 2 \frac{b_1}{b_2} \sqrt{1 - \frac{b_1^2}{b_2^2}} \right) \right] \tag{5.4.30}$$

其中，b_1 和 b_2 如图 5.4.8 所示。

进一步，我们将各 ω_π 代入式(5.4.27)，可知对 $\omega_\pi = \left(\omega_\pi\right)_{max}$，有 $k = \infty$，而当 ω_π 增加时，k 将减少。对式(5.4.27)，考虑 $\dfrac{\mathrm{d}k}{\mathrm{d}\omega_\pi} = 0$，则有

$$\left(\omega_\pi\right)_M^2 = \frac{1+\sqrt{1+T_1}}{T_1 T_3^2} \tag{5.4.31}$$

由式(5.4.27)可得

$$k_{\min} = \frac{k_6}{T_1}\left(\frac{1+\sqrt{1+T_1}}{T_3}\right)^2 \tag{5.4.32}$$

将式(5.4.31)代入式(5.4.26)，则有

$$q_m = \frac{1}{T_3 k_6}\left(1 - T_3 + \sqrt{1+T_1}\right) \tag{5.4.33}$$

以下我们分两种情况考虑。

(1)按式(5.4.33)得出 $q_m > q_{\max}$，其中 $q_{\max}$ 由式(5.4.30)计算。

(2) $q_m > q_{\max}$。

对第一种情形，此时 q_m 不对应任何能实现的周期解。由此可知，k 的极小值将不对应周期解，如图 5.4.9(c)所示，k 是 ω_π 之单调下降函数。为求出自振，考虑对给定的 ω_π，则由式(5.4.27)可以算出 k 值，如图 5.4.9(a)所示。由式(5.4.26)可算出对应的 q_π，从而算出两个 a_π，结果如图 5.4.9(a)上的两条曲线所示。对式(5.4.27)若以 $\left(\omega_\pi\right)_{\max}$ 代入，则有

$$k_c = \frac{1+k_6 q_{\max}}{q_{\max}}\left[\frac{1}{T_3} + \frac{1}{T_1}\left(1 + k_6 q_{\max}\right)\right] \tag{5.4.34}$$

对第二种情形，此时 k 存在极小值，且对应地有两个 a_π，一个是 $a_{1\pi}$，另一个是 $a_{2\pi}$，如图 5.4.9(b)所示。此时，对应地有

$$k_c = k_M = \frac{k_6}{T_1}\left(\frac{1+\sqrt{1+T_1}}{T_3}\right)^2 \tag{5.4.35}$$

给定不同 ω_π 值，按式(5.4.27)计算出 k，然后可以得到曲线 $Aa_{1\pi}C$ 与 $Ba_{2\pi}C$，并且由式(5.4.26)与图 5.4.8(b)确定的 a_π，对应点 B 与 C，则对应 $\omega_\pi = \left(\omega_\pi\right)_{\max}$，有

$$k_c = \frac{\left(1+k_6 q_{\max}\right)\left[T_1 + T_3\left(1 + k_6 q\right)\right]}{T_1 T_3\left[T_3\left(1 + k_6 q\right) - 1\right]} \tag{5.4.36}$$

为了判断这些周期解是否实际存在，还需要判断这些周期解的稳定性。考虑式(5.4.22)与图 5.4.8(b)，则有

$$\left(\frac{\partial X}{\partial a}\right)_\pi > 0, \left(\frac{\partial Y}{\partial a}\right)_\pi > 0, \quad b_1 < a < b_2 \tag{5.4.37}$$

$$\left(\frac{\partial X}{\partial a}\right)_\pi < 0, \left(\frac{\partial Y}{\partial a}\right)_\pi < 0, \quad a > b_2 \tag{5.4.38}$$

由此可知，图 5.4.9(a) 下半段对应不稳定周期解，上半段对应稳定周期解。相似的情形如图 5.4.9(b) 所示，$a_{1\pi}C$ 与 $a_{2\pi}C$ 之间出现附加的一条曲线。此时，系统出现两个自振与两个不稳定周期解。

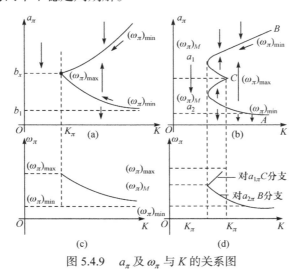

图 5.4.9　a_π 及 ω_π 与 K 的关系图

由图 5.4.9 可以看出，在随动系统中，当 $k<k_\pi$ 时，系统是渐近稳定的，此时非线性的作用不大；当 $k>k_\pi$ 时，系统在初始偏差较小的情况下不会发生自振。此外，还存在一个较小振幅的高频自振。

我们也可以求出 β 之振幅，即

$$a_\beta = \frac{a_\pi q(a_\pi)}{\left|(T_1 s+1)s\right|\big|_{S=\mathrm{j}\omega_\pi}} = \frac{a_\pi q(a_\pi)}{\omega_\pi \sqrt{T_1^2 \omega_\pi^2 + 1}} \tag{5.4.39}$$

对应 k 下之 ω_π 如图 5.4.9(c) 和图 5.4.9(d) 所示[①]。

5.4.4　干摩擦的影响

我们设电动机的拖动力矩是线性的，但是考虑其摩擦力矩中包含干摩擦，此时非线性特性如图 5.4.10 所示。

控制对象的方程为

$$\begin{cases} J\ddot{\beta} + C_2\dot{\beta} + C\,\mathrm{sign}\,\dot{\beta} = C_1 I_4, & \dot{\beta} \neq 0 \ \text{或} \ \dot{\beta}=0\,|I_4| \geqslant \dfrac{C}{C_1} \\ \beta = \text{常数}, & \dot{\beta}=0, |I_4| < \dfrac{C}{C_1} \end{cases}$$

① 这里研究的非线性影响，实际上已经涉及非线性科学中的参数变化引起的分岔等非线性本质的讨论。

此时，我们可能遇到以下两种情形。

(1)无停滞的振动过程，即上述方程第一个条件经常得到满足。

(2)有停滞的振动，此时可能出现第二个方程的条件。

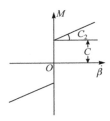

图 5.4.10　包含干摩擦的电动机非线性特性

下面我们只讨论(1)的情形，并且讨论其周期解存在之条件。

此时系统中电动机转动方程为

$$T_1\ddot{\beta} + \dot{\beta} + k_7\operatorname{sign}\dot{\beta} = k_1I_4, \quad k_7 = \frac{C}{C_2}, \quad k_1 = \frac{C_1}{C_2}, \quad T_1 = \frac{J}{C_2} \tag{5.4.40}$$

且有条件

$$|I_4| > \frac{k_7}{k_1}, \quad \dot{\beta} = 0 \tag{5.4.41}$$

若 $x = \dot{\beta}$ ，则方程变为

$$(T_1s + 1)x + F(x) = k_1I_4, \quad x = s\beta \tag{5.4.42}$$

其中

$$F(x) = k_7\operatorname{sign}x \tag{5.4.43}$$

由于考虑的振动过程是无迟滞的过程，由谐波线性化可知，$F(x)$ 之等效放大系数是 $\frac{4}{\pi a}k_7$，由此就有

$$F(x) = \frac{4}{\pi a}k_7 x \tag{5.4.44}$$

其中，a 是 $x = \dot{\beta}$ 之振幅。

对应角 β 振动之振幅 a_β 为

$$a_\beta = \frac{a}{\omega}, \quad \beta \doteq -\frac{a}{\omega}\cos\omega t, x = a\sin\omega t$$

考虑式(5.4.41)与式(5.4.42)，则有

$$\left.|I_4|\right|_{\dot{\beta}=0} = \left.\left|\frac{T_1\dot{x}}{k_1}\right|\right|_{x=0} = \left.\left|\frac{T_1a\omega\cos\omega t}{k_1}\right|\right|_{\sin\omega t=0} = \frac{T_1a\omega}{k_1} > \frac{k_7}{k_1}$$

由此就有

$$a\omega > \frac{k_7}{T_1} \text{ 或 } a_\beta \omega^2 > \frac{k_7}{T_1} \tag{5.4.45}$$

显然，在此条件为真的前提下进一步求解才有可能。

整个闭环系统之特征方程为

$$(T_3 z+1)\frac{4k_7}{a\pi}z+k_1(T_3 z+1)k_6 z+k_1 k+(T_1 z+1)(T_3 z+1)z=0$$

考虑 $L(\mathrm{j}\omega)=X(\omega)+\mathrm{j}Y(\omega)$ ，则有

$$X(\omega)=k_1 k-\left(\frac{4k_z}{\pi a}T_3+k_1 k_6 T_3+T_3+T_1\right)\omega^2$$

$$Y(\omega)=\left(\frac{4k_7}{\pi a}+1+k_1 k_6\right)\omega-T_1 T_3\omega^3 \tag{5.4.46}$$

显然，令 $X=Y=0$ ，则有

$$a_\pi=\frac{4k_7}{\pi\left(T_1 T_3\omega_\pi^2-1-k_1 k_6\right)} \tag{5.4.47}$$

若令 $a_\pi=\infty$ ，则有

$$(\omega_\pi)_c^2=\frac{1+k_1 k_6}{T_1 T_3},\quad k_c=\frac{1+k_1 k_6}{k_1}\left(\frac{1}{T_3}+\frac{1+k_1 k_6}{T_1}\right) \tag{5.4.48}$$

在区间 $(\omega_\pi)_c<\omega_\pi<+\infty$ 由式(5.4.47)可以建立 a_π ， k 平面之曲线 $a_\pi=f(k)$ ，如图 5.4.11 所示。其成立之条件是不等式(5.4.45)成立。

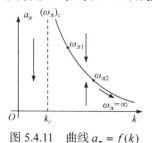

图 5.4.11　曲线 $a_\pi=f(k)$

为确定周期解之稳定性，由式(5.4.36)可得 $\left(\dfrac{\partial X}{\partial a}\right)_\pi>0,\left(\dfrac{\partial Y}{\partial a}\right)_\pi<0,\left(\dfrac{\partial X}{\partial\omega}\right)_\pi<0,$ $\left(\dfrac{\partial Y}{\partial\omega}\right)_\pi<0$ 。由此可知，稳定性条件不能满足，因此周期解是不稳定的。

由图 5.4.11 可以看出，系统的平衡位置始终是渐近稳定的。当 $k<k_c$ 时，系统的渐近稳定具有"全局"性质，即对任何初始偏差来说，系统都是渐近稳定的；当 $k>k_c$ 时，系统在相空间中的稳定性区域将随着 k 的增大而缩小。此时，系统的稳定性具有小范围性质。

5.4.5　平方阻尼之影响

设电动机所受阻力矩是平方阻尼力矩，其特性如图 5.4.12 所示。此时，电动机的转动方程为

$$(T_1 s + 1)x + F(x) = k_1 I_4, \quad x = s\beta \tag{5.4.49}$$

其中，$T_1 = \dfrac{J}{C_2}; k_1 = \dfrac{C_1}{C_2}; F(x) = k_8 x^2 \mathrm{sign}x, k_8 = C_3/C_2$。

设 $x = a\sin\omega t$，由谐波线性化有

$$
\begin{aligned}
q(a) &= \frac{1}{\pi a}\int_0^{2\pi} k_8 a^2 \sin^2 u (\mathrm{sign}\sin u)\sin u\,du \\
&= \frac{1}{\pi a}\int_0^\pi k_8 a^2 \sin^3 u\,du - \int_\pi^{2\pi}\frac{k_8}{\pi a}a^2 \sin^3 u\,du = \frac{8k_8}{3\pi}a
\end{aligned} \tag{5.4.50}
$$

由此就有

$$F(x) = \frac{8k_8 a}{3\pi}x$$

代入特征方程，则有

$$
\begin{cases}
X(\omega) = k_1 k - \left(T_1 + T_3 + k_1 k_6 T_3 + \dfrac{8k_8 a}{3\pi}T_3\right)\omega^2 \\
Y(\omega) = \left(1 + k_1 k_6 + \dfrac{8k_8 a}{3\pi}\right)\omega - T_1 T_3 \omega^3
\end{cases} \tag{5.4.51}
$$

令其为零，则有

$$k = \frac{T_1 \omega_\pi^2}{k_1}\left(1 + T_3^2 \omega_\pi^2\right), \quad a_\pi = \frac{3\pi}{8k_8}\left[T_1 T_3 \omega_\pi^2 - 1 - k_1 k_6\right]$$

对应可求出 $(\omega_\pi)_c$。

现在 ω_π 之边界值与式(5.4.48)相重，但它们对应的不是 $a_\pi = \infty$，而是 $a_\pi = 0$。由此我们可以得到图 5.4.13。由式(5.4.51)，可知 $\left(\dfrac{\partial X}{\partial a}\right)_\pi < 0, \left(\dfrac{\partial Y}{\partial a}\right)_\pi > 0, \left(\dfrac{\partial X}{\partial \omega}\right)_\pi < 0,$

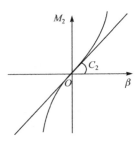

图 5.4.12　具平方阻尼力矩的特性图

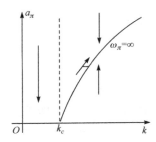

图 5.4.13　a_π 与 k 的关系图

$$\left(\frac{\partial Y}{\partial \omega}\right)_\pi < 0 。$$

不难看出，对应周期解是渐近稳定的。由此可知，系统在 $k < k_c$ 时是渐近稳定的，在 $k > k_c$ 时出现自振，此时平衡位置失去稳定性。

5.4.6　传动机构有间隙的影响

对前述随动系统，我们讨论机械传动过程中存在间隙对系统性能的影响。为简单起见，设电动机是线性的，电动机输出轴与控制对象转角间存在间隙，如图 5.4.14 所示。设电动机输出经变换后之角度是 β_1，而控制对象转角是 β，在 β_1 与 β 间存在之间隙宽度为 $2b$。这一非线性特性如图 5.4.15 所示。如果不考虑间隙，则有 $\beta = \beta_1$。

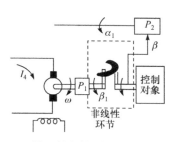

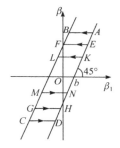

图 5.4.14　输出轴与控制对象转角有间隙的 　　图 5.4.15　输出轴与控制对象转角有间隙的
　　　　　　电动机结构图　　　　　　　　　　　　　　　电动机非线性特性

首先在一定假定下系统的线性部分的方程为

$$(T_3 s + 1)I_4 = -\left[(T_3 s + 1)k_6 s + k\right]\beta \tag{5.4.52}$$

其中 T_3、k、k_6 是对应元件的参数，下面分析其非线性部分。

考虑控制对象与电动机之方程，显然在电动机与控制对象间有间隙后，方程将发生变化，此时有

$$\begin{cases} (T_1 s + 1)s\beta_1 = k_1 I_4, & \dot\beta \neq 0 \\ (T_1' s + 1)s\beta_1 = k_1 I_4, & \dot\beta = 0 \end{cases} \tag{5.4.53}$$

其中，$T_1' < T_1$。

由于电动机与对象并未固联，并且非线性发生在 β 与 β_1 之间，即

$$\begin{cases} \beta = \beta_1 - b, & \dot\beta_1 > 0 \\ \beta = \beta_1 + b, & \dot\beta_1 < 0 \\ \beta = 常数, & |\beta_1 - \beta| < b, \dot\beta = 0 \end{cases}$$

如果设控制对象之转动惯量比电动机的转动惯量大得很多，则可令 $T_1' = 0$。

由图 5.4.16，可以利用谐波线性化技术求出 β 与 β_1 之间的关系，即

$$\beta = \left[q(a) - \frac{q_1(a)}{\omega}s \right]\beta_1 \tag{5.4.54}$$

其中

$$q(a) = \frac{1}{\pi}\left(\frac{\pi}{2} + u_1 + \frac{1}{2}\sin 2u_1 \right)$$
$$q_1(a) = \frac{1}{\pi}\cos^2 u_1 = \frac{4b}{a}\left(1 - \frac{b}{a} \right) \tag{5.4.55}$$

其中，$u_1 = \arcsin\left(1 - \frac{2b}{a} \right)$。

考虑式 (5.4.53)，碰到第二个非线性，可写为 $F\left(\ddot{\beta}_1, \dot{\beta}_1 \right) = k_1 I4$。设法使其谐波线性化，令 $\beta_1 = a\sin\omega t$，由图 5.4.17 有

$$F\left(\ddot{\beta}_1, \dot{\beta}_1 \right) = T_1\ddot{\beta}_1 + \dot{\beta}_1, \quad \text{当 } 0 < u < \frac{\pi}{2},\ \pi - u_1 < u < \frac{3\pi}{2},\ 2\pi - u_1 < u < 2\pi$$

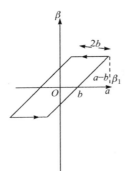

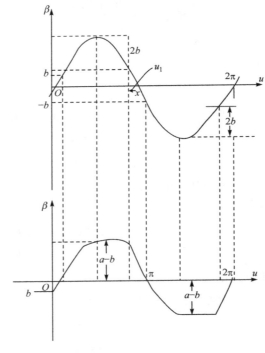

图 5.4.16　β 与 β_1 的关系图　　　　　　图 5.4.17　β 的变化曲线

$$F\left(\ddot{\beta}_1, \dot{\beta}_1\right) = \dot{\beta}_1, \quad 当 \frac{\pi}{2} < u < \pi - u_1, \ \frac{3\pi}{2} < u < 2\pi - u_1$$

设

$$F\left(\ddot{x}, \dot{x}\right) = \left(\frac{q_2\left(a, \omega\right)}{-\omega^2}s^2 + \frac{q_1\left(a, \omega\right)}{-\omega}s\right)x$$

其中

$$q_2\left(a, \omega\right) = \frac{1}{\pi a}\int_0^{2\pi} F\left(-a\omega^2 \sin u, a\omega \cos u\right)\sin u\,du$$

$$q_1\left(a, \omega\right) = \frac{1}{\pi a}\int_0^{2\pi} F\left(-a\omega^2 \sin u, a\omega \cos u\right)\cos u\,du$$

设

$$\int_0^{2\pi} F\left(-a\omega^2 \sin u, a\omega \cos u\right)\mathrm{d}u = 0$$

应用到我们的问题，则有

$$q_1\left(a, \omega\right) = \frac{1}{\pi a}\left[\int_0^{2\pi} a\omega\cos^2 u\,du + \int_0^{\frac{\pi}{2}} T_1\left(-a\omega^2 \sin u\right)\cos u\,du\right.$$

$$\left. + \int_{\pi-u_1}^{\frac{3\pi}{2}} T_1\left(-a\omega^2 \sin u\right)\cos u\,du + \int_{2\pi-u_1}^{2\pi} T_1\left(-a\omega^2 \sin u\right)\cos u\,du\right]$$

$$= \omega - T_1\omega^2 q_1\left(a\right)$$

其中，$q_1\left(a\right)$ 与式 (5.4.55) 一致。

由于 $T_1' = 0$，则有

$$q_2\left(a, \omega\right) = \frac{1}{\pi}\left(\frac{\pi}{2} + u_1 - \frac{1}{2}\sin 2u_1\right) = q_2\left(a\right) \tag{5.4.56}$$

由此可知，非线性经过谐波线性化之等效方程变为

$$\left(q_2\left(a\right)T_1 s + 1 - q_1\left(a\right)T_1\omega\right)s\beta_1 = k_1 I_4 \tag{5.4.57}$$

基于前述理论，联合式 (5.4.52)、式 (5.4.54) 与式 (5.4.57)，我们有系统之特征方程，即

$$\left(T_3 z + 1\right)\left(q_2\left(a\right)T_1 z + 1 - q_1\left(a\right)T_1\omega\right)z + k_1\left[\left(T_3 z + 1\right)k_6 z + k\right]\left(q\left(a\right) - \frac{q_1\left(a\right)}{\omega}z\right) = 0$$

相应地有

$$X\left(\omega\right) = k_1 k q\left(a\right) - \left(T_3 - T_3 T_1 \omega q_1\left(a\right) + T_1 q_2\left(a\right) + k_1 k_6 T_3 q\left(a\right)\right)\omega^2$$

$$Y\left(\omega\right) = \left(1 - T_1 q_1\left(a\right)\omega + k_1 k_6 q\left(a\right) - k_1 k\frac{q_1\left(a\right)}{\omega}\right)\omega - \left(T_1 T_3 q_2\left(a\right) - k_1 k_6 T_3 \frac{q_1\left(a\right)}{\omega}\right)\omega^3$$

　　要确定可能存在的周期解，我们需使上两式为零。下面讨论参数 k 对系统出现自振的影响，使上两式为零，可得下式，即

$$k = \frac{k_6 q_1(a)}{q(a)}\omega + \left(\frac{T_1 q_2(a)}{k_1 q(a)} + T_3 k_6 + \frac{T_3}{k_1 q(a)}\right)\omega^2 - \frac{T_1 T_3 q_1(a)}{k_1 q(a)}\omega^2 \tag{5.4.58}$$

$$k = \left(\frac{k_6 q(a)}{q_1(a)} + \frac{1}{k_1 q_1(a)}\right)\omega - \left(\frac{T_1}{k_1} - T_3 k_6\right)\omega^2 - \frac{T_1 T_3 q_2(a)}{k_1 q_1(a)}\omega^3 \tag{5.4.59}$$

　　对不同的 a_π，式 (5.4.58) 与式 (5.4.59) 可各确定一条 k, ω 曲线。曲线的交点则给出一个对应 ω_π 之值，利用这种办法我们可以确定 a_π 和 ω_π 随 k 变化之关系，如图 5.4.18(a)～图 5.4.18(c) 所示。$q(a)$、$q_1(a)$ 与 $q_2(a)$ 的图形如图 5.4.19 所示。

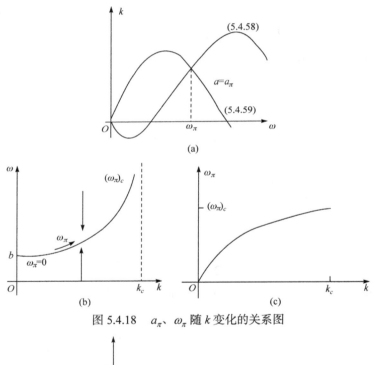

图 5.4.18　a_π、ω_π 随 k 变化的关系图

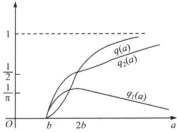

图 5.4.19　$q_1(a)$、$q_2(a)$ 的变化曲线

当 $a = \infty$ 时，由图 5.4.19 可知，$q(a) = q_2(a) = 1, q_1(a) = 0$，再令 $X = Y = 0$，则有

$$\left(\omega_\pi\right)_c^2 = \frac{1 + k_1 k_6}{T_1 T_3}, \quad k_c = \frac{\left(1 + k_1 k_6\right)\left(T_1 + T_3 + T_3 k_1 k_6\right)}{k_1 T_1 T_3} \tag{5.4.60}$$

由此可知，在图 5.4.18(c) 中，$0 \leqslant \omega_\pi \leqslant \left(\omega_\pi\right)_c$。

为讨论周期解之稳定性，我们寻求上述周期解之扰动解，然后用平均化方法判定扰动解之稳定性。系统之线性部分为

$$\left(T_3 s + 1\right)\Delta I_4 = -\left[\left(T_3 s + 1\right)k_6 s + k\right]\Delta\beta \tag{5.4.61}$$

非线性部分可以等效地进行线性化，此时，传动中非线性等效地有

$$\Delta\beta = \left(x\left(a_\pi, \omega_\pi\right) + x_1\left(a_\pi, \omega_\pi\right)s\right)\Delta\beta_1 \tag{5.4.62}$$

其中，$x\left(a_\pi, \omega_\pi\right) = \frac{1}{2\pi}\int_0^{2\pi}\left(\frac{\partial F}{\partial\beta_1}\right)_\pi \mathrm{d}u; x_1\left(a_\pi, \omega_\pi\right) = \frac{1}{2\pi}\int_0^{2\pi}\left(\frac{\partial F}{\partial\dot\beta}\right)_\pi \mathrm{d}u$。

不难看出，当 $\beta = \beta_1 + b$ 时，$\frac{\partial F}{\partial\beta_1} = 1$；其他情况时，$\frac{\partial F}{\partial\beta_1} = 0$。基于此，考虑 $\beta_1 = a\sin\omega t$ 联系到图 5.4.20(c)，则我们有

$$x(a, \omega) = \frac{\pi + 2u_1}{2\pi} = \frac{1}{2} + \frac{u_1}{\pi}, \quad x_1(a, \omega) = 0 \tag{5.4.63}$$

对于第 2 个非线性，由于 $T_1' = 0$，则对应偏差方程变为

$$\left(x_1(a)s + 1\right)s\Delta\beta_1 = k\Delta I_4 \tag{5.4.64}$$

其中，$x_1(a) = \frac{\partial F}{\partial\ddot\beta_1}$ 是指其在一周期内之平均值。

由图 5.4.20(d)，有

$$x_1(a) = T_1\frac{\pi + 2u_1}{2\pi} = T_1 x(a) \tag{5.4.65}$$

基于此，偏差满足之等效线性系统为

$$\left(T_3 s + 1\right)\Delta I_4 = -\left[\left(T_3 s + 1\right)k_6 s + k\right]\Delta\beta$$
$$\Delta\beta = x(a)\Delta\beta_1$$
$$\left[x_1(a)s + 1\right]s\Delta\beta_1 = k_1\Delta I_4$$
$$x_1(a) = T_1 x(a)$$
$$x(a) = \frac{1}{2} + \frac{u_1}{\pi}$$

由此，其特征方程为

$$T_1 T_3 x(a)s^3 + \left(T_1 x(a) + T_3 + k_1 k_6 T_3 x(a)\right)s^2 + \left(1 + k_1 k_6 x(a)\right)s + k_1 k x(a) = 0$$

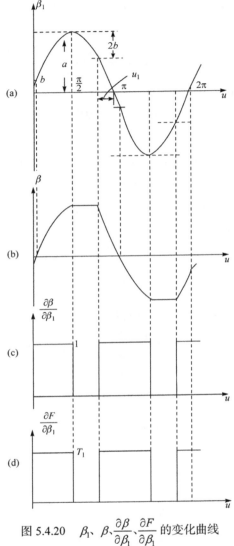

图 5.4.20　β_1、β、$\dfrac{\partial \beta}{\partial \beta_1}$、$\dfrac{\partial F}{\partial \beta_1}$ 的变化曲线

考虑其系数均为正，则稳定性要求变为

$$k < \frac{\left(T_1 + \dfrac{T_7}{x(a)} + k_1 k_6 T_3 \right)\left(\dfrac{1}{x(a)} + k_1 k_6 \right)}{k_1 T_1 T_3} \tag{5.4.66}$$

由于 $0 \leqslant x(a) \leqslant 1$，可知当 $k < \dfrac{(T_1 + T_3 + k_1 k_6 T_3)(1 + k_1 k_6)}{k_1 T_1 T_3}$

时，式 (5.4.66) 可满足；于是当 $k < k_c$ 时，式 (5.4.66) 成立。由此，系统之周期解将

是渐近稳定的[①]。

　　在本节也是本讲义结束时，我们需要强调的是以谐波平衡法为代表的工程物理方式出发的应用型研究方法具有去控制理论的重要作用。这类方法的特点是机理清楚、无需证明、用时有效，这需要尽心。这里的证明只指严格数学意义上的，尽心指细心考虑。这既有物理机理，也有数字上非严格理论下的推演。

5.5　思考题与习题

　　1. 确定下述非线性环节与系统之方程。

　　(1)图 5.5.1 为一调压器，其被调整量是发电机输出电压，通过一个继电器控制自激绕组中的电流实现控制，试列出其方程。

　　(2)图 5.5.2 为一将角偏差变为汽压差值传感机构，其输入是角度 α，输出是差压膜办的位移 S，试列其方程。

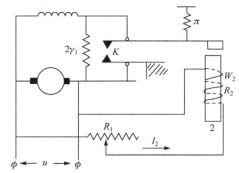

图 5.5.1　调压器的结构图

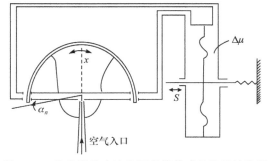

图 5.5.2　将角偏差变为汽压差值传感机构的结构图

---

① 本节通过一个例子中可能出现的各种非线性特性引起的动态过程,特别是自振及其稳定性进行了讨论。类似自振的这种本质非线性过程在线性系统中是不可能出现的。只有在非线性元件与一定的线性系统组合成的非线性系统中才会出现,而这是控制系统中常常发生的。

(3)图 5.5.3 为一继电控制电动机，试列写其方程。

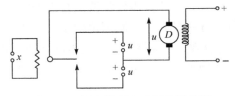

图 5.5.3　继电控制电动机的结构图

2. 计算如图 5.5.4 所示之非线性特性之等效放大倍数。

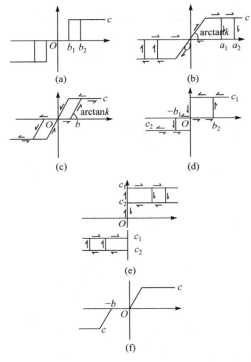

图 5.5.4　几种非线性特性的等效放大倍数

3. 用相平面方法研究下述系统。

(1) $T^2\ddot{x} + x = F(\dot{x}),\ F(\dot{x}) = -\operatorname{sign}\dot{x}$ 。

(2) $T^2\ddot{x} + x = F(\alpha x + \beta \dot{x})$ 。

① $\alpha = 1, \beta = 1$ 。

② $\alpha = 1, \beta = -1$ 。

③ $\alpha = 1, \beta = 0$ 。

其中，$F(\cdot)$ 是 $-\mathrm{sign}(\cdot)$。

(3) 具有干摩擦之自动调气压系统系统方程如下。

$\ddot{\varphi} + \left(\dfrac{1}{T_1} + \dfrac{1}{T_2} \right) \dot{\varphi} + \dfrac{1}{T_1 T_2} \varphi = \dfrac{k}{T_1 T_2} \eta$，而 η 由 φ 按图 5.5.5 之非线性特性确定，

讨论其运动。

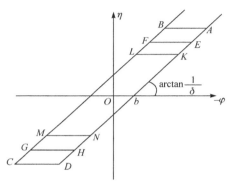

图 5.5.5　具干摩擦的自动调气压系统的非线性特性

(4) $J\ddot{\beta} + M_1 = M_2$，其中 $M_1 = C\mathrm{sign}(\dot{\beta})$。

$$M_2 = \begin{cases} -C_1 \mathrm{sign}(\beta - b), & \dot{\beta} > 0 \\ -C \mathrm{sign}(\beta + b), & \dot{\beta} < 0 \end{cases}$$

研究其运动。

4. 用谐波线性化讨论下述系统中放大系数 $k_1 k_2 k_3$ 对产生自振之影响，系统方程为

$$(T_1 s + 1)\theta = -k_1 \xi, \quad x = k_2 \theta$$
$$(T_3 s + 1)s\xi = k_3 U, \quad U = F(x)$$

$F(x)$ 如图 5.5.6 所示。

5. 讨论继电器系统之运动，其方程为

$$\begin{cases} (T_1 s + 1)x_1 = -k_1 u \\ x_3 = F(x), \quad x = x_2 - k_{\mathrm{oc}} x_4 \\ (T_2 s + 1)s x_4 = k_2 x_3 \end{cases}$$

其结构如图 5.5.7 所示。研究其存在周期解之条件，并研究在 $k_{\mathrm{oc}} k_1$ 平面上不同运动区域划分与 $k_{\mathrm{oc}} k_2$ 平面上之划分。

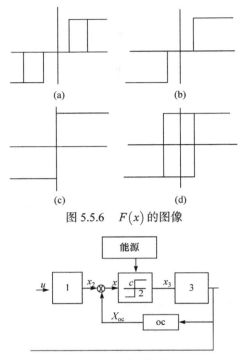

图 5.5.6　　$F(x)$ 的图像

图 5.5.7　继电器系统的结构图

参 考 文 献

黄琳. 1963. 控制系统动力学及运动稳定性理论的若干问题[J]. 力学学报, 2(6): 89-110.

钱学森. 1958. 工程控制论[M]. 北京: 科学出版社.

B. 索洛多夫尼柯夫. 1958. 自动调整原理[M]. 王众托译. 北京: 水利电力出版社.

Chestnut H, Mayer R M. 1951 and 1955. Servomechanisms and Regulating System Design[M]. New York: Wiley.

Horowitz I. 1963. Synthesis of Feedback Systems[M]. New York and London: Academic Press.

Minorsky N. 1947. Introduction to Nonlinear Mechanics[M].Ann Arbor, Mich.: J. W. Edwards.

Newton G C, Gould L A, Kaiser J F. 1957. Analytical Design of Linear feedback controls[M]. New York: John Wiley & Sons, Inc.

Truxal J G. 1955. Automatic Feedback Control System Synthesis[M]. New York: McGraw-Hill Book Company, Inc.

Андронов А А, Витт А А, Хайкин С Э. 1959. Теория Колебаний[M]. Москва: Государственное Издательство Физико-математической литературы.

Богалюбов Н Н, Митопольский Ю А.1958. Асимптотические Методы В Теории Нелинейных Колебаний[M]. Москва: Государственное Издательство Физико-математической литературы.

Горская Н С, Крутова И Н, Рутковский В Ю. 1959. Динамика Нелинейных Сервомеханизмов. Москва: Издательство Академии Наук СССР.

Попов Е П. 1954. Динамика Систем Автоматического Регулирования[M]. Москва: Государственное Издательство Технико-Теоретическои литературы.

Фельдбаум А А. 1959. Вычислительные Устройства В Автоматических Системах[M]. Москва: Государственное Издательство Физико-математической литературы.

后　记

　　"老科学家学术成长资料采集工程"是国务院委托中国科协实施的一个重大项目，自 2009 年启动以来已经采集了三百多位老科学家的学术成长资料。2017 年 5 月启动了黄琳院士学术成长采集工作，我们在整理黄琳老师办公室资料的过程中发现了一本保存完好的厚厚的手刻蜡纸而后经油印的"控制系统动力学讲义"。之后在黄老师家中又找到了另一个版本，主要的不同是增加了非线性控制系统分析一章的内容。这两本珍贵的讲义将作为采集工程的资料保存在即将建成的科学家博物馆中。

　　五十多年前的这本讲义促使我们进一步了解了北京大学数学力学系控制学科方向早期人才培养的一段历史和文革前国内控制教材的情况。1956 年钱学森先生在中国科学院力学研究所讲授他在美国撰写的专著《工程控制论》，北京大学数力系抽调了 15 名高年级学生前往听讲，黄琳老师就在其中。钱先生的著作覆盖面很宽但作为大学教材其实并不适宜。这一届学生的调节原理课是前往清华旁听电机系钟士模先生开设的课程。随后北大几届一般力学学生曾先后由进修教师陈子晴和留校的周起钊老师给他们讲过调节原理的部分内容,但并未形成系统性的教材。1960 年开始北大数力系打算成立自动控制专业，当时即将研究生毕业的黄琳老师参与了这一任务。他于 1961 年毕业后就开始承接了调节原理课程的教学任务，并开始编写适合北大数力系特点的教材。由于当时黄琳是唯一讲授此课程的老师，他以极大的热忱和艰辛的努力完成了两版该课程的讲义并定名为控制系统动力学，该讲义于 1965 年正式定型，按当时习惯以北京大学一般力学教研室名义油印成册。这本自编的讲义相对于文革前中国高校有关控制专业的调节原理教学完全依赖苏联教材的中译本来说是十分难得的。遗憾的是在这本教材定型以后，本应使用该教材进行教学的黄琳老师和控制专业的学生先是去农村参加四清运动，接着就爆发了文化大革命。唯一一次发挥作用的是三十多年后北大力学系要开设经典控制理论的课程，当时请了北京理工大学孙常胜教授前来授课，在他考虑如何选定教材并结合北大特点开展教学时，得知黄琳老师曾编过这样一本讲义，便毅然决定采用这本讲义授课。

　　在这本讲义形成的过程中，黄琳老师经历了很多教学实践，特别开设了两届控制系统动力学课程。由于北大数力系一般力学专业没有招收 1959 级的学生，而仓促建立的自动控制专业由于严重缺乏工科基础加之高年级就去农村四清和继而爆发了文革，从严格意义上并未培养出应具备自动控制专业特征的毕业生。培养学生只是在一般力学专门化内进行的。合起来听黄琳先生讲授有关控制课程的学生也就几十人，而真正以控制方向做毕业论文的也就十人左右，但在九十年代成为控制方向教授与博导的就有六、七人之多。

关于这本讲义以及相关的控制理论其它课程，多位老师在《唯真求实、矢志创新》(纪念黄琳先生八十华诞文集)中的文章中都有所提及。1958 年入学的李铁寿、钱财宝、冯永清教授在"忆黄琳老师年轻时"一文中写道："我们大概是从四年级开始有了自动调节方面的课程，黄琳老师先后给我们上过控制系统动力学、非线性系统控制理论和进入六年级后的最优控制理论，这些课程当时用的教材都是老师自己编写的适合北大一般力学专业需要的讲义"。1958 年入学的吴淇泰教授在"师恩难忘"一文中写道："我的第一篇文章用映射方法分析非线性系统周期运动时用的一个算例就是黄琳老师在讲非线性控制系统中的一个带有间隙和时滞的例子。在我其它文章中用到的诸如谐波平衡法、动态规划法等等也都是老师在课堂上讲述的"。1956 年入学的王敏中教授在"刻苦研究、辛勤躬耕、提携后辈"一文中写道："一两年内，他给我们开设了好几门课，如非线性调节原理、高精度系统、随机输入下的线性和非线性系统。当时这些课程都是很热门的，其内容大都是在新出版的书上或杂志上"；"那时的讲义都是油印的，……这么多的讲义是黄老师刻苦研究、辛勤躬耕的成果。讲义的印刷虽很简陋、纸张也很差，但价值不菲。我们有的同学分到外单位，这些印刷简陋纸张粗糙的讲义都被人借走，却不想归还。"秦寿琀教授在"耿直的黄琳"一文中写道："在 1959 年刚刚成立的一般力学教研室里，他项起了控制理论这个方向，很快就取得了一些当时在国际上领先的成果，并在国内外较早地开设了包括最优控制在内的一些课程"。1957 年入学的毛剑琴教授在文中写道："黄琳老师那时刚刚毕业，我们应该算他的第一届学生，他教专业课自动控制原理，……我后来几十年在自动控制理论及其应用领域里从事的教学和科研工作，也可以说就是在这时得到启蒙和打下基础的"。叶庆凯教授在"与我相处半世纪的老朋友"一文中写道："1956 年我考取北大数学力学系力学专业学习，1960 年提前毕业进入力学专业一般力学教研室工作。当时给我指定的第一个指导老师就是黄琳老师"；"记得，上世纪六十年代初，正值困难时期，黄琳老师常常在寒冷的教室中，手里拿着一本刚出版的外文书，把控制理论中的最新成果仔细地、耐心地介绍给学生们。黄琳老师开设的课程内容往往在北京地区是唯一的，常常能吸引其他高等院校的学生来听课。"

经典控制理论成型于 20 世纪 60 年代前，黄琳老师编写这本讲义可谓正逢其时。为了适应北大数学力学系数学的需要，他力求将理论叙述与工程需求结合，使本讲义具有了鲜明的特色。

现在我们出版这本讲义基于以下考虑。其一，黄琳老师从 1957 年大学毕业成为研究生开始就一直从事学科建设和教学工作，很快他的教龄将满六十年，这本讲义是他早期从教经历的一个见证，对于他教书育人、从事科学研究工作硕果累累的一生有着特殊的意义。我们希望推动这本讲义的出版，以此庆祝黄琳老师从教六十周年。其二，当我们第一次看到这套上世纪 60 年代油印的工工整整的讲义时，联想起在北京理工大学采集工程馆藏基地参观老科学家学术成长展览时看到的一些老科学家捐赠的书稿、笔记等资料，再次被包括黄老师在内的老一代科学家兢兢业业、勤奋工作的精神所打动。希望借出版此讲义的机会，在留下一个重要的科技文献的同时可以重温新中国控制学科发展的历史，激励鞭策我们在教学和科研工作中努力做得更好。其三，这套讲义从序言到涵盖的内容还是有其特点的，仅仅通过阅读序言就可以让我们快速地、清晰地了解控制是一个什么样的学科，它的特点都有哪些。但愿这本讲义作为一本学习资料能对学习控制学科的学生以及从事控制理论和控制工程的年轻学者有所启发、有所帮助。

王金枝　段志生　杨　莹　李忠奎

北京大学工学院